需求驱动的可信软件过程

张 璇 王 旭 著

科 学 出 版 社
北 京

内 容 简 介

本书主要介绍需求驱动的可信软件过程建模及管理方法。首先，系统地论述可信软件与软件过程领域的相关研究与实践背景，分析可信软件与软件过程的关系。在通过可信软件需求获取过程策略的基础上，提出面向方面的可信软件过程建模，建模的主要目的是建立可信软件过程的抽象模型，通过对该抽象模型的分析有助于更好地理解正在实施或者将要实施的可信软件过程，同时，可执行的可信软件过程模型可以直接指导实际可信软件生产活动，进而规范软件开发行为，保证可信软件的可信性得以满足。最后，从过程模型切入，进一步关注过程绩效，建立“认识过程，建立过程，运作过程，优化过程”的体系，对可信软件过程提出管理方法，解决过程可信性度量、过程改进、过程运行实例动态可信演化以及可信风险管理问题，力图全面地给出一个需求驱动、面向软件过程的可信软件开发及演化解决方案。同时，全书系统地介绍可信软件需求与可信软件过程领域研究的经典理论和最新进展，也为软件工业界了解本领域相关方法学提供参考。

本书可供从事计算机软件科学研究、软件工程研究与实践的科研人员与技术人员参考。

图书在版编目(CIP)数据

需求驱动的可信软件过程/张璇，王旭著. —北京：科学出版社，2017.11

ISBN 978-7-03-053438-5

Ⅰ. ①需… Ⅱ. ①张… ②王… Ⅲ. ①软件设计 Ⅳ. ①TP311.1

中国版本图书馆 CIP 数据核字（2017）第 133809 号

责任编辑：王 哲 王迎春 / 责任校对：郭瑞芝

责任印制：张 伟 / 封面设计：迷底书装

科 学 出 版 社 出版

北京东黄城根北街 16 号

邮政编码：100717

http://www.sciencep.com

北京建宏印刷有限公司 印刷

科学出版社发行 各地新华书店经销

*

2017 年 11 月第 一 版 开本：720×1 000 B5

2019 年 3 月第三次印刷 印张：19 1/2

字数：400 000

定价：108.00 元

（如有印装质量问题，我社负责调换）

前　言

软件是信息基础设施的核心组成部分，如今，以高速通信、海量存储和高性能计算为核心的信息基础设施已经广泛深入地渗透到政治、经济、军事、文化和社会生活的各个层面，成为现代生产力发展和人类文明进步不可或缺的强大工具。在众多应用背景的推动下，软件的复杂度和规模都在以前所未有的速度不断延伸，在国防、金融、政府和通信等关键领域的各种复杂应用需求背景下，软件是否可信已经成为衡量软件系统的重要指标，但是，这个领域存在着巨大的挑战，国际上由软件缺陷导致的重大灾难、事故和严重损失屡见不鲜，因此，可信软件的概念应运而生。软件的“可信”是指软件系统的行为及其结果总是符合人们的预期，在受到干扰时仍能提供连续的服务，这里的“可信”强调行为和结果的可预测性与可控制性，而“干扰”包括操作错误、环境影响和外部攻击等。软件需求是软件能否被用户接受的衡量基准，可信软件是否“可信”也是以需求作为其衡量标准的，因此，理解可信软件的可信需求是可信软件研究的首要环节。另外，软件的质量在很大程度上依赖于软件开发时所使用的过程，开发可信软件，实现软件可信演化，其本质是在开发以及演化的过程中满足可信软件的需求，这必然依赖于软件过程。在软件生命周期全过程中引入“可信”的概念不仅可以在成本更低、效率更高的基础上生产出可信软件，还可以有效地控制软件在使用后期才发现的问题或者新软件无法检测出的问题。因此，本书面向可信软件需求研究可信软件过程建模、度量、改进、演化及风险管理，力图全面地给出一个需求驱动、面向软件过程的可信软件开发及演化解决方案。

本书的作者多年来一直从事软件过程、需求工程和可信软件相关研究工作，这使得我们得以系统地了解和掌握当前国内外相关领域研究的主要方向和重要研究进展，同时，多年的研究与实践工作成果为本书的撰写奠定了基础。希望本书的出版能够为需求工程、软件过程和可信软件领域的研究者与实践者提供一定的参考。

本书第 1 章引出可信软件提出的背景，讨论学术界与工业界对可信软件和可信软件需求的定义，介绍软件过程的概念，并分析软件过程与可信软件的关系。基于第 1 章的基本介绍，第 2～7 章按照内容分为三部分：第 2～3 章为第一部分，介绍可信软件需求，包含可信软件需求之间的相关性、优先性、权衡关系、冲突消解以及完整性表示；第 4～6 章为第二部分，介绍可信软件过程建模，基于可信软件需求研究介绍面向方面可信软件过程建模方法；第 7 章为第三部分，介绍可信软件过程管理相关过程度量、改进、演化和风险管理方法。

本书的完成首先要感谢云南大学李彤教授的悉心指导、支持与鼓励，李彤教授是本书第一作者的硕士及博士生导师，正是在他的指引下，我们才开始了在软件过程、需求工程和可信软件方面的研究工作，他对本书核心内容的指导意见对我们完成本书起到了十分关键的作用。另外，十分感谢作者所指导的毕业硕士生白川、赵倩、刘聪、杨帅、倪珊珊、张瑞云、王雪丽、李博尧和在读硕士生康燕妮的热情参与研究，他们分别在软件非功能需求权衡、软件过程可信性度量、可信服务推荐、软件过程实例在线可信演化、面向方面可信软件过程模型方面追踪、面向方面过程改进、可信软件风险分析与控制和可信软件需求分析领域统计分析方向取得了非常有价值的研究成果。此外，特别感谢科学出版社信息技术分社王哲编辑的热情支持与帮助。于今，本书能够顺利出版，在此致以最真诚的谢意。

本书的研究与撰写得到了国家自然科学基金青年基金项目“需求变更驱动的软件过程改进研究”（编号：61502413）、国家自然科学基金地区基金项目“支持演化的可信软件过程研究”（编号：61262025）、国家自然科学基金面上项目“云计算环境下双模型驱动的面向软件动态演化的建模与分析”（编号：61379032）、云南省科技计划项目（编号：2016FB106）的支持。在本书写作过程中，我们还曾就书中的许多学术思想与软件工程领域的著名学者进行过讨论，如软件过程螺旋模型、COCOMO 模型和 win-win 模型创立者 Barry Boehm 教授，北京大学的金芝教授，弗吉尼亚大学的 Kevin Sullivin 副教授等，从中受益良多，在此，我们谨向这些单位和学者致以衷心的感谢。

最后，需要说明的是，本书研究需求驱动的可信软件过程，涉及面广，学科交叉，且仍然处于发展中，因此，有很多相关问题仍有待深入研究，相关支持实践的技术成型还需要进一步探索。目前，本书的所有内容均经过作者的再三斟酌和仔细确认，但难免存在不足之处，我们恳切地希望各位读者给予批评指正。

张　璇　王　旭
2017 年 3 月 29 日

目　录

第 1 章　可信软件与软件过程

本章内容：

（1）介绍可信软件

（2）提出可信软件过程的概念

（3）介绍本书组织结构

软件的“可信”是指软件系统的行为及其结果总是符合人们的预期，在受到干扰时仍能提供连续的服务，这里的“可信”强调行为和结果的可预测性与可控制性，而“干扰”包括操作错误、环境影响和外部攻击等（刘克等，2008）。

可信软件，本质上就是其可信需求可以得到满足的软件；而软件的可信很大程度上依赖于软件开发和演化时所使用的过程。因此，理解软件的可信性，从软件过程的方法和技术角度保证软件的可信需求都得到可信的实现是解决问题、迎接挑战的一个有效途径。着眼于这个关键点，本书从软件过程的角度出发，对可信软件需求给软件开发与演化带来的一系列问题以及面向过程的可信软件开发、演化与管理方法进行系统而深入的介绍。

1.1　软件的可信需求

软件是信息基础设施的核心组成部分。如今，以高速通信、海量存储和高性能计算为核心的信息基础设施已经广泛深入地渗透到政治、经济、军事、文化和社会生活的各个层面，成为现代生产力发展和人类文明进步不可或缺的强大工具。在众多应用背景的推动下，软件的复杂度和规模都在以前所未有的速度不断延伸，在国防、金融、政府和通信等关键领域的各种复杂应用需求背景下，软件是否可信已经成为衡量软件系统的重要指标，但是这个领域存在着巨大的挑战，国际上由于软件缺陷而导致的重大灾难、事故和严重损失屡见不鲜：1996 年，欧洲阿丽亚娜 5 型火箭的首次发射中，由于惯性参考系统软件的数据转换错误致使火箭在发射 40 秒后爆炸，造成 25 亿美元的经济损失；2003 年，俄罗斯联盟 TMA-1 载人飞船由于计算机软件设计错误在返回时偏离预定降落地点约 470 千米；同年，美国东北部因其电力检测与控制管理系统失效造成大面积停电，损失超过 60 亿美元；2004 年，美国洛杉矶机场 400 余架飞机与机场指挥系统一度失去联系，对几万名旅客的生命安全造成威胁；2005 年，日本东京证券交易所由于软件升级故障导致股市停摆（刘克等，2008）；2007 年，美国洛杉矶国际机场的海关与边境保护系统发生故障，导致 60 个航班的 2 万名旅客无法入关。在我国，2006 年中航信离港系统发生 3 次软件系统故障，造成近百个机场登机系统瘫痪；同年，中国银联跨行交易系统出现故障，使整个交易系统瘫痪约 8 小时（刘克等，2008）；2011 年，中国海关软件发生技术故障，导致 200 多辆卡车滞留在中俄边界的满洲里口岸；2012 年澳门电信因软件故障造成其 3G 及互联网服务瘫痪 6 小时。根据美国国家标准技术局（National Institute of Standards and Technology，NIST）的统计，仅 2011 年在各种商业软件产品中新发现的漏洞多达 4465 个，受到这些安全漏洞影响的组织和用户数量庞大，损失难以统计。从这些事实可见，可信软件的研究意义重大，存在巨大的应用背景需求，机遇与挑战并存。

可信软件作为计算机软件研究领域最具价值和最具挑战性的核心课题之一，引起了国内外政府组织、科学界和工业界的高度重视，纷纷提出有针对性的相关研究计划。2004 年，美国信息技术协会（Information Technology Association of America，ITAA）、系统与软件联合会（The Systems and Software Consortium，SSCI）、北弗吉尼亚技术委员会（The Northern Virginia Technology Council，NVTC）、IEEE（Institute of Electrical and Electronic Engineers）可靠性分会以及其他机构共同组织召开了第二届国家软件高层会议（2nd National Software Summit，NSS2），提出为保证美国工业的竞争力开发可信软件产品和系统；2005 年，美国国家软件研究中心（Center for National Software Studies，CNSS）发布了《软件 2015》（*Software* 2015）的报告，报告中指出：未来软件研究最重要的焦点之一在于软件的可信性（CNSS，2005）；2006 年，欧洲启动了名为“开放式可信计算”（open trusted computing）的研究计划，已有 23 个科研机构和工业组织参与。“十一五”期间，可信计算被列入中国国家发展和改革委员会的信息安全专项，863 计划启动了可信计算专项，国家自然科学基金设立了“可信软件”重大研究计划。

1.1.1　可信软件

随着社会的高速发展，信息爆炸的时代已经到来，计算机技术已深度应用到各行各业中。由于各行业的差距，软件需求也朝着特色鲜明的方向发展，这样的发展趋势使得软件应用多样化、开放化，但是多样化与开放化势必带来一个严重的问题——客户需要的软件必然更加精确、更加可靠、更加安全、更加易用。换句话说，客户需要的是能够以他们期望的方式或者说可以信任的方式长期稳定工作的软件。但是，软件从需求分析阶段开始就会潜伏着一系列不可避免的或者没有预知到的问题，这些潜在的问题对软件以一种客户所信任的方式长期稳定工作造成了极大的威胁。另外，软件正同时朝着两个方向迅速发展，其一是软件规模快速增大，其二是互联网广泛应用，使得软件面临着更加复杂的环境挑战，这一复杂环境又可以进一步细划为两类：一类是随着软件渗透到人们生活、文化、政治、经济、娱乐等各方面，软件就需要有更加强大的交互性，这势必带来软件漏洞和缺陷的爆发式增长；另一类是随着互联网的用户急速增加以及互联网应用的更加日常化、开放化，黑客软件和教程的获取变得更加容易，这势必导致软件面临更加严峻的挑战。以上这些问题正是可信软件研究的核心问题，也是软件可信性被提出来的根本原因，随着可信软件概念的提出，软件设计开发人员希望从需求分析阶段就尽可能避免软件中将会存在的问题，或者缩小问题范围，降低问题严重性。

“可信”一词源于社会学，原本表述的是一种主体和主体之间或者主体和客体之间的相互信任关系，这一信任关系表现在主体与主体之间是双向性的，而表现在主体与客体之间则是单向性的，即客体不具有客观意识。可信概念应用到软件工程领域，最早可以追溯到 Laprie（1985）提出的可信赖计算。之后，学术界和工业界开展了大量的研究工作，从不同的角度对可信的概念进行了分析和总结。可信计算组织对于可信的定义为：系统可信是指系统能够完全按照其预先指定的程序运行，并且出现背离设计者意图行为的可能性很低（TCG，2007）。在 ISO/IEC 15408 中对可信的定义为：一个软件可信，是指对该软件的操作在任何条件下都是可预测的，而且该软件能抵抗外来的干扰和破坏（ISO/IEC，2005）。微软提出可信软件是向人们提供一种可靠的环境，在此基础上提出可信软件的几个基本需求：可靠性（reliability）、安全性（security）、保密性（privacy）和商业诚信（business integrity）。美国科学与技术委员会（National Science And Technology Council，NSTC）则认为，系统的可信是对系统行为是否符合预想的一种测量，同时他们认为一个可信的系统应该具有功能正确性、防危性、容错性、实时性和安全性等特征（NSTC，1997）。其他关于软件可信性的定义还有很多，具体内容请参阅本书第 2 章的 2.3 节。

总之，针对可信软件，满足特定的可信需求是其区别于普通软件的重要特征，特定可信需求的满足是可信软件获得用户信任、其行为能实现预期目标的客观依据。因此，针对可信软件我们首先研究可信软件需求。

1.1.2　可信软件需求

软件需求是软件能否被用户接受的衡量基准，即当软件交付给用户使用时，用户判断软件是否满足其使用目标的唯一基准是软件的需求，与软件设计、实现所应用的技术无关（Holt et al.，2012）。而软件的“可信”定义为软件的动态行为及其结果总是符合人们的预期（刘克等，2008），即软件是否“可信”也是用需求作为其衡量标准的。因此，理解可信软件的可信需求是可信软件研究的重要环节。

“可信软件需求”这一概念出现至今已有三十多年，但是尚无被各领域所广泛接纳的统一性定义，因为人们对软件可信性的认识存在较大的分歧。最初人们在软件领域对可信需求的定义是“dependability”，在这一定义背景下，人们的研究主要集中于可靠性（reliability）需求，这是一种单方向的从主体到客体的价值判断。随着计算机网络的飞速发展，以及诸如身份验证等行为的出现，可信软件需求不再是单向性的，同时包括计算机向人的互动行为。美国国家计算机安全中心倡议的可信计算机系统评价标准（trusted computer system evaluation criteria，TCSEC）中仅将软件可信需求定位在安全性这个唯一的非功能需求上（DoD，1985），导致许多程序员、工程师和管理者习惯于对可信的认知仅仅局限于安全方面。Pamas 等（1990）把可信需求定义为“safety”，并应用到不同的方法当中，他们关注在软件开发和维护周期中为了尽可能地减少错误使用的软件工程技术的程度，如增强测试（enhance testing）、评审（reviews）和审查（inspection）。由美国多家政府和商业组织参与的 TSM（trusted software methodology）项目于 1994 年将软件可信性扩展定义为“软件满足既定需求的信任度”（Amoroso et al.，1994），该定义进一步阐述了可信性对管理决策、技术决策以及既定需求集合的高度依赖性。美国陆军研究院的 Barnes 等提出了信息系统的“可生存性”概念，所谓的“可生存性”是指系统在人为或自然灾害破坏下表现出的可靠性，其本质上也是系统可信性（Knight & Sullivan，2000），这一表述主要侧重于当系统面对突发故障或者故意攻击时，仍能保持稳定工作或者具备从灾难中快速恢复的能力。

总之，软件可信性是一个综合复杂的概念，基于软件的不同应用场景，其可信需求具有统一性和相似性，同时表现出显著的差异性，它可以由一系列具体的可信需求通过集合的形式来具体描述，但在不同应用场景下，集合元素的组成、含义、优先级以及相关关系都可能不同。因此，为区别于非功能需求，人们谈及可信软件需求时，用到的词变为了“trusted”、“trustiness”或者“trustworthy”。

1.2 可信软件与软件过程

软件工程研究如何以系统性的、规范化的、可定量的过程化方法开发和维护软件，以及如何将经过时间考验而证明有效的管理技术与最好的技术方法结合起来，最终产生并持续维护符合用户需要的软件产品。

提高软件质量和软件生产效率，一直是软件工程学所研究的内容和软件开发活动中所追求的两个主要目标。围绕这两个目标，软件工程经历了从 20 世纪 60 年代由于软件危机爆发而诞生的工程化软件开发概念、理论与方法的起始阶段，进入到 20 世纪 80 年代以软件过程为核心的软件工程阶段，最终发展为从 20 世纪 90 年代开始至今的持续软件过程改进的软件工程阶段。

1.2.1 软件过程

软件工程以软件过程和管理为核心，是研究和应用如何以系统性的、规范化的、可定量的过程化方法开发和维护软件，以及如何把经过时间考验而证明正确的管理技术和当前能够得到的最好的技术方法结合起来的学科。

20 世纪 60 年代发生的软件危机，促使软件业将注意力集中到软件过程中所使用的方法、技术、工具和环境等问题上。于是，从 20 世纪 70 年代开始，各种软件过程模型相继被提出，软件项目管理逐渐得到重视。软件项目团队开始注重需求分析、概要设计、详细设计、编码、测试、质量保证、配置管理、维护等若干活动步骤。这样的思维方式和以这种思维方式为基础的软件开发活动和软件项目管理，把软件的开发和维护纳入了工程化的轨道，有效地缓解了软件危机造成的被动局面。

进入 20 世纪 80 年代后，随着 Internet 技术的飞速发展，计算机应用全球化的步伐日趋加快，软件业时刻面临着新的挑战。面对越来越多的应用领域和规模越来越大的软件项目，当时已有的各种软件过程模型逐渐显露出其过于抽象的局限性：很多重要的支持软件过程的活动细节，如管理、控制、人员、通信、合作和技巧等，无法一一顾及，这种局面无疑使软件的开发与维护再一次受到了严重的制约。因此，以“软件过程”为基本概念的一种新的软件工程概念框架在 1984 年 10 月召开的第一届国际软件过程讨论会上被正式提出，它促使人们把注意力转向那些对软件项目的成功起着关键作用的过程与管理细节的研究，这一飞跃标志着“软件过程”时代的到来。

从 20 世纪 90 年代开始，软件从小规模、作坊式的生产方式开始向规模化、工业化生产方式转变。软件企业使用传统的软件工程技术时暴露出其能力弱，常常导致软件项目处于混乱状态，难以发挥软件新技术、新工具优势的问题，软件过程与管理的不适应成为制约提高软件产品质量和生产效率的瓶颈。人们认识到在现代化的软件生产方式下，要高效率、高质量和低成本地开发软件，必须改善软件过程与管理。从此软件生产转向以改善过程、提升软件项目管理为中心的软件工程时代，软件过程与管理成为软件工程学科的一个重要研究方向。

当前世界上多数国家都在实施信息化带动工业化的发展战略，软件业在全球经济中占据越来越重要的地位。面对全球软件需求的迅猛增加，许多国家都把软件业作为国民经济的支柱产业。软件过程与管理对于软件企业提高软件质量和生产效率，促进软件产业的良性发展具有极其重要的意义。

上述软件工程的发展历程说明软件工程以软件过程和管理为核心，软件过程是提高软件质量和改善软件开发及演化的重要工具（Osterweil，1987；1997a；1997b）。软件过程建模是软件项目组成员相互理解和交互的基础，是支持软件开发及演化的指导，并且有利于过程的管理、改进及自动执行。具体来说，软件过程建模的优势如下（Curtis et al.，1992）。

（1）统一的软件过程模型有利于软件团队的高效合作，不仅为整个团队，还可以为其中的每一个个体提供执行软件过程的充足信息，包括：辅助软件过程中相关技术和工具的选择，识别高效软件开发和维护所必需的组件。

（2）在软件投入开发前估计软件过程改变会带来的影响，以制定合理的软件开发计划。

（3）为特殊软件项目制定特定的软件过程，创建可重用过程库，为将来的项目提供可重用的软件过程。

2006年，Boehm（2006）在其文章《软件过程的未来》中提到，正因为对可信软件不断增长的需求，软件过程将在未来二十年继续被研究和改进。

1.2.2 可信软件与软件过程

软件的质量在很大程度上依赖于软件开发时所使用的过程，而开发可信软件，实现软件可信演化，其本质是在开发软件以及演化软件的过程中满足软件的可信质量，这必然依赖于软件过程。在软件生命周期全过程中引入“可信”的概念，不仅可以在成本更低、效率更高的基础上生产出可信软件，还可以有效地控制软件在使用后期才发现的问题或者新软件无法检测出的问题。

随着工业界和学术界对可信软件研究的深入发展，大量的研究实践表明从软件生命周期的早期阶段开始，贯穿项目始终，通过流程化和规范化的过程来强化软件的可信性是实现可信软件的有效方法。软件开发与演化是以过程为中心的，软件过程是保证软件质量的关键因素，而软件可信需求的满足就应该通过严格的过程来实现，一个管理好的可信软件过程可以支持可信软件的生产，如果可信软件过程能够支持演化则可以支持软件的可信演化。

过去三十年，为提高软件可信性，不同学者提出了不同的面向过程的方法，总结归纳这些方法，将它们分为三类，即过程改进模型、特定阶段软件开发方法和过程质量保证方法，这些方法都被证明有效地使软件过程生产出来的软件提升了可信性。

1. 过程评估与改进模型

过程评估与改进模型的典型代表是能力成熟度模型。能力成熟度模型集成（capability maturity model integration，CMMI）是其中最为成功而被广泛采用的模型，CMMI本质上是通过控制软件过程来提升软件组织生产软件的质量。虽然可信软件必然有其质量需求，但是满足质量需求的软件并非就是可信软件，可信软件有其指定的特殊需求。正因为此，基于安全工程，扩展能力成熟度模型（capability maturity model，CMM）后，系统安全工程能力成熟度模型（system security engineering capability maturity model，SSE-CMM）（CMU，2003）被提出来专门用于解决安全问题，但是安全性只是可信性的一个方面。

2. 特定阶段软件开发方法

为提升软件的质量，特定阶段软件开发方法是在软件开发生命周期过程中在特定阶段指定执行一些有助于提升软件质量的活动。这种方法按照特定活动的覆盖范围分为两类，第一类是软件生命周期的所有阶段或者大部分阶段都指定了特定活动；另一类是只在软件生命周期的开始阶段指定特定的活动。

Boehm和In（1996）在解决非功能性需求冲突中给出了实现相应软件质量属性（包括保障性、互操作性、易用性、性能、演化性、可移植性、成本、时间和可重用性）

的过程策略，用于指定特定阶段可增加用于提升软件质量的活动。微软定义安全开发生命周期（security development lifecycle，SDL）以解决他们在产品开发过程中常常遇到的安全问题，并在其 Windows 2003、IIS 6.0 和 SQL Server 等产品线上实施，保证了开发的软件的安全性和隐私（Howard & Leblanc，2002；Howard & Lipner，2006），SDL 取得的显著成效得到了学术界和工业界的广泛关注。CLASP（comprehensive，lightweight application security process）基于形式化的最佳实践构建以活动驱动，基于角色的过程构件集，以支持软件开发团队在早期将安全融入软件开发生命周期（Secure Software Inc，2005），其成果证明形式化方法结合软件过程是保证软件安全性的有效方法。CbyC（correctness by construction）成功地将形式化方法结合到软件开发过程中，充分体现了使用形式化方法对安全性进行严格描述与验证的优势（Hall & Chapman，2002；Hall，2002）。Beznosov 和 Kruchten（2004）对如何将安全保障方法和技术集成到敏捷软件开发中进行了初步的研究。由欧盟资助的 SecureChange 项目组对安全演化进行了研究，以保证系统演化后仍能满足安全性、隐私和可靠性的需求（Secure Change Project，2009）。为了提高软件的安全性，卡内基梅隆大学的软件工程研究所提出为软件团队量身定制过程：TSP（team software process）（Nichols et al.，2012）和 PSP（personal software process）（Humphrey，2000），有效降低了软件缺陷的比例。Ericson（2005）在其著作中提出系统防危性（safety）是一个有条理的过程，在此过程中，要有目的地减少危险或者降低危险引发灾难的风险，这个过程是一个贯穿系统生命周期且具备前瞻性的过程，为了保证前瞻性，必须在系统还处于概念阶段的时候就定义生命周期各个阶段控制及避免危险的任务。另外，Ericson 还介绍了美国国防部系统防危性标准实践 MIL-STD-882D（DoD，2000）的核心系统防危过程，此过程包括 8 个阶段，分别指定了系统生命周期中各个阶段需要执行的防危性任务。Ericson（2005）认为这种软件过程控制的方法相对于向系统增加防危性特征的方法成本更低、效率更高。以上学术界或工业界提出的方法属于特定阶段软件开发方法的第一类，这类方法在软件生命周期全过程中增加了特定的活动，以保证生产的软件能够通过这些活动提升其质量。

Volere 在需求规约中引入了软件质量属性，并且给出了如何将其引入用例的指导（Robertson & Robertson，2012）。Cysneiros 和 do Prado Leite（2004）将软件质量属性引入 UML 的概念模型，实现了在软件开发阶段引入软件质量属性。Wehrmeister 等（2007）基于面向方面方法和 RT-UML（real-time UML）提出 DERAF（distributed embedded real-time aspects framework），将软件质量属性在早期设计阶段引入系统。这些方法将软件质量需求引入软件分析与设计模型，相当于在软件生命周期的早期定义好软件的质量需求。

Muschevici 等（2010）将软件特征加入软件产品线（software product line，SPL）以满足软件产品线重复生产大量不同特征软件的需求。

3. 过程质量保证方法

过程质量保证方法强调软件过程本身的质量也需要得到保证，通过保证每一个过程的质量可以提升软件的可信性，因此，这类方法通常对过程本身提出需求，通过满足过程需求保证过程生产出软件的质量。TSM（trusted software methodology）是第一个提出面向过程保证软件可信的方法（Amoroso et al.，1994），为保证软件过程生产出安全、可靠和可用的软件，Amoroso 提出了 44 项过程可信指标用于指导软件开发生命周期全过程。中国科学院软件所李明树教授、王青教授等联合六个研究机构对可信软件过程进行了研究，他们主要研究可信软件过程管理和风险建模，将可信属性定义为功能性、可靠性、安全性（包括 safety 和 security）、易用性、可移植性和可维护性，他们提出过程可信是度量和改进软件可信的一个能力指标，并提出可信过程管理框架（trustworthy process management framework，TPMF）度量和改进过程可信以评估和确保软件可信（Yang et al.，2009）。澳大利亚国家 ICT（Institute of Computer Technology）研究员 Zhang 等基于可转换过程建模方法对可信软件过程模型进行了探索性研究，提出基于可转换过程建模方法以加速可信过程（模型）的开发并支持可信过程管理，最大化地进行重用，减少无意的建模错误，减少研究其他技术的开销（Zhang et al.，2012）。所有这些方法都基于一个概念，即过程可信是度量软件过程生产可信软件相关能力的程度。

以上研究成果表明，形式化方法结合软件过程是保证软件质量的有效方法，但目前并没有针对可信软件的可信需求，基于形式化软件过程建模与验证来支持可信软件的开发与软件可信演化的成果。因此，本书基于可信软件需求的研究，对可信软件过程进行形式化建模，基于软件演化过程建模方法（Li，2008），使用面向方面思想提出可信软件过程建模方法，并对可信软件过程管理提出过程可信性度量、过程改进、过程运行实例演化及风险评估与控制方法。

1.3 本书结构

本书共 7 章，第 1 章主要讨论可信软件提出的背景、学术界与工业界对可信软件和可信软件需求的定义、软件过程概念及其与可信软件的关系。基于第 1 章对可信软件和软件过程的介绍，剩余章节按其内容可以大致分为三部分：第 2～3 章为第一部分，介绍可信软件需求，包含可信软件需求之间的相关性、优先性、权衡关系、冲突消解以及完整性表示；第 4～6 章为第二部分，介绍可信软件过程建模，基于可信软件需求研究，介绍面向方面可信软件过程建模方法；第 7 章为第三部分，介绍可信软件过程管理相关过程度量、改进、演化和风险管理方法。

由于可信软件需求是可信软件过程建模所需过程策略的来源与依据，第一部分的第 2～3 章围绕可信软件需求展开介绍。需求工程按照阶段可以分为早期需求工程和后期需求工程。后期需求工程主要研究需求的完整性、一致性和自动验证，主要目标是识别和消除需求规约中的不完整、不一致和歧义。早期需求工程则关注建模与分析利益相关者的利益，当利益相关者之间存在利益冲突时权衡相关利益，并且通过不同的解决方案满足这些利益，本书第二部分解决可信软件早期需求获取、建模、推理与权衡问题。

基于第一部分对可信软件需求研究成果的介绍，由第 4～6 章构成的第二部分将可信软件需求推理及权衡得到的过程策略定义为可信活动，使用面向方面方法封装为可信方面，并编织入软件演化过程模型，实现可信软件过程的建模。可信软件过程建模的主要目的是建立可信软件过程的抽象模型，通过对该抽象模型的分析有助于更好地理解正在实施或者将要实施的可信软件过程，同时，可执行的可信软件过程模型可以直接指导实际可信软件生产活动，分析可信软件开发过程中潜在的问题，进而规范软件开发行为，促进过程的不断改进并最终保证可信软件的可信性得以满足。

软件工程的目标是在给定成本、进度的前提下，开发出满足用户需求的软件产品，并追求提高软件产品的质量和开发效率，减少维护的困难（王青，2014）。然而，从历史上看，很少有软件开发组织能够切实满足费用、进度及质量方面的要求。因此，为了保证软件产品的高质量及高开发效率，我们必须认真研究软件过程的内在规律，并在软件过程的实施过程中根据实际情况不断地进行过程改进和优化（骆斌，2012）。因此，可信软件过程建模只是过程定义环节，后续工作还应包括过程度量、过程控制、过程改进和过程演化等活动。软件过程管理是一种建立在过程观基础上的管理体系，过程管理从过程切入，关注于过程的绩效，建立起一套“认识过程，建立过程，运作过程，优化过程”的体系。第 7 章介绍可信软件过程管理，解决过程可信性度量、过程改进、过程运行实例动态可信演化及可信风险管理问题，力图尽量全面地给出一个需求驱动、面向软件过程的可信软件开发及演化解决方案。

参考文献

刘克，单志广，王戟，等. 2008. “可信软件基础研究”重大研究计划综述. 中国科学基金，22 (3): 145-151.

骆斌. 2012. 软件过程与管理. 北京：机械工业出版社.

王青. 2014. 基于数据和群体智慧的软件过程改进. 中国计算机学会高级学科专题研讨会.

Amoroso E, Taylor C, Watson J, et al. 1994. A process-oriented methodology for assessing and improving software trustworthiness// The 2nd ACM Conference on Computer and Communications Security (CCS'94): 39-50.

Beznosov K, Kruchten P. 2004. Towards agile security assurance// The New Security Paradigms Workshop (NSPW'2004), White Point Beach, ACM: 47-54.

Boehm B, In H. 1996. Identifying quality-requirement conflicts. IEEE Software, 13 (2): 25-35.

Boehm B. 2006. The future of software processes// International Conference on the Unifying the Software Process Spectrum, 3840: 10-24.

CMU (Carnegie Mellon University). 2003. Systems Security Engineering Capability Maturity Model SSE-CMM: Model Description Document, Version 3.0.

CNSS (Center for National Software Studies). 2005. Software 2015: A National Software Strategy to Ensure U.S. Security and Competitiveness. http: //www. cnsoftware. org/nss2report.

Curtis W, Kellner M I, Over J. 1992. Process modelling. Communications of the ACM: Special Issue on Analysis and Modeling in Software Development, 35 (9): 75-90.

Cysneiros L M, do Prado Leite J C S. 2004. Nonfunctional requirements: From elicitation to conceptual models. IEEE Transactions on Software Engineering, 30 (5): 328-350.

DoD(Department of Defense). 1985. National Computer Security Center, Trusted Computer System Evaluation Criteria, DoD 5200. 28 STD.

DoD(Department of Defense). 2000. Standard Practice for System Safety (MIL-STD-882D). http: //www. system-safety.org/Documents/MIL-STD-882D.pdf.

Ericson C A. 2005. Hazard Analysis Techniques for System Safety. New Jersey: John Wiley & Sons, Inc.

Hall A, Chapman R. 2002. Correctness by construction: Developing a commercial secure system. IEEE Software, 1: 18-25.

Hall A. 2002. Correctness by construction: Integrating formality into a commercial development process. FME 2002: Formal Methods-Getting IT Right, 2391: 224-233.

Holt J, Perry S A, Brownsword M. 2012. Model-based requirements engineering. The Institution of Engineering and Technology, London.

Howard M, Leblanc D. 2002. Writing Secure Code. Washington: Microsoft Press.

Howard M, Lipner S. 2006. The Secure Development Life-cycle. Washington: Microsoft Press.

Humphrey W S. 2000. The Personal Software Process, Technical Report CMU/SEI-2000-R-022. http://www. sei.cmu.edu/reports/00tr022.pdf.

ISO/IEC (International Standardization Organization/International Electrotechnical Commission). 2005. ISO/IEC 15408-1-2005, Information Technology - Security Techniques - Evaluation Criteria for IT Security, Part 1: Introduction and General Model.

Knight J, Sullivan H. 2000. On the Definition of Survivability.Vriginia: University of Virginia.

Laprie J C. 1985. Dependable computing and fault-tolerance. Digest of Papers FTCS-15: 2-11.

Li T. 2008. An Approach to Modelling Software Evolution Processes. Berlin: Springer.

Muschevici R, Clarke D, Proença J. 2010. Feature petri nets// The 14th International Software Product Line Conference (SPLC 2010): 2.

Nichols W, Tasistro A, Vallespir D, et al. 2012// TSP Symposium, Special Report CMU/ SEI-2012-SR-015. http: //www.sei.cmu.edu/reports/12sr015.pdf.

NSTC(National Science and Technology Council). 1997. Research challenges in high confidence systems// The Committee on Computing, Information and Communications Workshop.

Osterweil L J. 1987. Software processes are software too// The 9th International Conference on Software Engineering (ICSE'87), New York: 2-13.

Osterweil L J. 1997a. Software processes are software too, revisited: An invited talk on the most influential paper of ICSE 9// The 19th International Conference on Software Engineering (ICSE'97), Berlin: 540-548.

Osterweil L J. 1997b. Improving the quality of software quality determination processes// The Quality of Numerical Software: Assessment and Enhancement, London: Chapman & Hall.

Pamas D, Schouwen A, Kwan S P. 1990. Evaluation of safety-critical software. UCA4, 33(6): 636-648.

Robertson S, Robertson J. 2012. Mastering the Requirements Process: Getting Requirements Right. 3rd Edition. London: Pearson Education, Inc.

Secure Change Project. 2009. http://www.securechange.eu.

Secure Software Inc. 2005. The CLASP Application Security Process. http://www.ida.liu.se/~TDDC90/papers/c lasp_external.pdf.

TCG. 2007. Specification Architecture Overview, Specification Revision 1.4.

Wehrmeister M A, Freitas E P, Pereira C E, et al. 2007. An aspect-oriented approach for dealing with non-functional requirements in a model-driven development of distributed embedded real-time systems// The 10th IEEE International Symposium on Object and Component-Oriented Real-Time Distributed Computing (ISORC'07), 5: 428-432.

Yang Y, Wang Q, Li M S. 2009. Process trustworthiness as a capability indicator for measuring and improving software trustworthiness// The International Conference on Software Process (ICSP'09), Vancouver: 389-401.

Zhang H, Kitchenham B, Jeffery R. 2012. Toward trustworthy software process models: An exploratory study on transformable process modeling. Journal of Software: Evolution and Process, 24(7): 741-763.

第 2 章　可信软件需求获取与建模

本章内容：

（1）介绍软件需求工程相关基础知识

（2）可信软件分行业领域需求统计

（3）定义可信软件需求

（4）提出可信软件非功能需求获取方法

（5）定义可信软件需求元模型

（6）提出基于知识库的可信软件需求建模方法

（7）可信软件需求获取与建模案例分析

在生产软件系统之前都应该先决定需要构造什么，这就要求所有软件系统的利益相关者（stakeholder）之间协商并给出一致同意的软件系统需求，建立对要生产的软件系统的一个共同理解。可信软件亦是如此，可信软件生产的第一步也是获取需求。毫无疑问，可信软件需求的研究无疑是可信软件生产的首项重要工作。然而，与普通软件相较而言，可信软件需求到底是什么？可信软件需求与普通软件需求的区别是什么？应该如何获得可信软件的需求？是否需要一些方法去获取此需求，并通过系统化的方法将其描述出来？为了回答这些问题，可信软件需求的研究工作分三个阶段展开，第一阶段定义可信软件需求，第二阶段提出可信软件需求获取方法，第三阶段对可信软件需求进行系统化建模。

在这三个阶段实施的过程中，我们面临着一些固有的难点，首先，软件利益相关者人数众多，依赖于其所处环境和角色不同，利益相关者对可信软件的需求存在差异，同时，需求中的非功能需求又常常难以精确表达，这加大了我们通过利益相关者获取可信软件需求的难度；其次，可信软件需求中的非功能需求之间存在我们期望的相互促进关系，也存在我们不期望的相关冲突关系，这意味着当我们努力通过改善技术或者过程控制等手段实现某一非功能需求时，另外的非功能需求却有可能因此而受到负面的影响，从而导致生产出来的软件总体可信性降低。

为解决上述难点，我们提出如图 2.1 所示的可信软件需求获取与建模研究框架，其中，以 2.1 节介绍的软件需求工程相关知识作为基础，在 2.2 节对不同行业领域的可信软件需求进行统计分析，通过统计数据结果分析可信软件与普通软件在需求上的不同，2.3 节提出可信软件需求概念及其分解模型，针对可信软件非功能需求难以精确表达的特点，提出基于模糊集合论描述可信软件非功能需求，从软件利益相关者收集可信软件需求评估数据后使用信息熵评估数据有效性，并使用 Delphi 方法辅助利益相关者协商共同认可的可信软件需求，通过模糊排序确定可信软件需求优先级排序关系，最后，2.4 节使用面向目标需求工程方法，提出可信软件需求元模型及基于本体知识库的可信软件需求建模方法。

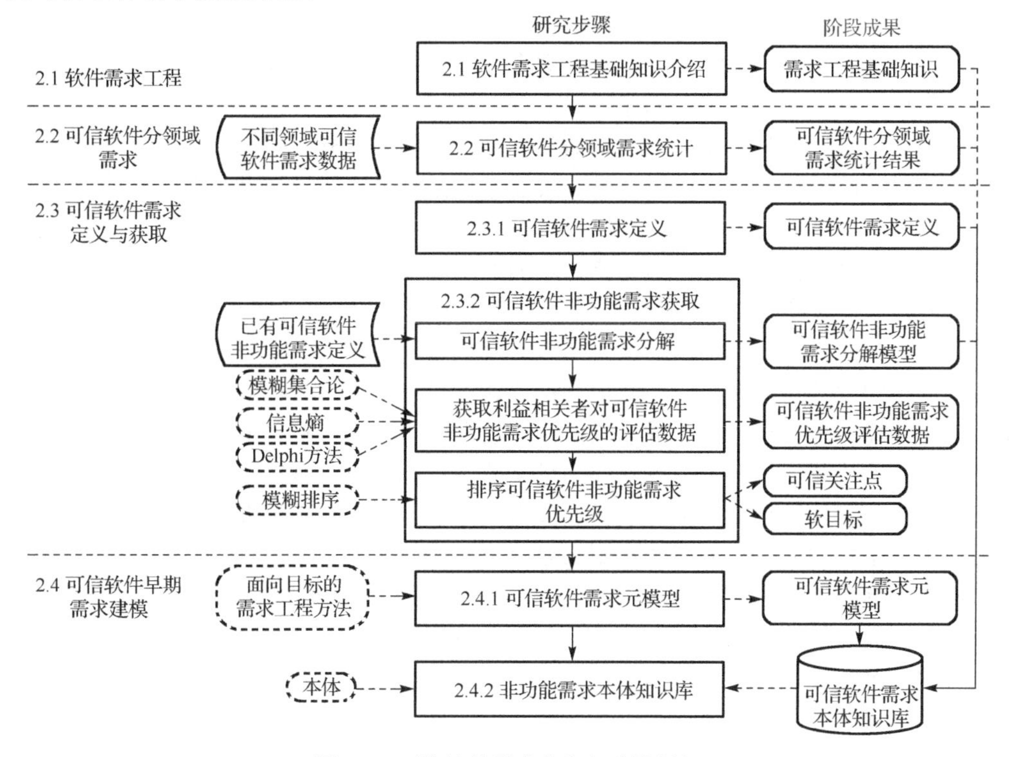

图 2.1　可信软件需求获取与建模框架

2.1　软件需求工程

需求是利益相关者需要的或想要的一个系统的属性定义（Holt et al.，2012），软件需求是软件利益相关者需要的或者想要的一个软件的属性定义，按照属性的不同，软件需求可以分为软件的业务需求、功能需求和非功能需求，它们的关系如图 2.2 所示。

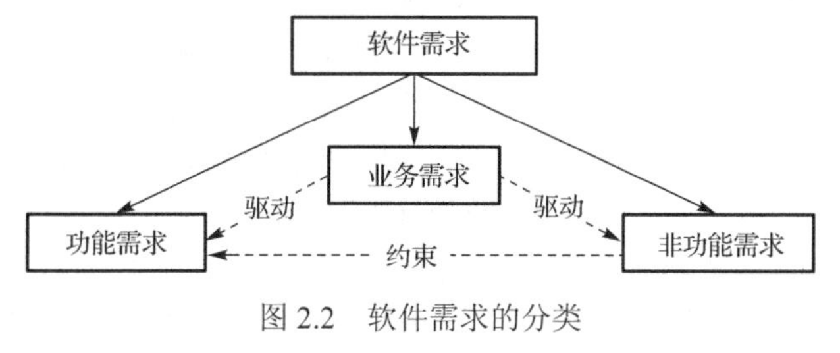

图 2.2　软件需求的分类

业务需求是高层需求，用于封装描述业务的策略、市场和目标，表明在业务上需要做的事情和业务上的相关约束，最终，在业务需求驱动下将产生功能需求，而对功能需求的约束将反映为非功能需求。

功能需求通常被直接定义为需求，用于描述软件的功能，本质上来说是反映了软件的行为，一个功能需求可能是直接做一件事情，或者提供一个服务，也可能是传递软件的一个产品（artifact）。例如，完成复杂的科学运算、编辑文档、管理公司客户信息、提供报表制作功能等是在描述软件的功能需求。

非功能需求也称为质量需求或者质量属性，实际上是软件的属性或者是功能需求的约束。通常，非功能需求被认为是二级需求，没有功能需求那么重要，然而，一些特殊的软件成功与否以及用户是否满意则是由非功能需求决定的，可信软件就属于这类特殊软件。因此，可信软件的功能需求和非功能需求同等重要。非功能需求和功能需求不同，非功能需求主要表达为软件需要满足的标准、达到的指标和执行的状态等，如满足实时响应需求，在不同的操作系统平台运行，能够与其他软件交互，不同级别的用户使用的软件功能要不同，要能够被非计算机专业人员使用等，这些都是在描述软件的非功能需求。功能需求描述软件具体要做的事情、要提供的服务或者要传递的产品，而非功能需求通常是描述软件满足某些属性的程度，较难用一种统一可度量的方式来表达。另外，功能需求可以通过分而治之的方法简化，而非功能需求反映的是软件作为一个整体应具有的属性，更难以分析。

将利益相关者对软件系统的需要和愿望按上述不同属性进行分类并分别转换为可以实现的需求规格说明，这本质上是一个开发需求的过程。在开发软件系统时，引入系统化的过程支持有助于按时交付高质量的软件系统，与此相似，在开发需求时，良好的系统化的过程支持也有助于高质量需求规格说明的开发。

2.1.1　软件需求工程过程

软件是否成功取决于软件满足用户想要软件实现预期目标的程度，而需求工程就是通过识别软件利益相关者以及他们的实际需要来记录下软件的预期目标，以便于分析、交流及随后的实现（Nuseibel & Easterbrook，2000）。Cheng 和 Atlee（2007）认为需求工程就是确定需求的过程。而就需求工程与软件工程、系统工程以及其他学科之间的关系，Zave（1997）认为需求工程是软件工程的一个分支，用于研究软件系统的目标、功能和约束以及这些因素间的关系，以明确地规约软件的行为及演化。由上述需求工程的定义可以看出需求工程必须来源于现实世界的需要，其预期目标表达了为什么需要软件以及软件是什么。另外，需求需要被精确规约，以满足分析需求，确认需求是否确实符合利益相关者需要，定义软件设计者所要设计的软件需求，验证需求是否正确传递，并且随着实际环境的变化而演化需求。可见，需求工程完成了从软件的识别到提出软件详细规约的一系列工程决策，由此，Nuseibel 和 Easterbrook（2000）提出需求工程过程中的主要活动应包括引出需求、建模与分析需求、交流需求、协商需求和演化需求。Krasner 定义了需求工程的五阶段生命周期过程，包括需求定义和分析、需求决策、形成需求规格、需求实现与验证、需求演化管理。近来，Jarke 和 Pohl 提出了需求工程三阶段周期的说法：获取、表示和验证（康雁等，2012）。Robertson（2012）提出的 Volere 需求过程包括交互的九项主要活动：项目启动、获取需求相关知识、形成需求规格、需求质量控制、实现需求原型、需求回顾、查询可重用需求、领域分析和需求重用。Loucopoulos 和 Karakostas（1995）给出一个包含需求抽取、需求规格说明和需求有效性验证的软件需求工程过程框架。

上述并不一致的需求工程过程定义反映出在不同时代、不同领域和不同开发项目中，过程可以呈现出不同的形式，因为过程中活动的定义要适应计算技术的发展、不同领域和不同项目的需要，同时依赖于项目组织的不同文化与开发团队的不同能力和经验。但是，确定需求工程过程的边界是相对稳定的（金芝等，2008），图 2.3 给出了需求工程过程的输入/输出边界以及基于输出需求驱动的软件工程过程。

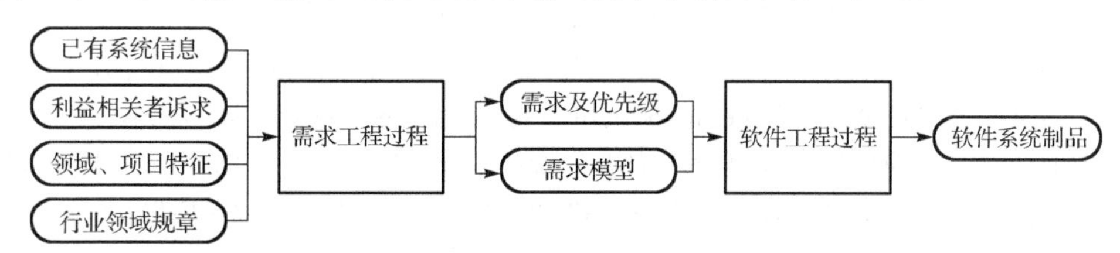

图 2.3 需求工程过程输入/输出边界

基于已有系统信息、领域项目特征和行业领域规章，需求工程过程处理利益相关者对软件系统的相关诉求，将获取的信息转换为需求及需求优先级规约，同时将构建的需求模型输入软件工程后续过程，以生产软件系统制品。

2.1.2 软件需求建模

软件需求建模是提供一个指定的模型用于构造需求的抽象描述，根据软件需求的分类，软件需求建模包括功能需求建模和非功能需求建模。目前，大部分比较成熟的需求工程方法都侧重于对功能需求进行建模，而对非功能需求的处理缺乏特别合适的解决策略，这主要是因为对非功能需求进行分析与建模非常困难，涉及面广，而且通常需要用领域特有的方式（金芝等，2008）。

软件需求建模的目标是为需求分析提供基础，基于不同需求模型可以实施不同的分析工作。对于功能需求分析，主要检查需求规约是否完整、一致、不存在歧义，是否遵守一系列期望的诉求，需求间是否存在冲突、重叠和依赖，还可以对需求实施仿真以获取用户的反馈。对于非功能需求分析，由于非功能需求间可能存在的冲突或促进关系，分析工作主要是推理对应非功能需求可行的设计、过程和管理相关解决方案，以及相应的满足度状态。

1. 功能需求建模与分析

目前已有的关于功能需求建模的方法一般为结构建模或者行为建模，其中，结构建模关注应用领域中的信息结构以及决定这些信息结构所允许的状态的规则，行为建模则关注操作该应用领域信息结构的活动以及触发这些活动的事件，行为建模分为面向对象建模和基于情景建模。

结构化分析模型包含四个主要元素，模型的核心是数据字典，其次是实体关系图（entity relationship diagram，ERD）、数据流图（data flow diagram，DFD）和状态变迁图（state transition diagram，STD）（金芝等，2008）。面向对象建模方法包括最早的Booch方法、Cord-Yourdon方法（又称为OOA/OOD方法）、Rumbaugh提出的OMT（object modeling technology）、Jacobson提出的OOSE（object-oriented software engineering）和目前最为广泛使用的UML（unified modeling language）。基于情景建模从具体的应用场景出发建模系统行为的具体细节，目前最主要的基于情景的方法是结合UML用例图的情景分析、主要用于电信行业的应用情景图（use case maps，UCM）和学术界研究的CREWS（cooperative requirements engineering with scenarios）。

对于功能需求的分析主要是使用需求分析技术检查需求规约，常用的需求分析技术包括分析检查表和交叉矩阵。需求分析检查表列举一系列问题，供需求工程师带着这些问题去检查需求规约；交叉矩阵用于描述任意两个需求之间可能存在的冲突、重叠或依赖（金芝等，2008）。

2. 非功能需求建模与推理

非功能需求涉及软件质量这个重要的问题，非功能需求解决得好坏直接影响软件的成败，但是非功能需求很难处理。首先，非功能需求是主观的，不同的人对它有不同的看法、不同的理解、不同的解释以及不同的评价方式；其次，非功能需求是相对的，对非功能需求的解释以及它的重要性根据要考虑的软件不同而不同，非功能需求的实现也是相对的，因为可以不断改进现有的技术提高非功能需求的满足度；最后，非功能需求之间是交互的，满足一个非功能需求可能会影响其他非功能需求的可满足性。总之，非功能需求很难处理，但处理好非功能需求的问题对软件开发的成败有决定性作用，需要有效的方法（金芝等，2008）。目前，非功能需求建模方法主要以面向目标方法为主，最近几年，面向方面需求工程方法逐渐受到关注。

面向目标需求工程（goal-oriented requirements engineering）方法认为需求阶段的主要任务是确定软件系统需求相关者想要实现的各项目标，目标表达了期望软件所体现出的行为以及要满足的约束。目标按照所描述的具体内容可以分为功能性目标和非功能性目标。以目标为需求获取的基本线索，面向目标需求工程方法通过将目标组织成与或树结构来表示目标的分解、精化和抽象关系，构成目标模型的主框架。按目标描述的抽象层次可以分为高层目标和低层目标，高层目标通常是粗粒度、策略性地作用于组织范围的抽象目标，低层目标通常是细粒度、技术性地作用于软件设计层面的具体目标（金芝等，2008）。KAOS、NFR框架和i*家族是最具代表性的面向目标需求的工程方法。

1）KAOS（knowledge acquisition in automated specification）

KAOS（Dardenne et al.，1993）提供一种多范型规约语言和一个面向目标的详细描述方法，KAOS语言结合语义网提出包含系统目标、需求、假设、主体、对象和操作的概念建模；使用线性时序逻辑描述规约目标、需求、假设和对象；使用基于状态的规约描述操作规约。KAOS方法引出并细化目标，从目标识别出对象和操作，诱导出满足目标的对象/操作的需求，并将需求和操作分配给主体（van Lamsweerde et al.，1998）。GRAIL（goal-driven requirements analysis, integration and layout）环境提供KAOS的工具支持，包括：捆绑语法编辑器的图形编辑器，支持模型分析、静态语义检查、视图过滤机制的面向对象数据库服务器，以超文本模式浏览模型的HTML生成器以及不同类型的报告生成器。

2）NFR框架（non-functional requirements framework）

与KAOS相比，NFR框架（Mylopoulos et al.，1992；Chung & Nixon，1995；Chung et al.，1999；Chung & do Prado Leite，2009）使用目标（goal）和软目标（softgoal）的概念区分功能需求（functional requirements，FR）和非功能需求。NFR框架的核心是用NFR驱动设计，构建软目标依赖图（softgoal interdependency graph，SIG），在SIG中，NFR作为根节点，表达利益相关者的预期目标，而和设计相关的设计决策作为叶节点，表达实现预期目标的动作，不管是根节点还是叶节点，都可以进一步细化。另外，节点间的依赖关系表达了NFR间的贡献关系（不同程度的促进或者冲突关系），贡献关系的程度用标记（label）表示，可以通过对SIG的标记扩展过程（label propagation procedure）实现需求分析，判断不同设计决策的作用。NFR-Assistant是支持NFR框架的原型工具。

3）i*（distributed intentionality）家族

i*家族主要包括：i*模型和基于i*模型的软件开发方法Tropos以及GRL（goal-oriented requirements language）。i*家族继承了NFR框架的软目标概念，基于组织层次结构与环境上下文进行需求获取和建模（金芝等，2008）。i*模型（Yu，1997）支持早期需求工程的建模与推理，包括两个主要模型：SD（strategic dependency）模型和SR（strategic rationale）模型，其中，SD模型描述一个组织机构中不同参与者（actors）之间的依赖关系，SR模型描述利益相关者的利益和关注点，以及如何通过不同的系统和环境配置满足他们的利益和关注点。Tropos（Castro et al.，2002）从三方面扩展了i*模型，首先，使用一阶时序逻辑为i*模型提供一个形式化描述语言Formal Tropos，用于描述规约中不同元素间的动态约束；其次，提供了详细的语义定义，用于形式化分析；最后，基于模型检测技术提出一个规约自动分析与仿真的方法。Tropos不仅支持早期需求建模，还支持后期需求建模、体系结构设计和详细设计，以缓解需求分析和系统设计间的语义鸿沟。GRL（Amyot & Mussbacher，2003）扩展了NFR框架和 i*模型，在 ITU-T（International Telecommunication Union）组织的 URN（user requirements notation）标准项目中用于描述业务目标、非功能需求、解决方案和决策原理。OME（organization modelling environment）（Liu et al.，2001）提供对 GRL、NFR 框架和 i*模型的面向目标和面向主体建模与分析的工具支持。

面向目标需求工程方法是首先深度研究非功能需求的方法，之后，面向方面思想的提出为解决非功能需求建模问题提供了一条新的途径，研究人员意识到在需求阶段就引入方面的概念和思想是十分必要的，从而诞生了面向方面需求工程（aspect oriented requirement engineering，AORE）。AORE 通过在需求阶段引入面向方面的思想，在系统开发早期对非功能性横切关注点的分离给予了很好的支持，有利于对需求进行综合分析和验证（Yu et al.，2009）。

2.2　可信软件分领域需求

软件可信性需求的研究是一项极为复杂的工作。从软件整个生命过程来说，从需求阶段到维护及演化阶段，软件过程中的一系列活动间存在着错综复杂的交互制约及规范化问题；从软件产品本身来说，软件自身具有开放性、阶段性、演化性、复杂性；从软件可信需求来说，此需求涵盖了可靠性、安全性、保密性、防危性等诸多方面，而这些需求之间还存在着错综复杂的交互关系；从软件可信评估的角度来说，各类如基于短板效应的评估、基于模糊法的评估、基于多决策的评估等，各种评估方式数不胜数；而从软件作用的领域来说，有工业、军事、商业、社会生活等多个领域，各个领域对于软件可信的要求各有不同，有的甚至大相径庭。例如，军事领域的软件对于保密性、安全性要求极高，对于易用性的要求可能就比较低，而民用领域的常规性软件对于易用性的要求就很高；农业类软件相应对功能性的要求就极高，而对于安全性之类的要求就远低于金融类系统软件。因此，我们首先通过查阅 244 篇文献报道，针对不同领域行业软件的可信需求进行统计分析，力图从较为客观的角度研究可信软件需求。当然，需要说明的是，我们的统计文献量是有限的，而且我们分析的可信软件需求也是有限的，随着计算技术的发展，此类统计分析需要不断持续更新和扩展。

2.2.1　可信软件需求领域统计方法

在信息化与智能化发展极为迅速的今天，软件已经遍及各行各业，各类系统软件已经处于各行各业神经中枢的关键地位，没有软件，各项工作将无法高效可靠地落实下去。但是，各行各业存在着截然不同的特点和本质上对软件不同的可信需求，这样一来就要求在软件开发的需求分析过程中，对软件各项可信需求有极为明确的定位。下面收集涉及中国各行业的软件系统事故、设计开发、综述类文献以及新闻报道 244 篇，并依据其涉及的行业细分为 9 个领域，对各领域中各项可信软件需求所占比例进行了数据统计的工作。具体统计方法如下。

（1）文献报道中有具体的内容描述某可信软件需求，则给该领域行业的对应可信软件需求加 1 分，例如，《医院信息系统应用中常见问题及对策》中，2.3 节讲述了数据安全的重要性，则对医疗领域软件的安全性加 1 分。

（2）文献报道中在总结或概述的段落中提及某一可信软件需求的重要性，则对该领域的对应可信软件需求加 0.5 分。

（3）对于期刊文献给予 2 倍的统计权重，报道给予 1 倍的统计权重，行业白皮书给予 5 倍的统计权重，权威期刊可适当增加权重倍数。

另外，为保证一定的客观性及统计正确性，应做到以下几点。

（1）尽量选择研究软件现状、发展、需求、方向，以及软件事故的文章进行研究，便于从中发现软件可信需求的描述。

（2）对于所统计文献并不明确表明各可信软件需求重要性的情况，在探究文献陈述内容时，通过理解描述的实际目的和潜在意义，挖掘其是否与各可信软件需求有关，若有关则按上述标准给分。

（3）系统设计类文献对于功能性的给分不能超过总分的 50%。同时，系统设计类文献要尽量对各功能模块进行分析，对其采用的技术方法要与同类技术方法相比较，若该技术方法对各可信软件需求有贡献，则酌情对其贡献的各可信软件需求给分，一般控制在 2 分以内。

（4）分析每个领域行业软件情况，基于领域行业软件细化分类，最大程度地覆盖领域内软件。

2.2.2　可信软件需求领域统计结果

1. 工业领域

现代工业结构由轻工业、重工业、化工工业三大部分构成。针对工业领域软件，收集 33 篇文献报道。

[1] 巩星明，段秋红，李淑英．工业计算机控制系统的基本分类及发展趋势．西山科技，2001，5：37-39．

[2] 胡毅，于东，刘明烈．工业控制网络的研究现状及发展趋势．计算机科学，2010，1：29-33，52．

[3] 刘威，李冬，孙波．工业控制系统安全分析．第 27 次全国计算机安全学术交流会，九寨沟，2012：41-43．

[4] 晓忆．我国工业控制系统普遍存在严重安全问题．http://netsecurity.51cto.com/art/201307/401376. htm[2013]．

[5] 曲春军．工业控制系统的网络化应用现状与发展．中国科技信息，2005，4：24．

[6] 李鸿培，于旸．工业控制系统及其安全性研究．中国计算机学会通讯，2013，9(9)：37-42．

[7] 蒋明炜．装备制造业管理信息化的难点、问题、重点和对策.http://wenku.baidu.com[2012].
[8] 济南二机床集团有限公司．装备制造业信息化的重点与难点，2008.
[9] 温艳，周立民，吴爱华．制造业信息化与工业工程.科学与管理，2004，3：39-41.
[10] 谢元泰．探析制造业信息化建设的问题和战略．http://www. docin. com/p-115583033.html[2011].
[11] 张健．我国制造业信息化发展战略研究．合肥：合肥工业大学，2008.
[12] 孟凡强．煤矿信息化现状及趋势浅析．http://wenku.baidu.com[2013].
[13] 薛思读，姜桂鹏，孙仁锋．论矿山企业信息化建设的现状与发展趋势．矿山机械，2008，36(8)：21-23.
[14] 李娟．我国煤矿信息化发展的趋势分析．http://www.doc88.com/p- 186631334920.html[2012].
[15] 濮立新．矿业及有色金属业的信息化需求.http://www.docin. com/p-542369521.html[2012].
[16] 张喜斌，贾金果．煤炭行业信息化建设探析．中州煤炭，2010，11：121-123.
[17] 何强．煤矿企业信息化建设中存在问题的思考及对策．煤炭技术，2008，7：173-174.
[18] 顾红，李华，陈磊．冶金行业与信息化建设.云南冶金，2007，36(5)：59-62.
[19] 信息化建设实践之冶金企业．http://www.docin.com/p-95459445.html[2010].
[20] 漆元华．冶金企业信息化建设研究．中国高新技术企业，2011，9：119-120.
[21] 仲伟克，张华俭．冶金企业的信息化建设模式及分析．包钢科技，2002，28(4)：42-44.
[22] 郭雨春．冶金企业ERP建设的现状及发展趋势分析．中国制造业信息化，2008，2：30-33.
[23] 电力企业信息化发展现状及其所面临的问题．http://www.doc88.com/p-645582645010.html[2012].
[24] 闫慧峰，乔存友．浅谈我国电力企业信息化的现状和问题．中国电力教育，2007，8：37-39.
[25] 分析目前国内电力行业信息化发展现状．http://news.bjx.com.cn/html/20090219/201464.shtml[2009].
[26] 唐晓辉.电力行业信息化建设现状与发展方向．http://www.vsharing.com/k/others/2004-3/474035. html[2004].
[27] 电力信息化的基本现状和三大转变．http://xinxihua.bjx.com.cn/news/20130827/455834.shtml[2013].
[28] 潘春晖．电力企业信息系统总体规划的阶段及其主要内容．计算机世界网，http://articles.e-works. net.cn/market/article2962.htm[2003].
[29] 卷烟行业背景及信息化现状．http://www.docin.com/p-293335897.html[2011].
[30] 解析2012年中国工业与信息化发展现状.中国改革论坛，http://wenku.baidu.com[2012].
[31] 廖朝辉，张毕西，张延林．中小制造企业信息化现状、问题及对策研究.工业工程，2005，3：33-36，48.
[32] 严建成．航空业信息化现状浅谈——飞机制造业信息化难点及建议．CAD/CAM与制造业信息化，2008，9：22-24.

[33] 姚佐平. 汽车制造信息系统 AMIS 与工业工程 IE 集成研究. 机电产品开发与创新, 2006, 19(5): 49-51.

上述文献主要涵盖了工业软件的设计开发、需求分析以及工业事故报道，涉及制造业、矿业、冶金业、电力等行业。通过分析每篇文献报道中各项可信需求在需求分析、设计开发和事故产生中的重要性，统计出各项可信需求在工业领域软件中的比例，如图 2.4 所示。

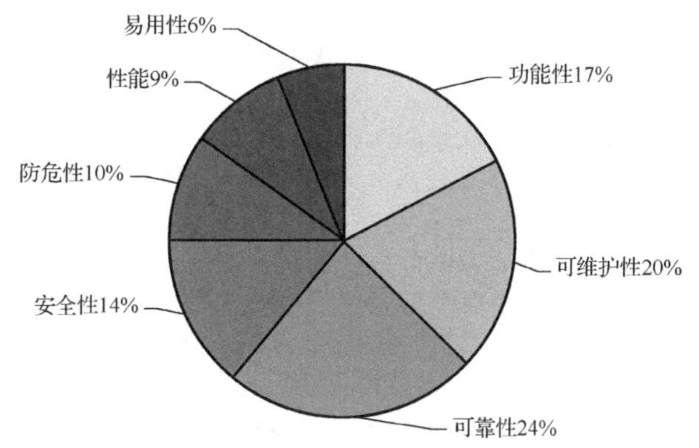

图 2.4　工业软件可信需求统计结果

从统计结果可以看出，工业软件对于可靠性的要求最高，占 24%，可靠性可以细分为规定时间完成能力和规定条件完成能力。工业用软件的核心是工业控制系统，这一系统对于按时按量完成生产任务有严格的要求，基于此，工业软件对于系统可靠性的要求较高。至于工业领域软件对于易用性的低要求或许是因为工业生产的专业性，技能工人对于控制信息系统的使用一般会经过较为专业的训练。

2. 农业领域

农业领域软件一般分为农业管理信息系统、农业决策支持系统以及农业专家系统。针对农业领域软件，收集 27 篇文献报道。

[1] 刘忠. 中国农业管理信息系统发展现状、问题、趋势与对策. 农业工程学报, 2005, S1: 209-214.
[2] 张成才, 孙喜梅, 黄慧. 土地资源管理信息系统中的关键技术问题研究. 计算机工程, 2003, 8: 228-229, 250.
[3] 马祖社. 基于 GIS 的土地利用现状查询系统设计与开发. 能源技术与管理, 2007, 3: 121-122, 137.
[4] 张冠斌, 何秉宇, 张力猛, 等. 省级土地资源管理信息系统的设计与功能实现. 新疆大学学报, 2003, 1: 37-41.
[5] 宋伟东, 张永彬, 龙学柱. 土地资源的信息化管理. 辽宁工程技术大学学报, 2002, 21(1): 19-21.
[6] 丁雷, 王鑫, 林喜庆. 国土资源管理信息化建设与发展. 科技传播, 2012, 5: 81-83.
[7] 范蓓蕾. 基于组件的国家级农情遥感监测信息系统的研究. 北京: 中国农业大学, 2006.
[8] 宋健. 小麦农情信息管理系统的设计与实现. 泰安: 山东农业大学, 2013.

[9] 周清波．国内外农情遥感现状与发展趋势．中国农业资源与区划，2004，5：1-17.
[10] 李家恩．重庆市綦江区农情信息体系发展现状及对策．现代农业科技，2012，19：306-307.
[11] 吴一梅，沈媛，张开进，等．如皋农情信息体系发展现状及对策．农技服务，2013，1：23-26.
[12] 林育红，蔡卫群，曹文田．林业有害生物防治管理信息系统的开发与设想．国土绿化，2005，9：23-24.
[13] 许哲．安徽省县级林业有害生物管理信息系统的设计与实现．长春：吉林大学，2007.
[14] 洪运华．现代农资物流管理信息系统构建研究．物流技术，2010，8：123-125.
[15] 王智初．农资流通企业信息化建设的理论与实证研究．北京：中国农业大学，2005.
[16] 全国农资连锁配送管理信息系统项目的整体管理．中国管理案例共享中心案例库，http://www.docin.com/p-535398635.html[2012].
[17] 李艳．北大荒农资与农产品分销系统的设计与实现．北京：北京邮电大学，2008.
[18] 苏希．商品猪精细养殖生产管理数字化平台的构建与实现．北京：中国农业科学院，2005.
[19] 沈庙成．农牧渔业部决定筹建渔业管理信息系统．中国水产，1984，8：5.
[20] 江开勇，郭毅．以信息化提升现代渔业管理水平——浙江省渔船安全救助信息系统建设启示．中国水产，2010，2：21-22.
[21] 单士睿，谢俊花．农业机械化管理信息年报系统设计．农机化研究，2007，10：94-95，122.
[22] 朱军．种猪数字化养殖平台的构建．农业工程学报，2010，26(4)：215-219.
[23] 邓春秀．三台县农机管理信息系统开发研究．成都：电子科技大学，2010.
[24] 张玉平，迟海龙．农田水利灌溉高级应用软件研究与开发．水电站机电技术，2011，3：123-124，131.
[25] 李景志．分布式水利灌溉自动控制系统的研究与设计．兰州：兰州理工大学，2008.
[26] 宋培卿．节水灌溉自动化远程控制系统的研究与应用．南京：河海大学，2004.
[27] 李晓东．低功耗智能灌溉控制系统的设计．太原：太原理工大学，2001.

其中主要涵盖了农业软件的设计开发文献、需求分析文献以及农业信息化创新的报道。通过分析每篇文献报道中各项可信需求在需求分析、设计开发和信息化建设中的重要性，统计出各项可信需求在农业领域软件中的比例，如图 2.5 所示。

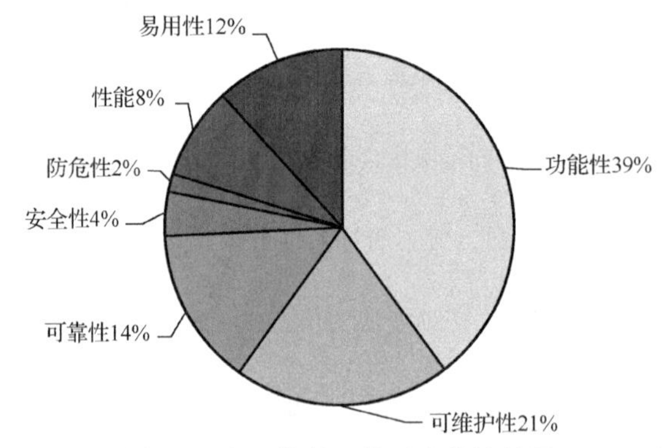

图 2.5　农业软件可信需求统计结果

从图 2.5 的统计结果可以看出，农业软件对功能性的要求极高，占 39%，其主要原因是中国农业信息化尚处于初步建设阶段，农业活动中仍有很多方面处于人工劳作阶段，农业软件对功能性的要求必然极高。同时可以看出，农业软件对于防危性和安全性的要求很低。这可以理解为现阶段的农业信息数据多是在国家政策中可全面共享的数据，因此，安全性、防危性仅占 4%与 2%的比例。

3. 交通领域

近年来由于我国国民经济的飞速发展，汽车保有量呈爆发式增长，交通运输方面的管理软件开始涌现，特别是智能交通系统（intelligent transportation systems，ITS）的建设，承担了国家运输命脉清道夫的重任。针对道路交通领域软件，收集 23 篇文献报道。

[1] 智能交通应用背景分析．物联网在线，http://www.iot-online.com/xingye-yingyong/st/2011/0815/10374. html[2011].
[2] 管丽萍，尹湘源．交通事件管理系统研究现状综述.中外公路，2009，3：260-266.
[3] 陈吉彦．城市交通突发事件应急管理系统研究．西安：长安大学，2010.
[4] 罗钦，朱效洁，陈光华，等．城市轨道交通事故故障统计及预警管理信息系统设计．城市轨道交通研究，2005，6：49-52.
[5] 于庆年．交通事故统计监控系统的设计．数理统计与管理，2002，4：11-14.
[6] 包勇强，蔡岗．公安交通管理信息系统省级数据集中管理模式研究．中国公共安全，2009，2：108-111.
[7] 杜宏川．智能化交通管理系统国内外发展现状分析．吉林交通科技，2009，2：61-62.
[8] 中山智能交通管理系统信息化存在问题．中国一卡通网，http://wenku.baidu.com[2013].
[9] 王超杰．基于 GIS 的可视化交通管理系统的研究．大众科技，2006，2：130-131.
[10] 王亮，马寿峰，王正欧．天津城市快速路智能交通管理系统研究．综合运输，2004，10：58-61.
[11] 贲丽丽．城市交通事故紧急救援系统研究及辅助决策系统设计．南京：河海大学，2007.
[12] 郭吴乾．基于 GIS 的哈尔滨市道路交通事故信息管理系统研究．哈尔滨：东北林业大学，2007.
[13] 浦恩超．交通事故处理信息系统研究与开发．昆明：云南大学，2006.
[14] 北京博瑞巨龙电脑技术有限公司．公安交通事故管理信息系统，http://wenku.baidu.com[2010].
[15] 包永强，江海龙．交通管理信息系统软件安全设计与应用．中国公共安全，2009，17(4)：106-108.
[16] 王英．桐乡市交通事故信息系统的设计与实现．大连：大连理工大学，2007.
[17] 张崇坚．GPS 智能交通管理信息系统．广州：中山大学，2010.
[18] 国内外先进交通管理系统的发展和研究现状．中国智能交通网，http://www.zhinengjiaotong.com/solution/show-4358.htmlp[2011].
[19] 城市综合交通信息管理系统技术研究现状.中国智能交通网，http://www.zhineng-jiaotong.com/ tech/show-9060.html[2012].

[20] 智能化交通管理系统国内外发展现状. 中国智能交通网, http://www.21its.com/Common/Docu-mentDetail.aspx?ID=2012020214021508593[2012].
[21] 邓金. 北京市道路交通事故信息管理系统的设计与实现. 北京: 北京工业大学, 2006.
[22] 张志敏. 道路交通事故处理信息管理系统的设计与实现. 成都: 四川大学, 2005.
[23] 印洪浩. 道路交通事故信息管理系统的研究与开发. 重庆工学院学报, 2006, 2: 32-34, 70.

其中主要包括道路交通软件的设计开发文献、需求分析文献以及交通安全事故的报道。通过分析每篇文献报道中各项可信需求在需求分析、设计开发和事故产生中的重要性，统计出各项可信需求在交通领域软件中的比例，如图 2.6 所示。

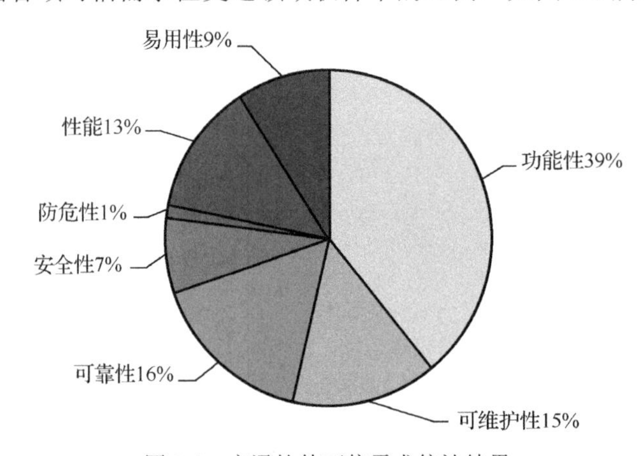

图 2.6　交通软件可信需求统计结果

从统计结果可以看出，我国的道路交通领域软件大多处于发展阶段，此阶段软件对于功能性的要求最高，占 39%，究其原因是道路交通软件功能性的不健全问题仍有待解决。相较之下，软件防危性这一可信需求所占比例极低，仅占 1%，这可能是统计数量不足造成的，但是考虑到诸如高铁事件的系列事故发生，对于道路交通领域软件的防危性应给予更多重视。

4. 金融领域

金融业一般包括银行业、保险业、信托业、证券业和租赁业。金融类软件一般包括核心业务类软件、中间业务类软件、管理类软件。对于金融信息产业，尤其是核心银行系统，项目实施周期长、风险高已成为行业的共识，另外，在业内人士看来，这些系统的可靠性、灵活性、重用性以及可维护性也应多予以考虑。

针对金融领域软件，收集 31 篇文献报道。

[1] 刘秋莲. 我国商业银行信息系统风险管理与对策. 价值工程, 2011, 7: 166-167.
[2] 王淼, 郭晓晖, 许向军, 等. 证券行业信息系统备份能力现状浅析. 信息安全与技术, 2011, 12: 68-71.

[3] 金融业信息系统安全现状. 安全在线, http://wenku.baidu.com[2010].
[4] 金融业软件技术发展现状分析. 中商情报, http://www.ciotimes.com/industry/jr/66369.html[2012].
[5] 2013年中国金融行业信息化建设与IT应用趋势研究报告. 中商情报, http://www.askci.com/reports/201304/16135422201252.shtml[2013].
[6] 浅析我国金融信息化发展战略. http://www.doc88.com/p-513670681496.html[2009].
[7] 孙莹, 张莹. 我国金融信息化发展现状及战略分析. 现代商业, 2014, 4: 36.
[8] 王冬春, 李毅学, 冯耕中. 我国物流金融业务信息系统发展现状分析. 金融理论与实践, 2009, 12: 58-61.
[9] 金融行业信息化现状. http://www.docin.com/p-722742439.html[2013].
[10] 信息化: 现代金融服务的命脉——我国金融业信息化发展现状与趋势调查报告. http://wenku. baidu.com[2011].
[11] 张雪锋. 我国金融信息化建设现状及发展. 价值中国网, http://cio.ctocio.com.cn/hyxxh/215/ 8189715.shtml[2008].
[12] 张勇, 李琼. 农村金融机构信息化现状调查与分析. 中国金融电脑, 2012, 2: 84-86.
[13] 常鹏晖. 金融业计算机网络系统面临的安全威胁. 中国金融电脑, 2008, 20: 87.
[14] 亿阳通信. 中国金融行业计算机网络安全解决方案. http://www.doc88.com/p-846811179504.html[2012].
[15] 银行业信息化现状、未来趋势、新风险和对策. http://wenku.baidu.com[2013].
[16] 陈静. 中国银行业信息化热点与难点. 腾讯财经, http://finance.qq.com[2005].
[17] 我国银行业信息化建设现状. http://www.doc88.com[2011].
[18] 保险业分支机构信息化建设风险浅析. http://wenku.baidu.com[2011].
[19] 信托行业信息化系统技术白皮书. http://doc.mbalib.com[2012].
[20] IT运维助证券业"软"实力着陆. 东方今报, http://news.sina.com.cn[2013].
[21] 中国证监会信息中心. 证券期货业信息化建设和信息系统安全情况通报. http://www.doc88.com[2012].
[22] 证券公司营业部信息系统监管. http://wenku.baidu.com[2011].
[23] 唐磊. 商业银行信息科技风险现状与管理策略分析. 中国金融电脑, 2009, 2: 48-51.
[24] 郭晓峰. 银行计算机管理系统维护现状与对策研究. 中国新技术新产品, 2009, 15: 48-49.
[25] 刘益民. 银行综合业务网络系统的安全问题的分析与研究. 上海: 上海交通大学, 2008.
[26] 黄海源. 银行设备管理信息系统的设计与实现. 金融电子化, 2002, 10: 39-41.
[27] 陈颖. 银行电子产品部管理信息系统设计与实现. 大连: 大连理工大学, 2006.
[28] 陆林春, 管惠生, 江海春. 我国医疗保险管理信息系统现状及其建议. 卫生软科学, 2000, 6: 22-25.
[29] 杨静. 社会保险计算机管理信息系统建设中的问题分析. 大连: 大连理工大学, 2002.
[30] 张再生, 马蔚姝. 中国社会保障信息化建设的现状评估及对策研究——以医疗保险为例. 第五届社会保障国际论坛, 2011.
[31] 黄健. 失业保险就业援助信息系统的设计与实现. 长沙: 中南大学, 2009.

这些文献主要包括金融软件的设计开发、需求分析以及金融软件灾难的报道。通过分析每篇文献报道中各项可信需求在需求分析、设计开发和灾难事故产生中的重要性，统计出各项可信需求在金融领域软件中的比例，如图 2.7 所示。

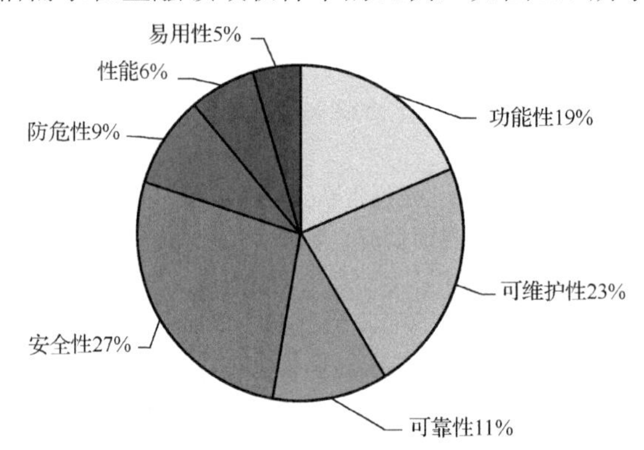

图 2.7　金融软件可信需求统计结果

从统计结果可以看出，金融领域软件对于安全性的要求非常高，占 27%，因为有不少金融灾难出自非法入侵等安全问题。同时，金融软件通常涉及大量资金的流通，对于保密性、完整性的要求必然较高。另外，统计结果显示，功能性和可维护性持续保持着较高的比例，这两项需求决定了软件的根本作用及其能否持续性地提供作用。

5. 医疗领域

随着各类医疗信息系统的建设，医用软件覆盖面越来越广，医院数字化进入蓬勃发展阶段。医院数字化在不同历史阶段有着不同的含义，总体上可以分为三个阶段：第一阶段为管理数字化阶段，第二阶段为医疗数字化阶段，第三阶段为区域医疗阶段。由于我国的很多大中型医院已经进入第二阶段，医疗信息系统的覆盖范围就变得极为广泛，从一般的医院事务管理到具体而专业的医用软件种类繁多，由于这类软件所应用的特殊领域，医疗软件对于软件可信也就提出了很高的要求。

针对医疗行业软件，收集了 26 篇文献报道。

[1]　国内外医院数字化的发展现状和未来趋势．比特网，http://expo.hc3i.cn [2010].
[2]　畅小琴．医院计算机信息系统常见问题、故障以及对策．中国医疗器械杂志，2003，4: 60-62.
[3]　李雪丽．浅析医院信息系统存在的问题与发展．医疗设备信息，2006，3: 47-51.
[4]　王晓丹．当前医疗信息化存在的问题及对策研究．医学信息学杂志，2011，1: 52-55.
[5]　李文峰，董占江．医院信息系统建设存在的问题及其对策研究．医疗卫生装备，2004，1: 59-60.
[6]　赵卉生，孙大华．医院信息系统建设发展中存在问题与对策．中国肿瘤，2007，2: 98-99.

[7] 黄冬至. 医院信息系统建设中应重点关注的几个问题. 华夏医学, 2011, 5: 83-84.
[8] 张强, 辛咏萍. 医院信息系统建设中应关注的问题. 中国医疗器械杂志, 2002, 26(1): 67-68 .
[9] 医院信息系统建设存在的问题及改进对策. http://www.go-gddq.com[2013].
[10] 王占明, 王长军, 陈雪峰, 等. 医院管理信息系统建设初期存在的问题及其对策. 中国卫生质量管理, 1999, 4: 49-50.
[11] 周建如, 黄德平. 浅谈中小型医院信息化建设中的问题与对策. 首席医学网, http://journal.9med.net[2006].
[12] 鲍满意. 中小型医院信息化建设存在的问题和对策. 常州实用医学, 2009, 6: 386-387.
[13] 刘丹红, 张玉海, 徐勇勇, 等. 医院信息标准化应遵循的几个原则与主要内容. 中国医院统计, 2002, 2: 10-12.
[14] 尹红肖, 延杰. 医院信息系统集成应用中存在的问题及相关对策. 中华现代医院管理杂志, 2004, 2(1): 18-19.
[15] 焦伟. 医院管理信息系统建设应注意的六个问题. 医学信息, 2007, 9: 55-56.
[16] 孙丽琼, 郭远琼. 医院信息管理系统开发运行中需要注意的几个问题. 医学信息, 2000, 9: 19-20.
[17] 刘逸敏, 李捷玮. 医院信息系统建设过程中若干问题讨论与对策. 医疗设备信息, 2007, 1: 36-37.
[18] 张国伟, 张鉴, 郭红霞. 医院信息系统在引进和使用中应注意的一些问题. 实用医技杂志, 2002, 9(2): 153-155.
[19] 杨贵琦. 医院信息系统建设现状与展望. 中国医学教育技术, 2006, 1: 89-92.
[20] 张畔枫. 我国医院信息系统的发展现状及趋势. 医学情报工作, 2004, 4: 273-274.
[21] 廖先珍, 唐续国. 国内医院信息管理系统的应用现状及发展趋势. 医学信息, 2005, 18(8): 873-875.
[22] 许佳鸿. 我国医院信息系统的现状分析及其发展趋势. http://www.doc88.com [2012].
[23] 陈郑达. 论我国医院信息系统的现状及问题与发展趋势及对策. http://wenku.baidu.com[2011].
[24] 何伟胜. 论我国医院信息系统的现状及问题与发展趋势. 中华现代医院管理, 2005, 3(1): 56-57.
[25] 中国医院协会信息管理专业委员会. 中国医院信息化发展研究报告(白皮书), 2007.
[26] 肖杰, 郭云仙. 我国医院信息化建设的若干问题探讨. 卫生软科学, 2010, 2: 17-18.

其中主要包含医用软件的设计开发文献、需求分析文献以及运维中所遇困难的报道。通过分析每篇文献报道中各项可信需求在需求分析、设计开发和运维过程中的重要性，统计出各项可信需求在医疗领域软件中的比例，如图 2.8 所示。

从统计结果可以看出，医用软件对于可维护性的要求很高，占 36%，这主要是由医院作为公益性组织的长期稳定性决定的，医用软件的使用期通常很久，除了日常性的维护，也会遇到很多版本更新、系统集成的情况。从统计结果还可以看出，医用软件对于性能的要求并不高，仅有 2%，除去统计数量不足这一因素外，通常仅有直接作用于如手术等医疗事件的医用软件对于性能有较高要求。

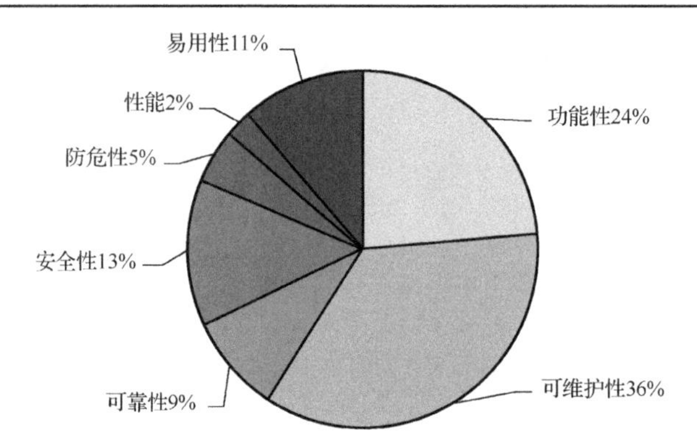

图 2.8　医疗软件可信需求统计结果

6. 城市管理领域

城市管理领域的系统软件在此主要指用于数字化城市建设的软件，这类软件的目标是建立一个数据整合的虚拟化城市，并将其与现实城市相结合，使驻扎其中的企业、社区、政府、各服务行业，包括在城市中生活的每一个人能够利用这一虚拟化的城市高效、快捷、方便地生活、学习和工作。针对数字化城市管理类软件，收集了 24 篇文献报道。

[1] 邵长鸣，张帅．数字化城市管理及其重点要素分析．http://www.docin.com[2012]．
[2] 数字化城市管理系统总体实施方案．http://wenku.baidu.com[2012]．
[3] 城市综合管理委员会．城市数字化城市管理系统总体实施方案．http://www.doc88.com[2011]．
[4] 城市管理及应急联动信息中心视频监控系统项目．上海闵行区城市管理及应急联动信息中心视频监控系统．http://wenku.baidu.com[2011]．
[5] 县(市)数字化城管建设领导小组．县(市)数字化城市管理系统建设项目实施方案参考范本．http://www.baidu.com[2014]．
[6] 山东正元地理信息工程有限公司．基于 RFID 市政管线管理系统方案．http://wenku.baidu.com[2011]．
[7] 宁波市江北区数字化城市管理系统项目技术方案书．http://www.doc88.com[2014]．
[8] 陆敏仪．基于可视化技术的城市管网规划管理系统．上海：华东师范大学，2009．
[9] 城市综合监控管理系统规划方案．http://wenku.baidu.com[2011]．
[10] 刘洋．基于 GIS 城市地下综合管线管理系统的设计与实现．大连：大连理工大学，2007．
[11] 朱顺痣．基于 Geodatabase 城市综合地下管线管理系统的研究与实践．厦门：厦门大学，2007．
[12] 黄来源，李军辉，李远强，等.基于物联网技术的城市地下管线智能管理系统．物联网技术，2012，4：70-73，78．
[13] 张开广，孟红玲．洛阳市城市地下管网系统的设计与实现．测绘学院学报，2003，3：57-59．
[14] 刘修国，袁国斌．基于 MAPGIS 的地下管线信息系统设计．地球科学，1998，4：48-50．

[15] 陈虎，王国荣，王志宏．利用现代新技术建立地下管线管理信息系统——常州市地下管线普查情况介绍．城市规划，1999，12：57-58．
[16] 董仲奎．城市地下管线档案信息管理系统的建立．第五届社会保障国际论坛，2004．
[17] 戢武平．城市综合地下管线地理信息系统的设计与实现．赣州：江西理工大学，2012．
[18] 孙茂存．杨凌示范区地下管线信息化管理系统研究．西安：西安科技大学，2012．
[19] 刘琦．地下管线突发事故处置智能决策支持系统的研究与实现．北京：北京交通大学，2010．
[20] 陈光辉．GIS技术在城市地下管线管理中的应用．长沙：中南大学，2004．
[21] 张雨明，赵永红，袁亮．城市地下管网GIS总体设计研究．新疆石油学院学报，2001，4：77-80．
[22] 刘弘胤．数字化城市管理信息系统中移动应用模块的设计与实现．广州：华南理工大学，2011．
[23] 殷殿龙．试析城市地理信息系统的城市管理功能．佳木斯大学社会科学学报，1999，3：80-81．
[24] 周鸣乐，周长伦，姜家轩，等．数字化城市管理信息系统建设与监理要素分析．信息技术与信息化，2008，1：62-64．

其中主要包括城市管理软件的设计开发文献、需求分析文献以及运维中所遇困难的报道。通过分析每篇文献报道中各项可信需求在需求分析、设计开发和运维过程中的重要性，统计出各项可信需求在城市管理软件领域中的比例，如图2.9所示。

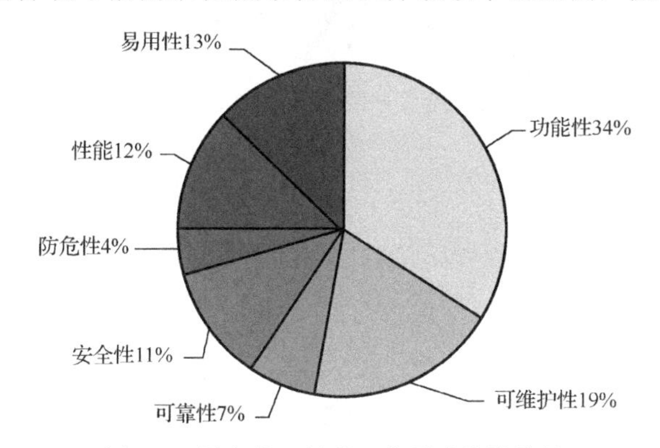

图2.9　城市管理软件可信需求统计结果

在我国，数字化城市还处于发展阶段，城市管理类软件对于功能性的需求还很高，从统计结果可以看出，功能性需求比例高达34%。除此之外，城市管理类软件对易用性、性能、防危性、安全性、可靠性与可维护性的需求处于较为均衡稳定的情况。

7. 军工领域

军工产业一向是国家的战略性产业，军工企业承担着国防科研生产任务，为国家武装力量提供各种武器装备研制及军工生产经营活动的管理（龚琦琦，2012）。通常，大型军工产品结构复杂庞大，甚至要求产品具备很高的精密度，由此导致军工产品的开发、试制、试验、生产、安装、集成、维护等过程都非常复杂且烦琐。军工领域的生产管理软件对于软件可信的需求应运而生。

针对军工领域的生产管理类软件，收集 26 篇文献报道。

[1] 龚琦琦．军工信息安全与保密管理．保密科学技术，2012，11：47-49.
[2] 军工企业研发管理现状和先进管理模式浅析．龙源期刊网，http://www.qikan.com.cn[2011].
[3] 赵黎．军工计算机信息系统安全保护．http://wenku.baidu.com[2010].
[4] 军工系统涉密信息系统分级保护的几个问题．http://www.qzbm.gov.cn/ReadNews.asp?NewsID=62[2010].
[5] 王凯．基于网络的某型号军工产品质量管理信息系统的研究与开发．南京：南京理工大学，2005.
[6] 朱接印．生产企业军工产品质量问题信息管理系统研究与开发．武汉：武汉理工大学，2012.
[7] 李彦明，杨宝平．推进军工企业信息化建设．http://www.doc88.com/p-10955221 2015.html[2013].
[8] 军工涉密信息系统面临的主要风险及其因应安全策略．http://wenku.baidu.com[2011].
[9] 马进胜，杨敏，王冬海．军工信息系统安全风险评估研究．项目管理技术，2009，8：24-28.
[10] 张朝，林奇，田志民，等．军工行业信息安全保密管理制度规范化探讨．保密科学技术，2011，4：3，37-42.
[11] 肖哲．军工企业内网主机信息安全管理系统设计与实现．西安：西安电子科技大学，2012.
[12] 军工企业内网安全解决方案．http://wenku.baidu.com[2010].
[13] 刘亢虎，常文兵．军工产品质量与可靠性信息管理运行机制的探讨．国防技术基础，2007,5：22-25.
[14] 彭旭，白文亮．让信息化建设为提升制造业企业核心能力服务——探讨如何在军工企业信息化建设中实践“信息化融合工业化”思想．航空制造技术，2008，8：43-46.
[15] 张锦蜀．军工企业信息网络系统安全的研究和解决方案．成都：电子科技大学，2010.
[16] 吕华念．军工企业全面风险管理信息化规划．现代经济信息，2011，13：53-54.
[17] 叶琴．军工企业物流信息管理及产品状态监控远程操作平台．成都：四川大学，2005.
[18] 杨勤．军工信息安全风险评估与控制措施．硅谷，2013：161-162.
[19] 郭凯．基于 COM+的军工企业信息集成门户系统研究与实现．昆明：昆明理工大学，2005.
[20] 陈公昌，朱晓军，彭飞，等．军工企业管理信息系统的规划方法及应用．船海工程，2001，S2：15-17.
[21] 尹开贤．军工单位信息系统的安全保密形势与对策．第十一届保密通信与信息安全现状研讨会论文集，厦门，2009.
[22] 赵璐．军工行业信息安全防护探讨．河南科技，2013，12：22.
[23] 申利峰．国防科技工业信息安全与保密管理．核标准计量与质量，2008，3：19-22.
[24] 石良玉．对军工企事业信息安全保密工作的若干思考．今日科苑，2009，4：35-36.

[25] 胡建，陈勇华．单点登录在军工信息系统集成中的应用研究．信息化研究，2009，2：4-7．

[26] 鄢力．导弹电子产品军工企业实施 ERP 方案研究．成都：电子科技大学，2011．

其中主要包括军工生产管理软件的设计开发文献、需求分析文献以及运维中所遇困难的报道。通过分析每篇文献报道中各项可信需求在需求分析、设计开发和运维过程中的重要性，统计出各项可信需求在军工领域生产管理软件的比例，如图 2.10 所示。

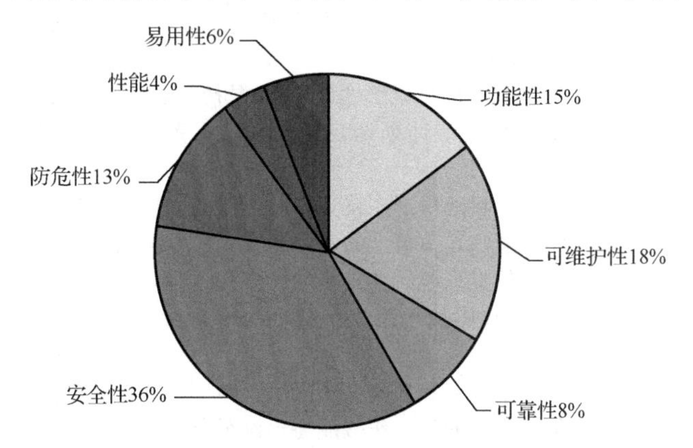

图 2.10　军工领域生产管理软件可信需求统计结果

由于军工领域这些生产管理软件的特殊性，它对于安全性这一可信需求的要求很高，从统计图可以看出，其对于安全性的需求比例高达 36%。除此之外，军工生产管理软件对于功能性的要求比其他领域软件略低，究其原因是军工类生产管理软件的国家掌控性和稳定性，军工生产管理软件一般有较为一致的固定框架模式，对于功能性的需求因此较为稳定。

除了生产管理软件外，在军工领域，作战指挥系统也是一类重要的军工软件，这类软件系统通常是由许多系统组成的复杂系统，它将自动化装备、通信装备和作战装备联系起来，为指挥员和参谋人员收集和分析情报，制定计划和命令，为监视战术战场提供帮助，同时制定未来的作战计划（张景春，2005）。

针对作战指挥软件系统，收集 26 篇文献报道。

[1] 张景春．基于 Agent 的分布式作战指挥系统的设计．天津：南开大学，2005．

[2] 王聪，王智学．军事电子信息系统的需求模型．解放军理工大学学报，2008，9(4)：328-334．

[3] 刘涛，姜文志．军事管理信息系统安全管理研究．网络安全技术与应用，2008，10：44-45．

[4] 高阜乡，马超，欧有远．军事电子信息系统互操作性测评研究综述．中国电子科学研究院学报，2009，1：23-29．

[5] 王亚．军事综合电子信息系统作战适用性分析与评估方法．火力与指挥控制，2010，8：79-83．

[6] 万谦崔，灿严红．未来陆军作战指挥信息系统的发展．http://www.docin.com/p-691231908.html[2013].
[7] 吴春．加强军队指挥自动化系统建设提高一体化联合作战能力．中国电子学会电子系统工程分会第十三届信息化理论学术研讨会，2006.
[8] 谢希仁．指挥自动化系统中需要认真研究的几个技术问题．军事通信技术，1986，1: 3-9.
[9] 郑葆，王秀春．美陆军战斗指挥系统现状及未来展望．国外坦克，2010，4: 20-25.
[10] 刘振国，师卫，张钟铮．陆军战术指挥控制系统体系结构研究．AECC 专题学术研讨会论文集，太原，2007.
[11] 张新征，张晓玲．国外陆军信息系统建设历程探析．国外坦克，2012，3: 18-22.
[12] 黄小宁，刘伟．从美军信息战计划谈我军炮兵指挥系统现状及发展方向．火力与指挥控制，1997，1: 3-7.
[13] 刘世彬．信息化条件下炮兵战争形态特点与运用探析．网络与信息，2011，5: 15.
[14] 李玉琢．关于网络实时通信在军事上的应用研究．长春：吉林大学，2008.
[15] 侯溯源．三维战场态势信息系统研究与实现．郑州：解放军信息工程大学，2008.
[16] 侯锋，张军，李国辉．共用战场态势信息系统研究综述．测绘科学，2007，6: 18-21，205.
[17] 朱礼民．军事网络安全中数字签名研究及应用．重庆：重庆大学，2008.
[18] 郭进成．加强基于信息系统的体系作战能力建设军交运输保障训练探析．汽车运用，2011，11: 14.
[19] 梅宪华．美军信息作战理论的发展与信息安全保障制度的构建．军事历史研究，2006，4: 120-127.
[20] 杨学义．我国军队信息化建设的战略选择．西安财经学院学报，2006，1: 53-55.
[21] 陈新．我国电子军务发展问题与对策．沈阳：沈阳师范大学，2010.
[22] 杨文潇．谈军队信息化过程中存在的问题和对策．硅谷，2008，2: 111-112.
[23] 丛友贵．加速构建军队信息安全保障体系．信息安全与通信保密，2002，11: 22-24.
[24] 樊莉，刘志勤，赵玖玲．构建军事信息系统安全体系的研究．网络安全技术与应用，2005，10: 59-61.
[25] 苏翔宇，石影，黄子才．基于军事信息网格的电子作战文书系统建设．指挥控制与仿真，2008，2: 75-78.
[26] 郑崇璞．面向体系作战能力的海军指挥信息系统建设．指挥信息系统与技术，2013，6: 23-25，62.

其中主要包含作战指挥软件的设计开发文献、需求分析文献以及相关军事新闻报道。通过分析每篇文献报道中各项可信需求在需求分析、设计开发和相关新闻报道中的重要性，统计出各项可信需求在军工领域作战指挥软件系统中的比例，如图 2.11 所示。

由于国家对各类作战指挥系统的严格保密性，所以对于作战指挥软件可信需求的统计数据大多源于新闻类报道，报道中对于作战指挥软件各种各样的、高稳定性的、高效的功能有较为详尽的描述。所以该项统计中功能性所占的权重高达 49%，可靠性与性能的统计比例也较高，分别为 18%和 20%。

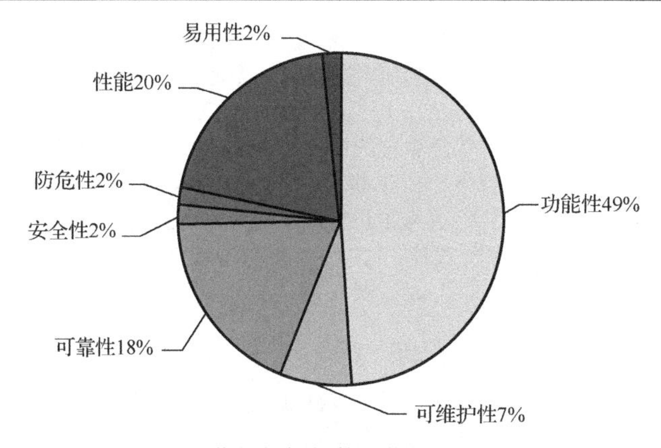

图2.11　作战指挥软件可信需求统计结果

8. 企业领域

对于任何一家稍具规模的企业、机构或组织来说，人事管理软件都是其必不可少的工具。人事管理软件作为企业信息化管理的一部分，使用计算机对人事信息进行管理，实现检索迅速、查找方便、可靠性高、存储量大、保密性好、寿命长、成本低等需求。这一系列特点也使人事管理软件具备可信软件的需求。

针对人事管理软件，收集28篇文献报道。

[1] 企业人事工资管理系统. http://www.docin.com/p-140386977.html[2011].
[2] 丁瑜. 企业人事工资管理信息系统. 大连: 大连理工大学, 2007.
[3] 吴烈, 唐伟. 考勤工资管理系统的设计与实现. 辽宁工程技术大学学报, 2006, 25: 281-282.
[4] 虞翔. 基于B/S的人事管理系统的实现. 南京: 南京理工大学, 2007.
[5] 杨升平, 程春喜. 中小企业人事管理系统的设计与实现. 科技信息: 科学教研, 2007, 21: 163-164.
[6] 周锋. 中职学校教师人事档案与工资管理信息系统开发. 成都: 电子科技大学, 2011.
[7] 刘宁. 建立行之有效的高校人事管理系统. 鞍山师范学院学报, 2011, 1: 103-104.
[8] 韩斌. 基于B/S的学校人事办公系统开发及应用. 办公自动化, 2008, 24:18-19.
[9] 刘晓静. 浅谈企业人事工资管理系统的设计与实现. 时代金融, 2012, 12: 304.
[10] 谢琳洁. 中小型企业人事工资管理系统的分析与设计. 福建电脑, 2009, 2: 125, 138.
[11] 伍杰. 企事业单位人事工资管理系统应用问题研究. 科技创新与应用, 2012, 12: 265.
[12] 刘琪. 教务管理信息系统. 上海: 上海师范大学, 2009.
[13] 叶凯. 中航607所的人事和工资管理系统. 成都: 电子科技大学, 2007.
[14] 徐铁. 辽阳市旅游公司人事管理系统分析与设计. 长春: 吉林大学, 2012.
[15] 张仕乔. 人事管理系统的设计与实现. 科技创新导报, 2011, 17: 223.
[16] 程华莎. 基于ASP.NET的人事管理系统的设计与实现. 昆明: 云南大学, 2010.
[17] 李廷. 电信人事管理系统设计. 成都: 电子科技大学, 2009.

[18] 徐丹．高校人事管理系统的设计与实现．上海：华东师范大学，2010.
[19] 王华伟．柔性化工资管理系统的研究与设计．上海：华东师范大学，2010.
[20] 刘嘉．浅谈人事与工资管理系统在工作中的运用．热带农业科学，2009，5：87-89.
[21] 李国锋．银行业人力资源管理系统的设计与实现．成都：电子科技大学，2013.
[22] 张曦．工资核算管理系统设计．成都：电子科技大学，2012.
[23] 陈爱钦，张巧琳，陈存标．人事工资管理系统的应用．福建电脑，1997，1：33-34.
[24] 姜波，王莎．浅谈 HR 系统设计．湖北成人教育学院学报，2013，1：103-104.
[25] 郑端，翟瑞锋．中小企业人力资源管理信息系统的设计与开发．广西大学学报，2007，S2：89-90.
[26] 冯建军．人力资源管理系统在 ERP 中的实施与应用．成都：电子科技大学，2009.
[27] 赖步英，罗一帆．人事工资考勤系统．中山大学学报论丛，2001，5：171-172.
[28] 张瑞，郭杨．人事工资管理系统软件分析．科技信息，2011，10：256-257.

其中主要包含人事管理软件的设计开发文献和需求分析文献。通过分析每篇文献中各项可信需求在需求分析和设计开发中的重要性，统计出各项可信需求在企业领域人事管理软件系统中的比例，如图 2.12 所示。

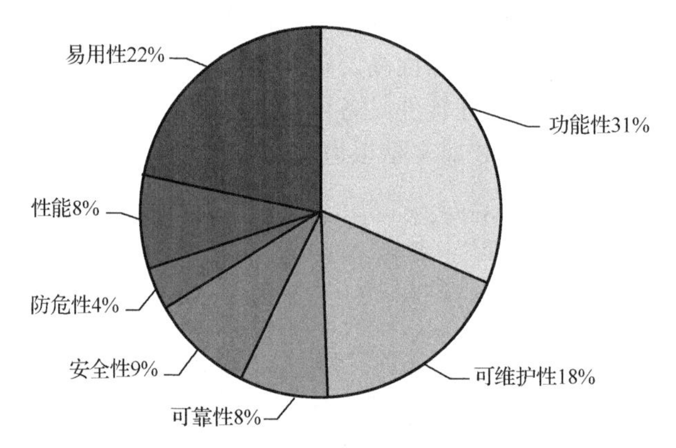

图 2.12　企业人事管理软件可信需求统计结果

从图 2.12 的统计结果可以看出，功能性占据了人事管理软件可信需求中的最大比例，这是由于使用这类软件的客户群体多样化，导致该类软件功能性需求的广泛各异性。其次，从统计结果还可以看出，易用性在人事管理软件可信需求所占比例也较高，这同样是为了满足多样性客户群体的需求，使其能取得良好的用户体验。

总之，上述 244 篇文献和报道包含了农业、工业、金融、医疗卫生、交通管理、城市管理、军工生产管理、作战指挥、人事管理 9 个领域的软件。在归一化后，统计结果如表 2.1 所示。

表 2.1　归一化分领域软件可信需求统计比例

	文献量	功能性	安全性	防危性	可靠性	性能	易用性	可维护性
工业	33	0.1718	0.145	0.0959	0.2373	0.0873	0.0619	0.1999
农业	27	0.3948	0.0401	0.0155	0.1436	0.0825	0.118	0.2055
交通	23	0.387	0.0724	0.0133	0.1609	0.1291	0.0871	0.1502
金融	31	0.1861	0.2737	0.0902	0.1124	0.0632	0.0464	0.2280
医疗卫生	26	0.2366	0.1330	0.0485	0.0890	0.0242	0.1132	0.3555
交通管理	24	0.3381	0.1128	0.0460	0.0668	0.1175	0.1285	0.1903
军工生产管理	26	0.1485	0.3589	0.1281	0.0806	0.0392	0.0591	0.1856
作战指挥	26	0.4877	0.1860	0.0171	0.1846	0.1992	0.1850	0.7430
人事管理	28	0.3120	0.0914	0.0367	0.0768	0.0840	0.2157	0.1834

由上述分析可见，可信软件在不同行业领域中必然会基于行业领域的特征表现出其对可信需求的不同侧重点，行业领域多种多样的复杂因素必然导致可信软件研究的复杂性，也代表了可信软件需求研究的必要性。总体而言，软件可信研究的目的在于使软件能按照客户期望的方式长期稳定地运行，但在不同应用背景下，需要对其可信需求进行按需定义及获取。

2.3　可信软件需求定义与获取

2.3.1　可信软件需求定义

基于上述对可信软件在不同领域的不同需求分析结果，我们将可信软件的需求定义为软件利益相关者需要可信软件具备的可信属性，包括功能需求和非功能需求，其中，功能需求是可信软件的硬目标，而非功能需求分为可信关注点和软目标，可信关注点（这里的关注点使用了面向方面方法中关注点分离的思想）是可信软件获得用户对其行为实现预期目标能力的信任程度的客观依据，根据可信软件的不同，可信关注点由不同的非功能需求集合构成，与可信关注点产生相关关系的其他非功能需求集合构成了软目标，软目标不是可信软件的可信依据，但对可信软件的质量有一定的影响，图 2.13 描述了可信软件需求的构成。

我们将可信软件硬目标与可信关注点的集合定义为可信需求，将软目标定义为可信软件质量需求。

硬目标是可信软件的功能需求，可信软件的所有功能需求都是必须严格实现的，这是可信软件的基础，由上述分领域可信需求分析可以看出，功能需求在所有领域软件需求中所占据的高比例是稳定的，因而用硬目标描述这是可信软件实现的硬性目标。由于功能需求一直以来都受到足够的重视，相关研究相对充分，所以仅关注功能需求实现的完整性及正确性，为了与传统功能需求概念相区分，我们将功能完整性及正确性归入可信关注点。

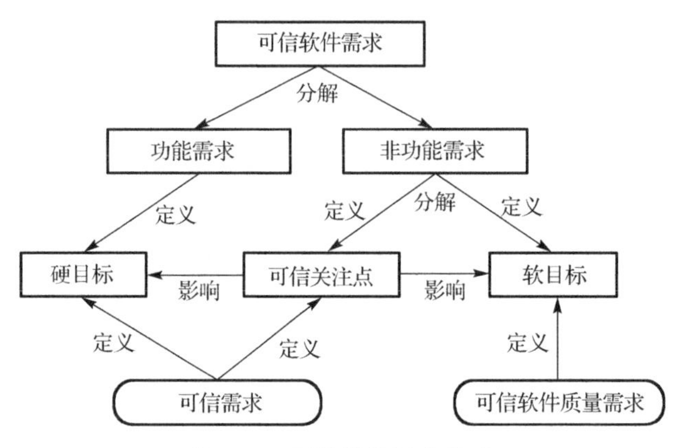

图 2.13　可信软件需求构成

可信关注点是可信软件非功能需求集合的一个子集，在这个子集中的非功能需求是由利益相关者共同决定的有关软件可信性的非功能需求，用户通过软件满足这些可信关注点的客观能力事实，从而信任软件的行为能够实现其设定的目标。因此，软件的可信意味着软件满足一系列可信关注点，若软件具有了一系列与软件可信关注点相关的能力，则可以相信该软件的行为符合用户的预期目标。这也符合可信软件方法（trusted software methodology，TSM）有关软件可信性的定义“软件满足一系列需求的信任程度”（Amoroso et al.，1994）。

软目标是可信软件非功能需求中非可信关注点的非功能需求集合，用于描述软件的质量需求（这里借鉴了需求工程中面向目标的建模方法将软件的非功能需求定义为软目标（softgoal），用于表达软件的质量需求），由于软件非功能需求间存在复杂的相关关系，可信关注点的实现会影响软目标，如果仅考虑可信关注点的实现，则有可能损害软目标，从而导致软件质量下降，质量低下的软件绝对不可能是可信软件。然而，需要注意的是，高质量的软件又不等于可信软件，软件质量定义为软件满足顾客、用户需求或期望的程度，软件质量的定义并不明确，大致涵盖可靠性、安全性、可维护性、性能和易用性等几个要素，这些要素虽然与可信软件基本要素一致，但可信软件明确强调获得用户信任的能力，其可信需求是明确的。因此，用软目标描述非可信关注点的非功能需求，而用可信关注点明确描述用户的可信需求。

迄今为止，尽管很多相关研究都曾试图对可信软件的非功能需求作出定义，但是业界尚未对其统一定义形成共识和定论。

最早的可信系统标准 TCSEC（trusted computer system evaluation criteria）于 1985 年提出，该标准仅将软件的可信性考虑为安全性，并将系统安全标准分为 4 个等级 7 个级别（DoD，1985）。IEC 60090-191 定义了包括可用性、可靠性、机密性、完整性、可信性、可维护性和防危性的可信赖性（dependability）概念（IEC，1990），可信赖性在早期相关文献中用于表达软件的可信性，之后被可信性（trustworthy）取代。1994 年提出的 TSM 关注软件的安全性、可靠性和可用性，提出了 44 项过程可信指标用于指导开发更加可信的软件（Amoroso et al.，1994）。2002 年，微软公司发起可信计算（trustworthy computing）计划，对所有员工要求：整个公司要开发高质量的代码，即便要为其付出更高的成本，也要满足可用性、可靠性和安全性（Howard & Leblanc，2002；Howard & Lipner，2006）。2012 年，微软进一步定义了软件可信性，将安全性、保密性、可靠性和业务惯例中的诚信包含在其中。陈火旺（2003）院士等认为软件可信性质是可靠性、可靠安全性、保密安全性、生存性、容错性和实时性的一个或多个，高可信软件工程是面向软件可信性的重要技术组成，其中以形式化方法为基础的软件技术将成为突破点和发展趋势。Schmidt 基于 Littlewood 和 Strigine 对可信赖性的定义将可信性定义为可靠性、防危性、健壮性、可用性和安全性（Schmidt，2003；Littlewood & Strigine，2000）。2003 年，TCG 将可信计算的总体目标定义为提高计算机系统的安全，其基本思想是先在计算机系统中建立一个信任根，信任根的可信性由物理安全、技术安全与管理安全共同确保，再建立一条信任链，从信任根开始到硬件平台，到操作系统，再到应用，一级测量认证一级，一级信任一级，把这种信任扩展到整个计算机系统，从而确保整个计算机系统的可信（沈昌祥等，2010）。2004 年，美国第二届国家软件高层会议 NSS2（2nd National Software Summit）提出软件的可信性包括安全性（security）、防危性（safety）、可靠性和可生存性（CNSS，2005）。在 DARPA（defense advanced research projects agency）的 CHATS（composable high-assurance trustworthy systems）项目中，可信被定义为满足预期期望，其典型需求包括安全性、可靠性、性能和可生存性（Neumann，2004）。2005 年，德国奥尔登堡大学的 TrustSoft 研究所给出的可信软件非功能需求集合包括安全性（包括 safety 和 security）、可用性、可靠性、性能和隐私，同时他们基于构件技术开发了一个面向可信软件系统的多维方法（Bernstein & Yuhas, 2005；Hasselbring & Reussner, 2006）。王怀民（2006）教授的研究小组研究开放、动态互联网环境下软件的可信问题，给出了一个面向互联网虚拟计算环境的互联网软件可信概念模型，并提出集身份可信、能力可信和行为可信于一体的网络软件可信保证体系。另外，他们认为环境适应能力的在线调整是可信演化的重要内容，因而提出了一个支持软件环境适应能力的细粒度在线调整的构件模型（丁博等，2011）。在 2006 年国际计算机软件与应用大会（International Computer Software and Applications Conference，COMPSAC）的可信计算专题讨论会上提出可信软件的非功能需求包括可用性、可靠性、安全性、可恢复性和不易破坏性（Miller et al.，2006）。2009 年，ICSP（International Conference on Software Process）会议上，中国科学院及其合作研究机构提出软件可信依赖的属性包括功能性、可靠性、防危性、易用性、安全性、可移植性和可维护性（Yang et al.，2009）。沈昌祥等（2010）在定义可信计算系统时定义可信包括正确性、可靠性、安全性、可用性和效率等，但他们认为系统的安全性和可靠性是现阶段可信最主要的两个方面，因此他们定义可信≈可靠+安全。刘增良教授的研究小组将软件可信性分为基础可信和扩展可信两部分，基础可信包括运行过程可信和运行结果可信；扩展可信包括面临风险程度和风险可控程度。他们认为运行过程可信是基础，结果可信是核心，而可信性面临的风险及其可控程度则是可信性保障能力的反映（汤永新和刘增良，2010）。

基于相关文献资料，并按照时间顺序，表 2.2 列出自 1985 年可信计算系统评估标准 TCSEC 产生以来相关学者和机构提出的可信软件非功能需求。

表 2.2　可信软件非功能需求

文献来源	可信软件非功能需求	时间
TCSEC	安全性（机密性，真实性，问责性）	1985
Dependability	可靠性（可用性），防危性，安全性	1990
TSM	安全性，可靠性（可用性）	1994
Microsoft	可靠性，安全性，隐私性，业务完整性	2002
TCG	安全性，可维护性	2003
Littlewood, Schmidt	可靠性，防危性，健壮性，可用性，安全性	2003
DARPA's CHATS	安全性（完整性，机密性，可认证性，授权，问责性），可靠性（容错性），性能（时间性能，空间性能），可生存性	2004
NSS2	安全性，防危性，可靠性，可生存性，性能	2005
TrustSoft	正确性，防危性，服务质量（性能，可靠性，可用性），安全性，隐私性	2005
COMPSAC	可用性，可靠性，安全性，可生存性，可恢复性，机密性，完整性	2006
ICSP	功能使用性，可靠性，防危性，易用性，安全性，可移植性，可维护性	2009

文献来源：TCSEC(DoD, 1985)
Dependability 在 IEC 60090-191 中定义(IEC, 1990)
TSM(Amoroso et al., 1994)
Microsoft(Howard & Leblanc, 2002; Howard & Lipner, 2006)
TCG(TCG, 2007)
Littlewood, Schmidt(Littlewood & Strigine, 2000; Schmidt, 2003)
DARPA's CHATS(Neumann, 2004)
NSS2(CNSS, 2005)
TrustSoft(Bernstein & Yuhas, 2005; Hasselbring & Reussner, 2006)
COMPSAC(Miller et al., 2006)
ICSP(Yang et al., 2009)

Trustie 软件可信分级规范（software trustworthiness classification specification，STC 1.0）（Trustie，2009）中给出如表 2.3 所示的软件可信属性模型。

表 2.3　Trustie 软件可信属性模型（Trustie，2009）

可信属性	可用性	可靠性	安全性	实时性	可维护性	可生存性
子属性	功能符合性 功能准确性 易理解性 易操作性 适应性 易安装性	成熟性 容错性	数据保密性 代码安全性 控制严密性	时间特性	易分析性 可修改性 稳定性 易测试性	抗攻击性 攻击识别性 易恢复性 自我完善性

另外，ISO/IEC 25010 定义软件质量需求如表 2.4 所示。

表 2.4　ISO/IEC 25010 质量需求（ISO/IEC，2011）

软件质量需求特征	子特征
功能适用性	功能完整性，功能正确性，功能恰当性
性能效率	时间性能，资源利用率，空间性能
兼容性	共存性，互操作性
易用性	易识别性，易学习性，易操作性，用户错误保护，操作界面美观，易访问性
可靠性	成熟性，可用性，容错性，可恢复性
安全性	机密性，完整性，不可否认性，问责性，可认证性
可维护性	模块化，可重用性，可分析性，可修改性，可测试性
可移植性	自适应性，可安装性，可替换性

基于上述可信软件非功能需求定义及相关分析可知，由可信关注点和软目标构成的可信软件非功能需求是可信软件研究的核心。但是，可信软件的非功能需求并没有也不应该有一个统一的标准。可信软件非功能需求是在不断变化发展的，这种变化除了与软件本身所处的应用领域相关以外，还与信息产业的发展密切相关。随着信息产业的发展，软件的应用规模不断扩展，所涉及的资源种类和范围不断扩大，应用复杂度的提高以及计算技术的革新都导致可信软件的非功能需求不断演变。总之，软件可信性的多变性和高度复杂性给这一领域的研究带来了巨大挑战，随着软件应用规模的不断扩展以及软件本身复杂程度的不断提高，可信软件的非功能需求将不断演变且趋于更加复杂化。

基于上述学者及相关机构提出的可信软件非功能需求，我们提出如图 2.14 所示的可信软件非功能需求分解模型。

可信软件非功能需求分解模型并非一成不变，随着时代的发展、技术的进步，以及不同项目需要和不同专家建议，分解模型应该根据可信软件具体需要动态调整。

可信软件非功能需求分解模型的提出是为了辅助获取可信关注点和软目标，如前所述，可信软件非功能需求由可信关注点和软目标构成，可信关注点的满足是可信软件行为符合用户期望的客观依据，但软件非功能需求间必然存在的相关关系又需要我们关注与可信关注点存在相关关系的软目标，软目标的满足是为了保证可信软件的质量。因此，为了获取可信关注点和软目标，可信软件的利益相关者基于分解模型中的非功能需求进行重要程度的评估，通过综合权衡所有利益相关者的评估数据决定可信关注点和软目标。

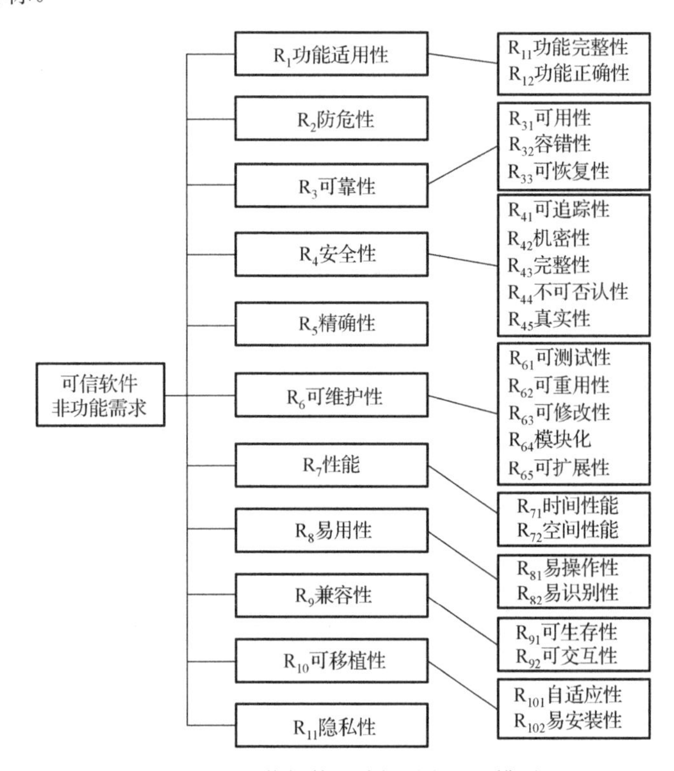

图 2.14　可信软件非功能需求分解模型

下面我们基于模糊集合论提出可信软件非功能需求的描述方法，通过收集可信软件利益相关者给出预期可信目标的非功能需求重要程度评估数据，使用信息熵对评估数据有效性进行筛选，如果评估数据存在分歧，则使用 Delphi 方法辅助利益相关者完成协商，待产生有效评估数据后用模糊排序方法综合权衡所有利益相关者的评估数据，从中获取可信关注点和软目标。

2.3.2　可信软件非功能需求获取

可信软件的利益相关者是我们获取可信软件需求的来源，其中，非功能需求会因软件利益相关者的不同而以不同的形式表达，并且基于利益相关者的经验以及所处立场的不同，对同一非功能需求的重要程度评估值也不同，因此，首先需要分析软件利益相关者。

软件利益相关者（stakeholder）可以是任何人、组织或者机构，他们之所以被称为软件利益相关者是因为他们的利益与软件相关，他们因为某种原因对软件感兴趣，或者他们的工作或生活受软件影响。软件利益相关者根据不同的软件而有不同的分类，但通常都使用角色来表达同一类软件利益相关者，图 2.15 给出了一个简单的软件利益相关者分类视图示例。

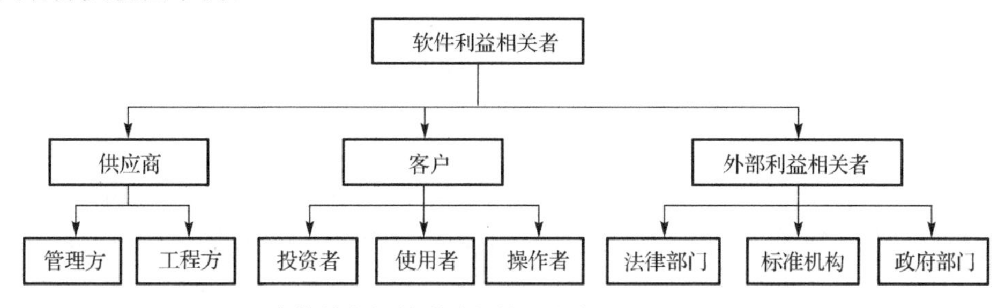

图 2.15　一个简单的软件利益相关者分类视图（Holt et al.，2012）

不同角色的软件利益相关者往往对同一软件表达出不同的期望，例如，软件供应商中管理方通常期望控制成本，并需要在尽量短的时间内生产出软件产品；而工程方则更多地关注软件功能及非功能需求的满足，以及如何让软件具备更高的可维护性，如果时间能够更充足些则可以生产出更高质量的软件；同时，工程方中的不同工程师之间又会根据自己的立场和项目参与经验而对不同的非功能需求提出不同的期望，安全工程师需要高安全性，可靠性工程师需要软件具有更高的可靠性，而产品设计及推广工程师则需要软件具有高易用性；与供应商不同，客户中的使用者往往期望软件具有更高的性能及易用性，同时希望减少软件维护以控制在软件上的进一步开销。利益相关者的这些不同期望会反映在他们对软件非功能需求重要程度的评估数据上，因此，通过利益相关者收集可信软件非功能需求的评估数据，需要综合权衡且确认有效之后再加以利用。

很多软件项目就因为忽视了利益相关者之间的需求平衡而导致项目失败，而当软件利益相关者众多且表达出不同期望时，相互协商并在需求上达成一致是一大挑战（In & Ilson，2004）。针对可信软件非功能需求难以精确表达的特点，下面我们使用模糊集合论中的梯形模糊数量化非功能需求，通过收集利益相关者对可信软件非功能需求重要程度的评估数据，使用信息熵对评估数据进行有效性检查，如果利益相关者的评估数据存在分歧，则使用 Delphi 方法辅助协商，待消除分歧后使用模糊排序方法对评估数据进行重要程度排序，实现可信需求的获取。

1. 非功能需求评估数据描述与获取

19 世纪末，德国数学家 Cantor 首创集合论，这对数学基础的奠定有着重大贡献。美国计算机与控制论专家 Zadeh（1965）提出模糊（fuzzy）集合的概念，创建了研究模糊性或不确定性问题的理论方法，对 Cantor 集合理论作了有益的推广，迄今已形成一个较为完善的数学分支，且在许多领域获得了卓有成效的应用。

一个经典集合中的任一元素要么属于集合，要么不属于集合，二者必居其一。模糊集合论将经典集合中特征函数的值域由离散集合{0, 1}只取 0、1 两个值推广到区间[0, 1]。

对于一个经典集合 A，空间中任一元素 x，要么 $x\in A$，要么 $x\notin A$，二者必居其一，这一特征可以用集合 A 的特征函数 f_A 表示为（李鸿吉，2005）

$$f_A : X \to \{0,1\}$$

$$x \mapsto f_A(x)=1\text{，}\ x\in A\ \text{ 或 }\ x \mapsto f_A(x)=0\text{，}\ x\notin A$$

经典集合 A 中元素 x 与集合的关系只有 $x\in A$ 或者 $x\notin A$ 两种情况。现实世界中有许多事物并不如此明确，如高的、瘦的、黑的，到底有多高才算高，瘦到什么程度才算瘦，怎么个黑法才够得上黑，都没有明确，属于模糊概念。其实在日常生活中，人们会经常使用泾渭不分明的语言，即概念的外延不确切，这些都需要用模糊概念来解决，即用模糊集合来进行研究（李鸿吉，2005）。

模糊集合论将经典集合中只取 0、1 两个值推广到模糊集合为区间[0, 1]的定义如下。

定义 2.1　模糊集和隶属函数（胡宝清，2010）　设 $\tilde{A}$ 是论域 X 到[0, 1]的一个映射，即

$$\tilde{A} : X \to [0,1],\quad x \mapsto \tilde{A}(x)$$

称 $\tilde{A}$ 是 X 上的模糊集，$\tilde{A}(x)$ 称为模糊集 $\tilde{A}$ 的隶属函数（membership function）或称为 x 对模糊集 $\tilde{A}$ 的隶属度。

因此，模糊理论与技术的一个突出优点是能较好地描述与效仿人的思维方式，总结和反映人的体会与经验，对于复杂事物和系统可以进行模糊度量、模糊识别、模糊推理、模糊控制和模糊决策（胡宝清，2010）。

可信软件的非功能需求具有无法精确表达、含糊不清以及不确定等特点，非常适合用模糊集合论的方法来描述，所有非功能需求都可以使用统一的模糊数来描述其重要程度，当利益相关者对非功能需求进行重要程度评估时，指定每项非功能需求的隶属度，隶属度描述了区间[0, 1]中的值。当集合中一个元素的隶属度为 1 时，表示这个元素在集合中，相反，当元素的隶属度为 0 时，表示元素不在集合中，而模糊元素的隶属度则介于 0 和 1 之间。

模糊集合完全由隶属函数来刻画，对模糊对象只有给出切合实际的隶属函数，才能应用模糊数学方法进行计算。如果模糊集合定义在实数域上，则模糊集合的隶属函数就称为模糊分布，模糊分布可以分为 3 种类型：偏小型、中间型、偏大型。常见的模糊分布有矩形分布、梯形分布、抛物线形分布、Γ 型分布、正态分布和 Cauchy 分布（李鸿吉，2005）。

本节使用梯形模糊数描述可信软件非功能需求的量化数值。梯形模糊数也称为模糊区间，一个通用梯形模糊数（generalized trapezoidal fuzzy number，GTrFN）$\tilde{A}$ 可以

表示为 $\tilde{A}=(a_1,a_2,a_3,a_4;e)$（$0<e\leqslant 1$），其中，$0<e<1$ 且 a_1、a_2、a_3、a_4 是实数，隶属函数定义为

$$\mu_{\tilde{A}}(x)=\begin{cases}0, & x\leqslant a_1\\ e\dfrac{x-a_1}{a_2-a_1}, & a_1<x\leqslant a_2\\ e, & a_2\leqslant x<a_3\\ e\dfrac{a_4-x}{a_4-a_3}, & a_3\leqslant x<a_4\\ 0, & x\geqslant a_4\end{cases}$$

图 2.16 给出了通用梯形模糊数 $\tilde{A}$ 的隶属函数曲线，当 e=1 时，$\tilde{A}$ 成为标准梯形模糊数（trapezoidal fuzzy number，TrFN）。

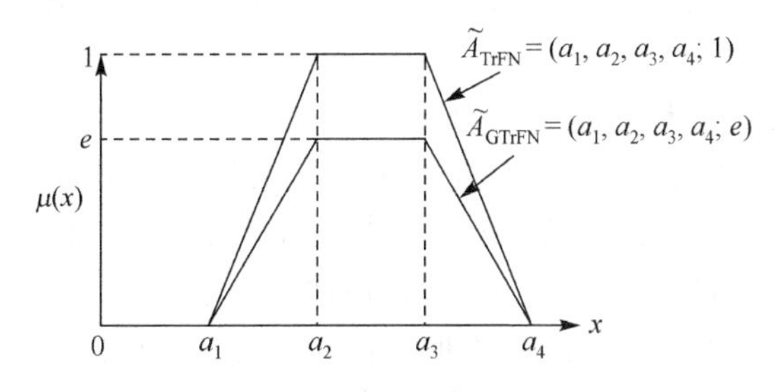

图 2.16 梯形模糊数 $\tilde{A}$

其中，a_1、a_2、a_3 和 a_4 反映了数据的模糊性，当 $a_2=a_3$ 时，$\tilde{A}$ 成为三角模糊数；当 $a_1=a_2$ 并且 $a_3=a_4$ 时，$\tilde{A}$ 成为区间数；而当 $a_1=a_2=a_3=a_4$ 并且 $e=1$ 时，模糊数退化为普通实数。

另外，可以对模糊数实施扩张运算，包括一元模糊数的补、数乘、次方以及二元模糊数的加、减、乘、除运算。由于后续内容使用到二元模糊数的加法、乘法和除法运算，假设 $\tilde{A}=(a_1,a_2,a_3,a_4;e_{\tilde{A}})$ 和 $\tilde{B}=(b_1,b_2,b_3,b_4;e_{\tilde{B}})$ 是两个通用梯形模糊数，它们的加法、乘法运算及除法运算（Chen & Sanguansat，2011）如下。

模糊数加法 $\oplus$

$$\begin{aligned}\tilde{A}\oplus\tilde{B}&=(a_1,a_2,a_3,a_4;e_{\tilde{A}})\oplus(b_1,b_2,b_3,b_4;e_{\tilde{B}})\\&=(a_1+b_1,a_2+b_2,a_3+b_3,a_4+b_4;\min(e_{\tilde{A}},e_{\tilde{B}}))\end{aligned}$$

模糊数乘法 $\otimes$

$$\begin{aligned}\tilde{A}\otimes\tilde{B}&=(a_1,a_2,a_3,a_4;e_{\tilde{A}})\otimes(b_1,b_2,b_3,b_4;e_{\tilde{B}})\\&=(a_1\times b_1,a_2\times b_2,a_3\times b_3,a_4\times b_4;\min(e_{\tilde{A}},e_{\tilde{B}}))\end{aligned}$$

模糊数除法$\varnothing$

$$\begin{aligned}\tilde{A}\varnothing\tilde{B} &= (a_1,a_2,a_3,a_4;e_{\tilde{A}})\varnothing(b_1,b_2,b_3,b_4;e_{\tilde{B}}) \\ &= (a_1/b_4,a_2/b_3,a_3/b_2,a_4/b_1;\min(e_{\tilde{A}},e_{\tilde{B}}))\end{aligned}$$

其中，$b_1 \neq 0$，$b_2 \neq 0$，$b_3 \neq 0$，$b_4 \neq 0$。

基于模糊集合论，Zadeh 给出了模糊变量和语言变量的概念，并对模糊语言算子进行了研究，这为模糊语言的研究奠定了基础。语言变量是用自然语言或者人工语言表达的词或句子的变量，例如，如果“年龄”是一个语言变量，则取值是语言（年轻、不年轻、非常年轻、较年轻、老、不非常老和不非常年轻等）而非数值（20，21，22，23）。

定义 2.2　语言变量（Zadeh，1975）　一个语言变量（linguistic variable）是一个五元组$(X,T(X),U,G,M)$，其中：

（1）X是变量名；

（2）$T(X)$是X的术语集合，即X的模糊集语言变量的术语集合；

（3）U是论域；

（4）G是产生$T(X)$中术语的语法规则；

（5）M是关联每一个语言值x的含义$M(x)$的语义规则，$M(x)$是U的一个模糊子集。

语言变量概念的提出为我们描述现象的大概特征提供了一种方法，这些特征是传统定量术语所无法表达的复杂的或者是无法明确描述的。

在获取软件利益相关者对可信软件非功能需求重要程度的评估数据时，我们使用表 2.5 列出的语言变量：完全不重要（absolutely low，AL）、不重要（low，L）、较不重要（fairly low，FL）、中立（medium，M）、较重要（fairly high，FH）、重要（high，H）、非常重要（absolutely high，AH），这些用自然语言表达的语言变量方便利益相关者描述他们评估各项可信软件非功能需求的重要程度。

表 2.5　可信软件非功能需求语言变量及对应梯形模糊数

评估语言变量	梯形模糊数
AL	(0, 0, 0.077, 0.154; *e*)
L	(0.077, 0.154, 0.231, 0.308; *e*)
FL	(0.231, 0.308, 0.385, 0.462; *e*)
M	(0.385, 0.462, 0.538, 0.615; *e*)
FH	(0.538, 0.615, 0.692, 0.769; *e*)
H	(0.692, 0.769, 0.846, 0.923; *e*)
AH	(0.846, 0.923, 1, 1; *e*)

所有这些语言变量都对应一个梯形模糊数，参照关于李克特量表使用与误用争论（Carifio & Perla，2008），区间[0, 1]按照等间距分为 13 个区间。除了 AL 和 AH 由于表示非常极端重要程度评价而占较小的间距外，其他每一个语言变量都以等间距的梯形模糊数表示，使用相等间距是因为利益相关者应该以相同的概率选择重要程度，在区间[0, 1]构造的等间距梯形模糊数隶属函数如图 2.17 所示。

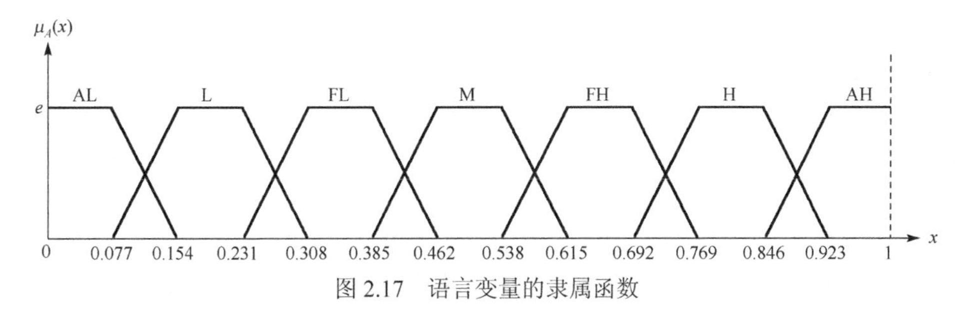

图 2.17　语言变量的隶属函数

2. 非功能需求评估与协商

对于不同软件，其非功能需求实际上受到软件本身所属行业领域、软件规模、类型、复杂度、成本和进度等客观因素的影响。因此，在利益相关者提供可信软件非功能需求重要程度评估数据时，为利益相关者增加软件领域、规模、类型、复杂度、成本和进度等客观因素作为参考，可以进一步增强非功能需求评估结果的有效性。表 2.1 给出了软件行业领域与非功能需求的关系参考，表 2.6 给出软件类型与非功能需求关系的一个示例，这个示例参考了 Mairiza 和 Aowghi（2011）基于大量文献分析 114 类非功能需求后，总结出的软件类型与非功能需求的匹配关系。

表 2.6　软件类型与非功能需求关系

非功能需求	实时系统软件	安全关键软件	过程控制软件	信息系统软件	Web 软件
空间性能	√	√	√	√	√
易用性	√	√	√	√	√
时间性能	√	√	√	√	√
精确性	√			√	
可扩展性	√				√
互操作性				√	√
可靠性	√	√	√	√	
可维护性	√		√		
可用性	√		√	√	
可生存性	√	√	√		
机密性	√	√		√	√
完整性	√	√	√	√	√
防危性	√	√	√		
可信赖性	√	√			
可修复性				√	
可修改性				√	
隐私性				√	√
可移植性	√				
可重用性				√	
兼容性	√				

与软件领域和软件类型一样，软件规模、复杂度、成本和进度等都可以为不同可信软件非功能需求提供不同的客观参考价值，当面对一个具体软件项目时，这些参考因素可以辅助项目组获得更为客观的初始非功能需求数据。当然，这些参考数据应随着技术的进步和环境的变化，采用迭代方式不断获取、细化并调整完善。当面对一个可信软件兼具多个软件类型时，需要综合考虑。另外，还需要根据可信软件所处的生命周期阶段，分别按照新开发、维护和演化进行调整。

在上述参考因素的辅助下，请利益相关者对可信软件非功能需求重要程度进行评估，如前所述，利益相关者提供的评估数据必然存在差异，而且评估数据是利益相关者依据其知识背景、经验以及对项目的熟悉程度而主观给出的，在综合权衡所有评估数据之前，需要对评估数据的有效性及客观性进行检查，下面提出基于信息熵的评估数据有效性检查方法。首先，构造评估数据矩阵 A

$$A=\begin{bmatrix}\tilde{A}_{11} & \cdots & \tilde{A}_{1m}\\ \vdots & & \vdots\\ \tilde{A}_{n1} & \cdots & \tilde{A}_{nm}\end{bmatrix}=(\tilde{A}_1\tilde{A}_2\cdots\tilde{A}_m)=\begin{pmatrix}\tilde{A}^1\\ \tilde{A}^2\\ \vdots\\ \tilde{A}^n\end{pmatrix}$$

其中，$\tilde{A}_{ij}$ 为第 j 个利益相关者（$1\leqslant j\leqslant m$）对第 i 项非功能需求（这里的非功能需求是可信软件非功能需求分解模型中的非功能需求或者子非功能需求，$1\leqslant i\leqslant n$）重要程度的评估数据，即利益相关者根据专业知识、经验及项目特征对非功能需求的重要程度给出评估。为描述简洁，用 $\tilde{A}_u(1\leqslant u\leqslant m)$ 表示矩阵 A 的第 u 列形成的列向量，用 $\tilde{A}^v(1\leqslant v\leqslant n)$ 表示矩阵 A 的第 v 行形成的行向量。

基于矩阵 A，下面分三个步骤完成评估数据的有效性检验和综合计算。

1）评估利益相关者数据有效性

对于矩阵 A，若 $\tilde{A}_u(1\leqslant u\leqslant m)$ 中各项评估数据的数值相差太小，则说明提供该评估数据的利益相关者对所评估的可信软件需求不明确，其提供的数据会破坏综合评估数据的有效性，需要考虑去除这个利益相关者提供的数据或者重新获取；相反，如果指标值相差较大，则说明评定结果分散，该利益相关者对所评估的可信软件需求较为明确且提供的评估数据有一定的针对性，具有较高的说服力，应该在综合评估中起关键作用。当然，如果指标值相差非常大，则说明利益相关者的评估赋值过于偏激或者过于随意，也会破坏综合评估的有效性，同样需要考虑去除或者重新获取。根据前面的分析，下面用信息熵来对利益相关者提供数据的有效性进行检查。

熵的概念最早起源于物理学，用于度量一个热力学系统的无序程度。在信息论里面，熵是对不确定性的度量。

定义 2.3　信息熵（Robert，2011；孙东川和林福永，2004）　设从某个消息 D 中得知的可能结果是 d_i，$i=1,2,\cdots,n$，记为 $D=\{d_1,d_2,\cdots,d_n\}$，结果 d_i 出现的概率是

p_i， $i=1,2,\cdots,n$，则消息 D 中含有的信息量为

$$H(D)=-\sum_{i=1}^{n} p_i \times \mathrm{lb}\, p_i$$

其中，$H(D)$为消息 D 的熵。

定义 2.4　熵的极值（Robert，2011；孙东川和林福永，2004）　如果对于某种结果 d_k 有 $p_k=1$，那么其他各种结果 d_i 的 $p_i=0$（$i\neq k$），令 $0\times\mathrm{lb}\,0=0$，则由熵定义得 $H(D)=0$，此时，熵为最小值。如果 $D=\{d_1,d_2,\cdots,d_n\}$， $p_k=1/n$，则由熵定义得 $H(D)=\mathrm{lb}\,n$，此时，熵为最大值。因此，我们有熵的极值范围为 $0\leqslant H(D)\leqslant \mathrm{lb}\,n$。

基于评估数据矩阵计算评估熵值

$$H_j=-\sum_{i=1}^{n}\tilde{A}_{ij}\otimes \mathrm{lb}\tilde{A}_{ij}=-(\tilde{A}_{1j}\otimes \mathrm{lb}\,\tilde{A}_{1j}\oplus \tilde{A}_{2j}\otimes \mathrm{lb}\,\tilde{A}_{2j}\oplus\cdots\oplus \tilde{A}_{nj}\otimes \mathrm{lb}\,\tilde{A}_{nj})$$

由熵的极值性可知 $H_j\leqslant \mathrm{lb}\,n$，对 H_j 作归一化处理

$$\theta_j=\frac{H_j}{\mathrm{lb}\,n}=-\frac{1}{\mathrm{lb}\,n}\sum_{i=1}^{n}\tilde{A}_{ij}\otimes \mathrm{lb}\tilde{A}_{ij}$$

其中，$0\leqslant\theta_j\leqslant 1$，$\theta_j$ 越大，表明利益相关者 j 对可信软件非功能需求的评估有效性越低，对综合评估数据有效性有负面影响；相反，θ_j 越小，表明利益相关者 j 对非功能需求的评估有效性越高，有利于保证综合评估数据的有效性。为了使计算值能够正向地反映利益相关者提供评估数据的有效性，我们使用 $1-\theta_j$ 表示其有效性，再次对其进行归一化处理后得到各个利益相关者评估数据的有效性

$$G_j=\frac{1-\theta_j}{m-\sum_{j=1}^{m}\theta_j}$$

其中，$0\leqslant G_j\leqslant 1$ 且 $\sum G_j=1$。G_j 大则表明利益相关者 j 相对重要且数据相对有效，这些利益相关者提供的评估数据是有意义的。

2）解决利益相关者的分歧意见

由于在评估可信软件各项非功能需求的重要程度时需要保证评估数据的有效性，并减少主观性，因而需要考虑利益相关者之间的意见分歧，需要注意评估分歧大的非功能需求，因此，根据实际情况对利益相关者的评估数据熵值设置最小阈值和最大阈值，要保证所获取的评估数据都维持在一个相对有效的范围内，这样可以避免无效数据引入不必要的分歧，致使评估数据变得不合理而产生错误的可信软件非功能需求。

当利益相关者提供的评估数据超出阈值范围时，简单地要求利益相关者重新提交评估数据或者直接删除其评估数据，会导致部分利益相关者的需求不能得到满足，而

且在这个过程中，正确的需求有可能会被忽略或删除。有效增强利益相关者之间的沟通协作可以更好地保证获取的最终非功能需求数据是全体利益相关者一致需要可信软件具备的可信状态或条件。在交互式决策制定方法中，Delphi 方法（Dalkey & Helmer，1963）是最为广泛接受并使用的方法。Delphi 方法是 20 世纪 50 年代左右，由 Dalkey 和 Helmer 在 Rand 公司开发的，Delphi 方法的特征是通过多次协商过程的迭代，最终获得多人统一认同的结论。在获取可信软件非功能需求重要程度评估数据时使用 Delphi 方法遵循如下步骤。

（1）从不同利益相关者处获取各自的评估数据，对评估数据进行熵运算，如果不存在分歧意见，则输出评估数据，如果存在分歧意见，则将相关分歧意见和已经统一的意见进行整理，并将所有意见以列表的形式详细地表示出来，对已经统一的和存在分歧的意见给出相应比例后，反馈给所有利益相关者，并进入步骤（2）。

（2）利益相关者在获取上述反馈数据后，需要决定修改原评估数据或给出维持原评估数据的理由，再次提交新评估数据后，如果已经不存在分歧意见，则输出评估数据，如果仍然存在分歧意见，则再一次对已经一致的和仍然存在分歧的数据进行总结并反馈给所有利益相关者，进入步骤（3）。

（3）利益相关者根据总结的反馈意见和其他利益相关者提出的理由修改评估数据，形成最终评估数据。如果对最终评估数据进行熵运算，其结果值在阈值范围内，则完成数据采集，如果结果值仍然表明存在分歧意见，则继续上述步骤（2），直到达成一致。

通常，采用 Delphi 方法能够在 3～5 轮迭代后达成一致意见（Dalkey & Helmer，1963）。Delphi 方法引入的重要性在于，当少数利益相关者持有正确评估意见时，通过 Delphi 方法的提交理由阶段可以有效地实现利益相关者之间的沟通，避免少数利益相关者的正确意见被忽略或删除，而影响最终评估数据的正确性，更重要的是，利益相关者之间的协商可以避免因利益相关者需求失衡而导致项目失败的问题。

3）综合可信评估数据

保证可信软件非功能需求评估数据有效后就可以计算综合后的评估数据了，对于上述矩阵，取 $\tilde{A}^v(1 \leqslant v \leqslant n)$ 元素值的平均值

$$W_i = \frac{1}{m} \otimes (\tilde{A}_{i1} \oplus \tilde{A}_{i2} \oplus \cdots \oplus \tilde{A}_{im}) = \frac{1}{m}\sum_{j=1}^{m} \tilde{A}_{ij}$$

其中，W_i 是第 i 项非功能需求的重要程度的平均值，平均值越大，表明利益相关者认定这项非功能需求的重要程度越高；相反，平均值越小则说明各个专家认为非功能需求的重要程度越低。然而，由于模糊数无法直接比较其大小，所以下面使用模糊排序方法对综合后的评估数据进行排序，以辅助确定可信软件的可信关注点和软目标。

3. 可信需求获取

在众多模糊排序方法中，Chen 和 Sanguansat（2011）的方法同时考虑了正负区域以及模糊数的高度，有效地解决了其他排序方法中无法处理实数值、不区分高度不同的模糊数、无法区分以不同方式表达的模糊数，以及倾向于悲观决策排序等问题。因此，基于 Chen 和 Sanguansat 的模糊排序方法对获取后的非功能需求评估数据进行排序。

对于一组 m 个可信软件利益相关者 $(s_1, s_2, \cdots, s_m)$，他们分别评估了 n 个可信软件非功能需求 $(c_1, c_2, \cdots, c_n)$ 的重要程度，基于信息熵的方法已经得到各项非功能需求的重要程度值 $W_i = (w_{i1}, w_{i2}, w_{i3}, w_{i4}; e_{W_i})$，其中，$-\infty < w_{i1} < w_{i2} < w_{i3} < w_{i4} < \infty$，$e_{W_i} \in (0,1]$ 且 $1 \leqslant i \leqslant n$，$W_i$ 的排序过程如下。

（1）转换每一个通用模糊数 $W_i = (w_{i1}, w_{i2}, w_{i3}, w_{i4}; e_{W_i})$ 为标准模糊数 W_i^*

$$W_i^* = \left(\frac{w_{i1}}{l}, \frac{w_{i2}}{l}, \frac{w_{i3}}{l}, \frac{w_{i4}}{l}; e_{W_i} \right) = (w_{i1}^*, w_{i2}^*, w_{i3}^*, w_{i4}^*; e_{W_i})$$

其中，$l = \max_{ij} \left(\lceil | w_{ij} | \rceil, 1 \right)$，$1 \leqslant i \leqslant n$ 且 $1 \leqslant j \leqslant 4$。

（2）计算正负区域 Area_{iL}^-、Area_{iR}^-、Area_{iL}^+ 和 Area_{iR}^+，它们是隶属函数 $f_{W_i^*}^L$ 和 $f_{W_i^*}^R$ 的梯形区域

$$f_{W_i^*}^L = e_{W_i} \times \frac{(x - w_{i1}^*)}{(w_{i2}^* - w_{i1}^*)}, \quad w_{i1}^* \leqslant x \leqslant w_{i2}^*$$

$$f_{W_i^*}^R = e_{W_i} \times \frac{(x - w_{i4}^*)}{(w_{i3}^* - w_{i4}^*)}, \quad w_{i3}^* \leqslant x \leqslant w_{i4}^*$$

$$\text{Area}_{iL}^- = e_{W_i} \times \frac{(w_{i1}^* + 1) + (w_{i2}^* + 1)}{2}$$

$$\text{Area}_{iR}^- = e_{W_i} \times \frac{(w_{i3}^* + 1) + (w_{i4}^* + 1)}{2}$$

$$\text{Area}_{iL}^+ = e_{W_i} \times \frac{(1 - w_{i1}^*) + (1 - w_{i2}^*)}{2}$$

$$\text{Area}_{iR}^+ = e_{W_i} \times \frac{(1 - w_{i3}^*) + (1 - w_{i4}^*)}{2}$$

（3）计算每一个非功能需求 W_i^* 的 $\text{XI}_{\tilde{A}_i^*}$ 及 $\text{XD}_{\tilde{A}_i^*}$ 值，它们分别表示正向及负向影响

$$\text{XI}_{\tilde{A}_i^*} = \text{Area}_{iL}^- + \text{Area}_{iR}^-$$

$$\mathrm{XD}_{\tilde{A}_i^*} = \mathrm{Area}_{iL}^+ + \mathrm{Area}_{iR}^+$$

（4）计算每一个 W_i^* 的排序值 $\mathrm{Score}(W_i^*)$

$$\mathrm{Score}(W_i^*) = \frac{1 \times \mathrm{XI}_{W_i^*} + (-1) \times \mathrm{XD}_{W_i^*}}{\mathrm{XI}_{W_i^*} + \mathrm{XD}_{W_i^*} + (1 - e_{W_i^*})} = \frac{\mathrm{XI}_{W_i^*} - \mathrm{XD}_{W_i^*}}{\mathrm{XI}_{W_i^*} + \mathrm{XD}_{W_i^*} + (1 - e_{W_i^*})}$$

其中， $\mathrm{Score}(W_i^*) \in [-1,1]$ 且 $1 \leqslant i \leqslant k$ 。

W_i^* 的排序值 $\mathrm{Score}(W_i^*)$ 越大，表明对应的非功能需求越重要，应将其确定为可信关注点，而对于排序值 $\mathrm{Score}(W_i^*)$ 小的非功能需求，则应确定为软目标。

2.4 可信软件早期需求建模

需求工程按照阶段可以分为早期需求工程和后期需求工程。后期需求工程主要研究需求的完整性、一致性和自动验证，主要目标是识别和消除需求规约中的不完整、不一致和歧义。早期需求工程则关注建模与分析利益相关者的利益，当利益相关者之间存在利益冲突时权衡相关利益，并且通过不同的解决方案满足这些利益，这个过程是一个不断和利益相关者交互的过程，利益相关者在这个过程中承担两种角色：需求信息提供者和需求决策者。基于利益相关者所承担的这两个角色，早期需求工程阶段需要做的工作可以总结为需求获取、建模、推理和权衡。2.3 节介绍了可信软件需求定义及其非功能需求获取方法，下面介绍可信软件早期需求建模方法，推理与权衡方法在第 3 章进行介绍。

为了适应不同可信软件的不同可信需求，我们从利益相关者对可信软件的可信关注点角度出发提出基于可信软件需求元模型（trustworthy requirement meta-model，TRMM）和知识库的可信软件需求建模方法。为支持可信软件开发，使用特定阶段软件开发方法，在软件生命周期过程的特定阶段指定执行一些有助于提升软件可信性的活动，以保证生产出来的软件能够通过这些活动提升其可信性。在本书中，这些面向不同可信软件非功能需求指定的不同活动定义为过程策略，不同过程策略的执行可以促进生产出来软件的不同可信性提升。但是，由于非功能需求之间固然存在的相互关系，部分过程策略在执行时会使一些非功能需求之间产生冲突，在这里，冲突是指一个过程策略的执行在满足一个非功能需求时会让另外一个或多个非功能需求的满足程度降低。因此，过程策略的使用需要通过可信软件需求推理来获取，对于导致冲突的过程策略需要权衡分析其使用代价，基于推理及权衡分析结果为过程策略的选择提供决策依据。具体研究思路及方法如图 2.18 所示。

针对可信软件需求中的可信关注点，从过程控制角度提出实现可信关注点的过程策略，同时考虑到可信需求中非功能需求之间的相关关系，研究实现可信关注点的过程策略对其他可信关注点以及软目标的影响，基于此思想提出 TRMM，描述可信关注点的实现以及可信软件非功能需求复杂的相关关系，由于此建模工作是一项创造性的工作，建立了可信软件非功能需求本体知识库以辅助建模者完成可信软件需求建模。

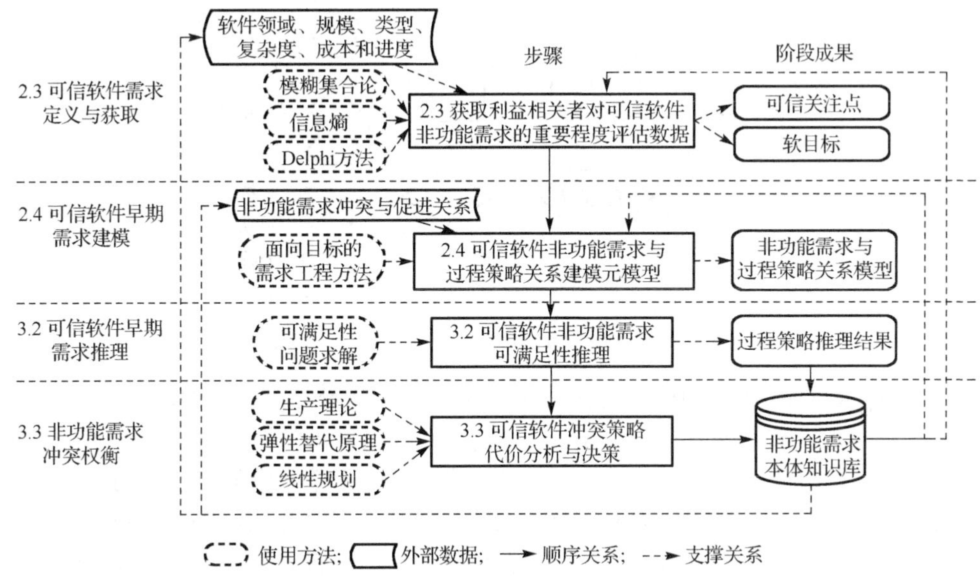

图 2.18　可信软件需求获取、建模、推理与权衡

2.4.1　可信软件需求元模型

参照 NFR 框架（Mylopoulos et al.，1992；Chung & Nixon，1995；Chung et al.，1999；Chung & do Prado Leite，2009）和 i*模型（Yu，1997）可以明确表达非功能需求和设计决策的能力，使用面向方面方法中关注点和方面的概念，提出可信软件需求元模型，该模型参考了 NFR 框架和 i*模型的符号，针对可信软件提出以可信关注点作为软件可信目标，并用过程策略中的可信活动实现可信关注点的方法进行可信软件需求建模。在此需要说明的是，过程策略除了包含可信活动，还包含可信活动间的依赖关系、可信活动对其他可信关注点或软目标的交互关系及权衡方法。

可信活动由实现可信关注点的过程策略定义，在可信软件整个生命周期过程中，可信活动将按照不同的粒度建模为可信过程方面或者可信任务方面，可信过程方面和可信任务方面统称可信方面，通过将可信方面编制到软件过程模型中以提升生产出软件的可信性。

由于可信需求中的非功能需求之间必然存在冲突问题，某些过程策略有可能损害可信软件的软目标或者其他可信关注点，而软件的软目标与软件质量密切相关，损害软目标意味着软件质量降低，损害其他可信关注点意味着可信性降低，这些都让软件可信性降低，因此，过程策略的选择需要权衡有可能存在的冲突。

图 2.19 用图形化的方式直观地描述了可信软件需求元模型。

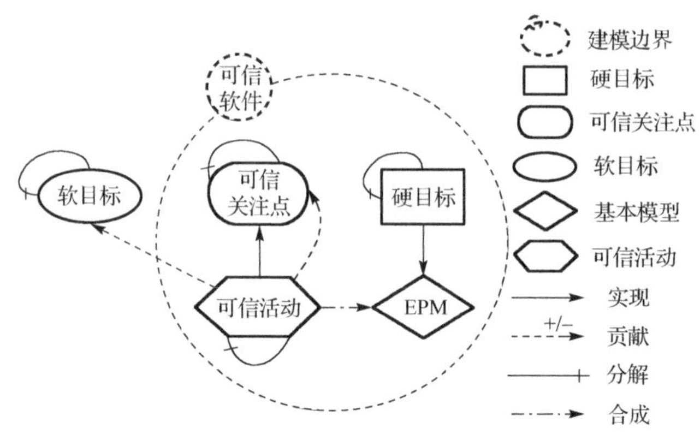

图 2.19　可信软件需求元模型

下面对 TRMM 中的各个元素进行解释，之后给出 TRMM 的形式化定义。

可信关注点（trustworthy concern）：可信软件非功能需求按重要程度排序在前的非功能需求，即重要的非功能需求，可信关注点通过过程策略中的可信活动来实现。

可信活动（trustworthy activity）：实现可信关注点，多个无依赖关系、独立的可信活动之间是或关系，如果可信活动之间存在依赖关系，则将其定义为一个存在分解关系的活动，即这个活动分解为多个存在与关系的活动（存在依赖关系的多个活动）。按照不同粒度，可信活动可以细化为可信过程方面或者可信任务方面。

硬目标（goal）：可信需求中的功能需求，本书基于李彤（2008）教授提出的软件演化过程建模方法对硬目标的功能需求进行过程建模，由于此方法支持软件演化，所以建模得到的过程模型称为软件演化过程模型（evolution process model，EPM）。因此，图 2.19 中给出的硬目标实际使用已有的软件过程建模方法建模为 EPM，下面使用 TRMM 建模时就不考虑硬目标的实现，重点研究可信软件非功能需求的建模，而可信活动与 EPM 之间的合成关系仅仅是表达可信活动可以合成到基本软件过程模型（EPM）中，以实现可信软件过程建模，可信软件过程建模从第 4 章开始介绍。

软目标（softgoal）：可信需求中非可信关注点的非功能需求，也称为质量需求，TRMM 建模需要考虑软目标，正如前面所述，是由于过程策略中可信活动对软目标可能存在抑制作用，为了保证软件质量，使用可信活动前需要权衡其对软目标可能存在的冲突问题。

贡献（contribution）：描述过程策略中可信活动对可信关注点和软目标的贡献，贡献定性表示为促进或者破坏，其中促进表示可信活动的正向促进作用，而破坏表示可信活动的负向抑制作用。

实现（means-ends）：连接可信关注点和可信活动，表示实现可信关注点的可信活动集合，这些可信活动之间是或关系，实现也用于连接硬目标和基本模型（EPM），表示软件演化过程建模是实现硬目标。

分解（decomposition）：可信关注点、硬目标、软目标和可信活动都可以进一步分解细化，分解后的子节点之间为与关系。

合成（composition）：这里使用了面向方面思想中方面与基本模块的合成概念，在 TRMM 中，方面定义为可信方面，可信方面可以进一步分解为可信过程方面和可信任务方面，它们是可信活动按照不同粒度模块化的结果，合成表示将可信方面合成到基本过程模型(EPM)以实现可信的注入。由于合成操作从第4章开始介绍，所以在TRMM中虽然表示出合成，但使用 TRMM 建模时并不涉及合成操作，只是表达过程策略中可信活动的作用。

使用 TRMM 建模可信软件需求，建模的目的是找出整体满足可信关注点的过程策略，但由于过程策略对其他可信关注点或软目标可能产生冲突，所以通过使用可满足性问题求解方法，我们寻找整体满足可信关注点的可信活动集合，如果找不到，则显示导致不满足的矛盾，或在项目组能够接受一定程度矛盾的情况下找到可满足的可信活动集合。

为了使用可满足性问题求解方法，下面对 TRMM 作如下形式化定义。

定义 2.5　TRMM　一个可信软件需求元模型 TRMM 是一个二元组 $M=(N,R)$。

（1）$N=T\cup S\cup \mathrm{TA}$ 是节点的集合，其中：

① T 是可信关注点的集合，$\forall t\in T$ 是一个可信关注点；

② S 是软目标的集合，$\forall s\in S$ 是一个软目标；

③ TA 是可信活动的集合，$\forall \mathrm{ta}\in \mathrm{TA}$ 是一个可信活动。

（2）$R=R^{\mathrm{dec}}\cup R^{\mathrm{imp}}\cup R^{\mathrm{ctr}}$ 是元素之间二元偏序关系的集合，其中：

① $R^{\mathrm{dec}}\subseteq (T\times T)\cup(S\times S)\cup(\mathrm{TA}\times\mathrm{TA})$ 是可信关注点 T、软目标 S、可信活动 TA 的分解关系：

$T\times T=\{(t',t)\mid t,t'\in T\wedge t\text{分解出}t'\}$，称 t' 为 t 的子可信关注点；

$S\times S=\{(s',s)\mid s,s'\in S\wedge s\text{分解出}s'\}$，称 s' 为 s 的子软目标；

$\mathrm{TA}\times\mathrm{TA}=\{(\mathrm{ta}',\mathrm{ta})\mid \mathrm{ta},\mathrm{ta}'\in \mathrm{TA}\wedge \mathrm{ta}\text{分解出}\mathrm{ta}'\}$，称 ta′ 为 ta 的子可信活动。

② $R^{\mathrm{imp}}\subseteq (T\times\mathrm{TA})$ 描述可信关注点与可信活动之间的实现关系，$R^{\mathrm{imp}}=\{(\mathrm{ta},t)\mid \mathrm{ta}\in\mathrm{TA}\wedge t\in T\wedge \text{可信活动ta实现可信关注点}t\}$；

③ $R^{\mathrm{ctr}}\subseteq (\mathrm{TA}\times T)\cup(\mathrm{TA}\times S)$ 是可信活动对可信关注点和软目标的贡献关系，$\forall r\in R^{\mathrm{ctr}}$ 是一个贡献关系，$F:r\mapsto\{+,-\}$（$\mapsto$ 是映射关系），+为促进关系，−为抑制关系：

$\mathrm{TA}\times T=\{(\mathrm{ta},t)\mid \mathrm{ta}\in\mathrm{TA}\wedge t\in T\wedge(\mathrm{ta},t)\mapsto\{+,-\}\}$，称可信活动集合 TA 对可信关注点集合 T 有促进或者抑制的贡献关系；

$\mathrm{TA}\times S=\{(\mathrm{ta},s)\mid \mathrm{ta}\in\mathrm{TA}\wedge s\in S\wedge(\mathrm{ta},s)\mapsto\{+,-\}\}$，称可信活动集合 TA 对软目标

集合 S 有促进或者抑制的贡献关系。基于映射（也称为函数）的概念，我们定义 TRMM 中的贡献、分解和实现关系基数。

定义 2.6　关系基数　TRMM 中的关系 R 分为一对一关系和一对多关系，其中，贡献关系是一对一关系，即 $R^{\text{ctr}}: N \mapsto N$，分解和实现关系是一对多关系，即 R^{dec}，$R^{\text{imp}}: N \mapsto N \times \cdots \times N$。

可信关注点之间的冲突关系实际上是通过可信活动对可信关注点的贡献关系来体现的，例如，一个可信活动 ta 对一个可信关注点 t_1 是抑制贡献关系，则 ta 实现的可信关注点 t_2 和 ta 抑制的可信关注点 t_1 之间实际上是冲突关系。

为了保证使用TRMM建模得到的可信软件需求模型能转化为可满足性问题（satisfiability，SAT）求解机能够接受的合取范式（conjunctive normal form，CNF），在使用 TRMM 建模时，需要满足如下约束。

约束 2.1　节点约束　如果 $\text{dom}(r)=\{x \in N | \exists y \in N: (x,y) \in r, r \in R\}$，$\text{cod}(r)=\{x \in N | \exists y \in N: (y,x) \in r, r \in R\}$，则 $\text{dom}(r) \cup \text{cod}(r) = N$，即模型无孤立节点。

约束 2.1 要求模型中无孤立节点，如果只有孤立的可信关注点，没有可信活动来实现，那么可信关注点本质上并没有得到满足，说明建模还没有完成；如果孤立存在一个可信活动则是错误的，因为可信活动必须是为了实现可信关注点而存在的；而对于孤立的软目标则可以从模型中去除，其孤立状态表明没有任何可信活动会抑制这个软目标的满足，因此，假设这个软目标的状态可以满足。

另外，SAT 求解机的输入是表示待检验公式的有向无环图（directed acycline graph，DAG），如果模型有环，则无法转化为 DAG。因此，有如下约束。

约束 2.2　贡献关系约束　实现一个可信关注点的所有可信活动都不会和这个可信关注点本身有贡献关系，即如果 $(\text{ta},t) \in R^{\text{imp}}$，则 $(\text{ta},t) \notin R^{\text{ctr}}$。

假设有一个可信软件的可信关注点通过 2.3.2 节的方法获取为可靠性、防危性、安全性和精确性，图 2.20 描述了通过 TRMM 建模该可信软件需求的部分模型图。基于 TRMM，图 2.20 的可信需求模型定义为 $M=(N,R)$，其中

$$N = T \cup S \cup \text{TA}$$

$$R = R^{\text{dec}} \cup R^{\text{imp}} \cup R^{\text{ctr}}$$

$$T = \{t_1, t_2, t_3, t_4\}$$

$$S = \{s_1, s_2\}$$

$$\text{TA} = \{\text{ta}_{11}, \text{ta}_{12}, \text{ta}_{21}, \text{ta}_{22}, \text{ta}_{23}, \text{ta}_{24}, \text{ta}_{25}, \text{ta}_{211}, \text{ta}_{212}, \text{ta}_{213}, \text{ta}_{214}, \text{ta}_{31}, \text{ta}_{32}, \text{ta}_{311}, \text{ta}_{41}, \text{ta}_{42}\}$$

$$R^{\text{dec}} = \{(t_{31}, t_3), (\text{ta}_{211}, \text{ta}_{21}), (\text{ta}_{212}, \text{ta}_{21}), (\text{ta}_{213}, \text{ta}_{21}), (\text{ta}_{214}, \text{ta}_{21})\}$$

$$R^{\text{imp}} = \{(\text{ta}_{11}, t_1), (\text{ta}_{12}, t_1), (\text{ta}_{21}, t_2), (\text{ta}_{22}, t_2), (\text{ta}_{23}, t_2), (\text{ta}_{24}, t_2), (\text{ta}_{25}, t_2), (\text{ta}_{31}, t_3),$$
$$(\text{ta}_{32}, t_3), (\text{ta}_{311}, t_{31}), (\text{ta}_{41}, t_4), (\text{ta}_{42}, t_4)\}$$

$$R^{\text{ctr}} = \{((\text{ta}_{25}, t_3), -), ((\text{ta}_{25}, t_4), -), ((\text{ta}_{25}, s_2), +), ((\text{ta}_{31}, t_1), +), ((\text{ta}_{31}, t_2), +), ((\text{ta}_{32}, s_1), -),$$
$$((\text{ta}_{311}, s_1), -), ((\text{ta}_{311}, s_2), -)\}$$

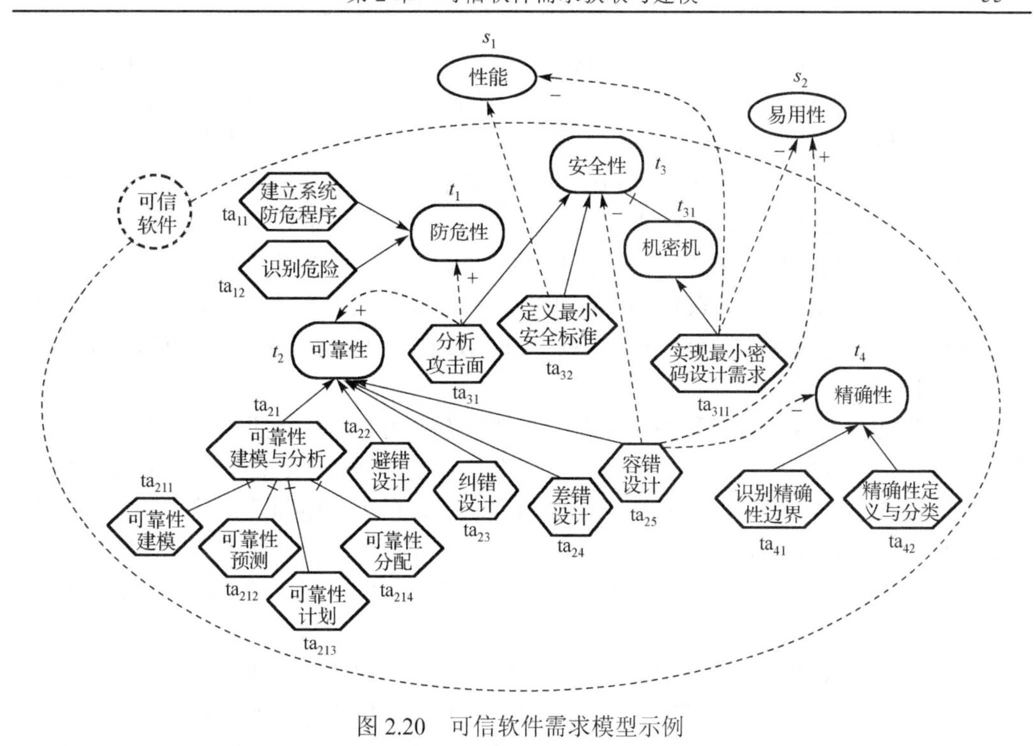

图 2.20　可信软件需求模型示例

2.4.2　非功能需求本体知识库

本体（ontology）的概念来源于哲学，在哲学领域是关于存在本质的研究。运用到计算机与信息科学领域，本体用于领域知识建模，描述一个概念体系。在需求工程领域，针对非功能需求，由于其特定的主观性，已经积累了很多丰富但并不完全一致的定义，这导致在软件开发及演化过程中，来自不同领域的利益相关者难以协作，而这样大量不一致的定义问题还在加剧，毕竟软件工程现在以及将来都面临着快速变化带来的强有力挑战。但是，统一对非功能需求进行定义是不可行的，不同的学科领域对非功能需求的定义本质上应该存在着差异，而且统一的非功能需求定义也是不必要的，因为软件开发及演化处于快速变化中，非功能需求的定义应该适应变化。既不能统一定义，又需要跨领域协作，为了解决这个问题，Boehm（2015）在 INCOSE 2015 中提出了系统质量（system qualities，SQ）本体概念，按照软件工程的需要，改进 Gruber 本体定义（Gruber，1993），提出系统质量本体结构(SQ definition structure，SQDS)，期望通过质量本体定义，能够在不同学科领域利益相关者进行软件系统定义、开发及演化时提高协同工作效率。

Boehm 的 SQDS 包含类（class）、参照（referent）、状态（state）、过程（process）、关系（relation）和个体（individual）6 个元素。

（1）类是非功能需求，类可以组成层次结构，此层次结构是非功能需求的分解结构，分解结构下层的类称为子类（subclass），不同应用领域、不同软件、不同学科都可以定义各自的分解结构，这与 2.3.1 节中给出的可信软件非功能需求分解模型概念一致，我们提出的分解模型是总结自 1985 年以来所有相关文献资料给出的，并且强调分解结构需要随着时代的发展、技术的进步、不同项目需要和不同专家的建议而调整。

（2）参照是度量非功能需求的指标数据，例如，可靠性的参照指标可以用平均失效时间（mean time between failures，MTBF）、系统成功概率或者冗余量来度量。可维护性可以用平均修复时间（mean time to repair，MTTR）、可维护性指数（maintainability index，MI）来度量。

（3）状态分为内部状态和外部状态。内部状态使用具体的参照指标数据表达质量满足等级，用于反映利益相关者需要的系统内部状态，例如，利益相关者需要的系统响应时间是 2 秒，系统持续活性时间是 1000 小时，数据传递精确性要求完全传递而不能部分传递等。由于部分内部状态的满足依赖系统外部环境，例如，相同系统的持续活性时间在高温环境和寒冷环境下可能不同，系统的访问量也会随不同地区而不同，这些系统外部因素定义为外部状态。

（4）过程是实现不同非功能需求时使用的不同过程和活动，我们认为软件的质量很大程度上依赖于软件开发时所使用的过程，而开发可信软件，实现软件可信演化，其本质是在开发软件以及演化软件的过程中满足软件的可信需求，因此，可信软件需求建模的目标是实现过程策略的获取，支持可信软件过程建模。

（5）关系描述的是非功能需求之间的冲突及促进关系，这个关系本质上是由使用的策略决定的，例如，软件数据的处理如果采用容错处理策略，可以提高系统活性时间，但会与系统精确性需求产生冲突，而如果采用防差错处理策略，不会与精确性需求冲突，但会降低系统活性时间，还有可能与系统易用性产生冲突，如果这些非功能需求都是可信软件的非功能需求，那么任何一个非功能需求的状态从满足状态变为部分满足或者不满足状态，对其整体可信性或质量都存在影响，因此，权衡关系，特别是冲突关系，对于所有软件而言都是至关重要的。

（6）个体是描述具有不同参照、状态、过程和关系的子类，个体的提出正是符合质量本体概念提出的初衷，即让非功能需求定义适应变化以及不同领域、学科或者项目。

Boehm 等（2015）进一步提出：建立本体的终极目标是建立知识库，因此，通过借鉴 Boehm 的质量本体概念，我们建立非功能需求本体知识库，这个知识库由通用知识库和领域知识库构成。通用知识库包含通用、无领域之分的软件非功能需求及其分解、参照指标、策略、策略对非功能需求的贡献以及基于策略的非功能需求权衡代价知识。领域知识库在继承通用知识库知识的基础上基于领域特征将非功能需求分为领域可信关注点和软目标，并增加领域利益相关者及对应的非功能需求、这些非功能需求的内部状态和外部状态知识，把利益相关者加入其中可以在完成建模、推理和权衡后积累和利益相关者有关的非功能需求的冲突及决策结果。

1. 通用知识库

通用知识库存储软件非功能需求以及需求的分解、参照指标和策略相关知识。知识库的结构使用扩展的巴科斯范式（extended Backus-Naur form，EBNF）定义，定义中的“[ ]”表示可选定义的结构成分，可选意味着可以出现 0～1 次，“{ }”表示重复定义的结构成分，表示可以重复 0 次到无数次，为了简洁，不重要的结构成分就忽略了。

软件非功能需求及其子需求、参照指标的结构定义如下：

```
非功能需求=‘NFR’，非功能需求名，非功能需求描述，{子需求}，{参照指标}，{过程策略}
非功能需求名=“功能适用性”|“防危性”|“可靠性”|“安全性”|“精确性”|“易用性”|“性能”|“可维护性”|“可移植性”|“兼容性”|“隐私性”
子需求=‘SUB_NFR’，子需求名，子需求描述
子需求名=“功能完整性”|“功能正确性”|“可用性”|“容错性”|“可恢复性”|“可追踪性”|“机密性”|“完整性”|“不可否认性”|“真实性”|“时间性能”|“空间性能”|“易操作性”|“易识别性”|“可测试性”|“可重用性”|“可修改性”|“可修复性”|“可生存性”|“可交互性”
参照指标=‘REFER’，参照指标名，参照指标描述，[参照指标公式]
```

策略不仅包含策略类别、名称和描述，还包含策略对非功能需求的贡献及权衡知识，当策略存在冲突关系时，知识库提供的贡献和权衡知识可以辅助策略选择决策。由于本书面向软件过程研究可信软件构建，选取策略时，基于特定阶段软件开发方法，在软件开发生命周期过程中特定阶段指定执行一些有助于提升软件可信性的活动。因此，仅在知识库中存储了过程策略，过程策略的构建通过如下 5 个步骤完成。

（1）定义实现可信关注点的可信活动集合，基于相关学者及研究机构提出的研究成果，表 2.7 总结了一个可信活动的示例。

表 2.7　可信活动示例

可信关注点	可信活动
可信性	可信风险评估，资产识别，金融影响分析，可信性建模及预测，可信性计划，可信性分配，文档化可信需求，可信需求的确认和验证，攻击面及危险分析，形式化规约与验证，第三方可信评测，攻击面及危险复审，可信性监控，持续的过程改进，收集/分析软件执行数据，创建应急响应计划，执行应急响应计划，可信质量管理过程
功能完整性及正确性	分析/评估用户特征，分析/评估软件应用环境，功能分析，需求的确认和验证，设计的确认和验证，数据类型检查，程序正确性证明
可靠性	确定功能剖面，失效定义及分类，可靠性需求识别与获取，可靠性建模、分析及预测，外购、外协软件可靠性测量，可靠性计划及分配，使用软件可靠性设计准则，避错设计，防差错设计，纠错设计，容错设计，冗余设计，可维护性设计，确定满足可靠性目标的工程措施，软件可靠性增长建模，基于功能剖面的资源配置，面向故障测试，软件可靠性增长测试，强度测试及回归测试，软件可靠性验证测试，制定维护方案，监视软件可靠性，跟踪用户对可靠性的满意程度，持续的过程改进，可靠性度量，可靠性工程管理，故障引入及传播的管理，外购、外协软件可靠性管理，创建应急响应计划，执行应急响应计划

续表

可信关注点	可信活动
防危性	软件防危计划，建立防危程序，识别危险，评估危险风险，文档化系统防危需求，确定可接受危险等级，确定危险消除方法，确定危险消除优先顺序，程序正确性证明，风险减少的确认及验证测试，危险及风险复审，建立危险追踪系统，记录危险追踪数据
安全性	定义最小安全标准，建立质量门，安全及隐私风险评估，建模误用用例，识别资产和安全边界，识别全局安全策略，研究及评估安全技术，集成安全分析到资源管理过程，建立安全及隐私设计需求，执行安全及隐私设计复审，实现最小密码设计需求，分析攻击面，威胁建模，创建应急响应计划，去除不安全函数，静态分析，动态分析，模糊测试，渗透测试，攻击面复审，执行应急响应计划
精确性	识别精确性边界，精确性定义与分类，解决不精确计算，从近似值重构准确值，精确性设计
可维护性	可维护性设计，内聚设计，提高抽象设计，制定维护方案
兼容性	外协交互需求分析，接口设计，兼容性测试
易用性	分析评估用户及软件应用环境，功能分析，竞争性分析，金融影响分析，并行设计，用户参与设计，接口协调设计，迭代设计，启发式分析，原型构建，实证测试，收集用户使用反馈
性能	确定性能基准，性能建模与分析，原型系统构建，性能仿真，性能调整，用户参与测试

（2）定义每一个可信活动，包括其输入、输出、本地数据结构以及活动体，输入数据结构定义了活动执行的输入条件，输出数据结构定义了活动执行的输出结果，活动体定义为一个细化后的可信过程方面或者一个可信任务方面集合。

（3）对每一个可信活动，分析其影响所有其他可信关注点的促进（+）或者抑制（–）贡献，表 2.8 给出了一个贡献关系的示例。

表 2.8　可信活动对可信关注点影响的示例

可信关注点	可信活动	抑制的关注点	促进的关注点
可靠性	容错设计	安全性，精确性，功能适用性	易用性
	冗余设计	安全性，可维护性，性能	防危性
安全性	分析攻击面		可靠性，防危性
	实现最小密码设计	易用性，性能	
	定义最小安全标准	性能，可维护性，易用性	
可信性	可信性监控	性能	
兼容性	接口设计	安全性，可维护性	

（4）对于抑制贡献关系，如果基于可信需求推理显示矛盾，则对产生抑制贡献关系的可信活动进行权衡代价分析，存储代价关系，辅助选取最优决策，从本质上解决存在抑制贡献关系的非功能需求之间的冲突。

（5）根据实际建模实践的反馈持续更新过程策略库。

同样，过程策略库的结构也用 EBNF 定义，为了简洁，不重要的结构成分就忽略了。

过程策略的结构定义如下：

```
过程策略='STRATEGY'，过程策略名，策略描述，可信活动，[贡献[，活动依赖关系，权衡]]
```

一个过程策略由一个可信活动及其对其他非功能需求的贡献，以及在出现抑制贡献时可以采取的权衡方法组成，其中，可信活动定义如下：

可信活动= ‘T_ACTIVITY’，可信活动名，[‘IMPORTS:’，变量声明，“;”，{变量声明}]，[‘EXPORTS:’，变量声明，“;”，{变量声明}]，[‘LOCALS:’，变量声明，“;”，{变量声明}]，‘BODY’，可信活动体

可信活动的定义遵循基本过程模型（EPM）中活动的定义，即一个活动是一个抽象数据类型，定义了数据结构及在数据结构上的操作。IMPORTS 子句、EXPORTS 子句和 LOCALS 子句分别定义了输入、输出和本地数据结构。BODY 定义了可信活动的活动体部分。

变量声明=变量名，‘:’，变量类型
变量类型="STRING"|"INTEGER"|"ROLE"|"MESSAGE"|"Report_Type"|"Notification_Type"|"Procedure_Type"|"System_Type"|"Requirements_Type"|"Plan_Type"
可信活动体=可信任务方面 | 可信过程方面标识

如果一个可信活动细化为一个可信任务方面集合，则<可信活动体>定义为可信任务方面集合；如果一个可信活动定义为一个可信过程方面，则<可信活动体>定义为可信过程方面的标识。

可信任务方面=可信任务方面标识，{ “;”，可信任务方面标识}

过程策略中可信活动对其他非功能需求的贡献定义如下：

贡献= ‘CONTRIBUTION’，贡献声明，{贡献声明}
贡献声明= “●”，非功能需求，“(”，“+” | “-”，“)”，贡献描述

可信活动在编织入基本过程模型时需要根据活动间的依赖关系实施编织，此依赖关系约束了活动间的行为关系，保证编织后过程模型的正确性。

活动依赖关系= ‘DEPENDENCE’，依赖声明，{依赖声明}
依赖声明=依赖公式，“(”，依赖描述，“)”
依赖公式=可信方面标识，控制符号，可信方面标识
控制符号= “ δ^c ” | “ δ^d ”

当可信活动对其他非功能需求的贡献是抑制贡献关系时采取如下权衡定义：

权衡= ‘TRADEOFF’，权衡描述，[“(”，非功能需求 i，“.”，参照指标名，“,”，非功能需求 j，“.”，参照指标名，“)”]

根据上述定义的知识库结构，下面给出可靠性知识存储示例：

```
1    NFR 可靠性
2       可靠性是一个系统、产品或者组件在指定条件下，能够在指定时间范围内执行指定功
        能的程度
3       SUB_NFR 可用性
4                可用性是系统处于可工作状态的时间比例；
```

```
5     SUB_NFR 容错性
6               容错性是系统的部分组件在一次或多次失效的情况下仍能持续工作或降级
                工作的能力
7     SUB_NFR 可恢复性
8               可恢复性是系统从故障或灾难状态中恢复的能力
9     REFER MTBF
10          MTBF 是平均故障间隔时间，即是相邻两次故障之间的平均工作时间
11          MTBF = Σ(Downtime - Uptime) / Failure_Times;
12          冗余量
13          系统冗余量越大，可靠性越高
14          Reliability = Σ_{i∈I} Redun_i ，I 为冗余量;
15    STRATEGY 容错设计策略
16              提升软件可靠性，允许软件使用者失误行为而定义的容错设计活动
17       T_ACTIVITY  容错设计活动
18              IMPORTS: 需求: Requirements_Type;
19              EXPORTS: 容错设计文档: STRING
20              LOCALS: 可靠性工程师: ROLE; 执行，开始，结束，调用: MESSAGE;
21              BODY: Fault_tolerance
22       CONTRIBUTION
23            安全性（-）对于需要安全性保护的数据不能允许错误
24              DEPENDENCE
25              Security_boundary δ Fault_tolerance（“容错设计活动”的执
                行由“识别资产和安全边界活动”的执行结果决定）
26            精确性（-）对于有精确性要求的计算不能允许错误
27              DEPENDENCE
28              Accuracy_boundary δ Fault_tolerance（“容错设计活动”的执
                行由“识别精确性边界活动”的执行结果决定）
29              Accuracy_design δ Fault_tolerance（“容错设计活动”的执行
                由“精确性设计活动”的执行结果决定）
30            功能适用性（-）容错可能导致功能实现异常
31              DEPENDENCE
32              Function_analysis δ Fault_tolerance（“容错设计活动”的执
                行由“功能分析活动”的执行结果决定）
33            易用性（+）允许用户操作软件过程中的失误行为
34    STRATEGY 冗余设计策略
35              冗余设计策略通过增加冗余的硬件设备或者软件组件来备份数据及提供系
                统灾备
36       T_ACTIVITY  冗余设计活动
37              IMPORTS: 需求: Requirements_Type; 可靠性模型: Reliability_
                Model_Type;
```

```
38            EXPORTS：冗余设计文档：Design_Type；应急响应计划：Emergency_
              Plan_Type；
39            LOCALS：可靠性工程师：ROLE；
40            BODY：Recovery_design；N_redundancy_design；Defence_
              design；
41        CONTRIBUTION
42            安全性（-）增加的数据、设备、组件、接口、指令/执行冗余等使系统安
              全性降低
43            DEPENDENCE
44            N_redundancy_design δ^c Recovery_design（如果能够执行“N-
              版本程序设计活动”则不需要执行“恢复块设计活动”）
45            TRADEOFF
46            按冗余设计策略增加的接口、协议和数据项定义不同的方案并计算不同方
              案的系统攻击面（可靠性、冗余量、安全性、攻击面）
```

第 1 行定义非功能需求名为“可靠性”。第 2 行描述了这个非功能需求的概念。第 3～8 行定义并描述了“可靠性”的子需求，这里的子需求按照图 2.14 定义的分解模型，包括可用性、容错性和可恢复性。第 9～14 行定义了“可靠性”的所有参照指标，每一个非功能需求都可以有多项参照指标。第 15～30 行定义过程策略“容错设计策略”，每一个非功能需求都可以应用多项过程策略。第 16 行描述了这个过程策略的目标。第 17～21 行定义了过程策略对应的可信活动“容错设计活动”，包括输入条件、输出结果和本地消息及完成人，第 21 行描述了实现“容错设计活动”的可信方面标识是 Fault_tolerance。第 22～30 行定义了“容错设计活动”对其他非功能需求的贡献，其中，第 23～25 行描述了策略对安全性的抑制贡献，策略中可信活动间的依赖关系约束是 Security_boundary δ^c Fault_tolerance，Security_boundary 是“识别资产和安全边界活动”的可信方面标识，Security_boundary δ^c Fault_tolerance 表示必须确定安全边界后，在边界外考虑容错设计；第 26～29 行针对策略对精确性的抑制贡献关系，描述活动间的依赖关系约束为 Accuracy_boundary δ^c Fault_tolerance 和 Accuracy_design δ^c Fault_tolerance，这两个约束描述了“容错设计活动”控制依赖于“识别精确性边界活动”和“精确性设计活动”，同样，“容错设计活动”的执行由“识别精确性边界活动”和“精确性设计活动”的执行结果决定；第 30～32 行针对策略对功能适用性的抑制贡献关系提出活动依赖关系约束 Function_analysis δ^c Fault_tolerance，Function_analysis 是可信方面“功能分析活动”的标识，同样表示“容错设计活动”的执行由“功能分析活动”的执行结果决定；第 33 行描述了“容错设计策略”对易用性的促进贡献关系，促进贡献关系不定义活动依赖关系和权衡方法。第 34～46 行描述了“可靠性”的另一项过程策略“冗余设计策略”，与“容错设计策略”类似，第 35 行描述策略目标，第 36～40 行定义策略对应的可信活动，第 41～46 行描述策略对安全性的抑制贡献。不同的是，实现“冗余设计活动”的可信方面标识是 Recovery_design、N_redundancy_design 和

Defence_design，其中 Recovery_design 和 N_redundancy_design 之间是控制依赖关系，此关系定义在第 44 行。另外，“冗余设计策略”在可靠性与安全性之间的权衡方法定义在第 46 行。

2. 领域知识库

不同领域软件的可信需求不同，不同利益相关者对软件也有不同的可信期望，领域内所有利益相关者的可信期望综合后得到可信软件的可信需求，正是基于领域及利益相关者的可信需求开发软件，才能开发出行为符合领域用户预期的可信软件。因此，领域知识库在继承通用知识库的基础上区分不同的非功能需求为领域可信关注点和软目标，增加利益相关者与可信关注点之间的对应关系及可信关注点的领域分解。把利益相关者加入其中可以在完成建模和推理后积累与利益相关者有关的领域关注点知识，为将来快速帮助相同领域利益相关者获取可信软件需求提供有针对性的建议及决策。

图 2.21 是一个利益相关者及其关注的可信关注点，以及可信关注点分解的示例。

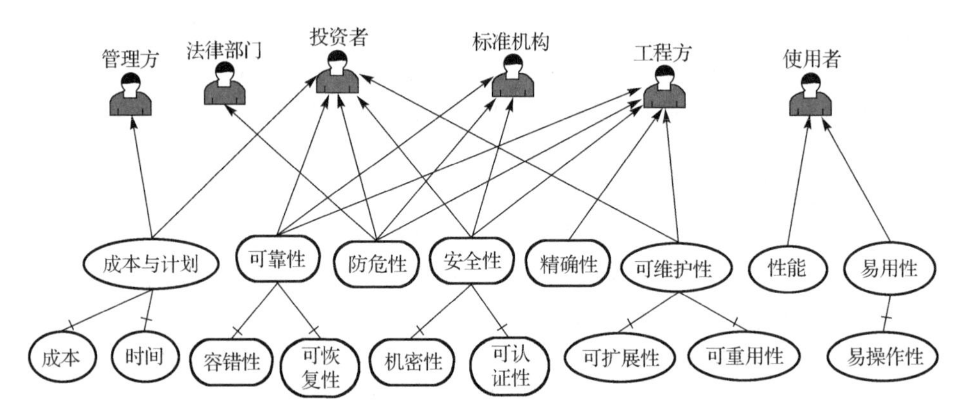

图 2.21 领域知识库中可信关注点及分解示例

领域知识库的结构仍是由 EBNF 定义的，定义中的“[ ]”表示可选定义的结构成分，“{ }”表示重复定义的结构成分。领域知识库扩展的结构定义如下：

```
可信关注点= 'TRUST_CONCERN', 非功能需求名
软目标= 'SOFT', 非功能需求名
利益相关者= 'STAKEHOLDER', {利益相关者名}
利益相关者名= "管理方" | "工程方" | "安全工程师" | "可靠性工程师" | "市场推广工程师" | "法律部门" | "标准机构" | "政府部门" | "投资者" | "使用者" | "专家"
```

领域知识库中的可信关注点存储非功能需求的全部知识，并且可以定义不同的领域子需求，例如，可靠性在特定领域可以分解为数据可靠性、网络可靠性、设备可靠

性或方法可靠性，安全性也可以分解为主机安全、网络安全、信息安全、数据安全和应用安全。软目标仅存储非功能需求名，可以不对其进行详细分解。

当策略引发非功能需求冲突时，权衡冲突需要基于参照指标给予决策建议，而参照指标的计算在不同领域可能取不同的状态值，因此，领域知识库中需要存储非功能需求状态数据，其存储结构定义为

```
状态=内部状态，外部状态
内部状态='STATE_IN'，内部状态名，内部状态描述，[内部状态定义，内部状态值]
外部状态='STATE_OUT'，外部状态名，外部状态描述，[外部状态定义，外部状态值]
```

以安全性为例，其参照指标之一定义为攻击面，领域知识库中定义攻击面计算的状态数据就可以包含函数、通道和数据项，当函数权限为 root，访问类型为 authenticated 时，内部状态定义为攻击努力率为 5/3，当权限和访问类型均为 authenticated 时，攻击努力率为 3/3，其他状态数据存储类似。

本体知识库的开发采用迭代方式增加、修改或细化其中的知识，逐步构建非功能需求的本体知识概念体系，并通过知识库的使用与共享，不仅在不同项目中提供可重用知识，加快项目进度，保证项目成功率，同时，通过不同项目的使用迭代扩充知识库，适应动态变化的软件环境。

2.5　案 例 研 究

下面使用两个案例对可信软件需求建模方法进行实证研究，第一个案例来源于一个真实的工业案例：可信第三方认证中心软件（security infrastructure system，SIS）。第二个案例是可信软件领域具有挑战性的典型案例：航天软件。

2.5.1　可信第三方认证中心软件 SIS

认证中心提供网络身份认证服务，负责签发和管理数字证书，是一个具有权威性和公正性的第三方可信机构，是所有网上安全活动的核心环节，SIS 作为可信第三方认证中心的核心软件，负责完成认证中心提供的所有服务，对任何个人或企业，甚至一个地区来说，一个安全和值得信赖的网络环境依赖于 SIS 的可信性，因此，SIS 属于可信软件。

SIS 可信需求获取阶段的第一步是确定利益相关者，我们选取认证中心相关 5 名利益相关者（S_1-认证中心监管部门，S_2-工程方，S_3-认证中心专家，S_4-软件操作部门，S_5-证书持有者）对 SIS 进行可信需求评估，评估数据以表格的形式收集，如表 2.9 所示。

表 2.9　SIS 可信需求评估数据

可信软件非功能需求	S_1	S_2	S_3	S_4	S_5	模糊排序值
R_1 功能适用性	AH	AH	AH	AH	AH	0.942
R_{11} 功能完整性	AH	AH	AH	AH	AH	0.942
R_{12} 功能正确性	AH	AH	AH	AH	AH	0.942
R_2 防危性	AL	AL	AL	AL	L	0.085
R_3 可靠性	H	FH	H	H	H	0.777
R_{31} 可用性	H	H	H	H	H	0.808
R_{32} 容错性	FH	FH	FH	H	FL	0.715
R_{33} 可恢复性	AH	AH	H	AH	H	0.888
R_4 安全性	AH	AH	AH	AH	AH	0.942
R_{41} 可追踪性	AH	AH	AH	AH	H	0.915
R_{42} 机密性	AH	AH	AH	AH	AH	0.942
R_{43} 完整性	AH	AH	AH	AH	AH	0.942
R_{44} 不可否认性	AH	AH	AH	AH	AH	0.942
R_{45} 真实性	AH	AH	AH	AH	AH	0.942
R_5 精确性	AL	AL	AL	AL	L	0.085
R_6 可维护性	H	AH	H	H	H	0.834
R_{61} 可测试性	M	FH	L	FL	FL	0.408
R_{62} 可重用性	M	FH	M	FL	FL	0.469
R_{63} 可修改性	M	FH	L	FL	FL	0.408
R_{64} 模块化	FH	FH	H	H	FL	0.715
R_{65} 可扩展性	H	H	H	H	M	0.746
R_7 性能	M	M	M	FH	M	0.531
R_{71} 时间性能	M	M	M	FH	M	0.531
R_{72} 空间性能	M	M	M	FH	M	0.531
R_8 易用性	FH	FH	M	H	M	0.623
R_{81} 易操作性	FH	H	M	H	FH	0.684
R_{82} 易识别性	FH	H	FH	H	M	0.684
R_9 兼容性	H	H	H	H	H	0.808
R_{91} 可生存性	M	FH	FH	H	H	0.684
R_{92} 交互性	H	H	H	H	AH	0.834
R_{10} 可移植性	AL	AL	L	L	M	0.200
R_{101} 自适应性	AL	AL	L	L	M	0.200
R_{102} 易安装性	AL	AL	L	L	M	0.200
R_{11} 隐私	AL	AL	AL	L	M	0.173

为检查各个利益相关者提供可信评估数据的有效性，我们计算其熵值如表 2.10 所示，其中，利益相关者 S_1、S_2、S_3 和 S_4 的熵值相对一致，而 S_5 的熵值相对较大，一定程度上表明其对于可信软件的需求相对不明确，根据项目组需要，可以要求重新提供评估数据。

表 2.10　利益相关者可信评估数据熵值

利益相关者	熵值	模糊排序值
S_1	（0.445, 0.218, 0.141, 0.088）	0.223
S_2	（0.387, 0.161, 0.088, 0.045）	0.17
S_3	（0.472, 0.28, 0.169, 0.099）	0.255
S_4	（0.453, 0.248, 0.119, 0.052）	0.218
S_5	（0.684, 0.426, 0.233, 0.127）	0.368

在可信评估数据有效性确认后，各项非功能需求的模糊排序值如表 2.9 最后一列所示，通过此排序值，我们将模糊排序值大于 0.7 的非功能需求确定为可信关注点，余下有相关关系的非功能需求确定为软目标，如表 2.11 所示。

表 2.11　SIS 的可信关注点与软目标

可信关注点			软目标
R_1 功能适用性	R_4 安全性	R_6 可维护性	R_7 性能
R_{11} 功能完整性	R_{41} 可追踪性	R_{64} 模块化	R_{71} 时间性能
R_{12} 功能正确性	R_{42} 机密性	R_{65} 可扩展性	R_{72} 空间性能
R_3 可靠性	R_{43} 完整性	R_9 兼容性	R_8 易用性
R_{31} 可用性	R_{44} 不可否认性	R_{92} 交互性	R_{81} 易操作性
R_{32} 容错性	R_{45} 真实性		R_{82} 易识别性
R_{33} 可恢复性			

使用非功能需求本体知识库，基于可信软件需求元模型建模得到 SIS 的可信需求模型如图 2.22 所示。

2.5.2　航天软件

利用太空在通信、导航、遥感等方面为人类提供服务，以及在一定范围内对太空进行探索的活动，都是由航天器完成的，而航天器是由航天软件控制的。由于航天项目的失败会导致严重的人员伤亡和巨大的经济损失，所以航天软件是典型，也是最具挑战性的可信软件案例。

对于本案例的可信需求的获取，下面基于 Harland 等（2005）和 Shayler（2000）对航天事故分析的著作，从中找出过去航天软件故障的情况，通过分析，从中总结、提炼出航天软件的可信需求。

1993 年，在深空探测器火星观测者发射任务中，由于缺乏对应用环境的分析和评估过程，没有考虑到地球轨道运行和深空运行不同的热环境及运行所持续的时间，火星观测者使用地球轨道卫星的设计而发生故障（Harland & Ralph，2005）。1958 年，美国运载火箭雷神因加速度计出现程序错误，导致其运载的探测器未到达预定高度就回落了（Harland & Ralph，2005），高精度的加速度计是运载火箭最基本的敏感元件之一，应该对其控制程序进行高精度和正确性控制。1981 年，哥伦比亚号在执行 STS-2

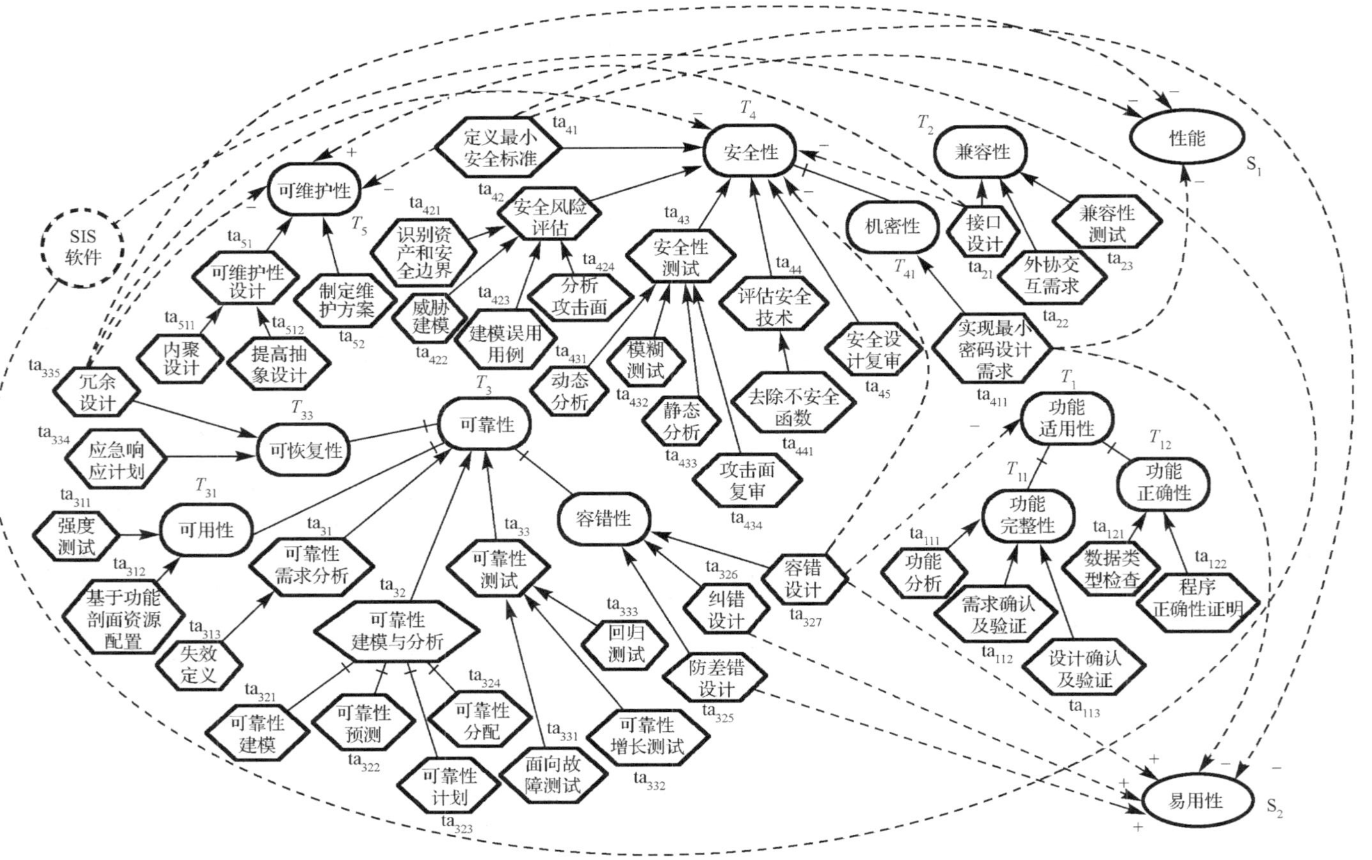

图 2.22　SIS 可信需求模型

计划时发现三个燃料电池中的一个发生问题，按照任务规程规定将任务简化为一个最小任务，保证了航天员的顺利返回（Shayler，2000），因此，建立应急响应计划并在需要时执行可以有效地控制故障造成的危险。在伽利略号探测器上，CDSA 处理器进行的一项数据压缩程序执行的时间太长，迫使处理器关闭并把探测器置于一种安全模式，在这种状态下探测器再也无法完成关键的轨道运动（Harland & Ralph，2005），所以软件的时间性能仍然是有必要关注的。另外，数据的计量单位对于航天软件来说同样是非常重要的，1999 年 NASA 就因为计量单位问题而遭受了一个令人震惊的困境，当火星观测者计划失败后，人们准备用火星气候轨道器和火星全球勘测者一同来恢复火星探测活动，然而，本应该进入环绕火星的运行轨道，却由于一个简单的单位换算错误而导致轨道器深入了火星的大气层并被烧毁。

纵观运载火箭和航天器的故障史，我们能够得出一个结论：许多错误都是重复出现的。1999 年年初，航空航天公司对自 1990 年以来卖出的所有火箭中发生的 60 次重大发射故障进行了回顾和调查，得出的结论是，隐藏在特殊原因之后的重要因素是人们没有从自己的经验中吸取应有的教训。因此，通过多年对航天事故的分析和总结，Sagan 认为细致的准备工作是防止危险技术领域（如核能、火箭燃料）发生事故的关键环节，他建议各系统的职能应有所交叉，进行冗余设计以避免安全疏漏；通过对灾难的预想和对可能发生事故的模拟来提高应对能力；总结以往经验，建立可靠性系统等。而 Shayler（2000）总结太空飞行中危险主要来自于发射过程、飞行过程和降落过程，其中相关软件要能在这些过程中保持正常，一旦发现异常，应急程序要能够有效运行；另外，人为错误是唯一一个不能预先确定的危险因素，有必要研究如何防止可能出现的错误。Harland 在其著作中总结：航天领域与其他高科技领域相比较，具有高投入和高风险相交融的特点，衡量航天器好坏的标准，不仅要看它是否发生了故障，还要看它对无法避免的故障有多大的承受能力。

基于以上分析，我们总结出航天软件的可信关注点和软目标，如表 2.12 所示。

表 2.12 航天软件可信需求

可信关注点		软目标
R_1 功能适用性	R_5 精确性	R_7 性能
R_{11} 功能完整性	R_6 可维护性	R_{71} 时间性能
R_{12} 功能正确性	R_{61} 可测试性	R_{72} 空间性能
R_2 防危性	R_{62} 可重用性	R_8 易用性
R_3 可靠性	R_{63} 可修改性	R_{81} 易操作性
R_{31} 可用性	R_{64} 模块化	R_{82} 易识别性
R_{32} 容错性	R_{65} 可扩展性	
R_{33} 可恢复性		

使用非功能需求本体知识库和可信软件需求元模型，我们建模航天软件可信需求模型如图 2.23 所示。

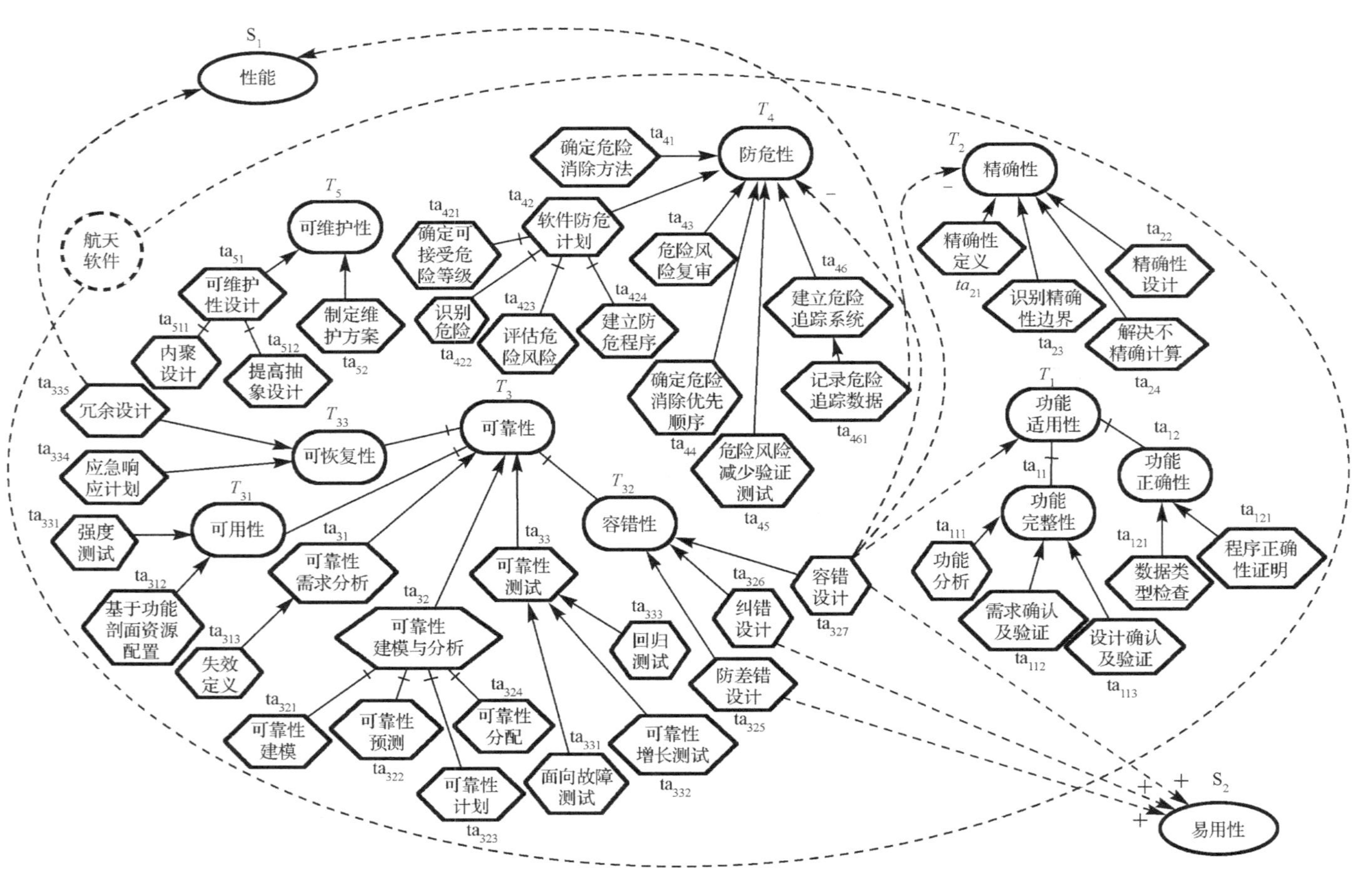

图 2.23　航天软件可信需求模型

2.6 小　　结

可信软件的功能需求严格、非功能需求复杂是可信软件不同于普通软件的根本原因，本书面向过程研究可信软件的实现，软件演化过程建模方法（Li，2008）已针对软件功能需求完成了过程建模，因此，本章研究可信软件非功能需求的获取及建模问题。

本章首先定义可信需求包含功能需求和可信关注点，并用软目标描述质量需求，针对非功能需求无法精确描述的特点，使用梯形模糊数量化非功能需求，收集利益相关者对可信软件非功能需求重要程度的评估数据，基于信息熵检验评估数据的有效性和客观性，在使用 Delphi 方法综合权衡所有利益相关者提供的有效评估数据的基础上，应用模糊排序方法获取可信关注点和软目标，并在此基础之上，参考 NFR 框架和 i*模型定义了可信软件需求元模型，提出基于知识库实现可信软件需求建模的方法。

参 考 文 献

陈火旺, 王戟, 董威. 2003. 高可信软件工程技术. 电子学报, 31(12A): 1933-1938.

丁博, 王怀民, 史殿习, 等. 2011. 一种支持软件可信演化的构件模型. 软件学报, 22(1): 17-27.

龚琦琦. 2012. 军工信息安全与保密管理. 保密科学技术, 11: 47-49.

胡宝清. 2010. 模糊理论基础. 2 版. 武汉: 武汉大学出版社.

金芝, 刘璘, 金英. 2008. 软件需求工程: 原理和方法. 北京: 科学出版社.

康雁, 何婧, 林英, 等. 2012. 软件需求工程. 北京: 科学出版社.

李鸿吉. 2005. 模糊数学基础及实用算法. 北京: 科学出版社.

沈昌祥, 张焕国, 王怀民, 等. 2010. 可信计算的研究与发展. 中国科学: 信息科学, 40 (2): 139-166.

孙东川, 林福永. 2004. 系统工程引论. 北京: 清华大学出版社.

汤永新, 刘增良. 2010. 软件可信性度量模型研究进展. 计算机工程与应用, 46(27): 12-16.

王怀民, 唐扬斌, 尹刚, 等. 2006. 互联网软件的可信机理. 中国科学: 信息科学, 36(10): 1156-1169.

张景春. 2005. 基于 Agent 的分布式作战指挥系统的设计. 天津: 南开大学.

Amoroso E, Taylor C, Watson J, et al. 1994. A process-oriented methodology for assessing and improving software trustworthiness// The 2nd ACM Conference on Computer and Communications Security (CCS'94): 39-50.

Amyot D, Mussbacher G. 2003. URN: Towards a new standard for the visual description of requirements. Telecommunications and Beyond: The Broader Applicability of SDL and MSC: 21-37.

Bernstein L, Yuhas C. 2005. Trustworthy Systems Through Quantitative Software Engineering. New York: Wiley-IEEE Computer Society Press.

Boehm B, Kukreja N. 2015. An initial ontology for system quality attributes// The International Council on System Engineering (INCOSE) Symposium, Seattle: 13-16.

Carifio J, Perla R. 2008. Resolving the 50-year debate around using and misusing likert scales. Medical Education, 42(12): 1150-1152.

Castro J, Kolp M, Mylopoulos J. 2002. Towards requirements-driven information systems engineering: The Tropos project. Information Systems, 27(6): 365-389.

Chen S M, Sanguansat K. 2011. Analyzing fuzzy risk based on a new fuzzy ranking method between generalized fuzzy numbers. Expert Systems with Applications, 38: 2163-2171.

Cheng B H, Atlee J M. 2007. Research directions in requirements engineering. Future of Software Engineering, IEEE Computer Society: 285-303.

Chung L, do Prado Leite C S. 2009. On non-functional requirements in software engineering. Conceptual Modeling: Foundations and Applications: 363-379.

Chung L, Nixon B A, Yu E, et al. 1999. Non-functional requirements in software engineering. International Series in Software Engineering, 5: 476.

Chung L, Nixon B A. 1995. Dealing with non-functional requirements: Three experimental studies of a process-oriented approach// The 17th International Conference on Software Engineering (ICSE): 25.

CNSS. 2005. Software 2015: A National Software Strategy to Ensure U.S. Security and Competitiveness. http://www.cnsoftware.org/nss2report[2005-04].

Dalkey N, Helmer O. 1963. An experimental application of the Delphi method to the use of experts. Management Science, 9(3): 458-467.

Dardenne A, van Lamsweerde A, Fickas S. 1993. Goal-directed requirements acquisition. Science of Computer Programming, 20(1,2): 3-50.

DoD. 1985. Department of Defense Trusted Computer System Evaluation Criteria (TCSEC), DoD 5200.28-STD. http://www.cerberussystems.com /INFOSEC/stds/d520028.htm.

Gruber T. 1993. A translation approach to portable ontologies. Knowledge Acquisition, 5(2): 199-220.

Harland D M, Ralph L. 2005. Space Systems Failures: Disasters and Rescues of Satellites, Rockets and Space Probes. New York: Springer.

Hasselbring W, Reussner R. 2006. Toward trustworthy software systems. Computer, 39(4): 91-92.

Holt J, Perry S A, Brownsword M. 2012. Model-based Requirements Engineering. London: The Institution of Engineering and Technology.

Howard M, Leblanc D. 2002. Writing Secure Code. Washington: Microsoft Press.

Howard M, Lipner S. 2006. The Secure Development Life-cycle. Washington: Microsoft Press.

IEC. 1990. International Electrotechnical Vocabulary-Chapter 191: Dependability (IEC 60050-191 Ed.2.0).

In H P, Olson D. 2004. Requirements negotiation using multi-criteria preference analysis. Journal of Universal Computer Science, 10(4): 306-325.

ISO/IEC. 2011. ISO/IEC 25010: Systems and software engineering, systems and software quality requirements and evaluation (SQuaRE), system and software quality models.

Li T. 2008. An Approach to Modelling Software Evolution Processes. Berlin: Springer.

Littlewood B, Strigine L. 2000. Software reliability and dependability: A roadmap// The Future of Software Engineering, ICSE'22: 175-188.

Liu L D, Yu E, Yu Y J. 2001. OME (Organization Modelling Environment). http://www.cs.toronto.edu/km/GRL.

Loucopoulos P, Karakostas V.1995. System Requirements Engineering. Columbus: McGraw-Hill.

Mairiza D, Zowghi D. 2011. Constructing a catalogue of conflicts among non-functional requirements// The Evaluation of Novel Approaches to Software Engineering, Communications in Computer and Information Science: 31-44.

Miller A, Mclean J, Saydjari O, et al. 2006. Compsac panel session on trustworthy computing// COMPSAC'06: The 30th Annual International Computer Software and Applications Conference, Chicago: 31.

Mylopoulos J, Chung L, Nixon B A. 1992. Representing and using nonfunctional requirements: A process-oriented approach. IEEE Transactions on Software Engineering, 18(6): 483-497.

Neumann P G. 2004. Principled Assuredly Trustworthy Composable Architectures. Project Report, Computer Science Laboratory, SRI International.

Nuseibel B, Easterbrook S. 2000. Requirements engineering: A roadmap// The Conference on the Future of Software Engineering, ACM: 35-46.

Robert M G. 2011. Entropy and Information Theory. 2nd Edition. New York: Springer.

Robertson S, Robertson J. 2012. Mastering the Requirements Process: Getting Requirements Right. 3rd Edition. London: Pearson.

Schmidt H. 2003. Trustworthy components-compositionality and prediction. The Journal of Systems and Software, 65: 215-225.

Shayler D. 2000. Disasters and Accidents in Manned Spaceflight. London: Springer.

TCG. 2007. TCG Specification Architecture Overview, Revision 1.4. http://www.trustedcomputinggroup.org.

Trustie. 2009. Software Trustworthiness Classification Specification (TRUSTIE-STC v1.0). http://www.trustie.net.

van Lamsweerde A, Darimont R, Letier E. 1998. Managing conflicts in goal-driven requirements engineering. IEEE Transactions on Software Engineering, 24(1): 908-926.

Yang Y, Wang Q, Li M S. 2009. Process trustworthiness as a capability indicator for measuring and improving software trustworthiness// International Conference on Software Process (ICSP'09), Vancouver: 389-401.

Yu E S K. 1997. Towards modeling and reasoning support for early-phase requirements engineering// The 3rd IEEE International Symposium on Requirements Engineering, 1: 226-235.

Yu Y, Niu N, González-Baixauli B, et al. 2009. Requirements engineering and aspects. Design Requirements Engineering: A Ten-Year Perspective: 432-452.

Zadeh L A. 1965. Fuzzy sets. Information and Control, 8(3): 338-353.

Zadeh L A. 1975. The concept of a linguistic variable and its application to approximate reasoning-I. Information Science, 8(3): 199-249.

Zave P. 1997. Classification of research efforts in requirements engineering. ACM Computing Surveys, 29(4): 315-321.

第 3 章　可信软件需求推理与权衡

本章内容：

（1）分析可信软件非功能需求的交互关系

（2）定义可信软件非功能需求的可满足性问题

（3）提出可信软件需求模型向后推理方法

（4）提出非功能需求冲突的权衡方法

（5）可信软件需求推理与权衡案例分析

可信软件需求建模的目的是找出满足可信关注点的过程策略，由于非功能需求之间复杂的相关关系，满足某可信关注点的过程策略有可能对其他可信关注点或者软目标有抑制作用，此抑制作用本质上反映了非功能需求间必然存在的冲突关系，因此，我们在第 2 章建模得到可信软件需求模型（trustworthy software requirement model，TRM）后需要分析模型中各个元素之间的关系并进行推理，推理本质上是对 TRM 进行可满足性问题求解，如果求解结果是满足，则找到了满足所有可信关注点的过程策略，如果求解结果是不满足，则由建模者决定导致不满足的矛盾的解决方法，最终得到的过程策略将输入后续章节的可信软件过程建模。

基于此思想以及可信软件需求建模方法，本章提出可信软件需求的推理和权衡方法，具体研究思路、使用方法和阶段成果如图 3.1 所示，其中，3.1 节基于 TRMM 分析可信软件需求的交互关系，3.2 节定义可信软件需求的可满足性问题，提出 TRMM 基本公理和关系公理，为了找出满足可信需求的过程策略，提出可信需求向后推理公理。为实现 TRM 的可满足性问题求解，3.2.2 节中定义了可信需求的 SAT 公式，并在 3.2.3 节证明了推理的可靠性和完备性。针对可信软件需求推理结果为矛盾的过程策略，3.3 节使用微观经济学的生产理论、弹性替代原理和线性规划，提出非功能需求冲突权衡方法。

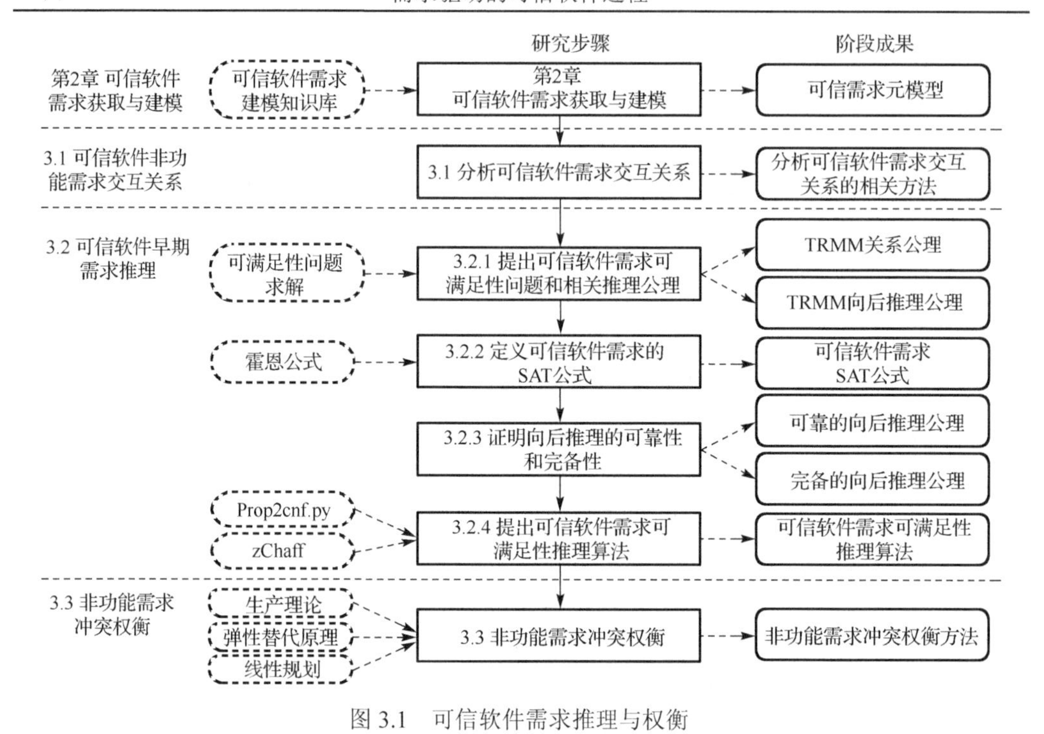

图 3.1　可信软件需求推理与权衡

3.1　可信软件非功能需求交互关系

软件非功能需求也被称为质量需求或者质量属性，实际上是软件的属性或者是功能需求的约束。通常，非功能需求被认为是二级需求，没有功能需求那么重要，然而，一些软件成功与否，以及用户对软件质量是否满意则是由非功能需求决定的，可信软件就属于这类软件。因此，可信软件的非功能需求和功能需求同等重要。然而，非功能需求与功能需求不同，非功能需求反映的是软件作为一个整体应具有的属性，此整体属性的满足不是通过简单累计非功能需求可以得到的，更困难的是，非功能需求之间存在复杂的交互关系，这些交互关系反映出非功能需求之间有的存在紧密的促进关系，有的存在竞争性的矛盾关系，有的则没有必然的相关关系，因此，研究这些非功能需求间的关系并实现这些需求的平衡是软件可信的前提，甚至是软件开发成败的关键因素。

3.1.1　软件非功能需求的交互

软件非功能需求的不平衡曾经导致很多失败的案例，例如，新泽西机动车驾照管理系统的工程师为了控制系统成本，提高时效性而使用了第四代语言，但最终因为其性能扩展能力低下而被废弃。最初国家医学图书馆开发的系统 MEDLARS Ⅱ为可移植性和演化性而设计了过多的分层和递归，同样因为性能原因而被废弃。另外，ARPA NET 最初的消息处理软件为了追求高性能，工程师设计了一个非常严密的内部循环而让其非常难于演化，幸好由于项目组专家较早发现了这个问题而避免了这个软件的失败（Boehm & In，1996a）。MasterNet 为联营银行开发的一个会计系统因没有解决利益相关者的冲突需求而失败。伦敦救护服务中央系统也同样因为没有考虑利益相关者优先级、忽略冲突需求的平衡而导致失败（Jain，2008）。因此，针对非功能需求的平衡问题进行研究是非常必要的，是软件可信性保障的重要前提。

在此相关领域已有很多学者进行了相关的研究，Boehm 和 In（1996a）对非功能需求（non-functional requirements，NFR）间冲突的识别和诊断进行了研究并设计实现了一个辅助需求分析、识别、诊断冲突的工具 QARCC（quality attribute risk and conflict consultant）。陈仪香教授指导的博士生陶红伟（2011）在其博士毕业论文中给出了软件可信性关键属性间关系的分析，他将可信属性间的关系分为促进关系、对立关系和不相关关系，在基于 McCall 和 Deutsch 给出的属性间关系模型的基础上从集合论的角度给出影响软件可信性的关键属性（功能性、可维护性、可靠性和可生存性）间的量化关系。Moser 等（2011）基于语义技术实现需求任务的自动管理，包括需求分类、需求冲突分析和需求追踪。除此以外，需求交互管理（requirement interaction management，RIM）也研究需求间的相关性。Mairiza 和 Zowghi（2011）基于软件应用场景研究非功能需求之间的冲突问题，给出包含精确性等 20 个非功能需求之间的冲突关系。但通过对这些研究成果进行分析，我们发现其中存在不一致的情况，例如，Wiegers 通过研究提出性能和可用性呈负相关性，而 Egyed 和 Grunbacher 则给出了这两个属性是正相关性关系的结论，主要是因为他们基于软件的不同应用场景（不同环境、不同软件功能、不同软件项目成员）来进行讨论。因此，我们面临的问题是软件的可信需求需要研究其相对相关性，即相对于不同应用场景研究可信需求间的关系，又要研究其本质相关性，即与软件应用场景无关的可信需求间的关系。

基于属性间相关性分析结果我们还需要给出权衡后的可信需求解决方案，在此领域很多学者提出了不同的模型和技术。其中，早期由 Boehm（1994；1995；1998）提出的基于共赢需求协商来寻求需求冲突解决的办法得到业界的广泛接受。共赢方法的关键出发点在于通过流程化步骤系统地组织软件项目利益有关各方（stakeholders）根据项目具体情况来协调他们之间的需求，从早期需求阶段就寻求各个功能性和非功能性的软件属性需求间的平衡。此外，Robinson 和 Volkov（1997）的面向冲突需求的重构和 In 等（2004）出的基于多标准偏好分析的需求协商也都是基于共赢的需求协商方法。

以上研究成果集中于需求工程领域，目前尚无针对可信软件的系统性方法来定性或定量地进行科学描述和分析。

3.1.2 非功能需求推理与权衡

在非功能需求推理领域，Boehm 和 In（1996a）较早地对非功能需求间冲突的识别和诊断进行了研究，并设计实现了一个辅助非功能需求分析、识别、诊断冲突的模型及工具 QARCC，为非功能需求权衡问题的研究开创了先河。与此类似的相关文献不断提出，其中很大一部分以面向目标需求工程方法为主，面向目标需求工程方法的研究包括建模及推理两部分，建模的目的是描述实现非功能需求的策略及策略引入的非功能需求冲突和促进关系，推理包括向前推理和向后推理，向前推理是通过策略的满足状态来推理软目标（在面向目标需求工程中，软目标就是非功能需求）的满足状态，向后推理是根据软目标的满足状态推理策略的满足状态。KAOS（Dardenne et al.，1993；van Lamsweerde et al.，1998）、NFR 框架（Mylopoulos et al.，1992；Chung & Nixon，1995；Chung et al.，1999；Chung & do Prado Leite，2009）和 i*家族（包括 i*模型、Tropos 和 GRL（goal-oriented requirement language））（Yu，1997；Castro et al.，2002；Amyot & Mussbacher，2003；Amyot et al.，2010）是最具代表性的面向目标需求工程的方法，在非功能需求推理方面，这些方法都提出了相应的非功能需求推理方法。另外，Jin 和 Wei 等（2012）使用目标树模型建模软件质量需求，提出 Σ 形式化描述语言，用于描述目标树模型，以方便设计方案选择的自动向前推理。表 3.1 列举了这些方法在非功能需求推理能力上的比较。

表 3.1　软件需求推理比较（Wei et al.，2012）

		KAOS	NFR	i^*	Tropos	GRL	Σ
推理方案	定量	√			√	√	
	定性		√	√	√	√	√
推理方向	自顶向下（向后）	√		√	√		
	自底向上（向前）		√	√	√	√	√
推理执行	自动过程	√			√	√	√
	交互过程		√	√	√	√	
设计选择评估			√	√	√	√	√
设计选择探索				√	√		√

很多其他相关推理研究都基于面向目标的需求工程研究成果进行扩展。Burgess 等（2009）改进 NFR 框架定义依赖规则集，通过自动传播状态获取满足特定非功能需求集合的最优功能，他们的下一步工作是将软目标实现所需代价（包括开发时间、成本、风险等）作为评估软目标的因素，在最小成本控制下寻找最优策略。Liaskos 等（2011）认为偏好需求应区别于强制需求，因为不同利益相关者有不同的偏好需求，在制定设计决策时应考虑偏好需求的作用，因此，他们提出基于偏好的规划方法，将偏好需求优先级用于评估实现强制需求方案的标准，从而提出符合利益相关者需求的设计决策。Sebastiani 等（2004）于 2004 年首次提出用 SAT 求解方法实现目标模

型的向后推理。2005年，Giorgini等（2003；2005）将SAT方法应用于Tropos中，实现了向前及向后推理。2010年，Horkoff和Yu（2010；2012）基于Sebastiani的思想，使用合取范式（conjunctive normal form，CNF）定义i*框架的标记传播规则，提出主体-目标需求模型的向后推理方法。Yu（2009）将面向方面编程应用于需求工程，将非功能需求视为横切关注点，其实现任务为通知任务，并提出追踪和确认方面的方法。

在非功能需求权衡方面，Boehm和In在实现非功能需求分析、识别、冲突诊断，并开发辅助工具QARCC后，基于COCOMO Ⅱ成本估算模型（Boehm et al.，2000），设计了S-COST（software cost option strategy tool）模型及工具，依据非功能需求的冲突关系进行潜在成本冲突分析，并在预算控制范围内进行面向成本的策略权衡分析（Boehm & In，1996b）。van Lamsweerde、Letier和Heaven量化系统设计方案对非功能需求目标满足程度的影响，通过向前及向后状态传播规则实现定性与定量相结合的决策支持，通过量化目标模型仿真设计方案，基于对设计方案的仿真评估设计方案对目标满足贡献的等级状态，应用多目标优化算法搜索设计空间中的优化系统设计方案（Letier & van Lamsweerde，2004；van Lamsweerde，2009a；van Lamsweerde，2009b；Heaven & Letier，2011）。Ma和Liu等（2009）利用网构软件功能满足度与风险评估数据构造无差异曲线，实现对网构软件服务的评估。Marew等（2009）在面向对象分析与设计中集成非功能需求策略，使用层次分析法（analytical hierarchy process，AHP）和量化软件目标依赖图（quantified softgoal interdependency graph，Q-SIG）量化分析策略优先级，依据量化分析结果数据提供策略决策依据，辅助面向对象分析与设计。与Marew等的工作类似，Zhu等（2012）使用模糊集合论和软目标依赖图构建模糊定性定量软目标依赖图（fuzzy qualitative and quantitative softgoal interdependency graph，FQQSIG）模型，进行非功能需求的交互关系分析，通过从利益相关者获得的需求数据，计算部分可量化策略的方案优先级数值，另外一部分策略则提供设计建议，为设计决策提供参考依据。Elahi和Yu（2012）提出在没有精确成本效益量化数据的情况下，使用相等交换多标准决策分析方法，通过重用交换，在优化决策方案时不仅可以减少向利益相关者获取交换数据的次数，而且不需要引入方案的细节评估数据及标准权重就可以获取优化决策。Yin和Jin等（2013）使用0-1规划方法寻找满足非功能需求的功能实现最优方案，通过量化非功能需求对功能的约束选择功能实现策略，将策略选择问题限定为0-1规划问题，支持策略自动优化选择，提供具有实际可操作性的策略选择方法。Wei和Jin等（2014）针对网构软件的开放、动态和易变特征，基于面向目标非功能需求推理，研究网构软件在动态构造过程中决策驱动的非功能需求定性及定量推理方法。Asadi等（2014）将非功能需求优化问题纳入特征模型自动化配置研究中，使用层次分析法和模糊认知图（fuzzy cognitive maps，FCM）计算利益相关者对非功能需求的偏好权重，为特征配置提供非功能需求相关的决策依据。在Boehm的系统质量本体中，系统质量的交互关系用矩阵形式描述，通过使用COCOMO Ⅱ成本估算模型（Boehm et al.，2000）计算不同策略执行成本，给出基于成本使用策略的建议（Boehm & Kukreja，2015）。以上这些方法根据度量非功能需求数值或者从利益相关者获取评估数据辅助决策分析，通过量化数据，建议在有限的策略方案中选择其一，我们希望将此决策分析过程进一步细化，通过反映策略方案间的关系以及非功能需求的权衡过程，即展示出策略多个选择方案之间的代价关系以及最优策略方案选择的依据，为可信软件过程建模及管理决策提供更为直观和可操作的决策建议。另外，当软件环境发生变化时，适应性地展示变化前后以及变化之间策略代价的差异，有利于决策者全面而清晰地掌握策略决策依据，并且能够随变化而调整决策。

3.2　可信软件早期需求推理

可信软件需求推理分向前推理和向后推理。向前推理是根据过程策略来判断通过实现这些过程策略后可信软件的每一个可信关注点和软目标能够达到的满足状态；向后推理是根据软件利益相关者定义的可信关注点和软目标满足状态来寻找可行的过程策略。

由于向前推理是通过过程策略的满足状态来推断可信关注点和软目标的状态，如果推断出的状态和软件利益相关者可信预期不一致，向前推理不能回溯则不能提供让软件利益相关者满意的过程策略集合，如果穷举过程策略组合实施向前推理，假设模型中有 n 个过程策略，则有 2^n 种可能的组合方案，如此多的组合方案都输入推理过程是不合理也是不必要的。因此，向前推理无法有效判断过程策略应该满足什么状态可以让可信关注点和软目标的状态符合软件利益相关者的可信预期。

为了找到让软件利益相关者满足的过程策略集合，基于可满足性问题求解方法，实现向后推理是寻找符合软件利益相关者可信软件需求的合适方法。本节基于第 2 章提出的可信软件需求建模方法，借鉴 Sebastiani 等（2004）提出的目标模型向后推理方法，提出基于可满足性问题求解方法的可信软件需求推理方法，实现可信软件需求的定性向后推理。

3.2.1　可信软件需求的可满足性问题

建模可信软件需求的目的是找出满足可信关注点的过程策略，实际上是在求解可信关注点的可满足性问题。

可满足性问题（SAT）是逻辑学的一个基本问题，用于判定一个给定的合取范式的布尔公式是否是可满足的。例如，一个布尔公式 $p \wedge \neg(q \vee \neg p)$ 在 p 为 T，q 为 F 时的赋值为 T，则这个公式就是可满足的。

定义 3.1　可满足性（Huth & Ryan，2004）　已知一个命题逻辑公式 ϕ，如果有一个赋值使它的赋值为 T，那么 ϕ 为可满足的。

定义 3.2　合取范式（Huth & Ryan，2004）　文字 L 或者是原子 p，或者是原子的否定 $\neg p$ 。公式 C 如果是若干子句的合取，则是一个合取范式，而每个子句 D 是文字的析取

$$L ::= p \mid \neg p$$

$$D ::= L \mid L \vee D$$

$$C ::= D \mid D \wedge C$$

一个公式 ϕ 若是合取范式形式的，则其有效性很容易检验，但可满足性的检验很困难，而其子类霍恩公式（Horn formulas）可以更有效地判断可满足性。

定义 3.3　霍恩公式（Huth & Ryan，2004）　霍恩公式是命题逻辑公式 ϕ，如果它可以用下列语法作为 H 的实例产生

$$P ::= \bot \mid \top \mid p$$

$$A ::= P \mid P \wedge A$$

$$C ::= A \rightarrow P$$

$$H ::= C \mid C \wedge H$$

其中，$\bot$ 和 $\top$ 分别表示矛盾和重言式，C 的每一个实例称为霍恩子句，霍恩子句的合取构成霍恩公式。

定义 3.4　矛盾（Huth & Ryan，2004）　矛盾是形如 $\phi \wedge \neg\phi$ 或 $\neg\phi \wedge \phi$ 的表达式，其中 ϕ 是任意公式。

定义 3.5　重言式（Huth & Ryan，2004）　一个命题逻辑公式 ϕ 称为重言式（tautology），当且仅当在它的各种赋值情况下的赋值都是 T。

为了求解一个公式的可满足性问题，我们将公式的语法分析树转化为有向无环图，转化递归地定义为

$$T(p) = p$$

$$T(\neg\phi) = \neg T(\phi)$$

$$T(\phi_1 \wedge \phi_2) = T(\phi_1) \wedge T(\phi_2)$$

$$T(\phi_1 \vee \phi_2) = \neg(\neg T(\phi_1) \wedge \neg T(\phi_2))$$

$$T(\phi_1 \rightarrow \phi_2) = \neg(T(\phi_1) \wedge \neg T(\phi_2))$$

然后，应用 SAT 求解机来检查由 DAG 表示的公式是否可满足，SAT 求解机以对所有使公式为真的赋值进行标记来作为约束，如果由 DAG 表示的公式是可满足的，则约束成为一个可满足性的完全证据，否则发现矛盾约束。

可满足性问题属于 NP 完全问题，当前的 SAT 求解水平已经取得了巨大进步，国际上提出的各种不同的 SAT 求解器的能力都在不断增强，能解决的问题规模也在不断增大。目前，在 SAT 问题求解中，回溯搜索算法 DPLL（Davis Putnam Logemann Loveland）作为一种最有效的 SAT 算法，被认为是目前 SAT 问题的标准解决方案。基于 DPLL 算法，有很多 SAT 求解器被开发出来，其中，zChaff（Princeton University，2007）是最著名的求解器之一，zChaff 的提出将 SAT 算法的实际运行速度提高了一个数量级。zChaff 极大地提高了布尔约束传播（boolean constraint propagation，BCP）蕴含推理的效率，而且对于学习过程也作了很好的分析，找出了目前最为有效的学习方式，之后公布的很多 SAT 求解器大多数都是以 zChaff 为基础。

为了表达可信软件需求模型中各个节点的满足状态，我们用一阶谓词来定义节点的状态标记。

定义 3.6　状态标记 $L(n)$　一个状态标记是一个一阶谓词 $L(n) ::= \mathrm{SA}(n) \mid \mathrm{PS}(n) \mid \mathrm{PD}(n) \mid \mathrm{DE}(n)$，其中，$n \in N$（$N$ 在定义 2.5 中定义为节点集合），$\mathrm{SA}(n)$表示节点 n 的状态为满足的一阶谓词，$\mathrm{PS}(n)$表示节点 n 的状态为部分满足的一阶谓词，$\mathrm{PD}(n)$表示节点 n 的状态为部分不满足的一阶谓词，$\mathrm{DE}(n)$表示节点 n 的状态为不满足的一阶谓词。

根据模型中节点的实际含义，节点的满足状态是有所不同的，其中，可信关注点和软目标的状态可以是定义 3.6 中所有状态标记中的任何一种状态；而可信活动只有执行和不执行两种状态，对应的状态标记就只有满足状态和不满足状态。因此，我们有下述约束。

约束 3.1　可信活动状态标记　对于可信活动 $\mathrm{ta} \in \mathrm{TA}$，其状态标记只能取满足状态或者不满足状态，即 $L(\mathrm{ta}) ::= \mathrm{SA}(\mathrm{ta}) \mid \mathrm{DE}(\mathrm{ta})$。

另外，节点的状态标记之间有如下约束。

约束 3.2　状态标记关系约束　对于状态标记中的满足状态和部分满足状态，它们之间的关系为偏序关系$\mathrm{SA}(n) \succ \mathrm{PS}(n)$，不满足状态和部分不满足状态间的关系也为偏序关系 $\mathrm{DE}(n) \succ \mathrm{PD}(n)$。

这里的 $L_1(n) \succ L_2(n)$ 实际上表达了一种蕴含关系 $L_1(n) \rightarrow L_2(n)$，即如果一个节点的状态是满足状态或者是不满足状态，则这个节点也相应地满足部分满足状态或者部分不满足状态。为了进行可信软件非功能需求的可满足性推理，引入有关状态标记的基本公理 B1 和 B2。

基本公理　$\forall n \in N$：$\mathrm{SA}(n) \rightarrow \mathrm{PS}(n)$　　B1

$\mathrm{DE}(n) \rightarrow \mathrm{PD}(n)$　　B2

另外，根据节点间存在的分解、实现及贡献关系，表 3.2 给出了节点间状态推理的关系公理。

表 3.2　TRMM 关系公理

节点关系	状态	关系公理		
分解关系R^{dec}	SA		$\wedge_{i=1}^{k}\mathrm{SA}(n_i)\to\mathrm{SA}(n)$	D1
	PS		$\wedge_{i=1}^{k}\mathrm{PS}(n_i)\to\mathrm{PS}(n)$	D2
	PD		$\vee_{i=1}^{k}\mathrm{PD}(n_i)\to\mathrm{PD}(n)$	D3
	DE		$\vee_{i=1}^{k}\mathrm{DE}(n_i)\to\mathrm{DE}(n)$	D4
实现关系R^{imp}	SA		$\wedge_{i=1}^{k}\mathrm{SA}(n_i)\to\mathrm{SA}(n)$	M1
	PS		$\vee_{i=1}^{k}\mathrm{SA}(n_i)\to\mathrm{PS}(n)$	M2
	PD		$\vee_{i=1}^{k}\mathrm{DE}(n_i)\to\mathrm{PD}(n)$	M3
	DE		$\wedge_{i=1}^{k}\mathrm{DE}(n_i)\to\mathrm{DE}(n)$	M4
贡献关系R^{ctr}	SA	$r\mapsto\{+\}$	$\mathrm{SA}(n_1)\to\mathrm{SA}(n)$	C1
		$r\mapsto\{-\}$	$\mathrm{SA}(n_1)\to\mathrm{DE}(n)$	C2
	DE	$r\mapsto\{+\}$	$(\mathrm{DE}(n_1)\to\mathrm{DE}(n))\vee(\mathrm{DE}(n_1)\to\mathrm{PD}(n))$	C3
		σ	$(\mathrm{DE}(n_1)\to\mathrm{SA}(n))\vee(\mathrm{DE}(n_1)\to\mathrm{PS}(n))$	C4

推理分为向前推理和向后推理，为了描述推理方向，我们定义根节点和叶节点如下。

定义 3.7　根节点和叶节点　对于 TRMM 中的节点 n 和 n'（$n'\neq n$），如果不存在 $(n',n)\in R$（R 是 TRMM 中节点间的二元偏序关系），则 n 是一个根节点；如果不存在 $(n,n')\in R$，则 n 是一个叶节点。由于根节点和叶节点是一个相对的概念，所以用 $\mathrm{Root}(n,r)$，$r\in R$ 表示与叶节点 n 有 r 关系的根节点，用 $\mathrm{Leaf}(n,r)$，$r\in R$ 表示与根节点 n 有 r 关系的叶节点。

从叶节点向根节点的推理定义为向前推理，向前推理是根据已设置的可信活动状态推导可信关注点和软目标的状态，与之相反，从根节点向叶节点的推理定义为向后推理，向后推理是设置需要的可信关注点和软目标状态，然后寻找可以满足此状态的可信活动集合。本章关注向后推理，即寻找满足可信软件需求的过程策略。

在向后推理过程中，节点的状态标记会根据节点间的不同关系而产生不同的状态传播。

对于分解关系，由于其本质是与关系，如果父节点状态设置为 SA（或 PS）状态，则需要所有子节点为 SA（或 PS）状态，相反，如果父节点状态设置为 DE（或 PD）状态，则只需要子节点中存在 DE（或 PD）状态的节点。需要说明的是，此处向后推理分解关系的父节点状态指的是最低状态要求，对于推理出的子节点状态也是最低状态要求。例如，对于需要部分满足的父节点，其子节点必须全部是部分满足状态，这是最低要求，若部分子节点达到了满足状态或者所有子节点都达到了满足状态是允许的。基于此思想，假设某可信关注点状态设置为完全满足状态，则其所有的子可信关注点必须完全满足；若另一个可信关注点状态设置为部分满足状态，则其子可信关注点必须全部为部分满足状态，基于最低标准的思想，这其实是最低要求，因为如果有一部分子可信关注点是完全满足状态，而另外一部分是部分满足的，则其父可信关注点也是部分满足状态。又假设某可信关注点可以是部分不满足状态，则其子可信关注点就可以有其中一部分是部分不满足状态，但不存在完全不满足的子可信关注点（由基本公理 B2 的反证规则保证）。如果某可信关注点设置为完全不满足状态，则其子可信关注点只需要有一个不满足即可。

实现关系只存在于可信活动与可信关注点之间，可信活动之间本质上是或关系，如果设置可信关注点为完全满足状态，则需要所有可信活动都执行；如果设置可信关注点为部分满足状态，则只需要部分可信活动执行；如果可信关注点可以部分不满足，则部分可信活动可以不执行；如果可信关注点完全不需要满足，则所有可信活动都不需要执行。

贡献关系描述了可信活动对可信关注点和软目标的促进或者抑制作用，针对向后推理的研究，我们将贡献关系反向描述为：当设置某可信关注点的状态后，根据促进或者抑制贡献关系推理出可信活动是执行还是不执行，执行意味着满足，不执行意味着不满足。假设某可信关注点需要完全满足，则对其有抑制贡献关系的可信活动必须不执行，而对其有促进贡献关系的可信活动必须执行。如果某可信关注点的状态设置为部分满足，则对其有抑制贡献关系的可信活动必须不执行，而对其有促进贡献关系的可信活动可以执行也可以不执行。也就是说，在这种情况下，可信关注点的状态不向可信活动传播。同样，如果某可信关注点的状态可以是部分不满足状态，则对其有抑制贡献关系的可信活动可以执行也可以不执行，而对其有促进贡献关系的可信活动可以不执行。如果某可信关注点的状态设置为完全不满足状态，则对其有促进作用的可信活动可以不执行，而对其有抑制作用的可信活动可以执行。

基于以上分析，按照分解、实现和贡献关系的不同，向后状态传播公理如表 3.3 所示。

表 3.3　可信软件需求向后推理的状态传播公理

节点关系	状态	向后状态传播公理	
分解关系R^{dec} 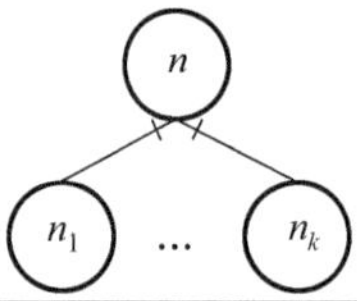	SA	$SA(n) \rightarrow \wedge_{i=1}^{k} SA(n_i)$	DB1
	PS	$PS(n) \rightarrow \wedge_{i=1}^{k} PS(n_i)$	DB2
	PD	$PD(n) \rightarrow \vee_{i=1}^{k} PD(n_i)$	DB3
	DE	$DE(n) \rightarrow \vee_{i=1}^{k} DE(n_i)$	DB4
实现关系R^{imp} 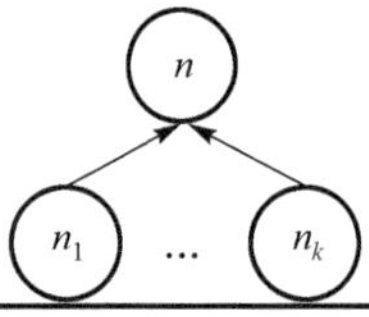	SA	$SA(n) \rightarrow \wedge_{i=1}^{k} SA(n_i)$	MB1
	PS	$PS(n) \rightarrow \vee_{i=1}^{k} SA(n_i)$	MB2
	PD	$PD(n) \rightarrow \vee_{i=1}^{k} DE(n_i)$	MB3
	DE	$DE(n) \rightarrow \wedge_{i=1}^{k} DE(n_i)$	MB4

续表

节点关系	状态	向后状态传播公理		
贡献关系R^{ctr} n r_1 r_k n_1 … n_k	SA	$r_i \mapsto \{+\}$	$\mathrm{SA}(n) \to \mathrm{SA}(n_i)$	CB1
		$r_i \mapsto \{-\}$	$\mathrm{SA}(n) \to \mathrm{DE}(n_i)$	CB2
	PS	$r_i \mapsto \{-\}$	$\mathrm{PS}(n) \to \mathrm{DE}(n_i)$	CB3
	PD	$r_i \mapsto \{+\}$	$\mathrm{PD}(n) \to \mathrm{DE}(n_i)$	CB4
	DE	$r_i \mapsto \{+\}$	$\mathrm{DE}(n) \to \mathrm{DE}(n_i)$	CB5
		$r_i \mapsto \{-\}$	$\mathrm{DE}(n) \to \mathrm{SA}(n_i)$	CB6

在应用可满足性问题求解时，会有两种结果：发现矛盾，则模型是不可满足的，反之，模型在各个节点约束了状态标记的情况下是满足的。在可信软件需求模型推理中，矛盾是指一个节点 n 的状态标记同时标记两种状态为真，例如，一个节点的满足和不满足状态都为真，则不知道这个节点到底是满足状态还是不满足状态，这就是矛盾。矛盾的形式化定义如下。

定义 3.8　矛盾　一个节点 $n \in N$ 的矛盾是指其状态标记谓词满足 $\mathrm{SA}(n) \wedge \mathrm{DE}(n)$ 或者 $\mathrm{SA}(n) \wedge \mathrm{PD}(n)$ 或者 $\mathrm{DE}(n) \wedge \mathrm{PS}(n)$ 或者 $\mathrm{PD}(n) \wedge \mathrm{PS}(n)$。

（1）强矛盾：节点 n 的状态标记谓词满足 $\mathrm{SA}(n) \wedge \mathrm{DE}(n)$。

（2）中等矛盾：节点 n 的状态标记谓词满足 $\mathrm{SA}(n) \wedge \mathrm{PD}(n)$ 或者 $\mathrm{DE}(n) \wedge \mathrm{PS}(n)$。

（3）弱矛盾：节点 n 的状态标记谓词满足 $\mathrm{PD}(n) \wedge \mathrm{PS}(n)$。

在可满足性问题求解过程中，矛盾的出现意味着找不到满足根节点状态的叶节点，而作为根节点的可信关注点之间又存在着复杂的相关关系，因此，完全无矛盾的可满足性求解变成了一种理想中的最佳结果，而实际求解结果往往很难避免矛盾。另外，在寻找过程策略的可信集合时，充分了解出现矛盾的可信活动有利于后面的可信软件过程建模工作。因此，在进行可信需求的可满足性求解时，允许建模者根据实际情况选择避免不同等级的矛盾，例如，节点 n 不允许出现强矛盾，其状态标记谓词应满足 $\neg(\mathrm{SA}(n) \wedge \mathrm{DE}(n))$，如果出现强矛盾，则求解过程停止，否则模型可满足且允许存在中等矛盾和弱矛盾。

3.2.2　可信软件需求的 SAT 公式

基于 TRMM 建模得到的可信软件需求模型在进行可满足性求解时，根据 TRMM 和前面可满足性问题分析，一个可信软件需求的 SAT 公式定义为

$$\phi ::= \phi_{\text{Model}} \wedge \phi_{\text{Initial}} \wedge \phi_{\text{Constraint}} \wedge \phi_{\text{Inconsistency}}$$

其中，ϕ_{Model} 是可信软件需求模型公式；ϕ_{Initial} 是初始状态公式；$\phi_{\text{Constraint}}$ 是节点状态约束公式；$\phi_{\text{Inconsistency}}$ 是求解过程中可接受矛盾等级公式。

1）可信软件需求模型公式

可信软件需求模型描述了所有节点以及节点之间的关系，基于 3.2.1 节给出的可信软件需求向后推理公理（表 3.3），可信软件需求模型公式 ϕ_{Model} 定义为

$$\phi_{\text{Model}} ::= \wedge_{n,n_i \in N} (L(n) \to \vee_{(n,n_i) \in R} L(n_i))$$

2）初始状态公式

初始状态由可信关注点状态和软目标状态组成，是使用 2.3 节方法获取可信关注点和软目标后，按照软件利益相关者的需要而定义的初始状态，初始状态公式 ϕ_{Initial} 定义为

$$\phi_{\text{Initial}} ::= \wedge_{n \in N} L(n)$$

上述公式定义的初始状态属最低要求，即若某节点的初始状态设置为部分满足状态，则其达到完全满足状态是允许的。

3）状态约束公式

可信软件需求的可满足性求解过程是基于根节点状态公式的定义来推导可满足的叶节点状态，然而，在某些特殊情况下，除了定义需要的初始状态外，其他节点也有可能需要约束其状态，或者多个节点之间需要联合约束状态，此时，用状态约束公式定义这些节点的约束状态。状态约束公式 $\phi_{\text{Constraint}}$ 定义为

$$\phi_{\text{Constraint}} ::= \wedge_{n \in N} (\text{LL}(n) \mid \vee_{n \in N} \text{LL}(n))$$

$$\text{LL}(n) ::= L(n) \mid \neg L(n)$$

$$\neg L(n) \mapsto \{\neg \text{SA}(n), \neg \text{PS}(n), \neg \text{PD}(n), \neg \text{DE}(n)\}$$

其中，$\neg L(n)$ 是否定的状态标记，用于阻止节点低于最低状态标准；$\neg \text{DE}(n)$ 表示节点 n 不能完全不满足（但可以部分不满足）；$\vee_{n \in N} \text{LL}(n)$ 描述多个节点之间的联合约束，例如，$\text{SA}(n_1) \vee \text{SA}(n_2)$ 表示节点 n_1 和 n_2 中只需要有一个节点满足，而 $\text{DE}(n_1) \vee \text{DE}(n_2)$ 表示 n_1 和 n_2 中可以是任何一个不满足。

4）可接受矛盾等级公式

如前所述，在进行可信软件需求的可满足性求解过程中，完全无矛盾推出可满足结论是最佳结果，但那属于理想情况，现实情况是在进行可满足性求解过程中往往不可避免地会出现矛盾，此时，在 SAT 公式中增加可接受矛盾等级公式 $\phi_{\text{Inconsistency}}$ 定义三种不同等级的矛盾。如果建模者不允许任何矛盾存在，则公式定义为

$$\phi_{\text{Inconsistency}} ::= \wedge_{n \in N} (\neg(\text{PS}(n) \wedge \text{PD}(n)))$$

如果建模者仅允许存在弱矛盾，不允许中等矛盾和强矛盾存在，则公式定义为

$$\phi_{\text{Inconsistency}} ::= \wedge_{n\in N}(\neg(\text{SA}(n)\wedge\text{PD}(n))\wedge(\text{PS}(n)\wedge\text{DE}(n)))$$

如果建模者仅允许存在弱矛盾和中等矛盾，不允许存在强矛盾，则公式定义为

$$\phi_{\text{Inconsistency}} ::= \wedge_{n\in N}(\neg(\text{SA}(n)\wedge\text{DE}(n)))$$

基于上述可信软件需求模型公式ϕ_{Model}、初始状态公式ϕ_{Initial}、节点状态约束公式$\phi_{\text{Constraint}}$和可接受矛盾等级公式$\phi_{\text{Inconsistency}}$，生成可信软件需求公式的算法如下。

算法 3.1　可信软件需求公式生成算法 MakeSAT

设置初始状态、节点约束状态和可接受矛盾等级，将可信软件需求模型$M=(N,R)$转换为可信软件需求模型公式ϕ_{Model}，生成可信软件需求 SAT 公式ϕ。

输入：$M=(N,R)$。

输出：ϕ。

```
BEGIN
k_T:=|T|;  k_TA:=|TA|;  k_S:=|S|;
φ_Model:=⊤;  φ_Initial:=⊤;  φ_Constraint:=⊤;  φ_Inconsistency:=⊤;/*初始定义为重言式*/
/*转换模型中可信关注点、软目标和可信活动的分解关系，x表示可信关注点 t、软目标 s 或者可信活动 ta*/
FOR i:= 1 TO k_T + k_TA + k_S DO
FOR j:= 1 TO k_T + k_TA + k_S DO
        IF < x_j, x_i >∈ R^dec THEN
          CASE L(x_i) OF
             SA(x_i):φ_Model:= φ_Model ∧ (SA(x_i) → SA(x_j));
             PS(x_i):φ_Model:= φ_Model ∧ (PS(x_i) → PS(x_j));
             PD(x_i):φ_Model:= φ_Model ∧ (PD(x_i) → PD(x_j));
             DE(x_i):φ_Model:= φ_Model ∧ (DE(x_i) → DE(x_j))
          END;
/*转换模型中的实现关系*/
FOR i:= 1 TO k_T DO
FOR j:= 1 TO k_TA DO
     IF < ta_j, t_i >∈ R^imp THEN
        CASE L(t_i) OF
          SA(t_i):φ_Model:= φ_Model ∧ (SA(t_i) → SA(ta_j));
          PS(t_i):φ_Model:= φ_Model ∧ (PS(t_i) → SA(ta_j));
          PD(t_i):φ_Model:= φ_Model ∧ (PD(t_i) → DE(ta_j));
          DE(t_i):φ_Model:= φ_Model ∧ (DE(t_i) → DE (ta_j))
        END;
```

```
/*转换模型中的贡献关系，x 表示可信关注点 t 或者软目标 s*/
FOR i:= 1 TO k_T + k_S DO
FOR j:= 1 TO k_TA DO
  IF F(< ta_j, x_i >) = + THEN
       CASE L(x_i) OF
         SA(x_i) : φ_Model:= φ_Model ∧ (SA(x_i) → SA(ta_j));
         PD(x_i) : φ_Model:= φ_Model ∧ (PD(x_i) → DE(ta_j));
         DE(x_i) : φ_Model:= φ_Model ∧ (DE(x_i) → DE(ta_j))
       END;
  IF F(< ta_j, x_i >) = - THEN
       CASE L(x_i) OF
         SA(x_i) : φ_Model:= φ_Model ∧ (SA(x_i) → DE(ta_j));
         PS(x_i) : φ_Model:= φ_Model ∧ (PS(x_i) → DE(ta_j));
         DE(x_i) : φ_Model:= φ_Model ∧ (DE(x_i) → SA(ta_j))
       END;
   FOR i:= 1 TO k_T + k_S DO  /*生成初始状态公式*/
    BEGIN
      建模者对可信关注点及软目标设置初始状态 L(x_i);
      φ_Initial:= φ_Initial ∧ L(x_i)
    END;
    建模者输入状态约束公式 φ_Constraint;
  建模者输入可接受矛盾等级公式 φ_Inconsistency;
  φ: := φ_Model ∧ φ_Initial ∧ φ_Constraint ∧ φ_Inconsistency
END
```

3.2.3　推理的可靠性和完备性

可靠性和完备性将语法概念形式可推演性和语义概念逻辑推论联系起来，并且建立了两者的等价性。凡是形式可推演性所反映的前提和结论之间的关系在非形式的推理中都是成立的，即当形式可推演性并不超出非形式推理的范围时，形式可推演性对于反映非形式的推理是可靠的。凡是在非形式的推理中成立的前提和结论之间的关系，形式可推演性都是能反映的，即当形式可推演性对于反映非形式的推理时并没有遗漏时，形式可推演性对于反映非形式的推理是完备的（陆钟万，2002）。

假设一个用 TRMM 建模得到的可信软件需求模型 $M=(N,R)$ 中 $n_{l1},\cdots,n_{lk}\in N$ 是最低层叶节点，这些叶节点是可信活动，它们的状态 $L(n_{l1}),\cdots,L(n_{lk})$ 即是可信活动的状态；$n_{r1},\cdots,n_{rq}\in N$ 是最上层的根节点，根节点是可信关注点和软目标，它们的状态 $L(n_{r1}),\cdots,L(n_{rq})$ 即是可信关注点和软目标的状态。

定理 3.1　可靠性定理　如果存在关系公理、向后状态传播公理和所有节点状态的真值赋值，那么可信关注点和软目标的状态可以由可信活动的状态通过关系公理推导出。

证明：假设模型中所有节点状态 $L(n_{l1}),\cdots,L(n_{lk})$， $L(n_{r1}),\cdots,L(n_{rq})$ 都为真，所有关系公理和向后状态传播公理也为真。由 TRMM 在第 2 章定义的贡献关系约束 2.2，每一个可信关注点和软目标都对应着一个有向无环图，这个 DAG 顶部的根节点是可信关注点和软目标，底部的叶节点是可信活动。下面我们对这个 DAG 按照图的深度使用数学归纳法证明可信关注点和软目标的状态可以由可信活动的状态通过关系公理推导出来。

（1）当 d=1 时，DAG 的深度为 1，即与根节点 n_{rx}（ $x=1,\cdots,q$ ）邻接的所有 m 个叶节点 $n_{i1},\cdots,n_{im}$，有 $(n_{rx},n_{iy})\in R$， $y=1,\cdots,m$，这些叶节点没有下一级的邻接节点（不存在 $\text{Leaf}(n_{iy},r)$， $r\in R$ ）。此时，对于根节点 n_{rx}，存在一条向后状态传播公理 $L(n_{rx})\to\vee_{(n_{rx},n_{iy})\in R}L(n_{iy})$ 赋值为真，也就是说，如果根节点状态 $L(n_{rx})$ 为真，由根节点状态以及根节点和叶节点之间的关系推出所有叶节点需要的状态 $\vee_{(n_{rx},n_{iy})\in R}L(n_{iy})$ 为真。因此，运用关系公理，通过叶节点状态 $L(n_{iy})$， $(n_{rx},n_{iy})\in R$ 可以推理出根节点状态 $L(n_{rx})$。

（2）假设 $d=f-1$ 时命题成立，此时，与根节点邻接的叶节点还有下一级邻接节点，假设 $d=f-1$，DAG 最低层的所有 b 个叶节点为 $n_{j1},\cdots,n_{jb}$，关系公理仍然成立，即通过叶节点状态 $L(n_{j1}),\cdots,L(n_{jb})$ 推理出其根节点状态，经过状态传播，最终可以推理出顶层根节点状态 $L(n_{rx})$。

（3）当 $d=f$ 时，假设所有 k 个叶节点是 $n_{l1},\cdots,n_{lk}\in N$，它们的状态 $L(n_{l1}),\cdots,L(n_{lk})$ 可以推理出上一级根节点状态 $L(n_{j1}),\cdots,L(n_{jb})$，经过状态传播，由 $L(n_{l1}),\cdots,L(n_{lk})$ 推理出顶部根节点状态 $L(n_{rx})$（ $x=1,\cdots,q$ ）。

综上，所有可信关注点和软目标的状态都可以由可信活动的状态通过关系公理推导出。

证毕。

定理 3.2　完备性定理　如果可信关注点和软目标的状态可以由可信活动的状态通过关系公理推导出，那么存在关系公理、向后状态传播公理和所有节点状态的真值赋值。

证明：基于条件， $L(n_{r1}),\cdots,L(n_{rq})$ 通过关系公理由 $L(n_{l1}),\cdots,L(n_{lk})$ 推导出，我们假设可以由 $L(n_{l1}),\cdots,L(n_{lk})$ 推导出的所有节点状态值为重言式 $\top$，其他节点状态值为矛盾 $\bot$。

假设 A1 是向后状态传播公理中的一条公理，而 $L(n)$ 是公理 A1 的假设，n 不是一个叶节点。如果节点 n 的状态 $L(n)$ 赋值为 $\perp$，由于矛盾能够推导出任何公式，那么公理 A1 满足；如果节点 n 的状态 $L(n)$ 赋值为 $\top$，那么通过关系公理，$L(n)$ 一定是由其为真的先决条件推理出的，因此，公理 A1 的结论析取状态中至少有一个状态为真，我们有公理 A1 为真。由此可得所有向后状态传播公理为真，命题成立。

证毕。

通过上述定理的证明，可以得出两个结论。

（1）通过向后状态传播公理推理出的可信活动状态可以如实反映可信活动状态和可信关注点及软目标状态之间的关系，即向后状态传播推理是可靠的。

（2）可信活动的状态和可信关注点及软目标的状态之间的关系都可以由向后状态传播公理推理出，即向后状态传播公理是完备的。

3.2.4　可信软件需求的可满足性问题求解

过程策略的选取本质上是可信软件需求的可满足性问题，因此，通过算法 3.1 生成可信软件需求模型的 SAT 公式，寻找满足可信关注点的过程策略转变为求解可信软件需求公式可满足性问题。为了实现可满足性问题求解，基于最常用的可满足性问题求解开源工具 zChaff（Princeton University，2007），可以实现可信软件需求可满足性推理。

1）实现可满足性推理

可信软件需求可满足性推理将可信软件需求模型 TRM 输入 zChaff 进行可满足性求解，求解过程需要与建模者交互以解决求解过程中出现的矛盾，求解结果输出一个节点状态表，其中记录了利益相关者给定的初始可信软件需求、求解完成后所有节点的满足状态以及对矛盾的处理方法，此节点状态表是 3.3 节非功能需求权衡的来源。

推理实现首先调用算法 3.1 将输入的可信软件需求模型 TRM、初始状态、约束状态以及可接受矛盾等级生成 SAT 公式，然后使用 Choe 提供的 prop2cnf.py（Choe，2013）脚本将 SAT 公式转换为霍恩公式，输入 zChaff 进行求解，如果求解结果满足，则将 TRM 中所有过程策略对应的节点状态标记为真；如果求解后不满足，则将出现矛盾的子句输出，由建模者判断矛盾是否可以接受，如果可以接受，则修改可接受矛盾等级公式，写入节点状态表，重新生成 SAT 公式输入 zChaff 求解，如果不允许矛盾存在，则去除 TRM 中的相应过程策略，写入节点状态表，重新生成 SAT 公式输入 zChaff 求解，此交互过程将一直进行，直至所有矛盾都解决，最终得到可满足的结果。

算法 3.2　可信软件需求可满足性求解算法

找出满足可信软件需求公式 ϕ 的 k 个节点的状态标记 $L(n_i)$ $(i=1,\cdots,k)$。

输入：$M=(N,R)$。

输出：节点初始状态 Initial_Status(n_i)，节点求解后状态 SAT_Status(n_i)，节点矛盾 Inconsistency(n_i)。

```
BEGIN
    kT:=|T|;  kTA:=|TA|;  kS:=|S|;
    FOR i:=1 TO kT + kTA + kS DO  /*设置节点初始状态*/
    设置节点初始状态Initial_Status(ni);
    φ:= MakeSAT(M);              /*调用算法 3.1 生成 SAT 公式*/
    CNF:= prop2cnf.py(φ);        /*调用 prop2cnf.py 将 SAT 公式转换为 CNF*/
    satisfy:= zChaff(CNF);       /*调用 zChaff*/
WHILE satisfy = UNSAT DO         /*公式不满足*/
      BEGIN
        输出矛盾子句;
        请建模者选择是否允许矛盾存在;
        IF 允许矛盾存在 THEN
           BEGIN
             设置求解后状态 SAT_Status(ni);
             输出节点矛盾;
             输入修改了可接受矛盾等级公式的 SAT 公式;
             φ:= MakeSAT(M);
             CNF:= prop2cnf.py(φ);
             satisfy:= zChaff(CNF);
           END
        ELSE                     /*不允许矛盾存在*/
           BEGIN
             设置求解后状态 SAT_Status(ni);
             输入修改了初始状态公式或者删除矛盾节点 ni 的 SAT 公式;
             φ:= MakeSAT(M);
             CNF:= prop2cnf.py(φ);
             satisfy:= zChaff(CNF);
           END
        END;
    以表格形式列出所有节点的状态标记（包括推理前和推理后）和矛盾;
END
```

2）案例研究

对于 2.4.1 节的案例，运用可满足性推理方法得到模型中各个节点的状态标记如图 3.2 所示，其中，带下划线的状态标记表示初始状态，其他不带下划线的状态标记是推理得到的状态标记，为描述简洁，隐去了状态标记的谓词变量，即如果一个节点 n 是完全满足状态，则其状态标记用 SA 表示。

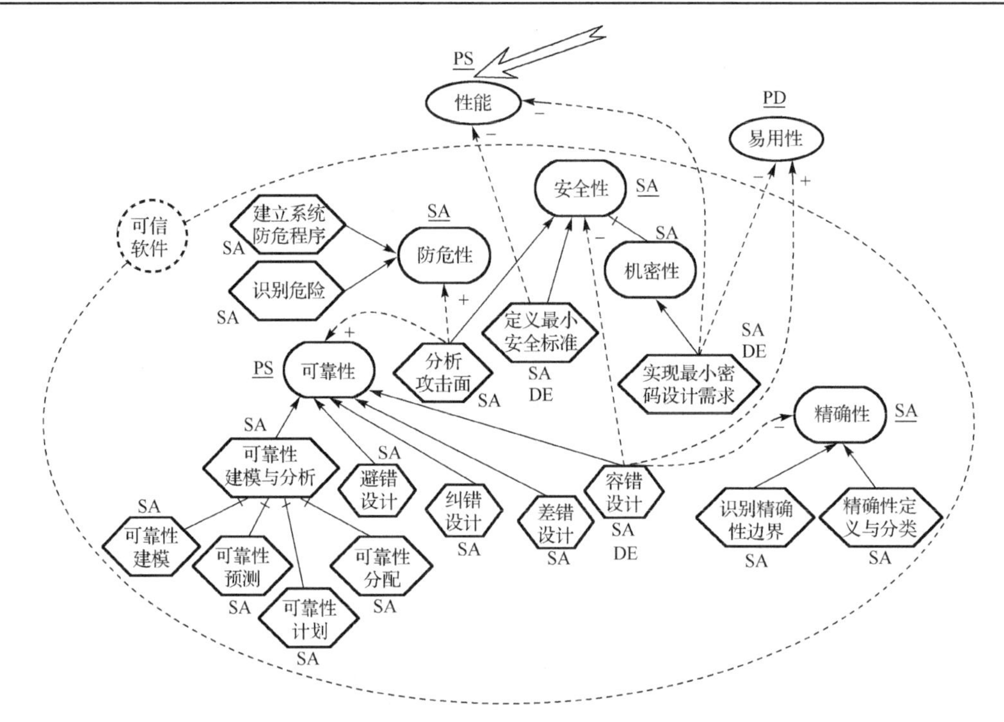

图 3.2　2.4.1 节案例的可满足性推理结果

推理过程中，“容错设计”、“定义最小安全标准”和“实现最小密码设计需求”存在强矛盾，如表 3.4 所示。

表 3.4　节点状态表

节点类型	节点	初始状态	推理后状态	矛盾
可信关注点	防危性	SA		
	可靠性	PS		
	安全性	SA		
	机密性	SA		
	精确性	SA		
软目标	性能	PS		
	易用性	PD		
可信活动	建立系统防危程序		SA	
	识别危险		SA	
	可靠性建模与分析		SA	
	可靠性建模		SA	
	可靠性预测		SA	
	可靠性计划		SA	
	可靠性分配		SA	
	避错设计		SA	
	纠错设计		SA	

续表

节点类型	节点	初始状态	推理后状态	矛盾
可信活动	差错设计		SA	
	容错设计		SA/DE	机密性，精确性
	分析攻击面		SA	
	定义最小安全标准		SA /DE	性能
	实现最小密码设计需求		SA/ DE	性能
	识别精确性边界		SA	
	精确性定义与分类		SA	

追溯矛盾来源，容错设计实现的可靠性是部分满足的，因此，容错设计的矛盾从理论上来说不影响可靠性，但还是需要指出此矛盾，因为如果选择了容错设计这个过程策略，其必然会影响机密性和精确性，在进行容错设计时需要按照非功能需求本体知识库中的活动依赖关系，在确定安全性边界和精确性边界后在边界外考虑容错设计。另外，对于“定义最小安全标准”和“实现最小密码设计需求”，回溯矛盾的来源是性能（注意：根据推理公理，虽然对易用性有抑制作用，但易用性可以是部分不满足，推理出对“实现最小密码设计需求”不作任何要求，因此易用性不是“实现最小密码设计需求”的矛盾来源），如果将性能的满足状态从部分满足状态调整为部分不满足状态，再次求解后得出“定义最小安全标准”和“实现最小密码设计需求”消解了矛盾，图 3.3

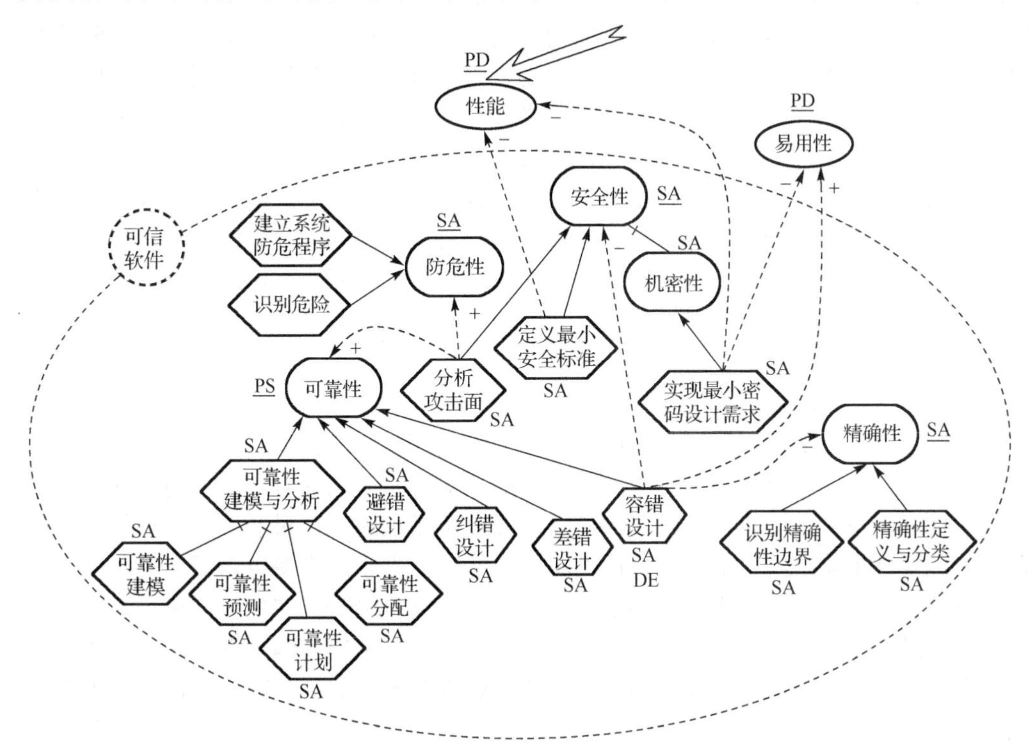

图 3.3　无矛盾的可满足性推理结果

描述了部分矛盾消解后的模型以及各个节点的状态约束。当然，如果性能状态不能从部分满足状态降低至部分不满足状态，则矛盾保留，此时需要建模者介入，量化分析“定义最小安全标准”、“实现最小密码设计需求”与性能之间的冲突，然后基于量化分析结果，使用 3.3 节的权衡方法进行权衡分析，为利益相关者提供权衡决策依据。

3.3　非功能需求冲突权衡

非功能需求存在权衡问题，即当我们运用特定策略提升软件的特定非功能需求时，有可能会导致其他非功能需求受到负面影响，进而导致软件整体可信性或质量下降，甚至导致软件失败。一个典型示例是用于提升安全性的密码强度设计策略，当我们通过增强密码强度来提升安全性时，系统响应时间会受到影响，而系统响应时间在一些项目中是用户需要软件满足的重要指标。例如，在 Boehm（2000a）分析的一个早期 TRW 为政府开发信息检索分析系统的案例中提到，当最初设定的系统响应时间为 1 秒时，预算项目成本为 1 亿美元，这个成本是客户无法接受的，为了让项目能够继续，经过原型分析后，系统响应时间设定为 90%的用户能够接受的 4 秒，项目预算成本降为 3000 万美元。这个案例说明，在软件项目中，不可避免地要解决非功能需求权衡的问题。另外，随着信息基础设施和现代生活对软件依赖程度的迅速增加，这个问题更为突出。因此，本节基于项目组前期提出的可信软件非功能需求可满足性分析结果，借鉴微观经济学中的生产理论、生产要素弹性替代原理和线性规划方法，提出软件非功能需求权衡代价分析方法。代价定义为：因策略实施，一个非功能需求提升导致另一个冲突非功能需求下降的损耗代价或减小代价，此代价本身反映的是非功能需求之间的权衡关系，但由于代价都是因策略执行而产生的，因此，后续内容中统一称为策略代价。对非功能需求进行权衡代价分析的目的是保证高优先级的非功能需求在得到满足的同时，与之存在冲突的非功能需求的损耗或者减少代价是能够接受的，从总体上保证软件的质量，同时，控制后期因质量问题而可能产生的投入成本。

3.3.1　非功能需求权衡

非功能需求的满足程度直接影响软件可信性的满足程度。但是，非功能需求又很难处理，首先，非功能需求是主观的，不同的人对它有不同的看法、不同的理解、不同的解释以及不同的评价方式；其次，非功能需求是相对的，对非功能需求的解释以及它的重要性根据要考虑的软件不同而不同，非功能需求的实现也是相对的，因为可以不断改进现有的技术来提高非功能需求的满足程度；最后，非功能需求之间是存在交互的，满足一个非功能需求可能会影响其他非功能需求的可满足性。总之，非功能需求很难处理，但处理好非功能需求的问题对软件开发的成败有决定性作用，需要有效的方法（金芝等，2008）。

面向非功能需求的上述三个典型问题，针对可信软件，在前面已经提出了一个可信软件非功能需求驱动的过程策略选取方法，选取过程由三个步骤构成：首先，基于可信软件非功能需求已有相关研究成果，提出可信软件非功能需求分解模型，在此基础上，使用模糊集合论、信息熵和 Delphi 方法提出可信软件非功能需求获取方法，该获取方法保证了非功能需求数据的有效性；然后，提出基于 TRMM 和知识库的可信软件非功能需求与过程策略关系建模方法，其中，将可信软件非功能需求分解为可信关注点和软目标，针对可信软件的可信关注点提出过程策略，同时分析过程策略与软目标和其他可信关注点之间复杂的相关关系；最后，基于可满足性问题求解方法提出选取过程策略的推理方法，找出满足可信软件非功能需求的过程策略。

通过上述过程策略选取方法，可以找出满足可信软件非功能需求的过程策略集合，然而，在这个集合中，有一部分策略是存在冲突的，针对这些存在冲突的策略，在知识库中给出了策略执行的建议，即通过活动间的依赖关系进行限制，或者不执行无法进行限制的策略，下面深入分析过程策略，我们提出面向冲突策略的非功能需求权衡代价分析方法，即在原推理获取策略后增加非功能需求权衡代价分析阶段，收集非功能需求状态证据，利用生产理论、生产要素弹性替代原理和线性规划方法，分析存在冲突的策略代价，基于证据数据和代价数据提供策略方案选取依据，支持可信软件过程建模及管理决策的制定。

在 3.2 节推理产生的满足非功能需求的策略集合中存在矛盾的策略，下面提出解决矛盾的方法，找到最优非功能需求权衡，为决策者提供更具有价值的决策建议，有利于策略的有效实施。例如，冗余设计有利于提升软件可靠性，但冗余的物理或数字空间会成为软件可能被入侵的新资源，那么应该增加多少冗余空间是最有利于权衡可靠性和安全性的？诸如此类权衡问题是下面要解决的问题，即对因冲突而导致推理出矛盾的策略进行对应非功能需求权衡代价分析，找出实施策略提升一个非功能需求而让另一个非功能需求降低或者损耗的最优代价。

下面我们借鉴微观经济学中的生产理论、生产要素弹性替代原理和线性规划方法进行非功能需求的权衡代价分析，为可信软件过程建模和管理决策提供最优的、实际可操作的权衡建议。

3.3.2　权衡代价分析

非功能需求的冲突本质上是因策略执行而不可避免引入的，不执行引入冲突的策略则不会导致冲突，但很多情况下，为了提升非功能需求，必须执行策略，只是必须权衡好如何最优地执行策略，或者说找到存在冲突的非功能需求之间的最佳权衡关系。借鉴微观经济学的生产理论，可以将策略引发的非功能需求的提升与降低理解为策略的代价。例如，在使用认证策略时，安全性和系统处理时间可以视为认证策略的代价要素，当使用较高安全性的签名认证策略时，则系统处理时间在奔腾 3 处理平台上是 38ms；如果降低安全标准，采用口令或者基于哈希算法的认证策略，则系统处理时间相应降低为 28ms 和 30ms。也就是说，认证策略提升安全性的代价是牺牲系统响应时间，或者提高系统响应时间的代价是降低安全性。高安全性必然导致处理时间增长，系统响应速度减慢，而降低安全性则可以提高系统处理时间，提升系统响应速度。当然，不是所有策略都可以通过对非功能需求的度量提供量化数据，因此，我们将策略分为两类。

一类是可度量策略。这类策略如前面列举的两个示例：冗余设计策略和认证策略。这类策略的代价可以通过策略影响的非功能需求的度量数据，使用生产要素弹性替代原理分析策略代价，通过构造策略代价线，结合利益相关者对非功能需求的优先级和非功能需求的状态约束选取最优策略代价。在可度量策略中，如果策略需要考虑成本代价，例如，增加备用空间策略可以提高可修改性和可靠性，但增加的备用空间显然需要投入成本，对于这类策略的成本代价分析，可以使用 COCOMO Ⅱ成本估算模型（Boehm et al.，2000；Boehm，2000b）对此类策略的投入成本进行代价估算。

另一类是不可度量策略。这类策略不能通过度量其所影响的非功能需求提供量化数据，例如，使用敏捷方法策略可以提高软件开发效率并解决不断变化的需求，但无法保证所开发出软件的安全性和防危性。由于敏捷方法是一种软件工程方法，实施整套方法会导致上述非功能需求之间产生交互关系，但无法基于敏捷方法对其所影响的非功能需求进行度量，对于这类不可度量的策略，只能通过经验评估给予决策参考。

上述两类策略中，不可度量策略通过经验评估给予决策参考建议，可度量策略中与成本代价相关的策略使用 COCOMO Ⅱ成本估算模型计算其成本代价，在此，我们不作详细分析，下面对可度量策略中其他非成本代价策略进行分析。

1. 可度量策略代价分析

微观经济学的生产理论中，在劳动力和资本两个生产要素均可变的情况下，等产量线本质上表示劳动力和资本之间的弹性替代关系，通过成本线约束可以确定特定成本下使用的劳动力和资本，以及能够获得的产量。如果生产过程固定，即所能投入的劳动力和资本比例是固定的，那么通过线性规划将成本和生产过程的约束施加到生产函数上，则可以获得约束范围内最优的生产要素比例和生产过程。在线性规划中，成本可以是由劳动力成本和资本成本构成的等成本线，也可以是固定劳动力成本线和资本成本线。总之，通过在生产函数上施加生产过程和成本约束，可以找到最优生产决策点，最优决策点是在生产成本限定的情况下，生产要素的最优替代关系和最优生产过程（Salvatore，2008；Sher & Pinola，1981）。

在本节中，策略代价相当于生产产量，代价要素由冲突的非功能需求构成，也就相当于劳动力和资本生产要素，而利益相关者对这些冲突非功能需求优先级的评估数据则构成代价成本约束，相当于生产理论中的成本约束。因此，借鉴生产理论概念，本节的策略代价是冲突非功能需求之间提升和降低的代价关系，当增加利益相关者的非功能需求优先级约束后，可以找到利益相关者满意的权衡代价关系。当然，如果再增加对非功能需求的最低或最高代价约束，可以进一步找到最优权衡代价。下面我们对此方法进行详细描述。

2. 策略代价

对于存在矛盾的过程策略，其矛盾本质上反映了因策略实施将产生非功能需求之间的冲突，需要对策略进行代价分析以获得非功能需求之间的权衡。因此，下面首先定义策略代价。

定义 3.9　策略代价　一个策略 S 的代价 C_S 是策略 S 引发冲突的非功能需求集合 N 上的一个二元偏序关系集合 $C_S \subseteq N \times N$。

（1）N 是策略 S 引发冲突的非功能需求集合，$\forall n \in N$ 是一个非功能需求。

（2）C_S 是 N 中冲突非功能需求之间的二元偏序关系的集合，$C_S = \{(f(n_i), f(n_j)) \mid n_i, n_j \in N \wedge n_i 与 n_j 冲突\}$，其中，$f(n)$是基于策略 S 对非功能需求 n 的度量，$\forall c_s \in C_S$ 是 C_S 的一个代价点。

在用微观经济学的生产理论来描述这个代价时，因策略而产生冲突的非功能需求是策略代价的要素，通过代价要素的度量值关系构造代价线，以图 3.4 为例：n_1 和 n_2 分别代表两个因策略 S 产生冲突而需要权衡的非功能需求，当策略 S 实施，在 n_1 取度量值为 $a_1(f(n_1)=a_1)$ 时，在 n_2 对应的度量值为 $b_1(f(n_2)=b_1)$；而在 n_1 取 $a_2(f(n_1)=a_2)$ 时，在 n_2 为 $b_2(f(n_2)=b_2)$，以此类推，产生了策略 S 的代价线，这个代价线上的各个代价点即是策略S的代价 C_S 集合中的各个二元偏序关系元素。代价线上由 $a_i(1 \leqslant i \leqslant m)$ 和 $b_j(1 \leqslant j \leqslant m)$ 决定的代价点描述的是因策略 S 实施而在非功能需求 n_1 和 n_2 之间反映出的权衡关系，此权衡关系可以视为 n_1 和 n_2 之间的弹性替代关系，由图 3.4 可见，如果 n_1 取最高的 a_4，则 n_2 只能取最低的 b_4，与此类似，当对 n_1 降低要求，取 a_3 时，n_2 就可以达到比 b_4 高的 b_3，即 n_1 和 n_2 之间可以视为此消彼长的替代关系，这个关系描述了非功能需求间相互替代的代价。

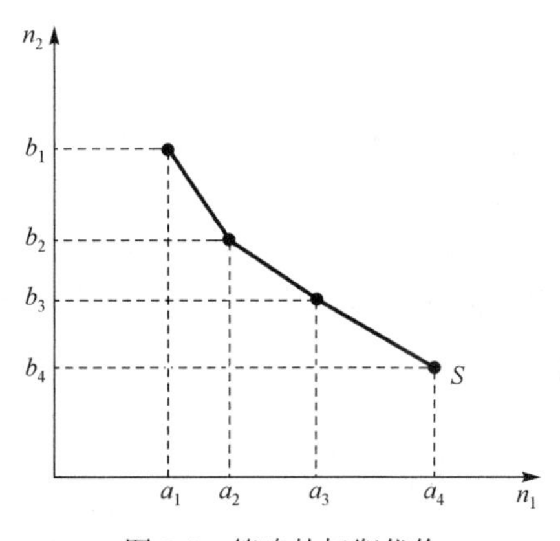

图 3.4　策略的权衡代价

为了构造策略 S 的代价线，需要对策略 S 影响的非功能需求进行度量。由于对非功能需求的度量方法本身存在差异，基于策略度量非功能需求必然会导致得到的度量数据在量纲上存在差异，为了能够将不同量纲的度量数据用于权衡计算，需要对度量数据进行规范化处理。我们重点分析度量数据的递增和递减关系，因此，采用最小-最大规范化（min-max scaling）方法进行数据规范化处理，规范化函数 $g(x)$如下式所示，其中，x 是策略影响的非功能需求 n 在不同策略方案上的度量数据($x = f(n)$)，x' 是规范化后的数据，m 是策略方案数量，$x_{\min}$ 是策略影响的非功能需求在不同策略方案上度量数据的最小值，$x_{\max}$ 是最大值

$$x' = g(x) = 1 + (x - x_{\min})(m-1) / (x_{\max} - x_{\min})$$

以认证策略为例，认证策略有利于增强安全性，但时间性能会受到影响。假设代价线由口令、摘要和签名 3 种不同认证策略方案所对应的系统速度与安全级别度量值构成，如图 3.5 所示，横轴表示不同认证方案的安全性，纵轴的系统速度通过三种认证方案每秒的处理数据量来反映。这两类数据显然具有不同的量纲，因此，必须进行数据规范化处理。将数据进行规范化处理后，基于认证方案安全级别与系统速度之间的代价关系可以确定代价点 c_{si}（$1 \leqslant i \leqslant m$，$m$ 是策略方案数量)，由所有代价点 c_{si}（$1 \leqslant i \leqslant m$）连线之后，就构成了认证策略的代价线。

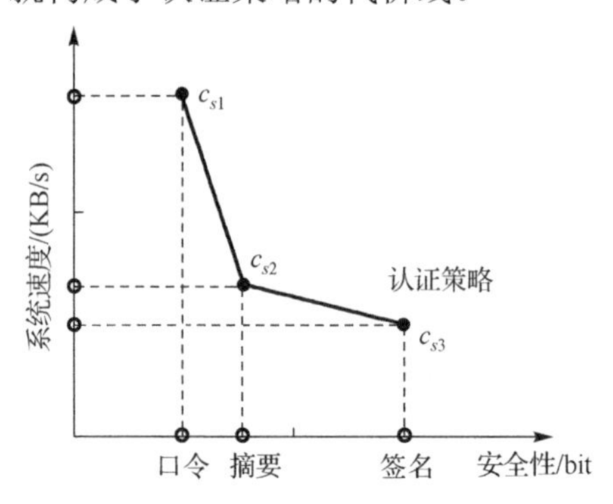

图 3.5　认证策略代价示例

当然，认证策略中的认证方案不仅有口令、摘要和签名三种方案，还可以有生物特征认证方案，而生物特征认证方案又可以分为指纹认证、脸型认证、虹膜认证等，摘要认证方案也可以按照不同算法分类，而认证方案的要素可以是单要素，也可以是多要素。总之，不同项目需要根据具体项目可选认证方式构建策略代价线。

3. 最优权衡代价决策

由图 3.5 的代价线我们可以看出，如果我们需要较高的安全性，代价就是牺牲系统速度；如果需要保证系统具有较短的响应时间，代价是不能选择较高安全性的认证方案。要选择利益相关者需要的最优策略代价，就需要对策略代价施加约束。在最优

化领域中，生产理论中的线性规划通过对极大化或极小化生产函数施加约束的形式寻找最优生产决策。基于这个思想，我们在寻找最优权衡代价决策时，通过增加利益相关者对非功能需求的优先级约束和基线约束，就可以找到利益相关者需要的最优权衡代价。

如图 3.6 所示，对策略代价，我们增加两个约束条件。

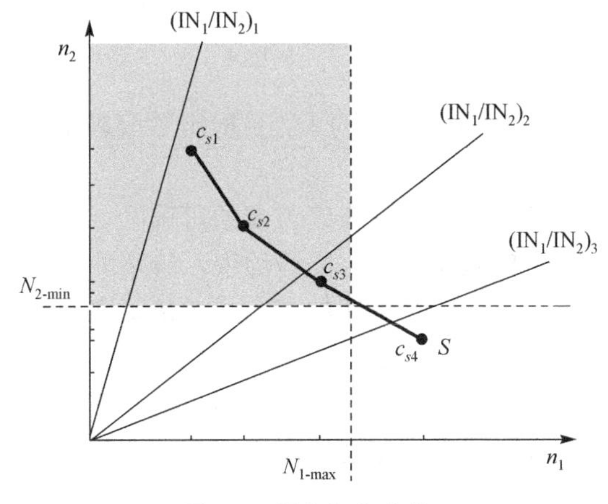

图 3.6　最优权衡代价

（1）一个是利益相关者对非功能需求的优先级约束 $\mathrm{IN}_i/\mathrm{IN}_j(1 \leqslant i \leqslant m, 1 \leqslant j \leqslant m)$，此约束是利益相关者对非功能需求重要程度的评估数据比值，本质上反映了利益相关者对冲突的非功能需求之间的权衡倾向。如图 3.6 所示，斜率小的评估比值 $\mathrm{IN}_1/\mathrm{IN}_2$ 表示，相对来说，利益相关者需要较高的非功能需求 n_1 和相对较低的非功能需求 n_2；而斜率大的评估比值 $\mathrm{IN}_1/\mathrm{IN}_2$ 表示利益相关者需要较高的非功能需求 n_2 和相对较低的非功能需求 n_1；如果斜率为 1，则表明利益相关者认为两个非功能需求同等重要。

（2）另一个约束条件是利益相关者对非功能需求设定的最低基线约束 $N_{i\text{-min}}(1 \leqslant i \leqslant m)$ 和最高基线约束 $N_{i\text{-max}}(1 \leqslant i \leqslant m)$，基线约束是利益相关者设定对非功能需求的最低和最高要求，这个要求通过软件非功能需求状态证据收集阶段收集的证据生成，证据来源于利益相关者要求、原型分析、软件评估基准（benchmarks）、模型仿真、软件早期版本或者其他形式的分析（Boehm，2014）。正如文章开篇介绍的 TRW 为政府开发信息检索分析系统的案例（Boehm，2000a），4 秒就是 90%客户满意的系统响应时间，这是对时间性能的最低基线约束，这个约束就是通过原型分析获得证据后给出的。

借鉴线性规划方法的思想，对于策略 S 所影响的非功能需求 n_i 和 n_j，策略 S 的代价是集合 C_S，规范化后代价为 C_S'，$C_S' = \{(g(f(n_i)), g(f(n_j)))\}$，对于 $\forall(a,b) \in C_S'$，当策略 S 在非功能需求 n_i 取度量值并规范化为 a 时，非功能需求 n_j 度量规范化值为 b。IN_i 和 IN_j 分别是利益相关者对非功能需求 n_i 和 n_j 的优先级约束，$N_{i\text{-min}}$ 和 $N_{i\text{-max}}$ 分别是

n_i 的最小和最大基线约束，同样，$N_{j\text{-min}}$ 和 $N_{j\text{-max}}$ 分别是 n_j 的最小和最大基线约束。最优权衡决策目标函数和约束如下。

目标函数：$\mathrm{OP}=\sum_{i,j=1}^{m}\left|\mathrm{IN}_i\cdot a-\mathrm{IN}_j\cdot b\right|(\forall(a,b)\in C_S{}')$ 取极小化值。

n_i 基线约束：$a\leqslant N_{i\text{-max}}$ 且 $a\geqslant N_{i\text{-min}}(\forall a\in A)$。

n_j 基线约束：$b\leqslant N_{j\text{-max}}$ 且 $b\geqslant N_{j\text{-min}}(\forall b\in B)$。

非负约束：$a,b\geqslant 0(\forall(a,b)\in C_S')$。

基于 n_i 和 n_j 的基线约束以及优先级约束，目标函数取极小值的(a,b)即是优化后的权衡决策。

基于基线约束，我们可以得到最优策略方案的可选区域，见图 3.6 的阴影区域，再加上基于利益相关者对非功能需求的优先级约束，策略的最优权衡代价是满足基线约束的可选区域内代价线与优先级约束线的交点或者是距离优先级约束线最近的代价点。以图 3.6 为例，$N_{1\text{-min}}$ 是对非功能需求 n_1 的最低基线约束，即策略的代价决策要求 n_1 必须大于 $N_{1\text{-min}}$；而 $N_{2\text{-max}}$ 是对非功能需求 n_2 的最高基线约束，同样，策略的代价决策要求 n_2 必须小于 $N_{2\text{-max}}$，那么满足此约束的策略可选代价在阴影区域内，在这个区域内，只有 c_{s1}、c_{s2} 和 c_{s3} 满足基线约束。此时，如果利益相关者对非功能需求的评估数据比值是$(\mathrm{IN}_1/\mathrm{IN}_2)_1$，那么 c_{s1} 是最接近优先级约束的代价点，因此，c_{s1} 是在约束$(\mathrm{IN}_1/\mathrm{IN}_2)_1$ 下的最优权衡代价。与此类似，当利益相关者的优先级约束是$(\mathrm{IN}_1/\mathrm{IN}_2)_2$ 时，c_{s3} 是最优权衡代价。当利益相关者的评估数据比值是$(\mathrm{IN}_1/\mathrm{IN}_2)_3$ 时，c_{s4} 是最接近优先级约束的代价点，但是这个代价让非功能需求 n_1 和 n_2 的基线约束均不能得到满足，此时，需要确定是否可以调整 n_1 的最高约束基线约束或者 n_2 的最低约束基线约束，如果不能调整，则取 c_{s3} 为次优权衡代价。

在实际软件项目中，部分策略需要在多个冲突的非功能需求之间进行权衡，此时，构造多条策略代价线，将利益相关者的优先级约束和非功能需求的基线约束施加到多条策略代价线上，在一个最优策略权衡区间中选择最优权衡代价。以图 3.7 为例，图 3.7 的上图是策略 S 在冲突的非功能需求 n_1 和 n_2 之间权衡的代价线，下图是策略 S 在冲突的非功能需求 n_1 和 n_3 之间权衡的代价线，当使用利益相关者优先级约束和非功能需求基线约束后，代价线与优先级约束线交点之间形成的深色区域表示在三个非功能需求之间的最优权衡区间，代价点 c_{s2} 和 c_{s3} 在此区间中，通过目标函数极小化取值，可以求得它们中的最优代价点。

4. 软件环境变化影响分析

软件开发、维护与演化处于一个不断变化的环境之中，在软件整个生命周期过程中，使用最先进并经过验证的新技术能够对软件质量有促进作用。因此，在进行策略的权衡代价分析时，有必要考虑技术进步带来的代价变化，这个代价变化可以用新的代价线表示，如图 3.8 所示。

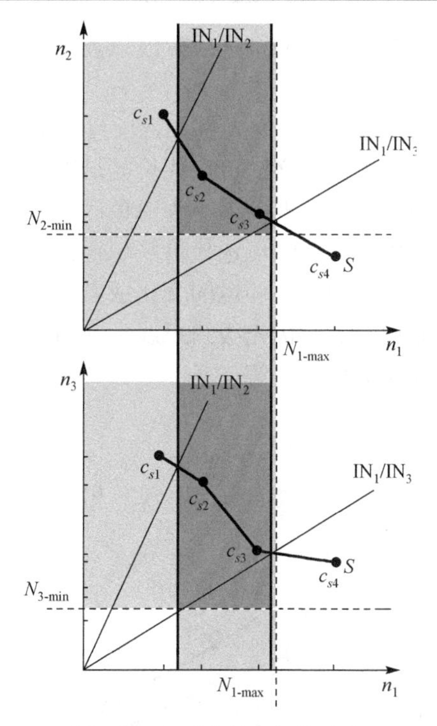

图 3.7　多要素策略权衡代价

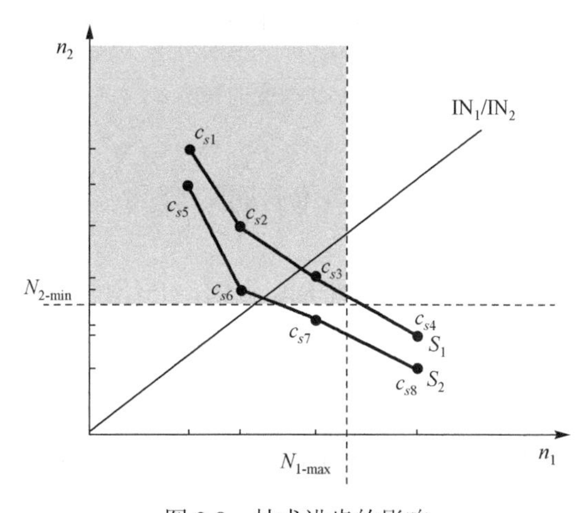

图 3.8　技术进步的影响

在图 3.8 中，S_1 和 S_2 分别是策略的原有代价线和考虑技术进步后的新代价线，技术进步意味着同样的策略在技术进步时，非功能需求会受到相应的影响，受到影响后代价线有可能是从 S_1 进步为 S_2，也可能是从 S_2 进步为 S_1。对于其他类似因素的环境变化影响，如平台变换、项目成员技能水平变化、硬件升级或者引入新的管理体制等，都可以用前面定义的方法构造变化后的策略代价线以反映动态多变的软件环境对策略代价的影响。

另外，如果非功能需求基线发生变化，例如，项目成本缩减，非功能需求 n_1 最大投入减少，此时，调整基线约束，策略的可选代价区域随之改变，如图 3.9 阴影部分所示，原可选策略区域因为基线的调整而缩小为深色区域部分，浅色区域部分是在原基线范围内的可选区域，变化后的策略可选代价区域已经不包含此部分。同样，非功能需求重要程度评估数据也可以随软件环境的变化或者利益相关者对软件需求的变化而变化，此时，增加新的非功能需求优先级约束线。在所有新的约束条件下，使用前面定义的方法可以获得最优权衡代价决策。

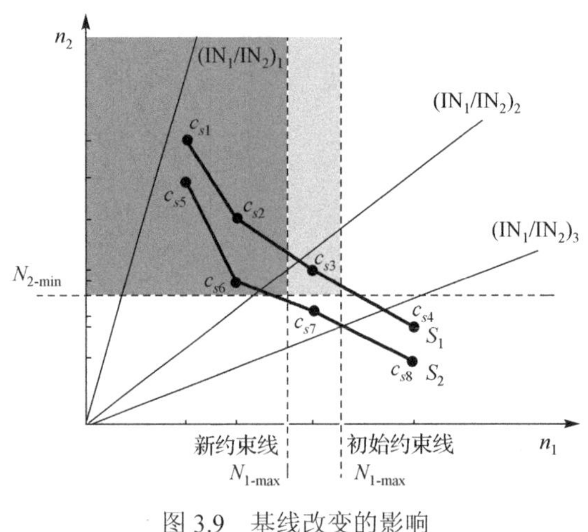

图 3.9　基线改变的影响

3.4　案 例 研 究

下面仍然以可信第三方认证中心软件 SIS 为例，介绍可信软件需求推理与权衡的实证应用。

3.4.1　SIS 软件需求推理

基于 2.5.1 节 SIS 软件的可信软件需求模型，建立其需求推理公式为

$$\phi ::= \phi_{\text{Model}} \wedge \phi_{\text{Initial}} \wedge \phi_{\text{Constraint}} \wedge \phi_{\text{Inconsistency}}$$

其中，可信需求模型公式为

$$\begin{aligned}\phi_{\text{Model}} ::= &(\text{SA}(T_1) \rightarrow \text{SA}(T_{11})) \wedge (\text{SA}(T_{11}) \rightarrow \text{SA}(\text{ta}_{111})) \wedge (\text{SA}(T_{11}) \rightarrow \text{SA}(\text{ta}_{112}))\\ &\wedge (\text{SA}(T_{11}) \rightarrow \text{SA}(\text{ta}_{113})) \wedge (\text{SA}(T_1) \rightarrow \text{SA}(T_{12})) \wedge (\text{SA}(T_{12}) \rightarrow \text{SA}(\text{ta}_{121}))\\ &\wedge (\text{SA}(T_{12}) \rightarrow \text{SA}(\text{ta}_{122})) \wedge (\text{PS}(T_2) \rightarrow \text{PS}(\text{ta}_{21})) \wedge (\text{PS}(T_2) \rightarrow \text{PS}(\text{ta}_{22}))\end{aligned}$$

$$
\begin{aligned}
&\wedge(\mathrm{PS}(T_2)\to\mathrm{PS}(\mathrm{ta}_{23}))\wedge(\mathrm{SA}(T_3)\to\mathrm{SA}(\mathrm{ta}_{31}))\wedge(\mathrm{SA}(\mathrm{ta}_{31})\to\mathrm{SA}(\mathrm{ta}_{313}))\\
&\wedge(\mathrm{SA}(T_3)\to\mathrm{SA}(\mathrm{ta}_{32}))\wedge(\mathrm{SA}(\mathrm{ta}_{32})\to\mathrm{SA}(\mathrm{ta}_{321}))\wedge(\mathrm{SA}(\mathrm{ta}_{32})\to\mathrm{SA}(\mathrm{ta}_{322}))\\
&\wedge(\mathrm{SA}(\mathrm{ta}_{32})\to\mathrm{SA}(\mathrm{ta}_{323}))\wedge(\mathrm{SA}(\mathrm{ta}_{32})\to\mathrm{SA}(\mathrm{ta}_{324}))\wedge(\mathrm{SA}(T_3)\to\mathrm{SA}(\mathrm{ta}_{33}))\\
&\wedge(\mathrm{SA}(\mathrm{ta}_{33})\to\mathrm{SA}(\mathrm{ta}_{331}))\wedge(\mathrm{SA}(\mathrm{ta}_{33})\to\mathrm{SA}(\mathrm{ta}_{332}))\wedge(\mathrm{SA}(\mathrm{ta}_{33})\to\mathrm{SA}(\mathrm{ta}_{333}))\\
&\wedge(\mathrm{SA}(T_3)\to\mathrm{SA}(T_{31}))\wedge(\mathrm{SA}(T_{31})\to\mathrm{SA}(\mathrm{ta}_{311}))\wedge(\mathrm{SA}(\mathrm{T}_{31})\to\mathrm{SA}(\mathrm{ta}_{312}))\\
&\wedge(\mathrm{SA}(T_3)\to\mathrm{SA}(T_{32}))\wedge(\mathrm{SA}(T_{32})\to\mathrm{SA}(\mathrm{ta}_{325}))\wedge(\mathrm{SA}(T_{32})\to\mathrm{SA}(\mathrm{ta}_{326}))\\
&\wedge(\mathrm{SA}(T_{32})\to\mathrm{SA}(\mathrm{ta}_{327}))\wedge(\mathrm{SA}(T_3)\to\mathrm{SA}(T_{33}))\wedge(\mathrm{SA}(T_{33})\to\mathrm{SA}(\mathrm{ta}_{334}))\\
&\wedge(\mathrm{SA}(T_{33})\to\mathrm{SA}(\mathrm{ta}_{335}))\wedge(\mathrm{SA}(T_4)\to\mathrm{SA}(T_{41}))\wedge(\mathrm{SA}(T_{41})\to\mathrm{SA}(\mathrm{ta}_{411}))\\
&\wedge(\mathrm{SA}(T_4)\to\mathrm{SA}(\mathrm{ta}_{41}))\wedge(\mathrm{SA}(T_4)\to\mathrm{SA}(\mathrm{ta}_{42}))\wedge(\mathrm{SA}(\mathrm{ta}_{42})\to\mathrm{SA}(\mathrm{ta}_{421}))\\
&\wedge(\mathrm{SA}(\mathrm{ta}_{42})\to\mathrm{SA}(\mathrm{ta}_{422}))\wedge(\mathrm{SA}(\mathrm{ta}_{42})\to\mathrm{SA}(\mathrm{ta}_{423}))\wedge(\mathrm{SA}(\mathrm{ta}_{42})\to\mathrm{SA}(\mathrm{ta}_{424}))\\
&\wedge(\mathrm{SA}(T_4)\to\mathrm{SA}(\mathrm{ta}_{43}))\wedge(\mathrm{SA}(\mathrm{ta}_{43})\to\mathrm{SA}(\mathrm{ta}_{431}))\wedge(\mathrm{SA}(\mathrm{ta}_{43})\to\mathrm{SA}(\mathrm{ta}_{432}))\\
&\wedge(\mathrm{SA}(\mathrm{ta}_{43})\to\mathrm{SA}(\mathrm{ta}_{433}))\wedge(\mathrm{SA}(\mathrm{ta}_{43})\to\mathrm{SA}(\mathrm{ta}_{434}))\wedge(\mathrm{SA}(T_4)\to\mathrm{SA}(\mathrm{ta}_{44}))\\
&\wedge(\mathrm{SA}(\mathrm{ta}_{44})\to\mathrm{SA}(\mathrm{ta}_{441}))\wedge(\mathrm{SA}(T_4)\to\mathrm{SA}(\mathrm{ta}_{45}))\wedge(\mathrm{PS}(T_5)\to\mathrm{PS}(\mathrm{ta}_{51}))\\
&\wedge(\mathrm{PS}(\mathrm{ta}_{51})\to\mathrm{PS}(\mathrm{ta}_{511}))\wedge(PS(ta_{51})\to\mathrm{PS}(\mathrm{ta}_{512}))\wedge(\mathrm{PS}(T_5)\to\mathrm{PS}(\mathrm{ta}_{52}))\\
&\wedge(\mathrm{SA}(T_1)\to\mathrm{DE}(\mathrm{ta}_{327}))\wedge(\mathrm{SA}(T_4)\to\mathrm{DE}(\mathrm{ta}_{335}))\wedge(\mathrm{SA}(T_4)\to\mathrm{DE}(\mathrm{ta}_{327}))\\
&\wedge(\mathrm{SA}(T_4)\to\mathrm{DE}(\mathrm{ta}_{21}))\wedge(\mathrm{SA}(T_5)\to\mathrm{DE}(\mathrm{ta}_{335}))\wedge(\mathrm{SA}(T_5)\to\mathrm{DE}(\mathrm{ta}_{41}))\\
&\wedge(\mathrm{SA}(T_5)\to\mathrm{SA}(\mathrm{ta}_{21}))\wedge(\mathrm{PS}(S_1)\to\mathrm{DE}(\mathrm{ta}_{41}))\wedge(\mathrm{PS}(S_1)\to\mathrm{DE}(\mathrm{ta}_{411}))\\
&\wedge(\mathrm{PS}(S_1)\to\mathrm{DE}(\mathrm{ta}_{335}))\wedge(\mathrm{PS}(S_2)\to\mathrm{DE}(\mathrm{ta}_{41}))\wedge(\mathrm{PS}(S_2)\to\mathrm{DE}(\mathrm{ta}_{411}))
\end{aligned}
$$

初始状态公式为

$$\phi_{\mathrm{Initial}} ::= \mathrm{SA}(T_1)\wedge\mathrm{PS}(T_2)\wedge\mathrm{SA}(T_3)\wedge\mathrm{SA}(T_4)\wedge\mathrm{PS}(T_5)\wedge\mathrm{PS}(S_1)\wedge\mathrm{PS}(S_2)$$

状态约束公式为

$$\phi_{\mathrm{Constraint}} ::= (\mathrm{SA}(\mathrm{ta}_{325})\vee\mathrm{SA}(\mathrm{ta}_{327}))\wedge(\mathrm{SA}(\mathrm{ta}_{326})\vee\mathrm{SA}(\mathrm{ta}_{327}))$$

可接受矛盾等级公式为

$$\phi_{\mathrm{Inconsistency}} ::= \neg(\mathrm{SA}(n)\wedge\mathrm{DE}(n))$$

其中，n 为模型中的节点。

将可信需求推理公式ϕ输入 TACD 工具，推理后得到如图 3.10 所示结果。

推理结果显示公式ϕ不满足，矛盾子式为第 28 个子式$\mathrm{SA}(T_{32})\to\mathrm{SA}(\mathrm{ta}_{327})$，即“容错设计”这项过程策略与我们的初始需求矛盾，在节点状态表中记录矛盾。修改公式后继续输入 TACD 工具进行需求推理，推理结果显示在$\neg(\mathrm{SA}(\mathrm{ta}_{335})\wedge\mathrm{DE}(\mathrm{ta}_{335}))$、$\neg(\mathrm{SA}(\mathrm{ta}_{41})\wedge\mathrm{DE}(\mathrm{ta}_{41}))$和$\neg(\mathrm{SA}(\mathrm{ta}_{411})\wedge\mathrm{DE}(\mathrm{ta}_{411}))$子句有矛盾，分别对应“冗余设计”、“定义最小安全标准”和“实现最小密码设计需求”3 项过程策略，同样，记录矛盾后再次修改公式，输入 TACD 工具进行需求推理，推理结果显示公式ϕ满足，如图 3.11 所示。

```
root@wangfan-virtual-machine: /home/wangfan/wf/zchaff64
root@wangfan-virtual-machine:/home/wangfan/wf/zchaff64# ./zchaff tennis.cnf
Z-Chaff Version: zChaff 2007.3.12
Solving tennis.cnf ......
conflict at 28
 CONFLICT during preprocess

Instance Unsatisfiable
Random Seed Used                                0
Max Decision Level                              0
Num. of Decisions                               0
( Stack + Vsids + Shrinking Decisions )         0 + 0 + 0
Original Num Variables                          65
Original Num Clauses                            78
Original Num Literals                           149
Added Conflict Clauses                          0
Num of Shrinkings                               0
Deleted Conflict Clauses                        0
Deleted Clauses                                 0
Added Conflict Literals                         0
Deleted (Total) Literals                        0
Number of Implication                           63
Total Run Time                                  0
RESULT: UNSAT
root@wangfan-virtual-machine:/home/wangfan/wf/zchaff64#
```

图 3.10　SIS 软件可信需求第一次推理结果

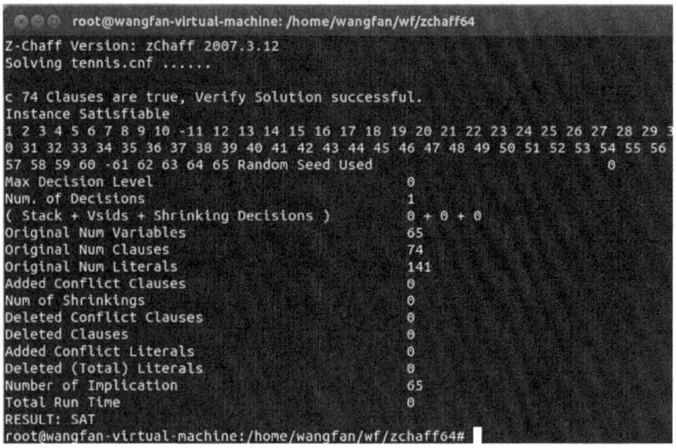

```
root@wangfan-virtual-machine: /home/wangfan/wf/zchaff64
Z-Chaff Version: zChaff 2007.3.12
Solving tennis.cnf ......

c 74 Clauses are true, Verify Solution successful.
Instance Satisfiable
1 2 3 4 5 6 7 8 9 10 -11 12 13 14 15 16 17 18 19 20 21 22 23 24 25 26 27 28 29 3
0 31 32 33 34 35 36 37 38 39 40 41 42 43 44 45 46 47 48 49 50 51 52 53 54 55 56
57 58 59 60 -61 62 63 64 65 Random Seed Used                        0
Max Decision Level                              0
Num. of Decisions                               1
( Stack + Vsids + Shrinking Decisions )         0 + 0 + 0
Original Num Variables                          65
Original Num Clauses                            74
Original Num Literals                           141
Added Conflict Clauses                          0
Num of Shrinkings                               0
Deleted Conflict Clauses                        0
Deleted Clauses                                 0
Added Conflict Literals                         0
Deleted (Total) Literals                        0
Number of Implication                           65
Total Run Time                                  0
RESULT: SAT
root@wangfan-virtual-machine:/home/wangfan/wf/zchaff64#
```

图 3.11　SIS 软件可信需求最终推理结果

此时，节点状态表记录了模型中所有节点的满足状态和矛盾状态，如表 3.5 所示，其中，推理后状态为 SA 是满足状态，SA/DE 为强矛盾状态，PS/DE 是中等矛盾状态，定义 3.8 定义了矛盾的概念。

表 3.5　节点状态表

节点类型	节点	初始状态	推理后状态	矛盾
可信关注点	功能适用性	SA		
	功能完整性		SA	
	功能正确性		SA	
	兼容性	PS		
	可靠性	SA		
	可用性		SA	
	容错性		SA	

续表

节点类型	节点	初始状态	推理后状态	矛盾
可信关注点	可恢复性		SA	
	安全性	SA		
	机密性		SA	
	可维护性	PS		
软目标	性能	PS		
	易用性	PS		
可信活动	功能分析		SA	
	需求确认及验证		SA	
	设计确认及验证		SA	
	数据类型检查		SA	
	程序正确性证明		SA	
	接口设计		PS/DE	兼容性，可维护性，安全性
	外协交互需求分析		SA	
	兼容性测试		SA	
	冗余设计		SA/DE	可靠性，可维护性，安全性
	应急响应计划		SA	
	强度测试		SA	
	基于功能剖面资源配置		SA	
	可靠性需求分析		SA	
	失效定义		SA	
	可靠性建模与分析		SA	
	可靠性建模		SA	
	可靠性预测		SA	
	可靠性计划		SA	
	可靠性分配		SA	
	可靠性测试		SA	
	面向故障测试		SA	
	可靠性增长测试		SA	
	回归测试		SA	
	防差错设计		SA	
	纠错设计		SA	
	容错设计		SA/DE	功能适用性，安全性
	定义最小安全标准		SA/DE	安全性，可维护性，性能，易用性
	安全风险评估		SA	
	识别资产和安全边界		SA	
	威胁建模		SA	
	建模误用用例		SA	
	分析攻击面		SA	

续表

节点类型	节点	初始状态	推理后状态	矛盾
可信活动	安全性测试		SA	
	动态分析		SA	
	模糊测试		SA	
	静态分析		SA	
	攻击面复审		SA	
	评估安全技术		SA	
	去除不安全函数		SA	
	安全设计复审		SA	
	实现最小密码设计需求		SA/DE	安全性，性能，易用性
	可维护性设计		SA	
	内聚设计		SA	
	提高抽象设计		SA	
	制定维护方案		SA	

经过对表 3.5 中的 5 项存在矛盾的过程策略的研究，我们将“容错设计”去除，因为“容错设计”严重损害功能适用性和安全性，而“纠错设计”和“防差错设计”可以在一定程度上满足容错性。余下的 4 项过程策略保留，但需要按照过程策略中定义的依赖关系织入软件演化过程模型，另外，需要对其进行权衡代价分析。

3.4.2 SIS 软件需求权衡

下面对表 3.5 节点状态表中的矛盾策略进行权衡代价分析。

1. 接口设计

接口设计策略的使用需要在可维护性和安全性之间进行权衡，因为每增加一个访问接口就可以方便维护工作的介入，提升一定的可维护性，但同时增大了软件的攻击面（Manadhata & Wing，2011），导致软件安全性降低。因此，接口设计策略的代价为 $C_S=\{(f(T_5),f(T_4))\}$，其中，S 是接口设计策略，T_5 是可维护性需求，$f(T_5)$是基于策略 S 的可维护性度量数据，T_4 是安全性需求，$f(T_4)$是基于策略 S 的安全性度量数据。

对于增加访问接口影响的安全性，我们使用 Manadhata 和 Wing 的攻击面度量。攻击面定义为攻击者能够进入软件系统并且造成破坏的资源的集合，攻击面通过对软件本身的研究能够描述软件被破坏的潜在可能性和实施攻击所要付诸努力的程度，因此，通过攻击面的度量可以确定软件被攻击者利用其资源的可能性，攻击面大表明软件被攻击者利用其资源的可能性大，从而表明软件不安全的可能性大。在使用接口设计策略时，如果增加访问接口就增加了软件的攻击面，使软件安全性降低，因此，分析接口设计策略代价时，安全性用攻击面度量定义为

$$f(n_4) = \sum_{m \in M} \mathrm{der}_m(m) + \sum_{c \in C} \mathrm{der}_c(c) + \sum_{d \in D} \mathrm{der}_d(d)$$

其中，$\mathrm{der}_i(i) = \mathrm{count}(i) \times q_i / e_i$（$i = m,c,d$）分别是攻击面度量资源：函数 method、通道 channel 和数据项 data item，count()是资源数量，q_i 是资源的潜在破坏能力指标，资源特权越高，其破坏能力就越大，e_i 是利用攻击面资源 i 实施攻击需要付出的努力程度指标，这个努力程度依赖于资源的访问权限，如果攻击者需要使用资源实施威胁更大的攻击，就需要获得这些资源更高的访问权限，当然就需要付出更大的努力，因此，q_i/e_i 体现了资源的破坏力及努力比例关系。基于攻击面的软件安全度量适用于同一个软件的不同版本或者有相似功能的不同软件的安全比较，非常适合用于对接口设计策略的分析。

另外，在使用接口设计策略时，为了提升可维护性，希望增加的接口主要是提供远程访问文件和设备的接口，以及对文件和字符处理的监控接口，按照攻击面计算时使用的函数、通道和数据资源进行分类，需要增加的接口可以归类为网络函数、文件处理函数和设备管理函数、网络协议通道、文件、字符及 URL 数据。表 3.6 给出了度量接口设计策略安全性的详细数据。

表 3.6　接口设计策略

资源类型	资源	数量	破坏及努力率
函数	权限为 root，访问类型为 authenticated	入口 1～4，出口 1～2	5/3
	权限和访问类型为 authenticated	入口 2～8，出口 1～4	3/3
通道	协议类型为 SSL，访问类型为 remote unauthenticated	1	1/1
	协议类型为 socket，访问类型为 local authenticated	1	1/4
数据	类型为文件，访问类型为 root	3～6	1/5
	类型为文件，访问类型为 authenticated	3～9	1/3

根据对资源的合理安排，接口设计策略可以设计 6 个可维护性逐渐递增的方案，如表 3.7 所示。

表 3.7　接口设计策略的 6 个方案

代价	增加接口方案	维护性	攻击面
C_{s1}	增加 root 函数入口 1 个，出口 1 个；增加 authenticated 函数入口 2 个，出口 1 个；增加 SSL 协议和 socket 协议；以 root 权限增加文件访问数据项 3 项，以 authenticated 权限增加文件访问数据项 3 项	1	9.18
C_{s2}	增加 root 函数入口 1 个，出口 1 个；增加 authenticated 函数入口 4 个，出口 2 个；增加 SSL 协议和 socket 协议；以 root 权限增加文件访问数据项 3 项，以 authenticated 权限增加文件访问数据项 6 项	2	13.18
C_{s3}	增加 root 函数入口 2 个，出口 1 个；增加 authenticated 函数入口 4 个，出口 2 个；增加 SSL 协议和 socket 协议；以 root 权限增加文件访问数据项 6 项，以 authenticated 权限增加文件访问数据项 6 项	3	15.45

续表

代价	增加接口方案	维护性	攻击面
C_{s4}	增加 root 函数入口 3 个，出口 2 个；增加 authenticated 函数入口 6 个，出口 2 个；增加 SSL 协议和 socket 协议；以 root 权限增加文件访问数据项 3 项，以 authenticated 权限增加文件访问数据项 3 项	4	20.18
C_{s5}	增加 root 函数入口 3 个，出口 2 个；增加 authenticated 函数入口 6 个，出口 2 个；增加 SSL 协议和 socket 协议；以 root 权限增加文件访问数据项 6 项，以 authenticated 权限增加文件访问数据项 6 项	5	21.78
C_{s6}	增加 root 函数入口 4 个，出口 2 个；增加 authenticated 函数入口 8 个，出口 2 个；增加 SSL 协议和 socket 协议；以 root 权限增加文件访问数据项 6 项，以 authenticated 权限增加文件访问数据项 9 项	6	25.45

通过对这 6 个方案进行相关可维护性和安全性度量，我们得到如图 3.12 所示的权衡代价分析，在此，我们假设如果增加接口资源多于第 6 个方案，则安全性的降低无法估计也不可接受，因此，策略代价的计算根据攻击面增大的数值计算安全性下降的比例，使用攻击面计算公式计算后，对其进行规范化处理，得到方案 1 的安全性代价规范化值 $y_1=1+(9.18-25.45)\times5/(9.18-25.45)=6$，方案 2 的安全性代价规范化值 $y_2=1+(13.18-25.45)\times3/(9.18-25.45)=4.77$，其他方案的规范化值计算方法类似。另外，策略的每一个方案提升可维护性的度量值为 1～4，以等量递增方式计算。最终，规范化后的策略代价 $C_S=\{(1,6),(2,4.77),(3,4.07),(4,1.62),(5,1.13),(6,1)\}$，对应此代价数值，分别得到 C_{s1}、C_{s2}、C_{s3}、C_{s4}、C_{s5} 和 C_{s6} 代价点。另外，可维护性与安全性的优先级约束 0.942/0.834 来源于从利益相关者获取的重要程度评估数据，安全性与可维护性不设置基线约束。通过对可维护性与安全性的优先级约束，优先级约束线与代价线的交点是最优权衡代价位置，由于交点无方案，所以将 C_S 各个代价值输入最优权衡决策目标函数和约束公式，计算得到距离优先级约束线最近的代价点 C_{s3} 是最优权衡代价方案，方案 C_{s3} 保证从一定程度上支持可信认证中心软件 SIS 的可维护性和兼容性设计，同时保证软件较高的安全性需求。

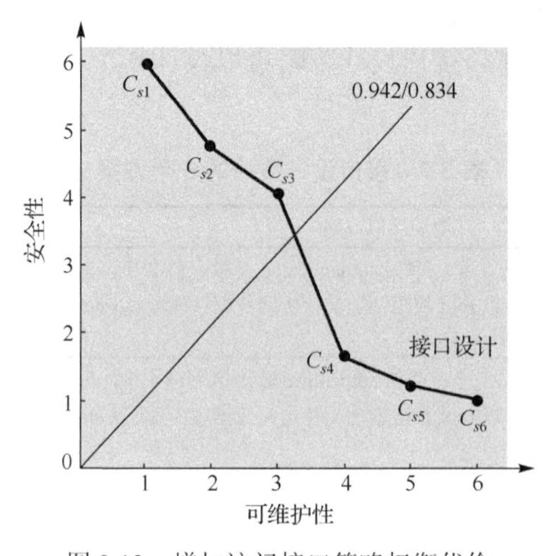

图 3.12　增加访问接口策略权衡代价

2. 冗余设计

冗余设计是提升软件可靠性的策略，与接口设计策略类似，增加的冗余空间相应地增大了软件的攻击面，同样，用上述增加访问接口策略的权衡代价分析方法可以进行类似的分析，在此，为描述简洁，我们不对此策略的权衡代价分析过程进行详细描述。

3. 实现最小密码设计需求

实现最小密码设计需求策略是提高软件安全性的策略，但是这个策略可能需要以牺牲系统的时间性能作为代价，表 3.8 是不同哈希算法的运行时间和安全强度，测试这些算法运行时间的平台采用了与目前项目相同的奔腾 4 平台，算法的安全强度参照哈希算法碰撞强度确定。

表 3.8　哈希算法的时间性能

哈希算法	时间性能/(KB/s)	规范化	安全性/bits	规范化
MD5	412	5	<64	1
SHA-1	293	2.63	<80	1.4
SHA-256	224	1.26	128	2.6
SHA-384	219	1.16	192	4.2
SHA-512	211	1	224	5

图 3.13 给出了实现最小密码设计需求策略的权衡代价分析，同样，安全性与时间性能的优先级约束 0.942/0.531 来源于利益相关者的重要程度评估数据，性能最低基线约束设定为每秒处理数据不能少于 1KB，而安全性不设定基线约束，在可选代价阴影区域内，离优先级约束线距离最近的是 SHA-256，因此，SHA-256 是在目前约束条件下的最优策略。

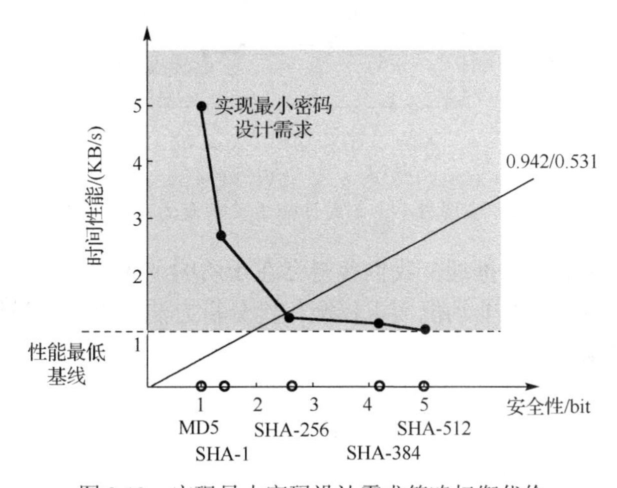

图 3.13　实现最小密码设计需求策略权衡代价

如果对实现最小密码设计需求策略进一步分析其代价，可以体现权衡代价分析方法的两项优势。

（1）提供详细权衡过程，有利于获得最优决策，例如，通过图 3.13 可以看到，SHA-256、SHA-384 和 SHA-512 的时间性能代价分别是 1.26、1.16 和 1，而其安全强度有明显增强，此时，如果时间性能下降是可接受的，则选择 SHA-384 或者 SHA-512，可以获得更高的安全性。

（2）权衡过程能够适应软件环境的变化，并且能随变化调整最优决策，例如，如果可信认证中心的软件环境发生变化，假设硬件平台升级或者算法优化，实现最小密码设计需求策略中算法的运行效率会提升，那么代价线也会相应地移动，按照前面 3.3.2 节的分析，参考图 3.8，目前的代价线将会上升，从实现最小密码设计需求策略代价线上升为新实现最小密码设计需求策略代价线，如图 3.14 所示。此时，更高安全性的 SHA-384 将成为最优权衡代价的策略方案，使用 SHA-384 后，可以更大程度地提升安全性，同时保证时间性能代价是可接受的。而如果性能最低基线也发生变化，从性能最低基线上升为新性能最低基线，那么最优策略方案可选区域将缩小为深色区域部分，此时，对于实现最小密码设计需求策略的代价线，在可选区域内 SHA-1 方案是最优权衡代价方案，而对于新认证策略的代价线，在可选区域内 SHA-384 方案是最优权衡代价方案。

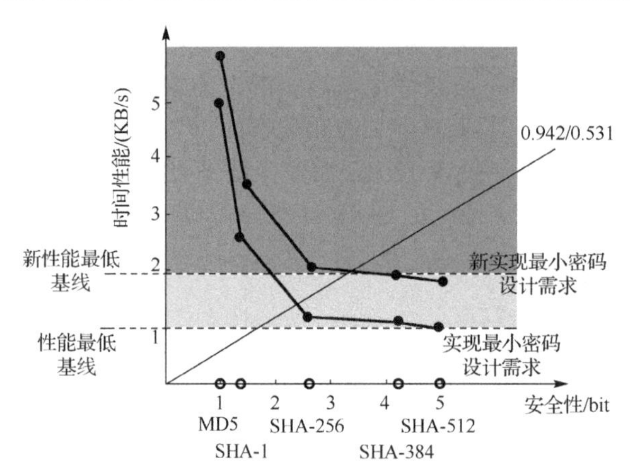

图 3.14　实现最小密码设计需求策略权衡代价变化

根据 SIS 的非功能需求推理，我们获得存在矛盾的上述策略，通过权衡分析，对于可度量策略，使用提出的非功能需求权衡代价分析方法可以找出最优权衡代价，有效支持最优决策的制定。

3.5　小　结

本书第 2 章提出可信软件需求建模方法，其中，软件可信与否的关键非功能需求定义为可信关注点，而与可信软件质量密切相关的质量需求定义为软目标，由于软件的可信关注点之间，以及可信关注点与软目标之间存在着相关关系，所以需要对此相关关系进行研究并解决其中的冲突关系。根据 Nuseibel 提出的软件需求分析应使用形式化推理，而逻辑正是实施这种分析的有效工具，使用逻辑的一大优势在于可以进行自动的推理和分析（Nuseibel & Easterbrook，2000）。因此，本章对可信需求模型 TRMM 使用可满足性问题求解方法实施向后推理，向后推理是根据软件利益相关者需要的可信关注点和软目标满足状态来推理过程策略，如果可满足性问题求解结果是不满足，找出矛盾策略，通过建模者的介入，记录矛盾并修改推理公式，再进行推理，直至可信关注点满足，找到过程策略集合。

通过推理得到的过程策略集合中有部分策略是引发推理矛盾的，从本质上来说，矛盾即反映了这些策略导致可信软件非功能需求之间产生冲突关系，对于这些策略，本章在权衡代价分析一节解决了两个重要问题：一是如何选择策略的最优权衡方案，实现冲突非功能需求之间的最佳权衡？二是如何保证最优策略决策能够适应不断改变的软件环境，不仅支持软件开发，还支持软件维护和演化？通过借鉴微观经济学中的生产理论、生产要素弹性替代原理和线性规划方法，我们将非功能需求视为策略的代价要素，非功能需求之间的权衡代价关系变化就形成了策略的代价，通过利益相关者提供对非功能需求重要程度的评估数据约束，采集非功能需求的最低和最高需求证据约束，借鉴线性规划方法找出策略的最优权衡代价。当软件环境发生变化时，策略代价可随之变化调整，利益相关者对非功能需求的变化也可以随之变化调整，并最终能够适应性地提供最优权衡代价。

根据 Zave 关于需求工程的定义，需求工程是软件工程的一个分支，其结果要服务于软件工程过程中的其他阶段，本章根据需要满足的可信关注点推理并权衡可满足的过程策略集合，而过程策略对应扩展软件演化过程的可信活动，可信活动将用于第 4 章开始的可信软件过程建模方法研究。

参 考 文 献

金芝, 刘璘, 金英. 2008. 软件需求工程：原理和方法. 北京：科学出版社.

陆钟万. 2002. 面向计算机科学的数理逻辑. 2 版. 北京：科学出版社.

陶红伟. 2011. 基于属性的软件可信性度量模型研究. 上海：华东师范大学.

Amyot D, Ghanavati S, Horkoff J, et al. 2010. Evaluating goal models within the goal-oriented requirement language. International Journal of Intelligent Systems, 25: 841-877.

Amyot D, Mussbacher G. 2003. URN: Towards a new standard for the visual description of requirements// The Telecommunications and Beyond: The Broader Applicability of SDL and MSC, Berlin: 21-37.

Asadi M, Soltani S, Gasevic D, et al. 2014. Toward automated feature model configuration with optimizing non-functional requirements. Information and Software Technology, 56: 1144-1165.

Boehm B, Abts C, Brown A, et al. 2000. Software Cost Estimation with COCOMO Ⅱ. New Jersey: Prentice Hall.

Boehm B, Bose P, Horowitz E, et al. 1994. Software requirements as negotiated win conditions// ICRE'94: 74-83.

Boehm B, Bose P, Horowitz E, et al. 1995. Software requirements negotiation and renegotiation aids: A theory-W Based spiral approach// ICSE'95: 243.

Boehm B, Egyed A, Port D, et al. 1998. A stakeholder win-win approach to software engineering education. Annals of Software Engineering, 1-4: 295-321.

Boehm B, In H. 1996a. Identifying quality-requirement conflicts. IEEE Software, 13(2): 25-35.

Boehm B, In H. 1996b. Software cost option strategy tool (S-COST)// The 12th Annual International Computer Software and Application Conference (COMPSAC 96), Seoul, 8: 15-20.

Boehm B, Kukreja N. 2015. An initial ontology for system quality attributes// The International Council on System Engineering (INCOSE) Symposium, Seattle: 13-16.

Boehm B. 2000a. Unifying software and systems engineering. IEEE Computer, 33(3): 114-116.

Boehm B. 2000b. Software Cost Estimation Tools - COCOMO Ⅱ. http://greenbay.usc.edu/csci577/fall2015/tools.

Boehm B. 2014. The Incremental Commitment Spiral Model. New Jersey: Addison-Wesley.

Burgess C, Krishna A, Jiang L. 2009.Towards optimising non-functionalrequirements// The International Conference on Quality Software: 269-277.

Castro J, Kolp M, Mylopoulos J. 2002. Towards requirements-driven information systems engineering: The Tropos project. Information Systems, 27(6):365-389.

Choe Y. 2013. Prop2chf.py. CSCE 625: Introduction to Machine Learning. http://faculty.cs.tamu.edu/ioerger/cs625-fall11/prop2cnf.py.

Chung L, do Prado Leite J. 2009. On non-functional requirements in software engineering. The Conceptual Modeling: Foundations and Applications: 363-379.

Chung L, Nixon B, Yu E, et al. 1999. Non-functional requirements in software engineering. The International Series in Software Engineering: 476.

Chung L, Nixon B. 1995. Dealing with non-functional requirements: Three experimental studies of a process-oriented approach// The 17th International Conference on Software Engineering (ICSE), New York: 25.

Dardenne A, van Lamsweerde A, Fickas S. 1993. Goal-directed requirements acquisition. Science of Computer Programming, 20(1,2): 3-50.

Elahi G, Yu E. 2012. Comparing alternatives for analyzing requirements trade-offs: In the absence of numerical data. Information and Software Technology, 54: 517-530.

Giorgini P, Mylopoulos J, Nicchiarelli E, et al. 2003. Formal reasoning techniques for goal models. Journal of Data Semantics: 1-20.

Giorgini P, Mylopoulos J, Sebastiani R. 2005. Goal-oriented requirements analysis and reasoning in the tropos methodology. Engineering Applications of Artificial Intelligence, 18(2): 159-171.

Heaven W, Letier E. 2011. Simulating and optimizing design decisions in quantitative goal models// The 19th IEEE International Requirements Engineering Conference, Trento: 79-88.

Horkoff J, Yu E. 2010. Finding solutions in goal models: An interactive backward reasoning approach// Conceptual Modeling-ER 2010: 59-75.

Horkoff J. 2012. Iterative, Interactive Analysis of Agent-Goal Models for Early Requirements Engineering. Toronto: University of Toronto.

Huth M, Ryan M. 2004. Logic in Computer Science: Modelling and Reasoning about Systems. 2nd Edition. Cambridge: Cambridge University Press.

In H P, Olson D, Rodgers T. 2002. Multi-criteria preference analysis for systematic requirements negotiation// COMPSAC'02: 887-892.

In H P, Olson D. 2004. Requirements negotiation using multi-criteria preference analysis. Journal of Universal Computer Science, 10(4): 306-325.

Jain A. 2008. A Value-Based Theory of Software Engineering. California: University of Southern California.

Letier E, van Lamsweerde A. 2004. Reasoning about partial goal satisfaction for requirements and design engineering// ACM SIGSOFT Software Engineering Notes, New York: 53-62.

Liaskos S, McIlraith S A, Sohrabi S, et al. 2011. Representing and reasoning about preferences in requirements engineering// RE'10: Requirements Engineering in a Multi-Faceted World, 16: 227-249.

Ma W T, Liu L, Ye X J, et al. 2009. Requirements-driven internetware services evaluation// The First Asia-Pacific Symposium on Internetware, 6: 1-7.

Mairiza D, Zowghi D. 2011. Constructing a catalogue of conflicts among non-functional requirements. Evaluation of Novel Approaches to Software Engineering, Communications in Computer and Information Science, 230: 31-44.

Manadhata P K, Wing J M. 2011. An attack surface metric. IEEE Transactions on Software Engineering, 37(3): 371-386.

Marew T, Lee J S, Bae D H. 2009. Tactics based approach for integrating non-functional requirements in object-oriented analysis and design. Journal of Systems and Software, 82: 1642-1656.

Moser T, Winkler D, Heindl M, et al. 2011. Requirements management with semantic technology: An empirical study on automated requirements categorization and conflict analysis. Advanced Information Systems Engineering, 6741: 3-17.

Mylopoulos J, Chung L, Nixon B. 1992. Representing and using nonfunctional requirements: A process-oriented approach. IEEE Transactions on Software Engineering, 18(6): 483-497.

Nuseibel B, Easterbrook S. 2000. Requirements engineering: A roadmap// The Conference on the Future of Software Engineering: 35-46.

Princeton University. 2007. zChaff. http://www.princeton.edu/～chaff /zchaff.html.

Robinson W, Volkov S. 1997. A meta-model for restructuring stakeholder requirements// The 19th International Conference on Software Engineering (ICSE), Boston, 5: 140-149.

Salvatore D. 2008. Microeconomics: Theory and Applications. 5th Edition. New York: Oxford University Press.

Sebastiani R, Giorgini P, Mylopoulos J. 2004. Simple and minimum-cost satisfiabilty for goal models. Advanced Information Systems Engineering: 20-35.

Sher W, Pinola R. 1981. Microeconomic Theory: A Synthesis of Classical Theory and the Modern Approach. New York: Elsevier.

van Lamsweerde A, Darimont R, Letier E. 1998. Managing conflicts in goal-driven requirements engineering. IEEE Transactions on Software Engineering, 24(1): 908-926.

van Lamsweerde A. 2009a. Reasoning about alternative requirements options. Conceptual Modeling: Foundations and Applications: 380-397.

van Lamsweerde A. 2009b. Requirements Engineering: From System Goals to UML Models to Software Specifications. Hoboken: John Wiley & Sons.

Wei B, Jin Z, Zowghi D, et al. 2012. Automated reasoning with goal tree models for software quality requirements// The 36th International Conference on Computer Software and Applications Workshops (COMPSACW): 373-378.

Wei B, Jin Z, Zowghi D, et al. 2014. Implementation decision making for internetware driven by quality requirements. Science China Information Sciences, 57(7): 072014. 19-072017. 1.

Yin B, Jin Z, Zhang W, et al. 2013. Finding optimal solution for satisficing non-functional requirements via 0-1 programming// COMPSAC, 2013: 415-424.

Yu E. 1997. Towards modeling and reasoning support for early-phase requirements engineering// The 3rd IEEE International Symposium on Requirements Engineering: 226-235.

Yu Y, Niu N, González-Baixauli B, et al. 2009. Requirements engineering and aspects. Design Requirements Engineering: A Ten-Year Perspective: 432-452.

Zhu M X, Luo X X, Chen X H, et al. 2012. A non-functional requirements tradeoff model in trustworthy software. Information Sciences, 191: 61-75.

第 4 章　面向方面可信软件过程建模框架

本章内容：

（1）提出面向方面可信软件过程建模方法
（2）定义可信软件过程元模型
（3）定义可信软件过程建模框架
（4）分析可信方面编织冲突
（5）提出可信方面编织冲突控制及检测方法

软件演化过程元模型（software evolution process meta-model，EPMM）是定义软件演化过程的形式化工具，EPMM 不仅形式化地定义了软件演化过程中所有任务、活动、过程的结构及行为，还体现了软件演化过程的五条重要性质：迭代性、并发性、交错性、反馈及多层性。EPMM 为模拟、控制、分析、度量和改进软件演化过程奠定了基础（Li，2008）。

根据前面我们对可信软件需求的定义，使用软件演化过程方法建模的软件演化过程很好地实现了可信软件的硬目标，即保证软件可信需求中功能需求的实现，当然，可信软件硬目标的实现是可信软件实现的重要基础，但其可信需求中的可信关注点实现是软件获得用户对其行为实现预期目标能力的信任程度的客观依据，因此，必须考虑可信需求中可信关注点在软件演化过程中的体现。传统的实现方法是将可信关注点的实现与基本功能的实现交织在一起，这种方法将会引起构成模型的元素“纠缠”（tangling）或者“分散”（scattering）的问题，导致模型难以维护且缺乏柔性，不能随需而变，而且可信需求和过程策略通常会随着信息技术的发展和软件演化的需要而不断改变和优化，这类频繁的需求变动导致代码纠缠问题变得更为严重，反而会降低软件可信性。

面向方面方法可以很好地解决这类问题，基于面向方面方法的思想，将实现可信关注点的可信活动按照不同粒度定义为可信过程方面和可信任务方面，可信过程方面和可信任务方面统称可信方面，将可信方面编织入软件演化过程，实现软件演化过程的可信扩展。为达到此目标，本章提出软件演化过程的面向方面可信扩展方法，如图 4.1 所示，基于 4.1 节介绍的可信软件过程建模基础，在 4.2 节提出面向方面扩展软件过程建模方法，4.3 节定义可信软件过程元模型（trustworthy-EPMM，TEPMM），在 4.4 节对软件演化过程框架进行可信扩展，定义可信软件过程框架。

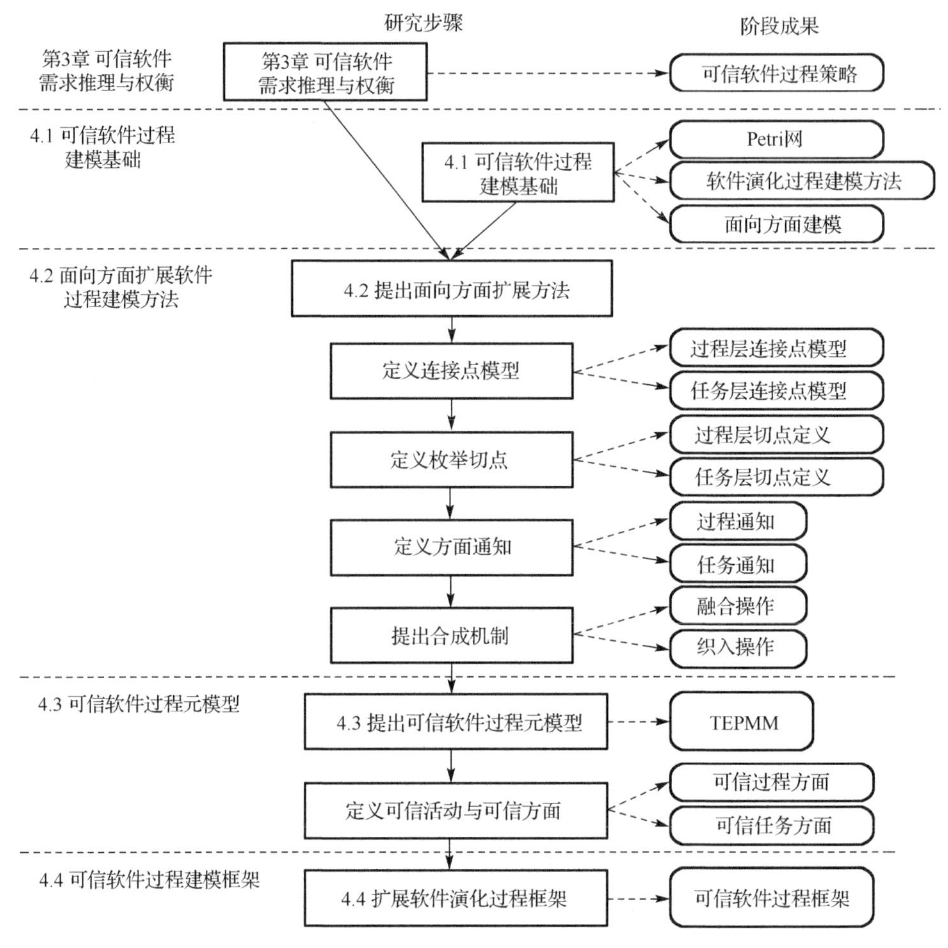

图 4.1　软件演化过程的面向方面可信扩展

面向方面方法以更高的模块化程度为大型系统建模奠定了很好的基础，可以非常有效地避免传统方法中的纠缠及分散问题，然而，方面的编织有可能在违背原有意图的情况下引入恶意行为、结构或性质，从而导致编织后的模型不符合预期需求，也就是说，方面的引入有可能出现多个方面之间产生冲突或者方面和基本模型之间产生冲突，冲突一旦产生就会导致方面编织后的模型产生错误、无法执行或者行为不符合预期等问题。因此，需要对方面有可能引入的冲突问题进行研究、分析、控制、检测以及消解。

基于提出的可信软件过程元模型及可信软件过程框架，需要研究可信过程方面和可信任务方面织入软件演化过程模型时，方面间、方面与软件演化过程模型间的冲突。为了控制潜在的冲突，基于 TEPMM 实现可信软件过程建模前需要对织入的多个方面进行方面间依赖性分析，以及方面与基本过程间有可能产生的结构、性质或行为冲突进行分析，并根据分析结果提出能够提前控制可能引发冲突的可信方面合成机制。对冲突的提前控制是一种有效的预防手段，但为了完全保证可信方面织入一定无冲突，在可信方面织入时还需要进行冲突检测，保证织入操作的正确性。因此，实现冲突分析、控制及检测的具体思路如图 4.2 所示，其中，首先在 4.5.1 节和 4.5.2 节分别对可信方面冲突中的方面间冲突、方面与基本模型间冲突进行分析；在 4.6.1 节提出通过控制方面间依赖关系保证编织完整性及正确性，如果编织是完整且正确的，则有效控制了方面间冲突；在 4.6.2 节分析可信过程方面织入基本过程有可能引入的冲突，基于 4.5.2 节分析得到的结构冲突、性质冲突和行为冲突特征，提出控制冲突的织入操作方法；在 4.7 节针对可信过程方面织入的冲突检测需求，提出面向方面的冲突检测方法，基于可信过程方面织入可能引入的结构冲突、性质冲突及行为冲突，定义冲突检测方面及冲突检测方面的合成方法。

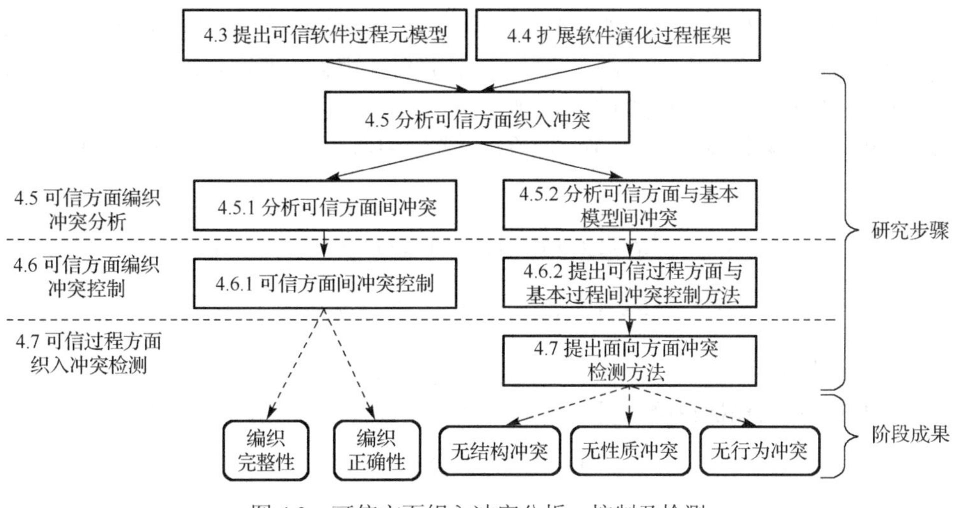

图 4.2　可信方面织入冲突分析、控制及检测

4.1　可信软件过程建模基础

本书基于李彤（2008）教授的软件演化过程建模方法提出可信软件过程建模方法，软件演化过程建模方法基于 Petri 网扩展面向对象技术和霍尔逻辑而提出，因此，本节首先介绍 Petri 网和软件演化过程建模方法，在此基础上介绍可信软件过程建模使用的面向方面建模方法。

4.1.1　Petri 网

Petri 网是一种可以用图形表示的系统模型（袁崇义，2005）。它既能描述系统的结构，又能模拟系统的运行，描述系统结构的部分称为网（net），从形式上看，一个网就是一个没有孤立节点的有向二分图（吴哲辉，2006），网的定义如下。

定义 4.1　网（吴哲辉，2006）　满足下列条件的三元组 $N=(S,T;F)$ 称为一个网：

（1）$S\bigcup T\neq\varnothing$

（2）$S\bigcap T=\varnothing$

（3）$F\subseteq(S\times T)\bigcup(T\times S)$

（4）$\mathrm{dom}(F)\bigcup\mathrm{cod}(F)=S\bigcup T$

其中

$$\mathrm{dom}(F)=\{x\in S\bigcup T\mid\exists y\in S\bigcup T:(x,y)\in F\}$$

$$\mathrm{cod}(F)=\{x\in S\bigcup T\mid\exists y\in S\bigcup T:(y,x)\in F\}$$

其中，S 和 T 分别称为网 N 的库所（place）和变迁（transition）集，F 为弧（flow relation）集，用图形表示一个网时，库所是圆圈，表示资源和状态，变迁是矩形，库所和变迁之间的弧是有向边，表示资源的流动规则。

定义 4.2　前集和后集（吴哲辉，2006）　设 $N=(S,T;F)$ 为一个网，对于 $x\in S\bigcup T$，记

$$^{\bullet}x=\{y\mid y\in S\bigcup T\wedge(y,x)\in F\}$$

$$x^{\bullet}=\{y\mid y\in S\bigcup T\wedge(x,y)\in F\}$$

称 $^{\bullet}x$ 为 x 的前集或输入集，$x^{\bullet}$ 为 x 的后集或输出集，$^{\bullet}x\bigcup x^{\bullet}$ 为元素 x 的外延。

定义 4.3　标识和标识网（吴哲辉，2006）　设 $N=(S,T;F)$ 为一个网，映射

$$M:S\to\{0,1,2,\cdots\}$$

称为网 N 的一个标识（marking）。二元组 (N,M)（四元组 $(S,T;F,M)$）称为一个标识网（marked net）。

用图形来表示一个标识网时，对 $\exists s\in S$，若 $M(s)=k$，则在表示库所 s 的圆圈内加上 k 个黑点，表示 s 中有 k 个标记。

定义 4.4　网系统（吴哲辉，2006）　一个网系统（net system）是一个标识网 $\Sigma=(S,T;F,M)$，并具有下面的变迁点火规则（transition firing rule）。

（1）对于变迁 $t\in T$，如果

$$\forall s\in S:s\in{}^{\bullet}t\to M(s)\geqslant 1$$

则说变迁 t 在标识 M 有发生权（enabled），记为 $M[t>$。

（2）若 $M[t>$，则在标识 M 下，变迁 t 可以点火（fire），从标识 M 发生变迁 t 得到一个新的表示 M'（记为 $M[t>M'$），对 $\forall s\in S$，有

$$M'(s)=\begin{cases}M(s)-1, & s\bigcup {}^{\bullet}t-t^{\bullet}\\ M(s)+1, & s\bigcup t^{\bullet}-{}^{\bullet}t\\ M(s), & 其他\end{cases}$$

一个网系统有一个初始标识（initial marking），记为 M_0，它描述了被模拟系统的初始状态。在初始标识 M_0 下，可能有若干变迁有发生权，其中任意一个变迁点火，就得到一个新的标识 M_1（不同变迁点火得到的新标识一般不相同）。在 M_1 下又可能有若干变迁有发生权，其中任意一个点火，又得到一个新的标识 M_2，如此继续，变迁的连续点火和标识的不断变化就是网系统的运行。一个网系统 $\Sigma=(N,M_0)$ 的全部可能运行情况由基网 N 和初始标识 M_0 完全确定。因此，给出了一个基网 N 和初始标识 M_0，就确定了一个网系统。

4.1.2　软件演化过程建模方法

2008 年，李彤教授基于 Petri 网、扩展面向对象技术和 Hoare 逻辑提出软件演化过程元模型（EPMM），并给出基于 EPMM 的软件演化过程建模方法。EPMM 是一个由全局层、过程层、活动层和任务层构成的四层框架，全局层的全局模型定义如下。

定义 4.5　全局模型（Li，2008）　一个全局模型是一个二元组 $g=(P,E)$。

（1）P 是软件过程集合。

（2）$E\subseteq P\times P$ 是二元偏序关系，称为 P 的嵌入关系，$E=\{(p,p')\,|\,p,p'\in P\wedge p'$ 嵌入到 p 中$\}$，p' 称为 p 的子过程。

全局模型定义了软件演化过程模型中的所有过程，其中的每一个过程定义为一个扩展的 Petri 网。

定义 4.6　软件过程系统（Li，2008）　一个软件过程系统是一个四元组 $\Sigma=(C,A;F,M)$。

（1）$(C,A;F)$ 是一个没有孤立元素的网，$A\bigcup C\neq\varnothing$。

（2）C 是条件的有限集，$\forall c\in C$ 称为一个条件。

（3）A 是活动的有限集，$\forall a\in A$ 称为一个活动，a 的发生称为 a 的执行或者点火。

（4）$M\subseteq 2^C$ 是 Σ 的格局集，2^C 是 C 的幂集。

（5）$\forall a\in A$，$\exists m\in M$，a 在格局 m 有发生权。

定义 4.7　软件过程（Li，2008）　设 $\Sigma=(C,A;F,M)$ 是一个软件过程系统，$M_0\in M$ $(M_0\subseteq C)$ 是 Σ 的一个格局，并且 $p=(C,A;F,M_0)$，则 M_0 称为 p 的初始标识，$d\in M_0$ 称为托肯，p 称为软件过程。

定义 4.8　软件过程的执行（Li，2008）　设 $p=(C,A;F,M_0)$ 是一个软件过程，$r=(S,T;F')$ 是一个出现网，如果

（1） $p(S) \subseteq C \wedge p(T) \subseteq A \wedge \forall (x.y) \in F' : p(x,y) = (p(x), p(y)) \in F$

（2） $\forall t \in T : p({}^{\bullet}t) = {}^{\bullet}p(t) \wedge p(t^{\bullet}) = p(t)^{\bullet}$

（3） $\forall s_1, s_2 \in S : s_1 \neq s_2 \wedge p(s_1) = p(s_2) \Rightarrow {}^{\bullet}s_1 \neq {}^{\bullet}s_2 \wedge s_1{}^{\bullet} \neq s_2{}^{\bullet}$

（4） $\forall c \in C : p(s) = c \wedge {}^{\bullet}s = \varnothing \Rightarrow c \in M_0$

则 r 到 m 的一个映射 $p : r \mapsto m$ 称为 m 的一个执行。

软件过程模型是由细粒度的 Petri 网模型合成的，EPMM 将这些 Petri 网模型称为块，块包括基本块和过程包，基本块定义如下。

定义 4.9　基本块（Li，2008）　顺序块、并行块、选择块和迭代块称为基本块，一个基本块是一个五元组 $b = (C, A; F, A_e, A_x)$。

（1）C、A 和 F 称为条件集、活动集和弧集。

（2） $A_e, A_x \subseteq A$ 称为 b 的入口和出口。

其中，顺序块的活动 a_i 和 a_j 顺序执行，形式化描述为 $C = \{c\}$， $A = \{a_i, a_j\}$，$F = \{(a_i, c), (c, a_j)\}$， $A_e = \{a_i\}$， $A_x = \{a_j\}$，图形化描述如图 4.3 虚线框所示。

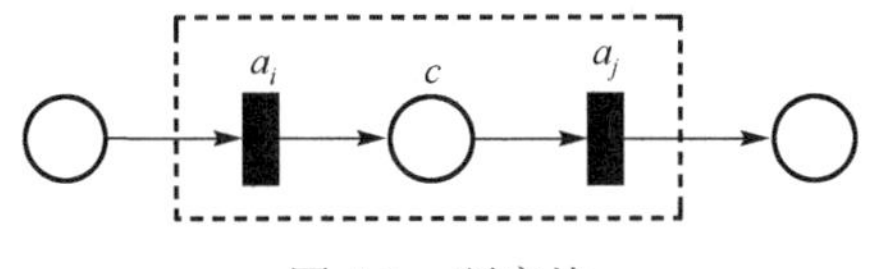

图 4.3　顺序块

并行块的活动 a_i 和 a_j 并行执行，形式化描述为 $C = \{c_1, c_2, c_3, c_4\}$，$A = \{a_0, a_i, a_j, a_n\}$，$F = \{(a_0, c_1), (a_0, c_2), (c_1, a_i), (c_2, a_j), (a_i, c_3), (a_j, c_4), (c_3, a_n), (c_4, a_n)\}$，$A_e = \{a_0\}$，$A_x = \{a_n\}$，图形化描述如图 4.4 虚线框所示。

选择块的活动 a_i 和 a_j 选择执行，形式化描述为 $C = \{\}$， $A = \{a_i, a_j\}$， $F = \{\}$，$A_e = \{a_i, a_j\}$， $A_x = \{a_i, a_j\}$，图形化描述如图 4.5 虚线框所示。

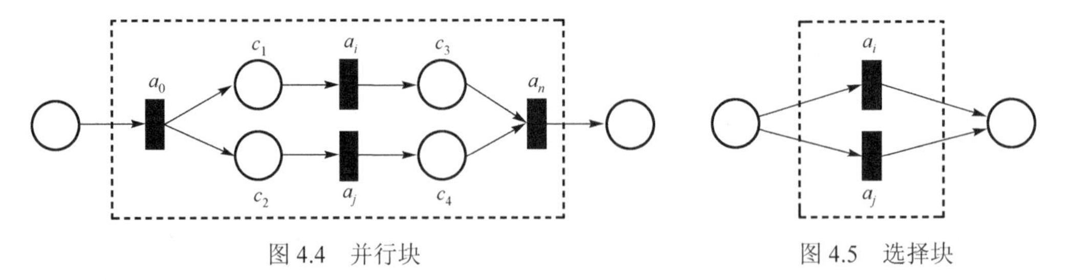

图 4.4　并行块　　　　图 4.5　选择块

迭代块的活动 a_i 和 a_j 反复迭代执行，形式化描述为 $C = \{c_1, c_2\}$，$A = \{a_0, a_i, a_j, a_n\}$，$F = \{(a_0, c_1), (c_1, a_i), (c_1, a_j), (a_i, c_2), (a_j, c_2), (c_2, a_n)\}$， $A_e = \{a_0\}$， $A_x = \{a_n\}$，图形化描述如图 4.6 虚线框所示。

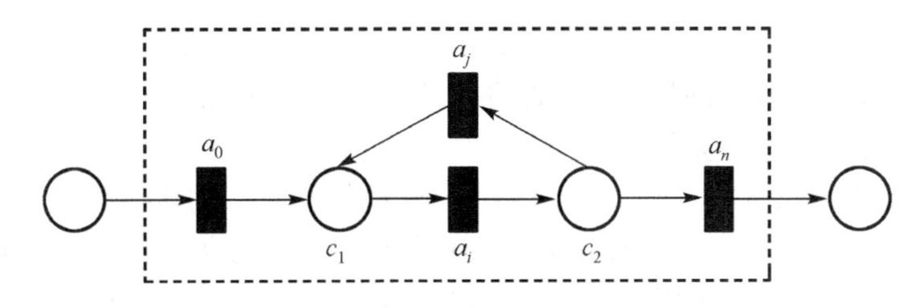

图 4.6　迭代块

总体来说，基本块是一个单入口单出口、没有初始格局且内部结构可见的 Petri 网模型，用于软件演化过程的白盒建模；而过程包则是一个单入口单出口、没有初始格局且内部结构不可见的 Petri 网模型，用于软件演化过程的黑盒建模，过程包定义如下。

定义 4.10　过程包（Li，2008）　一个软件过程包是一个 11 元组 $k=(C,A;F,M_0,I,L,O,a_e,a_x,S,W)$ 或者一个二元组 $k=(f,p)$。

（1）$p=(C,A;F,M_0)$ 是软件过程包 k 的主体，它是一个软件过程，$M_0=\varnothing$。

（2）$f=(I,L,O,a_e,a_x,S,W)$ 是软件过程包 k 的接口。

（3）$I\subseteq A.I$，$L\subseteq A.L$ 和 $O\subseteq A.O$ 是软件过程包 k 的输入数据结构、本地数据结构和输出数据结构；$A.I=\bigcup a_j.I, A.L=\bigcup a_j L, A.O=\bigcup a_j.O, a_j.I, a_j.L$ 和 $a_j.O$ 是 $a_j(a_j\in A)$ 的输入数据结构、本地数据结构和输出数据结构。

（4）$a_e,a_x\in A$ 是 k 的入口和出口，仅当存在一个步骤序列 $G_1G_2\cdots G_{n-1}$（$G_1,G_2,\cdots,G_{n-1}\subseteq A$）和格局 $M_1,M_2,\cdots,M_n\subseteq C$，有 $[a_e>M_1,M_1[G_1>M_2,\cdots,M_{n-1}[G_{n-1}>M_n$, $M_n[a_x>$ 并且 $(M_n-{}^\bullet a_x)=\varnothing$。

（5）当 k 细化一个活动 a 时，$\text{inflow}(a_e)=\{(x,a_e)\mid(x,a)\in\text{inflow}(a)\}$，$\text{outflow}(a_x)=\{(a_x,y)\mid(a,y)\in\text{outflow}(a)\}$。

（6）S 称为最小规约，是详细描述软件过程包 k 的字符串集合。

（7）W 是最小规约的关键词集合。

其中，输入流和输出流定义如下。

定义 4.11　输入流和输出流（Li，2008）　设 $p=(C,A;F,M_0)$ 是一个软件过程，对于其中的活动 $a\in A$，其输入流是 $\text{inflow}(a)=\{(c,a)\mid(c,a)\in F,c\in C\}$，输出流是 $\text{outflow}(a)=\{(a,c)\mid(a,c)\in F,c\in C\}$。对于集合 $G\subseteq A$，$\text{inflow}(G)=\bigcup\text{inflow}(a)$，$\text{outflow}(G)=\bigcup\text{outflow}(a)$。

软件过程中的每一个活动可被视为一个类（描述的活动）或者一个对象（执行的活动），活动定义如下。

定义 4.12　活动（Li，2008）　一个活动是一个四元组 $a=(I,O,L,B)$。

（1）I、O 和 L 分别是输入数据结构、输出数据结构和本地数据结构。

（2）B 是活动体，可以是一个软件过程 p 或者一个任务的集合 Main,$t_1,t_2,\cdots,t_n$，这些任务或者软件过程在数据结构 I、O 和 L 上执行，Main 是一个特殊的任务，它在接收到 Execution 消息后首先执行。

（3）一个活动定义为类时称为活动类，当活动执行时，创建活动对象。

活动中的数据结构抽象地描述了软件过程的资源（如数据、成本、时间、人力、软件和硬件等），一个活动可以使用资源（输入数据结构），也可以提供资源（输出数据结构），活动的属性在本地数据结构中描述。另外，活动中的每一个任务都可以视为活动对象上的一个操作，所有任务都可以发送和接收消息，当任务处于激活状态而接收到消息时就执行，任务定义如下。

定义 4.13　任务（Li，2008）　一个任务是一个四元组 $t=(\{Q_1\},\{Q_2\},M_i,M_o)$。

（1）Q_1 和 Q_2 是一阶谓词公式，$\{Q_1\}$称为前置条件，定义了任务 t 执行前的状态，$\{Q_2\}$称为后置条件，定义了任务 t 执行后的状态。

（2）$D(U)=(\{Q_1\},\{Q_2\})$ 是一个 2-断言，定义了任务 t 的功能。

（3）M_i 是任务 t 将要接收的消息集合，当接收到其中一个或多个消息时任务 t 执行。

（4）M_o 是任务 t 将要发送的消息集合，$\forall m\in M_o$，$m=(r,b)$ 表示当任务 t 执行时发送一条消息 m 给 r，即 r 是消息 m 的接收者，而 b 是一个参数集合构成的消息体。

定义 4.14　功能（Li，2008）　一个功能是一个四元组 $U=(S,R,\mathrm{PR}(X),\mathrm{PO}(X,Y))$。

（1）$X=(x_1,x_2,\cdots,x_m)$ 是输入矢量，$Y=(y_1,y_2,\cdots,y_n)$ 是输出矢量。X 和 Y 中的元素称为变量，$\{X\}=\{x_1,x_2,\cdots,x_m\}$ 和 $\{Y\}=\{y_1,y_2,\cdots,y_n\}$ 称为输入变量集和输出变量集。

（2）$S=S_1\times S_2\times\cdots\times S_m$ 是输入矢量域，其中，$x_i\in S_i$ $(1\leqslant i\leqslant m)$。$R=R_1\times R_2\times\cdots\times R_n$ 是输出矢量范围，其中，$y_j\in R_j$ $(1\leqslant j\leqslant n)$，$S_i$ 和 R_j 是数据结构。

（3）$\mathrm{PR}(X)$ 称为前置条件，$\mathrm{PO}(X,Y)$ 称为后置条件，它们都是一阶谓词公式。

（4）满足 $\mathrm{PR}(X)$ 的输入矢量 X 称为有效输入，对应有效输入 X，满足 $\mathrm{PO}(X,Y)$ 的输出矢量 Y 称为有效输出。

（5）$D(U)=(\mathrm{PR}(X),\mathrm{PO}(X,Y))$ 称为功能 F 的 2-断言，$D(U)$ 的执行表示为：对于一个满足 $\mathrm{PR}(X)$ 的有效输入 X，如果 $D(U)$ 终止，就产生一个满足 $\mathrm{PO}(X,Y)$ 的有效输出 Y。$D(U)$ 没有副作用，即在 $D(U)$ 终止后，仅改变 Y 中变量的值。

任务是软件演化过程的最细粒度组件，当一个活动中所有任务发送 Finish 消息给活动时，活动执行完毕并且转为失活状态。

软件演化过程中的活动和任务存在依赖关系，简单起见，活动和任务统一定义为实体（entity），实体间的依赖关系定义如下。

定义 4.15　实体的输入数据集和输出数据集（Li，2008）　Input(e)是实体 e 的输入数据集，Output(e)是实体 e 的输出数据集，非输入数据或输出数据的其他数据是实体 e 的本地数据，本地数据只有实体 e 使用。

定义 4.16　实体依赖关系（Li，2008）　在实体集 V 中，$e_1,e_2 \in V$，假设 e_1 在 e_2 之前执行。

（1）e_2 与 e_1 正相关 $e_1\ \delta\ e_2$，当且仅当 $\text{output}(e_1) \cap \text{input}(e_2) \neq \varnothing$。

（2）e_2 与 e_1 反相关 $e_1\ \bar{\delta}\ e_2$，当且仅当 $\text{output}(e_2) \cap \text{input}(e_1) \neq \varnothing$。

（3）e_2 与 e_1 输出相关 $e_1\ \delta^o\ e_2$，当且仅当 $\text{output}(e_1) \cap \text{output}(e_2) \neq \varnothing$。

定义 4.17　控制依赖（Li，2008）　在实体集 V 中，$e_1,e_2 \in V$，e_2 控制依赖于 e_1 表示为 $e_1\ \delta^c\ e_2$，当且仅当 e_2 的执行由 e_1 的执行结果决定；对于 $e_1,e_2,\cdots,e_n \in V$，如果 $e_1\ \delta^c\ e_2, e_1\ \delta^c\ e_3, \cdots, e_1\ \delta^c\ e_n$，那么存在且只存在一个实体 $e_i \in \{e_1,e_2,\cdots,e_n\}$ 必须被执行。

定义 4.18　数据依赖（Li，2008）　正相关、反相关和输出相关称为数据依赖，表示为 $e_1\ \delta^d\ e_2$，数据依赖和控制依赖统称依赖。

4.1.3　面向方面建模

“关注点分离”（separation of concerns）的观点最早由 Dijkstra 在 *A Discipline of Programming* 一书中提出，其基本思想是一次处理系统的一个属性，即每次确定、封装和分析系统中与某个特定兴趣点相关的部分。随着软件系统的规模和复杂度不断增大，“关注点分离”的必要性变得越来越突出，1997 年，欧洲面向对象编程大会（ECOOP97）上 Kicgales 等提出面向方面编程（aspect-oriented programming，AOP），通过引入方面（aspect）来实现“关注点分离”，使关注点局部化而不是分散于整个系统中，减少“代码纠缠”（code tangling）和“代码分散”（code scattering）问题，UML 之父 Jacobson 认为 AOP 是当今最激动人心的技术新进展之一（金芝等，2008）。AOP 的主要思想是：独立开发横切关注点，把横切关注点代码模块化成方面，使用编织（weaving）技术将方面按照连接点（join point）位置编织到软件中，实现最终可运行的软件。主要可识别的关注点如下（Filman et al.，2006）。

特征：包括显示、基本检查、评估、持久性和风格检查。特征可能是必需的，也可能是可选的。

改变单元：基于用户的需求作出的附加改变。

定制：为某种专门目的而定制组件的附加功能及改变。

数据或对象：包含在系统中的类。

随着 AOP 技术的迅速发展，其思想已经超越了程序设计阶段，逐步应用于软件生命周期过程中的不同阶段，出现了 AOSD（aspect-oriented software development）、AORE（aspect-oriented requirement engineering）和 AOM（aspect-oriented modeling）。

AOSD 推进了 AOP 的发展，提出一个贯穿需求分析、设计、实现和测试全过程的面向方面的软件开发整体方法。AOSD 的目标主要围绕着如何使整个系统更好地模块化，它包括使功能需求、非功能需求、平台特性等许多不同的关注点更好地模块化，从而使它们之间相互独立。保持所有的关注点相互独立，可以让构建的系统具有更易于理解的结构，并且更易于配置和扩展，以满足各种衍生的需求（Jacobson & Ng，2004）。

AOM 将 AOP 思想用于软件建模，目前大部分研究工作集中于基于 UML 的面向方面建模，也有一部分研究工作面向形式化方法进行研究，如基于 Petri 网和自动机的面向方面建模。

面向方面方法核心概念如下。

（1）关注点（concern）：是对一个或者多个利益相关者关键或者重要的有关系统需求、属性、行为等领域的兴趣点。

（2）横切关注点（crosscutting concern）：分散于其他多个关注点中，影响多个关注点，表示范围较广的关注点（van den Berg et al.，2005）。

（3）连接点：定义基本模块中方面合成的位置或者方面中通知声明的位置。

连接点模型（join point model）：提供基本模块行为可以被修改或改进的接口（Nagy et al.，2005），即定义方面行为可以引入到基本模块的哪些连接点，包括指出基本模块的连接点以及哪些连接点可以访问。

① 结构连接点（structural join point）是一个语言中通知引入位置的结构元素。

② 行为连接点（behavioral join point）是一个语言中通知引入位置的行为元素。

（4）方面：封装切点（pointcut）和通知（advice），实现横切关注点的模块化定义（van den Berg et al.，2005）。与此相对应，非横切关注点（或称为关注点）的模块化定义为基本模块（base）[①]（Harrison et al.，2002）。

① 切点是描述方面提供服务的位置模式，通过定义切点，不需一一指明每个连接点就可以捕获编织方面的连接点，也可以说，切点指定在什么时候将方面编织到基本模块的哪些连接点。

② 通知定义方面提供的服务内容，描述方面如何扩展或者约束其他关注点模块，通知分为在连接点之前（before）、之后（after）和周围（around）运行三种机制。

（5）合成（composition）：根据合成规则集合集成关注点模块。合成过程分两个阶段，即检测与合成，检测阶段用于识别需要整合的关注点；合成阶段集成关注点模块。合成可以按照不同方式进行如下分类（Schauerhuber et al.，2007）。

① 静态合成与动态合成，静态合成是在非执行状态的合成，动态合成是在执行过程中实施的合成，合成是采用静态还是动态方式取决于方面的调用是依赖于编译时的结构还是依赖于执行时的事件。

② 非对称合成与对称合成，非对称合成区分方面和基本模块，通常是将方面织入基本模块，因此也用编织描述非对称合成；对称合成不加区分地将所有关注点模块

---

① base 在面向方面方法用到不同领域（如 AOP、AOSD、AOM）时分别可以表达为基本类、基本程序、基本模型、核心模块或基本模块等，为了统一表述，在不针对特定应用领域进行介绍时，后续内容在描述可信方面合成时用基本模型表示 base。

合成在一起，通常的对称合成方式有融合（merge）、覆盖（override）和绑定（bind）。本节使用融合实现方面间合成，使用编织实现方面织入基本模型。

面向方面的思想在软件生命周期全过程中的应用已经引起了相关学术界及工业界的广泛关注，至今已有大量相关研究成果。针对相关的研究领域，Odgers 和 Thompson（1999）首次将面向方面编程思想引入业务流程管理，提出面向方面业务流程工程（aspect-oriented process engineering，ASOPE），ASOPE 的提出是为了将不同的需求引入业务流程，其中，通用过程模式是为达成通用目标而强制指定必要的流程步骤，而流程方面则是针对特定领域指定定制的流程步骤，当流程方面织入通用流程后，实现了一个特定领域的业务流程。Sutton Jr（2006）提出将面向方面软件工程思想引入软件过程，为过程工程规范的形成提供有用的方法，他从三个层次（产品、过程和过程语言）实现面向方面的软件过程，使软件开发和演化以更高的可控性和灵活性，在一个更高的语义层面得以实现。Park 等（2007）提出业务规则应该作为一个重要的横切关注点而独立于业务流程实例，因此，他们提出一个基于规则的 AOP 框架实现业务规则的有效分离表示和度量，并使用两个开源产品 Mandarax 规则引擎和 Bexee EPEL 引擎实现业务规则方面的动态编织与执行。王怀民指导的硕士生张瞩熹（2009）借助面向方面思想，把可信性作为方面织入软件开发环境，提出可信软件开发平台 TSCE（trusted software constitution environment），以面向方面的形式提供可信性需求分析定制、实现代码以及方面织入的功能。Amyot 基于 ITU-T Z.151 标准化的用户需求符号（user requirements notation，URN），提出面向目标和方面的业务流程工程，实现业务流程的改进和动态适应性（Amyot，2013；Amyot & Mussbacher，2011）。

以上学者在将面向方面方法引入软件过程工程或者业务流程工程方面做了非常有意义的工作。下面我们使用面向方面方法扩展软件演化过程建模方法，由于软件演化过程建模方法使用的主要形式化方法是 Petri 网，所以下面首先对面向方面 Petri 网领域的相关研究进行介绍。

1. *面向方面 Petri 网*

基于 Petri 网的面向方面建模最早是 Roubtsova 和 Aksit（2005）提出的，他们基于经典 Petri 网将方面 Petri 网定义为一个包含基本网、方面网和编织表达式的三元组，并定义连接点模型，用于描述在库所和变迁上的静态编织。之后，Xu 和 Nygard（2006）提出基于 AOP 思想的面向方面谓词/变迁网，他们借用 AspectJ 的思想，定义封装了切点、通知和声明（introduction）的方面模型，其中，声明网建模通知的功能，连接点是基本网的变迁、谓词和弧，通知网定义连接点上的切点操作模式和相对位置（before、after 或 around）。Guan 等（2008）延续 Xu 和 Nygard 的面向方面谓词/变迁网提出面向方面库所/变迁网，其定义中去除了 AspectJ 的声明定义，方面网仅封装了通知和切点，并且定义了编织网用于描述方面网编织入基本网后得到的面向方面库所/变迁网，在此基础上，他们重点研究了方面间的冲突问题及解决方法。付志涛（2010）借助面向方面思想将软件过程划分为具有核心功能的过程和具有横切属性的过程（方面），同样基于 Xu 和 Nygard 的方法将方面编织到核心软件过程以提高软件过程演化的效率和质量。Molderez（2012）通过定义编织器、连接点模型、切点语言、通知语言和合成机制，非形式化地将面向方面特征加入到 Petri 网中。

2. *面向方面方法的冲突问题*

多方面在共享连接点（share join points，SJP）的编织是一个常见的冲突问题，这类冲突在很多 AOP 语言中都得到了部分解决。Constantinides 等（1999）提出一个方面的 Moderator 框架，其中指定一个 Moderator 类来管理共享连接点上的方面执行，Moderator 类只允许一个方面在其前面所有方面成功激活后激活。在 AspectJ 中，优先级通过声明方式来控制方面间的执行顺序，使用关键词 dominate 对存在冲突的方面进行重新排序，有限地解决了方面的顺序控制问题（Kiczales et al.，2001）。Douence 等（2002；2004）针对同一连接点上多个方面间的交互问题提出一个通用框架，将方面交互与方面定义分离，定义横切语言支持冲突分析与解决。Pawlak 等（2005）针对 Around 通知提出 CompAr（composing around advice）语言，通过指定通知代码及约束帮助编程者发现并确认正确的合成顺序。Nagy 等（2005）通过在共享连接点上定义合成约束的声明式模型 JAC（Java aspect components）框架的 Wrapper 同样定义了方面的顺序，实现共享连接点上多个方面间的执行顺序及执行条件控制。Durr 和 Staijen（2005）基于 Bergmans 和 Akşit 提出的 CF（composition filters）模型构造冲突检测模型，实现基于 CF 模型的方面间语义冲突检测。Kniesel 和 Bardey（2006）基于方面间的触发和抑制关系建立编织交互依赖图，通过分析依赖关系确定方面编织顺序，保证方面编织的完整性和正确性，从而解决了方面间不期望的交互产生的冲突问题。Kniesel（2009）进一步完善其 2006 年与 Bardey 共同完成的成果，并在原成果基础上提出计算“编织计划”（weaving schedule）来保证方面编织的完整性和正确性，同时增加了方面编织之后的干扰诊断及修复方法。实践证明，这些方法在一定程度上控制了多个方面在共享连接点上冲突的问题。

在解决方面与基本模型冲突方面，Dinkelaker 等（2012）使用面向方面方法检测、消解软件系统特征间的异常交互，他们提出 AO-FSM（aspect-oriented finite state machines），用切点定义需观察的状态机执行模式，当切点模式匹配异常交互时，通知拦截引发异常的冲突并予以消解。

4.2　面向方面扩展软件过程建模方法

下面运用面向方面思想扩展软件演化过程建模方法（Li，2008），首先，将实现可信关注点的可信活动按照不同粒度要求定义为可信过程方面和可信任务方面，它们统称可信方面，将可信方面织入软件演化过程模型实现面向方面的扩展。下面就扩展时需要定义的连接点模型、切点、通知以及合成机制进行介绍。

1. 连接点模型

连接点定义基本模型中方面编织的位置或者方面中通知声明的位置。连接点模型提供基本模型行为可以被修改或改进的接口（Nagy et al.，2005），即定义方面行为可以引入到基本模型的哪些连接点，包括指出基本模型的连接点以及哪些连接点可以访问。本书中的基本模型是软件演化过程模型，按照模型的分层结构分别定义过程层连接点模型和任务层连接点模型。

由于软件演化过程模型中的软件过程以活动为中心，条件仅对活动的执行实施控制，当对软件过程进行可信过程方面扩展或约束时，可能扩展和约束的行为围绕活动包括六种情况：在某活动执行之前增加可信过程方面约束，在某活动执行之后扩展可信过程方面，在两个活动之间增加可信过程方面约束，对某活动是否能执行增加选择扩展，另外，按照基本块定义 4.9，软件过程中除了顺序和选择关系的活动外，还存在并发和迭代关系的活动，因此，所有可能的扩展和约束包括六类，为实现这六类扩展，过程层连接点模型定义如下。

定义 4.19　过程层连接点模型　在过程层的软件演化过程模型执行出现网连接点映射为出现网中的条件、活动和弧，即连接点 $\mathrm{jp}_p \in \mathrm{JP}_p$， $\mathrm{jp}_p \mapsto \mathrm{JPType\_Process}$， $\mathrm{JPType\_Process} = \{S, T, F'\}$，其中，$S$、$T$、$F'$分别是软件演化过程执行出现网中的条件、活动和弧。

同样，软件演化过程模型中的任务以功能为中心，消息控制任务的执行，当对任务进行可信任务方面扩展或约束时，可能扩展和约束的行为围绕任务功能包括四种情况：在某任务功能执行之前或者之后扩展可信任务方面，对某任务功能的执行增加选择或者迭代扩展。这四类扩展都围绕任务功能，而与消息无关，因此，任务层连接点模型定义如下。

定义 4.20　任务层连接点模型　在任务层的软件演化过程模型连接点映射为任务中的 2-断言，即连接点 $\mathrm{jp}_t \in \mathrm{JP}_t$，$\mathrm{jp}_t \mapsto \mathrm{JPType\_Task}$，$\mathrm{JPType\_Task} = \{(\{Q_1\}, \{Q_2\})\}$，其中，$\{Q_1\}$、$\{Q_2\}$ 分别是任务的前断言和后断言，2-断言 $(\{Q_1\}, \{Q_2\})$ 描述了任务的功能。

需要注意的是，上述定义的连接点虽然看起来是静态的模型中的基本元素，但实际上连接点是动态的，它们是在模型执行时产生的，例如，在过程层的连接点实际上是过程执行出现网中的条件或者活动连接点。因此，需要用静态的切点定义方面提供服务的位置模式，通过定义切点，不需一一指明每个连接点就可以捕获织入方面的连接点，也可以说，切点指定在什么时候将方面编织到基本模型的哪些连接点。

2. 切点定义

切点是识别连接点的方法，切点定义通常使用枚举切点、模式切点、结构切点或者行为切点四种方式之一（Kellens et al.，2006），由于可信方面，不论是可信过程方面还是可信任务方面，它们的编织切点在过程层和任务层都是确定的，所以我们使用枚举定义方式定义切点。

对于过程层的方面扩展，枚举切点定义通过枚举软件演化过程模型中的过程基本元素（条件$c \in C$、活动$a \in A$、弧$f \in F$）来实现切点的定义，下面用扩展的巴科斯范式给出过程层切点定义的语法结构

$$k_p = \text{ConditionList,ActivityList,FlowList}$$

$$\text{ConditionList} = \text{ProcessName}.c, \{\text{ProcessName}.c\}$$

$$\text{ActivityList} = \text{ProcessName}.a, \{\text{ProcessName}.a\}$$

$$\text{FlowList} = \text{ProcessName}.f, \{\text{ProcessName}.f\}$$

为了说明切点和连接点的不同，下面给出一个示例，图 4.7 描述了一个图形化表达的软件过程 p。

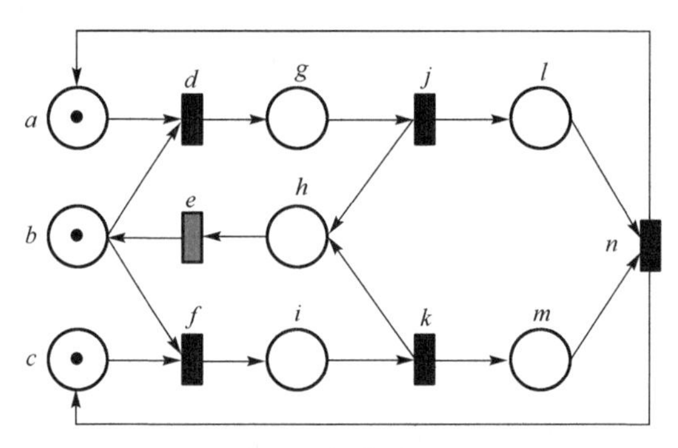

图 4.7　软件过程 p

假设其中的活动 e 被定义为切点，即切点定义为$k_p = p.e$。这个软件演化过程 p 执行的出现网如图 4.8 所示，对应切点定义，出现网中包括两个连接点 e。

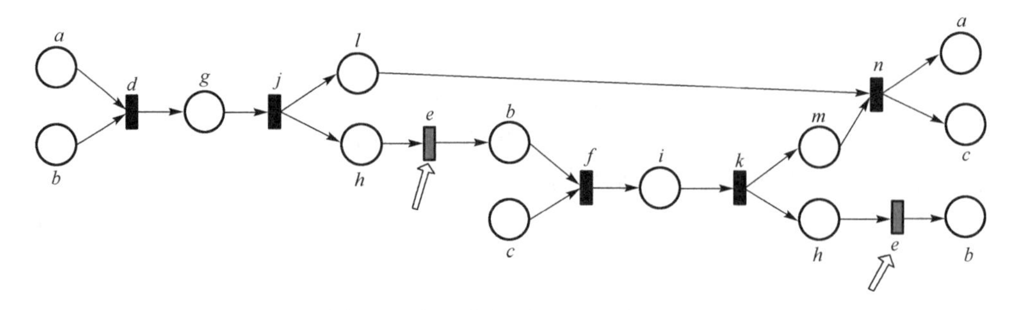

图 4.8　软件过程 p 的一条执行记录

对于任务层的方面扩展，枚举切点定义通过枚举软件演化过程模型中任务的 2-断言来实现切点的定义，我们同样用扩展的巴科斯范式给出任务层切点定义的语法结构

$$k_t = \text{AssertionList}$$

$$\text{AssertionList} = A(F),\{A(F)\}$$

枚举切点定义存在必然的脆弱切点问题，任何基本模型的改变都有可能导致意外增加连接点或者连接点丢失，因此，在将可信方面织入软件演化过程模型（也称基本模型）时，保留基本模型和可信方面，同时生成新的编织后模型，如果编织后基本模型改变，则重新实施编织，保证不会导致连接点丢失或者意外增加连接点。

3. 通知定义

通知定义方面提供服务的内容，描述方面如何扩展或者约束基本模型。因此，过程通知和任务通知分别定义可信过程方面和可信任务方面的功能，它们在编织入软件演化过程模型后将实现模型的可信扩展，此可信扩展本质上是对原软件演化过程加以约束，保证约束后过程生产出来的软件满足可信需求。

为与软件演化过程建模方法（Li，2008）保持一致，在过程层，过程通知是一个用 Petri 网定义的过程。每一个过程通知都对应着一个切点定义，该切点定义决定了该通知所执行的连接点，当连接点与切点定义匹配时执行过程通知。过程通知分五种类型，即之前通知、之后通知、周围通知、迭代通知和并发通知，它们分别与软件演化过程模型的过程层连接点顺序、选择、迭代和并发执行。需要注意的是，周围通知有能力决定匹配的连接点是否执行，也就是说，周围通知可以修改软件演化过程模型中的连接点，甚至完全替换。

在任务层，任务通知是一个用 2-断言定义其功能的任务，任务通知分三种类型：之前通知、之后通知和周围通知。它们分别与软件演化过程模型的任务层连接点顺序或选择执行。

4. 合成机制

合成分为融合和编织，其中，融合是方面间的对称合成，两个方面融合后得到一个方面；编织是将方面织入基本模型，从而产生一个新模型。合成机制通过明确定义合成过程和相关合成规则，将合成前独立设计的方面显式地融合为一个方面之后织入基本模型，形成合成后模型。

在合成过程中，只有运用预先明确定义好的合成规则才能准确地将合成前模型合成为所期望的合成后模型。方面合成规则分为方面融合规则和方面织入规则。方面融合规则将多个方面按照融合结构融合在一起，然后使用方面织入规则编织入基本模型。方面织入规则又分为同型织入规则和混合织入规则，同型织入规则是指一个切点处需织入的多个方面属同一种类型（如顺序、选择、迭代或者并发），那么先对这些方面实

施方面融合操作再织入基本模型；混合织入规则是指在一个切点处有多种类型的方面需要织入，此时，需要根据织入类型的优先级关系实施织入操作。

基于合成规则定义，合成过程由初始化、方面间融合、方面织入和冲突检测与消解四个步骤构成。

（1）初始化：初始化工作是建立一张编织计划表，存储方面织入切点及类型，如表 4.1 所示。

表 4.1　编织计划表

切点 方面	k_1	k_2	…	k_n
a_1	0	1		
a_2		1		2
⋮				
a_m				3

其中，$a_j(j=1,2,\cdots,m)$ 是第 j 个方面，$k_i(i=1,2,\cdots,n)$ 是方面的切点定义，方面织入类型用数值 0、1、2 等表示顺序织入或是选择织入等。

在将方面编织入基本模型前需要检查此编织计划表，当不同方面在同一切点以同类型织入（表 4.1 中椭圆虚线框）时，需要先实施方面间融合操作；而当不同方面在同一切点以不同类型织入（表 4.1 中椭圆实线框）时，需要按照织入操作的不同优先级顺序织入。

（2）方面间融合：同切点同类型方面织入基本模型之前必须先融合，然后才能织入，因为在面向方面方法中，共享连接点冲突会导致在同一连接点织入的方面间出现相互排斥、执行顺序不确定，或者一个方面的执行受另一个方面约束等问题，因此，对于同切点同类型方面，需要根据方面间的依赖关系首先实施融合操作。

（3）方面织入：完成方面间融合操作后，一个切点上织入的方面要不止有一个方面需要织入，可能有多个不同类型的方面需要织入。对于只有一个方面织入的情况，简单实施方面织入操作；对于有多个不同类型方面的织入情况，则按照织入类型的不同优先级关系织入。

（4）冲突检测与消解：方面织入基本模型也有可能引发冲突，与共享连接点问题不同，方面织入冲突是指方面织入基本模型后，导致编织后模型执行错误或者改变了原基本模型的行为，因此，在实施方面织入操作过程中，需要对潜在发生的冲突进行检测，若发现冲突，则给出冲突位置及原因，由建模者根据这些冲突信息修改方面，直至所有方面织入无冲突。

4.3　可信软件过程元模型

可信软件过程元模型（TEPMM）是定义可信软件过程模型的工具，TEPMM 的设计考虑了如下因素。

（1）基于面向方面方法的特征和优势，定义可信方面扩展 EPMM 是一种有效且可行的方法，因此，使用面向方面方法定义可信软件过程元模型。

（2）通过第 2 章和第 3 章获取可信活动，对应 EPMM 定义不同粒度的可信过程方面和可信任务方面，实现可信需求在软件演化过程模型中不同粒度的可信扩展。

（3）可信活动的定义保持原 EPMM 的面向对象特征，可信方面通知的定义保持原 EPMM 的形式化方法，使用 Petri 网定义过程通知，使用 Hoare 逻辑定义任务通知，这些方法的使用都体现在 TEPMM 定义中。

（4）TEPMM 保持原 EPMM 可以对软件演化过程和软件过程的支持，实现可信软件过程的定义，并且同样支持原软件演化过程模型的演化性质。

使用 TEPMM 定义的模型称为可信软件过程模型（TEPM），TEPMM 和 TEPM 都是形式化的，下面给出 TEPMM 的形式化定义。

1. 可信活动

定义 4.21　可信活动　一个可信活动是一个四元组 $\text{ta}=(I,O,L,B)$，其中，I、O、L 是活动体 B 操作的输入数据结构、输出数据结构和本地数据结构，活动体 B 是一个软件过程或者一个任务集合。一个可信活动定义为一个类，称为可信活动类，当可信活动执行时，创建可信活动对象。

如果一个可信活动细化为一个软件过程，这个软件过程就定义为可信过程方面的过程通知，过程通知是细化上层可信活动的一个无格局软件过程，如图 4.9 所示。

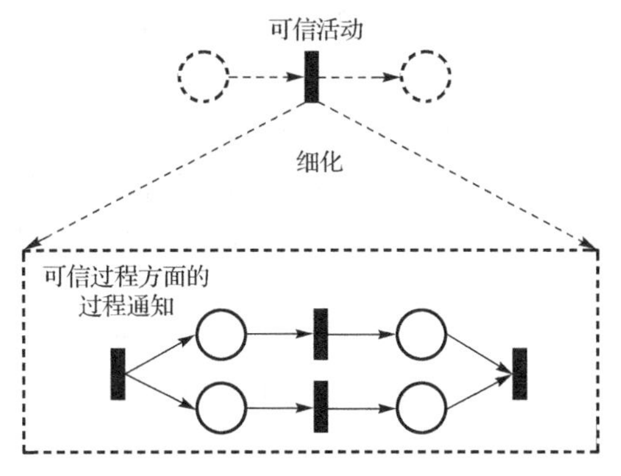

图 4.9　可信活动细化为一个软件过程

如果一个可信活动定义为一个任务集合，其中的每一个任务都定义为可信任务方面的任务通知，任务通知是细化上层可信活动的无消息任务，如图 4.10 所示。

任务通知基于可信活动的数据结构实现其功能，与 EPMM 一样，可信活动的数据结构视为可信软件开发或演化中资源的抽象描述。

可信过程方面在 EPMM 的过程层织入，可信任务方面在任务层织入，可信过程方面和可信任务方面统称可信方面，可信方面扩展至 EPMM 得到 TEPMM。

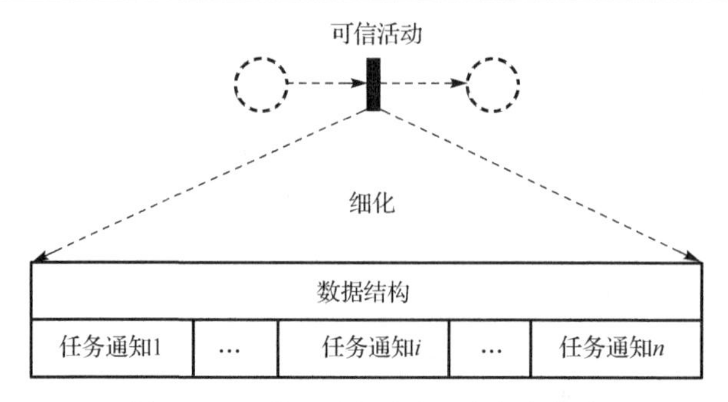

图 4.10　可信活动细化为一个任务集合

定义 4.22　可信方面　一个可信方面是一个四元组 tAspect = (id,ad,pc) 。

（1）id 是可信方面标识，id ≠ 0 标识单个可信方面，id = 0 标识融合的可信方面。

（2）ad 是通知，定义可信方面扩展或者约束基本模型的行为。

（3）pc 是带织入类型的切点，定义可信方面织入类型和织入的位置模式，织入类型包括顺序织入、选择织入、迭代织入和并发织入。

2. 可信过程方面

基于软件演化过程建模方法（Li，2008），在过程层建模的软件过程在本书中称为基本过程，基本过程可以被可信过程方面扩展或者约束，可信过程方面定义如下。

定义 4.23　可信过程方面　一个可信过程方面是一个四元组 $\text{tAspect}_p = (\text{id}_p, \text{ad}_p, \text{pc}_p)$，其中，$\text{id}_p$ 是可信过程方面的标识符，ad_p 是过程通知，pc_p 是带织入类型的过程切点集合。

可信过程方面 tAspect_p 的 id_p 如果为 0，则表示这个可信过程方面是融合了多个方面得到的；如果不为 0，则是单个可信过程方面，其值为可信过程方面标识。另外，过程通知的类型包括顺序通知、选择通知、迭代通知和并发通知，过程通知 ad_p 和带织入类型的过程切点 pc_p 定义如下。

定义 4.24　过程通知　一个过程通知是一个五元组 $\text{ad}_p = (C, A; F, A_e, A_x)$ 。

（1）$(C, A; F)$是一个没有孤立元素的网，$A \cup C \neq \varnothing$ 。

（2）C 是条件的有限集，$\forall c \in C$ 称为一个条件。

（3）A 是活动的有限集，$\forall a \in A$ 称为一个活动，a 的发生称为 a 的执行或者点火。

（4）F 是弧的有限集，$F \subseteq (S \times T) \cup (T \times S)$，对于 $c \in C$ 和 $a \in A$，若 $(c,a) \in F$ 或者 $(a,c) \in F$，则在 c 和 a 之间有一条有向边，称为弧。

（5）$A_e, A_x \subseteq A$ 分别是 ad_p 的入口活动集和出口活动集。若（$C, A; F$）包含一个环 $(c_1, a_1), (a_1, c_2), \cdots, (c_n, a_n), (a_n, c_1)$导致 A_e 和 A_x 无法确定，或者 A_e 无法确定，或者 A_x 无法确定，则针对无法确定的 A_e 或者 A_x，指定 $a_e \in A$ 为环的入口活动，$a_x \in A$ 为环的出口活动，并在 a_e 前增加一个活动 a，满足 $a^\bullet = {}^\bullet a_e$，同时，在 a_x 后增加一个活动 b，

满足 $a_x^\bullet = {}^\bullet b$ ，则 $A_e = A_e \cup \{a\}$ 和 $A_x = A_x \cup \{b\}$ 。

过程通知是一个没有格局的基本 Petri 网，即过程通知中的活动没有发生权，只有将可信过程方面织入基本过程后，其中的活动在编织后的过程模型格局中才有发生权。过程通知的建模基于基本块和过程包定义，应用白盒建模及黑盒建模方法实现，当应用白盒方法建模时，过程通知中的一个活动细化为一个基本块；而应用黑盒方法建模时，活动细化为一个过程包，隐藏其内部结构。

对于环结构，图 4.11 举例说明了增加入口活动 a 和出口活动 b 的操作。

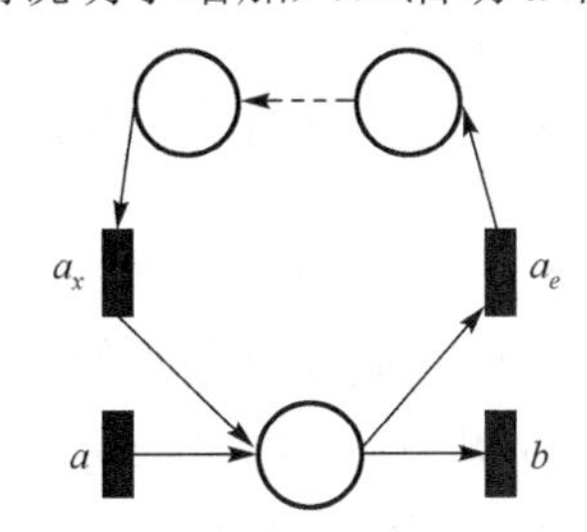

图 4.11　增加环结构的入口活动 a 和出口活动 b

另外，可信过程方面的织入有明确的连接点，因此，过程切点采用如下枚举方式定义。

定义 4.25　过程切点　过程切点是由基本过程中的元素 k 和方面织入类型 type 构成的集合 $\mathrm{pc}_p = \{(k, \mathrm{type}) \mid k \in p.C \vee k \in p.A \vee k \in p.F, \mathrm{type}是织入类型\}$ ，按照基本过程元素类型，k 定义为基本过程 p 的条件、活动或者弧；方面织入类型 type 根据方面与基本过程的关系定义并分别用不同数字表示不同的织入类型。

例如，一个可信软件的核心算法实现之后需要执行程序正确性证明，保证功能正确性，假设基本过程 p 定义如图 4.12 所示，其中，活动 a_1 完成核心算法测试，活动 a_2 完成核心算法编码。

程序正确性证明定义为可信过程方面 $\mathrm{tAspect}_p$，在核心算法编码与测试完成之后进行程序正确性证明，$\mathrm{tAspect}_p$ 的定义如下。

可信过程方面 $\mathrm{tAspect}_p = (\mathrm{id}, \mathrm{ad}_p, \mathrm{pc}_p)$ ，其中，过程通知 $\mathrm{ad}_p = (\{c_1, c_2\}, \{b\}; \{(c_1, b), (b, c_2)\}, \{b\}, \{b\})$ ，图形化表示如图 4.13 所示。过程切点 $\mathrm{pc}_p = \{(p.(c, a_3), 1)\}$ ，切点为弧切点 $p.(c,a_3)$，织入类型为活动前织入且用数字 1 表示。

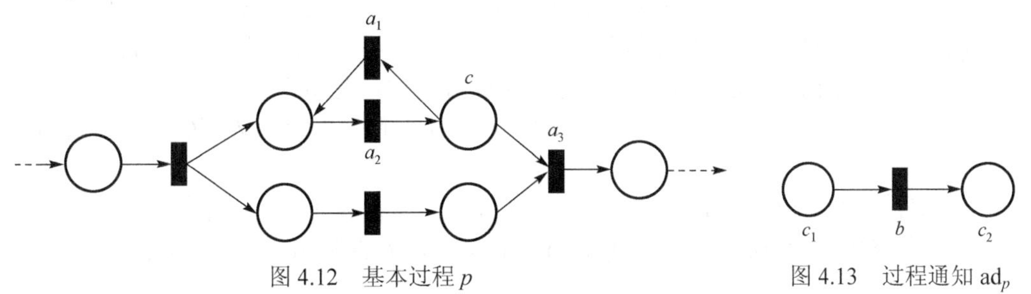

图 4.12　基本过程 p　　图 4.13　过程通知 ad_p

核心算法的编码与测试活动是可信软件必备的基本活动，实现功能需求，但对于可信软件而言，仅仅对核心算法实施测试活动不足以保证其功能正确性，因为测试只能发现软件中的错误，不能证明软件没有错误，因此，针对可信软件，必须增加程序正确性证明方面，对核心算法实现的程序进行正确性证明，这个活动可以提升生产出软件的可信性。

3. *可信任务方面*

基于软件演化过程建模方法（Li，2008），在任务层建模的任务在本书中称为基本任务，同样，基本任务也可以被可信任务方面扩展或者约束，以提升生产出软件的可信性。

定义 4.26　可信任务方面　一个可信任务方面是一个四元组 $\text{tAspect}_t = (\text{id}_t, \text{ad}_t, \text{pc}_t)$，其中，$\text{id}_t$ 是可信任务方面标识，ad_t 是任务通知，pc_t 是带织入类型的任务切点。

可信任务方面 tAspect_t 的 id_t 如果为 0，则表示这个可信任务方面是融合了多个方面得到的；如果不为 0，则是单个可信任务方面在过程策略库中可信活动细化得到的可信任务方面标识。另外，任务通知织入类型分别定义为顺序织入和选择织入，任务通知 ad_t 和带织入类型的任务切点 pc_t 定义如下。

定义 4.27　任务通知　一个任务通知是一个 2-断言 $\text{ad}_t = (\{Q_1\}, \{Q_2\})$，定义了可信任务方面的功能。

（1）Q_1 和 Q_2 是一阶谓词公式，$\{Q_1\}$ 称为前置条件，定义了任务通知 ad_t 执行前的状态，$\{Q_2\}$ 称为后置条件，定义了任务通知 ad_t 执行后的状态。

（2）$D(U) = (\{Q_1\}, \{Q_2\})$ 是定义可信任务方面功能的 2-断言。

任务通知是一个不带消息的 2-断言，即未编织的任务通知仅定义功能，没有发生权，只有将可信任务方面织入到基本任务中，当基本任务接收到消息开始执行时，任务通知才能随之执行。当然，任务通知的功能也可以细化分解为顺序、选择或者循环结构。

定义 4.28　任务切点　任务切点 pc_t 是由基本任务定义功能的 2-断言 $D(U)$ 和方面织入类型 type 构成的集合 $\text{pc}_t = \{(D(U), \text{type}) \mid D(U) = (\{Q_1\}, \{Q_2\}), \text{type是织入类型}\}$，按照前断言和后断言定义的任务功能，$D(U)$ 定义为 2-断言{基本任务.(前断言,后断言)}，type 根据方面与基本任务的关系定义并分别用不同的数字表示不同的织入类型。

例如，一个可信软件维护过程包含复审活动，此活动中的主要任务是对修改后的软件按照修改需求进行完整性审查，为了保证可信性，完整性审查完成后需要按照可信需求进行可信性审查。假设完成完整性审查的基本任务 $t = (\{Q_1\}, \{Q_2\}, M_i, M_o)$ 如图 4.14 所示。

可信性审查功能定义为可信任务方面 tAspect_t，其任务通知如图 4.15 所示。

可信任务方面 $\text{tAspect}_t = (\text{id}_t, \text{ad}_t, \text{pc}_t)$，其中，任务通知 $\text{ad}_t = (\{Q_a\}, \{Q_b\})$

$$\{Q_a\} = \{\text{Rev(Modified\_System,Integrity)} \wedge \text{Doc(Review\_Report)}\}$$

$$\{Q_b\} = \{\text{Rev(Modified\_System,Trustworthy)} \wedge \text{Doc(Review\_Report)}\}$$

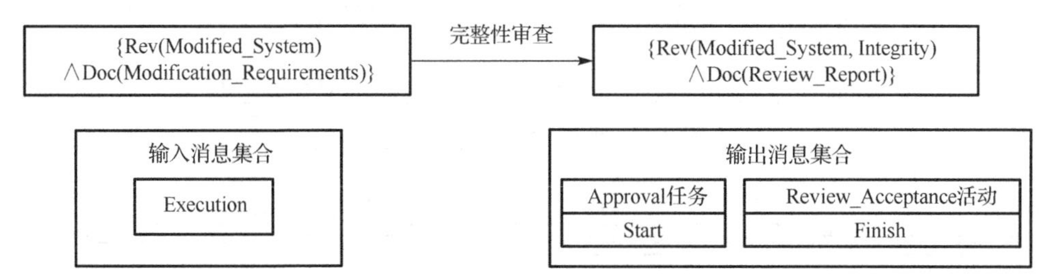

图 4.14　基本任务 t

图形化表示如图 4.15 所示。

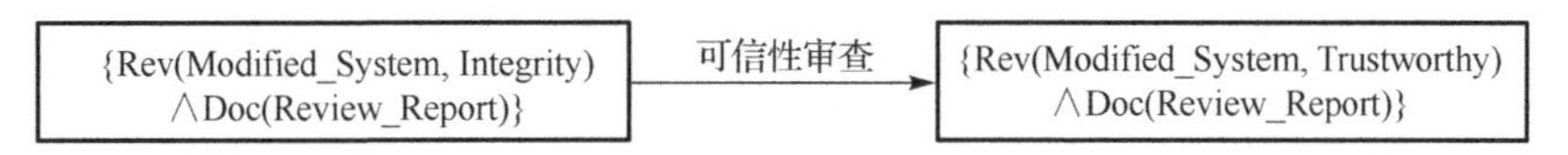

图 4.15　任务通知 ad_t

任务切点 $\text{pc}_t = \{(t.(\{Q_1\},\{Q_2\}),2)\}$，切点是基本任务的 2-断言，织入类型 type=2，表示任务通知在切点顺序后织入。

4.4　可信软件过程建模框架

基于分层的思想，软件演化过程框架（Li，2008）在一个高层的活动细化为一个软件过程或者多个任务时，开始形成软件演化过程框架的层次结构，软件演化过程框架分为四层，基于面向方面方法扩展后的可信软件过程框架仍然为四层，如图 4.16 所示。

可信软件过程框架既不破坏软件演化过程框架又具备柔性，新框架中的每一层都没有改变原框架的基本模型，也就是说，没有方面编织，软件演化过程建模方法仍然可以有效地实现软件演化过程的建模，而如果软件有可信需求，则可以根据具体可信需求灵活地实施方面定义及编织，实现可信软件过程建模。

定义 4.29　可信方面编织　给定一个软件演化过程模型 EPM 和一个可信方面集合 $\text{TAspect} = \{\text{tAspect}_{p_i}\}_{i\in\{1,\cdots,n\}} \cup \{\text{tAspect}_{t_j}\}_{j\in\{1,\cdots,n\}}$，将 TAspect 织入 EPM 得到可信软件过程模型，表示为 TEPM=EPM+TAspect，假设 TEPM.X、EPM.X 和 TAspect.X 分别是 TEPM、EPM 和 TAspect 的组件，则 $\text{TEPM}.X = \text{EPM}.X \cup \text{TAspect}.X$。

1.　可信任务

一个活动在任务层可以细化为一个任务集合，其中的任何一个任务若织入了可信任务方面，则得到可信任务，包含可信任务的任务集合构成了可信活动的活动体。若不编织可信任务方面，则所有任务与原软件演化过程框架中的任务定义一致。

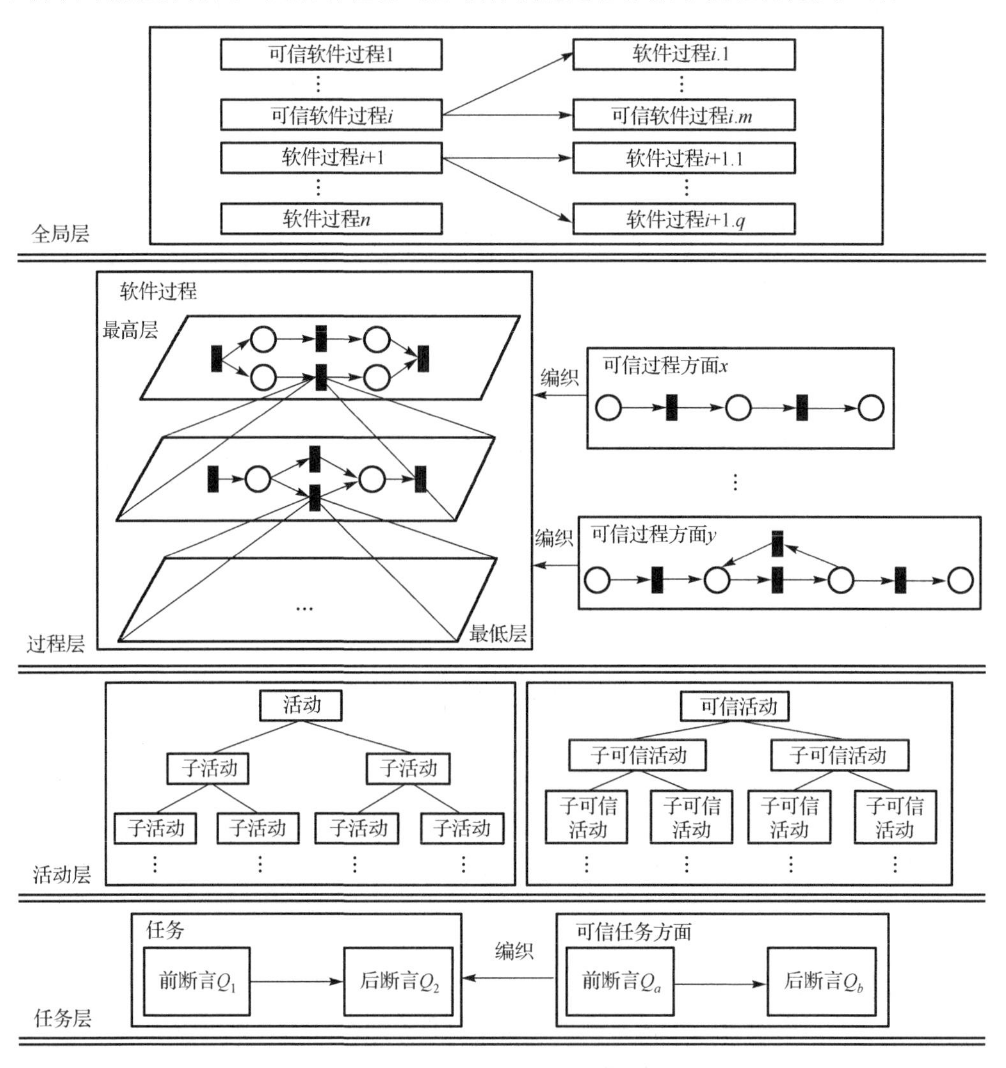

图 4.16　可信软件过程建模框架

定义 4.30　可信任务　一个可信任务 $\mathrm{tt}=(\{Q_1\},\{Q_2\},M_i,M_o)$ 是一个由基本任务 t 编织可信任务方面集合 $\mathrm{TAspect}_t=\{\mathrm{tAspect}_{t_1},\mathrm{tAspect}_{t_2},\cdots,\mathrm{tAspect}_{t_n}\}$（$n>0$）后产生的新任务。

（1）$D(U)=(\{Q_1\},\{Q_2\})$ 定义了可信任务 tt 的功能，其中，$\mathrm{tt}.D(U)=t.D(U)+\mathrm{TAspect}_t.D(U)$。

（2）$\mathrm{tt}.M_i=t.M_i$，$\mathrm{tt}.M_o=t.M_o$，即可信任务 tt 的消息集合是基本任务 t 的消息集合。

2. 可信活动

可信软件过程框架中，一个可信活动也描述为一个类，当可信活动执行时实例化为对象，但可信活动是区别于一般活动的特殊活动，这类活动是根据可信需求，为实现可信关注点而定义的活动，因此，在可信软件过程框架中，可信活动与一般活动分开，独立定义，可信活动定义见 4.3 节中的定义 4.21。

3. 可信过程

软件演化过程建模是由粗到细、由抽象到具体逐步细化每一个活动的过程，在过程层，一个活动可以细化为一个过程，而其中的每一个活动又可以继续细化，直至所有活动都不能再细化，此时得到最低层、最具体的软件演化过程，此软件演化过程编织了可信过程方面后得到可信过程。

定义 4.31　可信过程　一个可信过程 $\mathrm{tp}=(C,A;F,M_0)$ 是一个由基本过程 p 编织可信过程方面集合 $\mathrm{TAspect}_p=\{\mathrm{tAspect}_{p_1},\mathrm{tAspect}_{p_2},\cdots,\mathrm{tAspect}_{p_n}\}$（$n>0$）后产生的新软件过程。

（1）$\mathrm{tp}.C=p.C\cup\mathrm{TAspect}_p.C$

（2）$\mathrm{tp}.A=p.A\cup\mathrm{TAspect}_p.A$

（3）$\mathrm{tp}.F=p.F\cup\mathrm{TAspect}_p.F$

（4）$\mathrm{tp}.M_0=p.M_0$

4. 全局模型

面向方面扩展后，可信软件过程模型的全局层由软件过程和可信过程构成。可信过程是由基本过程编织了可信过程方面而得到的，一个可信过程可以由子软件过程和子可信过程构成。软件过程没有扩展可信过程方面，一个软件过程仅由子软件过程构成。若不扩展可信过程方面，全局模型与软件演化过程框架中的全局模型一致。

定义 4.32　全局模型　一个全局模型是一个三元组 $g=(P,\mathrm{TP},E)$。

（1）P 是基本过程集合，TP 是可信过程集合。

（2）$E\subseteq(P\times P)\cup(\mathrm{TP}\times\mathrm{TP})\cup(\mathrm{TP}\times P)$ 是二元偏序关系，称为嵌入关系，$E=\{(x,x')\mid x,x'\in\mathrm{TP}\cup P\wedge x'\text{嵌入到}x\text{中}\}$，$x'$称为 x 的子过程。

可信关注点建模为可信过程方面或者可信任务方面，将可信方面与原模型分离有利于通过可信方面来追踪用户的可信关注点，确认可信需求的满足。另外，可信方面相对独立，可以根据需要编织或者不编织，并随不同的项目可实现灵活的编织以使不同软件满足不同的可信需求。

然而，由于方面之间、方面与基本模型之间必然存在着交互关系，其中一些交互关系可能导致方面织入基本模型后使模型无法执行，此类有破坏性影响的交互关系称为冲突关系，下面我们研究方面之间以及方面与基本模型之间的冲突关系。

4.5　可信方面编织冲突分析

本节分析方面冲突中的方面间冲突以及方面与基本模型间的冲突。

4.5.1　可信方面间编织冲突分析

面向方面方法提供了一种良好的机制用于模块化横切关注点，然而，多个方面间并非完全独立，因此，当一个连接点上编织入多个方面时，方面间可能产生排斥，执行顺序不确定，或者一个方面的执行受另一个方面约束等问题，这类问题统称共享连接点（shared join point，SJP）问题（Tessier et al.，2004；Nagy et al.，2005；Durr et al.，2007）。Bergmans（2003）列举了因SJP问题导致的三类方面间冲突。

（1）错误冲突：错误冲突会导致编织后的系统无法执行或执行错误，这类冲突主要源于方面间的依赖关系，即当一个方面未得到其依赖的另一个方面的资源时产生错误而导致整个系统执行错误。

（2）方面干扰：在共享连接点处叠加编织的多个方面存在干扰而导致编织后的系统行为不符合预期或者不确定，例如，当日志方面和认证方面织入同一个连接点时，它们的执行顺序不确定则会导致方面编织后的系统行为不确定，如果先执行日志方面后执行认证方面，则可以记录下所有尝试认证的信息；而如果先执行认证方面后执行日志方面，则只记录通过认证的信息。

（3）潜在的语义冲突：在共享连接点处叠加编织的多个方面存在潜在的语义冲突，例如，视图方面对用户可以操作的文档进行分级控制，而在同一个连接点上编织的日志方面也受到了视图方面的控制，只有在视图方面允许的情况下才能记录日志，即视图方面和日志方面存在潜在的语义冲突，但这是系统需要的行为，且不会导致系统错误，也不会导致编织后的系统行为不确定。

上述三类冲突中，错误冲突是必须控制的冲突问题，方面干扰问题虽然不会引发错误，但也必须控制，以保证编织后行为确定且符合预期，控制了方面干扰问题，其实就避免了错误冲突问题。另外，虽然潜在的语义冲突问题也属于冲突的范畴，却是需要的行为。因此，针对方面间冲突，下面主要解决方面干扰问题。

方面间的干扰问题源于方面间的依赖关系，因此，控制方面间冲突需要首先分析方面间的依赖关系，然而，存在依赖关系的方面要产生冲突，其原因又可以分为如下两种情况（Durr et al.，2005）。

（1）开放式切点规约（无约束切点规约）的使用易产生叠加方面冲突，因为在符合切点规约而无约束的情况下，织入的方面功能是不受控制的，在无约束叠加编织多个方面后生成的系统功能是不确定的。

（2）在切点使用动态信息也会约束切点的推理及预计功能，例如，使用if条件结构将导致切点处方面行为无法确定是否能够被执行。

上述两类情况说明解决方面间冲突需要根据方面间的依赖关系实施静态约束编织。

4.5.2　可信方面织入基本模型冲突分析

面向方面方法中，方面间冲突存在于共享连接点上的多个方面，而方面与基本模型间冲突则存在于所有方面织入的连接点上，当方面织入存在冲突时，基本模型在连接点处将表现出不同的异常情况，基本模型不同，方面织入产生的异常情况也不同，因此，需要针对不同的基本模型进行不同的冲突分析。

针对可信过程方面织入软件演化过程模型可能产生的冲突进行分析，首先需要建立基本模型，即软件演化过程模型正确性的概念。我们对软件演化过程进行建模的主要目的之一是借助模型来分析实际过程的性质和功能，当软件演化过程模型确切地描述了一个软件演化过程的结构和运行时，这个过程所具有的性质和行为就会在其过程模型上得到体现，其中，一些性质只与过程模型的结构有关，称为结构性质，另外一些性质与过程模型的运行有关，称为动态性质，而过程模型是否符合过程需求则是对过程模型行为的要求。当过程模型满足结构性质和动态性质，并且行为与过程需求一致时，我们说过程模型满足正确性。那么，当我们针对可信软件提出可信需求，而将可信过程方面织入软件演化过程模型时，方面织入的冲突体现为：软件演化过程模型在没有可信过程方面织入之前满足结构性质和动态性质，且行为一致，而在可信过程方面织入之后不满足结构性质或动态性质，或产生行为不一致。

因此，可信过程方面与织入的软件演化过程模型间可能产生的冲突按照结构、性质和行为分为如下三种类型。

（1）结构冲突：软件演化过程的结构性质是由软件演化过程模型的结构确定的，与软件演化过程的运行无关，当可信方面织入软件演化过程模型产生结构冲突时，此冲突是指编织后的过程模型在静态结构上存在缺陷，会导致过程的死锁或者无法执行等问题。本质上，软件演化过程模型的软件过程和可信过程方面的过程通知都是基本 Petri 网，当可信过程方面织入软件演化过程模型时，在连接点处进行结构冲突分析，既要遵循基本 Petri 网的定义，又要满足 TEPMM 的语法要求，还要为动态性质奠定基础。

（2）性质冲突：结构性质只保证过程模型在静态结构上没有缺陷，但过程执行中动态及多变的性质需要通过研究动态性质来保证。当可信过程方面织入软件演化过程模型产生性质冲突时，对此冲突的研究与研究结构冲突一样，以基本 Petri 网的动态性质为基础，但要针对面向方面方法的织入操作进行性质冲突分析。

（3）行为冲突：软件演化过程建模需要满足过程需求，过程需求规定了软件演化过程的行为特征，当可信过程方面织入软件演化过程模型时，在连接点产生的行为冲突是指基本过程的行为特征与过程需求不一致，这是不允许的，因此，为满足可信需求而将可信过程方面织入软件演化过程模型时需要对连接点处的过程行为进行一致性分析。

针对可信任务方面织入软件演化过程模型，我们仅扩展基本任务的功能，而不改变基本任务的消息机制，因此，不会引入冲突。

4.6 可信方面编织冲突控制

基于4.5节的分析结果，下面提出控制可信方面编织冲突的方法。

4.6.1 可信方面间编织冲突控制

只有多个方面在共享连接点上编织才需要研究方面间的依赖关系而实施冲突控制。回顾Bergmans分析的三类SJP冲突（Bergmans，2003），错误冲突是最严重的冲突，因为会导致模型执行错误；方面干扰虽然不会导致编织后模型错误，但产生的行为不符合预期，也是我们所不期望的；潜在的语义冲突是最弱的冲突，并不影响我们获得需要的行为，因此，错误冲突和方面干扰是控制可信过程方面间冲突必须解决的问题，而控制了方面干扰问题就控制了错误冲突问题。

Kniesel和Bardey（2006；2009）认为大部分方面间干扰问题源于不完整或者不正确的编织，所谓不完整的编织是指方面没有完全编织到应该编织的所有连接点上，造成方面影响的丢失；而不正确的编织是指方面没有正确地编织在应该编织的连接点上，造成错误的方面影响。因此，可以通过保证可信方面编织完整性和正确性来控制方面间冲突。

（1）完整性：方面应在所有切点定义的连接点处织入基本模型且保证不丢失所有织入方面的影响。

（2）正确性：方面仅在切点定义的连接点处织入基本模型且不造成错误的方面影响。

针对编织完整性，只要切点定义的连接点存在且是正确的，可信方面织入操作可以保证所有可信方面在其切点定义的连接点处织入基本模型，对于连接点不存在或者连接点定义错误的问题，可以在可信方面织入过程中检测到并解决。但是需要保证所有织入的可信方面具有发生权且共享连接点上所有有数据依赖关系的可信方面按照依赖关系顺序融合，否则织入的可信方面仍然可能会丢失影响，因此，编织完整性定义如下。

定义 4.33 编织完整性 设 $\text{TAspect} = \{\text{tAspect}_1, \text{tAspect}_2, \cdots, \text{tAspect}_n\}$ 是一个共享连接点的可信方面集合，对于其中任意两个可信方面 tAspect_i 和 tAspect_j 中的通知 ad_i 和 ad_j（$1 \leqslant i \leqslant n$，$1 \leqslant j \leqslant n$ 且 $i \neq j$），如果

① 通知为过程通知，其中的活动 a_i 和 a_j 之间有数据依赖关系 $a_i \ \delta^d \ a_j$，有 $M[a_i >$ 但 $\neg M[a_j >$，$M[a_i > M' \rightarrow M'[a_j >$；

② 通知为任务通知，任务通知 ad_i 和 ad_j 之间有数据依赖关系 $\text{ad}_i \ \delta^d \ \text{ad}_j$，有任务通知功能的顺序执行 $D(U_i):D(U_j)$；

则称可信方面的编织是完整的。

同样，针对编织正确性，可信方面织入操作保证可信方面仅在其切点定义的连接点处织入基本模型，但是需要所有有控制依赖关系的可信方面可发生且按照控制关系选择融合才能保证方面织入不造成错误的影响，因此，编织正确性定义如下。

定义 4.34　编织正确性　设 $\mathrm{TAspect}=\{\mathrm{tAspect}_1,\mathrm{tAspect}_2,\cdots,\mathrm{tAspect}_n\}$ 是一个共享连接点的可信方面集合，对于其中任意三个可信方面 $\mathrm{tAspect}_i$、$\mathrm{tAspect}_j$ 和 $\mathrm{tAspect}_k$ 中的通知 ad_i、ad_j 和 ad_k（$1\leqslant i\leqslant n$，$1\leqslant j\leqslant n$，$1\leqslant k\leqslant n$ 且 $i\neq j\neq k$），如果

① 通知为过程通知，其中的活动 a_i、a_j 和 a_k 之间有控制依赖关系 $a_i\ \delta^c\ a_j$ 和 $a_i\ \delta^c\ a_k$，有 $M[a_i>M'$，$M'[a_j>$ 或者 $M'[a_k>$ 但 $\neg M'[\{a_j,a_k\}>$；

② 通知为任务通知，任务通知 ad_i、ad_j 和 ad_k 之间有控制依赖关系 $\mathrm{ad}_i\ \delta^c\ \mathrm{ad}_j$ 和 $\mathrm{ad}_i\ \delta^c\ \mathrm{ad}_k$，有任务通知功能的选择执行 $D(U_j)|D(U_k)$ 且 $\mathrm{PO}(X_i,Y_i)\Rightarrow\mathrm{PR}(X_j)\vee\mathrm{PR}(X_k)$；

则称可信方面的编织是正确的。

上述定义中的数据依赖关系和控制依赖关系见 4.1.2 节中定义 4.15～定义 4.18，实体可以是活动或者任务，在本书中，实体是过程通知中的活动或者任务通知中的任务。

4.6.2　可信方面织入基本过程冲突控制

软件演化过程建模完成后必须对生成的模型实施结构、性质及行为验证，目的是保证模型具备好的结构和性质以及符合过程需求。代飞（2011）和刘金卓（2013）分别用进程代数和模型检测方法提出了软件演化过程模型的结构、性质和行为验证方法。本节使用面向方面方法扩展软件演化过程模型，必须对可能引入的结构、性质或行为冲突进行研究并实施有效的冲突控制。

可信过程方面仅在切点定义位置织入基本过程，其引入的冲突只可能作用于连接点周围的活动，因此，对冲突的分析不覆盖编织后的整个过程模型，而仅限于切点周围存在潜在冲突的过程片段。另外，假设软件演化过程模型和可信过程方面的过程通知在编织前都通过了结构、性质和行为验证，下面对可信过程方面与基本过程间的冲突研究仅限于存在潜在冲突的过程片段。

定义 4.35　潜在冲突过程片段　设 $\mathrm{tAspect}_p=(\mathrm{id}_p,\mathrm{ad}_p,\mathrm{pc}_p)$ 是一个可信过程方面，$p=(C,A;F,M_0)$ 是一个基本过程，$\mathrm{tAspect}_p$ 织入 p 的切点 pc_p 得到的潜在冲突过程片段 $\mathrm{tp}'=(C,A;F)$ 满足以下三个条件。

（1）$\mathrm{tp}'.A=\{a\mid a\in {}^{\bullet}\mathrm{pc}_p\cup\mathrm{pc}_p^{\bullet}\cup\mathrm{pc}_p\cup\mathrm{dom}(\mathrm{pc}_p)\cup\mathrm{cod}(\mathrm{pc}_p)\wedge a\in p.A\}\cup\mathrm{ad}_p.A_e$
$\cup\,\mathrm{ad}_p.A_x$

（2）$\mathrm{tp}'.C=\{c\mid c\in \mathrm{tp}'.{}^{\bullet}A\cup\mathrm{tp}'.A^{\bullet}\wedge c\in p.C\cup\mathrm{ad}_p.C\}$

（3）$\mathrm{tp}'.F=\{f\mid f\in(\mathrm{tp}'.C\times\mathrm{tp}'.A)\cup(\mathrm{tp}'.A\times\mathrm{tp}'.C)\}$

潜在冲突过程片段以切点周围的活动和织入可信过程方面的过程通知入口及出口活动为中心，将这些活动以及与这些活动相关的条件和弧定义为潜在冲突过程片段。

例如，一个软件演化过程 $p = (\{c_1, c, c_2\}, \{a, b\}; \{(c_1, a), (a, c), (c, b), (b, c_2)\}, \{c_1\})$，一个可信过程方面 tAspect_p 在基本过程活动 $p.b$ 周围织入 p，$\text{pc}_p = \{(p.b,4)\}$，如图 4.17 所示。

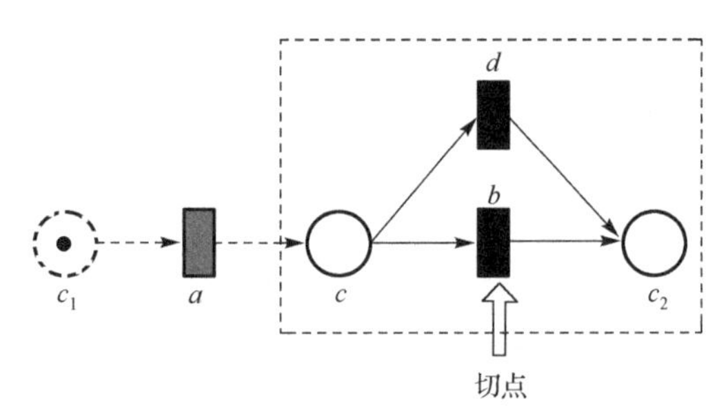

图 4.17　潜在冲突过程片段

按照定义 4.35，潜在冲突过程片段由虚线框中的过程片段构成，其形式化描述为 $\text{tp}' = (\{c, c_2\}, \{b, d\}; \{(c, b), (b, c_2), (c, d), (d, c_2)\})$。

1. 结构冲突

软件演化过程模型的结构性质取决于其拓扑结构，而与初始标识无关，即任何初始标识下都应保持的结构性质。针对可信过程方面织入软件演化过程模型可能引入的结构冲突，下面提出可信过程方面织入无结构冲突定义。

定义 4.36　无结构冲突　设 $\text{tAspect}_p = (\text{id}_p, \text{ad}_p, \text{pc}_p)$ 是一个可信过程方面，$p = (C, A; F, M_0)$是一个基本过程，tAspect_p 织入 p 后，在潜在冲突过程片段 tp′无结构冲突当且仅当满足以下三个条件。

（1）如果 $\forall a \in \text{tp}'.A$，有 ${}^\bullet a \cap a^\bullet = \varnothing$。

（2）如果 $\forall y \in \text{tp}'.C \cup \text{tp}'.A$，有 ${}^\bullet y \cup y^\bullet \neq \varnothing$。

（3）如果 $C_1 \subseteq \text{tp}'.C$，不存在 ${}^\bullet C_1 \subseteq C_1^\bullet$ 或者 $C_1^\bullet \subseteq {}^\bullet C_1$。

定义 4.36 中，第一个条件确保潜在冲突过程片段 tp′中的活动未被引入伴随条件（袁崇义，2005），因为伴随条件让活动永远没有发生权。第二个条件确保潜在冲突过程片段 tp′未被引入孤立节点（吴哲辉，2006）。第三个条件确保潜在冲突过程片段 tp′中的条件子集无死锁（${}^\bullet C_1 \subseteq C_1^\bullet$）和陷阱（$C_1^\bullet \subseteq {}^\bullet C_1$），在一个网系统运行过程中，一个不含有托肯的死锁条件永远不会得到托肯，一个含有托肯的陷阱条件永远不会失去托肯（吴哲辉，2006）。然而，根据结构死锁的定义，活动间的迭代行为关系属于潜在结构死锁，而织入可信过程方面的过程通知如果永远占有托肯则产生结构陷阱，如图 4.18(a)和图 4.18(b)所示，图 4.18(a)的条件集$\{c_1, c_2\}$是潜在结构死锁，图 4.18(b)的条件集$\{c_1, c_2\}$是潜在结构陷阱。

根据结构死锁的定义，产生结构死锁的条件集只有在其不含托肯时才会因无法获得托肯而导致活动因死锁而无发生权，但是，如果结构死锁条件集中的条件一旦获得托肯，则无结构死锁冲突，因此，对潜在冲突过程片段中的迭代结构需要进行活动可发生性的判断，活动可发生性属于动态性质，这部分内容将在性质冲突中介绍。同样，根据结构陷阱的定义，产生结构陷阱的条件集也只有在含有托肯时才会因为永远占有托肯而导致其他活动因陷阱而无发生权，而这需要对潜在冲突过程片段中的基本过程持续性进行判断，只要引入的可信过程方面不影响基本过程持续性，则无结构陷阱冲突，持续性属于动态性质。

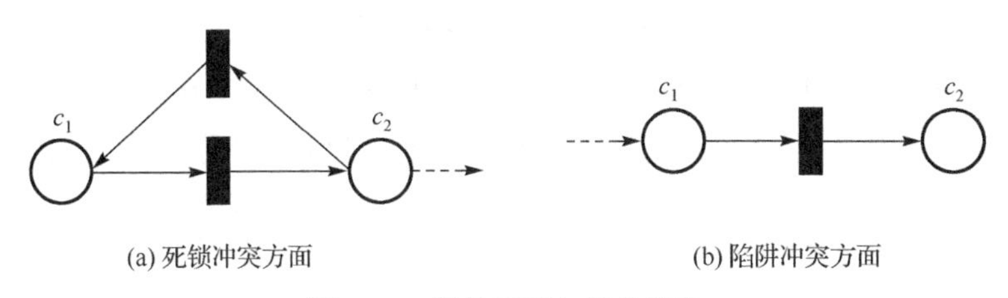

(a) 死锁冲突方面　(b) 陷阱冲突方面

图 4.18　结构死锁与结构陷阱

2. 性质冲突

结构性质与过程模型的初始格局无关，而格局反映了过程的状态，因此，除了结构性质外，还需借助过程模型来分析实际过程在初始格局下的动态性质。针对可信过程方面织入软件演化过程模型可能引入的性质冲突，下面提出可信过程方面织入无性质冲突的定义。

定义 4.37　无性质冲突　设 $\text{tAspect}_p = (\text{id}_p, \text{ad}_p, \text{pc}_p)$ 是一个可信过程方面，$p = (C, A; F, M_0)$是一个基本过程，tAspect_p 织入 p 后在潜在冲突过程片段 tp′无性质冲突当且仅当满足以下四个条件。

（1）如果 $\forall a \in \text{ad}_p.A$ 且 $\exists M \in R(p.M_0)$，则有 $M[a>$。

（2）如果 $\forall a \in \text{tp}'.A \cap p.A$，$\forall \sigma \in \text{ad}_p.A^*$ 且 $\forall M \in R(p.M_0)$，则有 $(M[a> \wedge M[\sigma> M') \to M'[a>$，其中 σ 是过程通知中的活动序列。

（3）如果 $\forall c \in \text{tp}'.C$ 且 $B(c) = \min\{B \mid \forall M \in R(p.M_0): M(c) \leqslant B\}$，则有 $B(c) = 1$。

（4）如果 $\forall c \in \text{tp}'.C$，$\forall a \in \text{tp}'.A$ 且 $\forall M \in R(p.M_0)$，则不存在 $c \in a^{\bullet} \cap M$ 且 ${}^{\bullet}a \subseteq M$。

定义 4.37 中，第一个条件确保可信过程方面织入基本过程后，其过程通知是可发生的（代飞，2011）。第二个条件确保织入可信过程方面后基本过程是持续的（吴哲辉，2006）。第三个条件确保潜在冲突过程片段 tp′中的所有条件满足安全性（吴哲辉，2006）。第四个条件确保潜在冲突过程片段 tp′中不存在有冲突的条件（吴哲辉，2006）。

3. 行为冲突

行为冲突在可信过程方面织入软件演化过程模型中特指编织后基本过程的活动关系与过程需求不一致。软件演化过程建模方法用基本块细化活动，而基本块中活动间的关系包括顺序、选择、并发和迭代，因此，软件演化过程模型的行为由这四种关系构成，当可信过程方面织入后，不能破坏基本过程中活动的原有行为关系。

下面对软件演化过程模型中活动的四类行为关系进行定义。

定义 4.38　顺序行为关系　设 $p=(C, A; F, M_0)$为一个软件过程，$a_i, a_j \in A$，$M \in R(M_0)$，如果

（1）$M[a_i >$ 但 $\neg M[a_j >$

（2）$\forall \sigma \in A^*$ 使得 $M[a_i > M'[\sigma > M'' \to M''[a_j >$

则称 a_i 和 a_j 之间是顺序行为关系。当活动序列 σ 长度为 0 时，$M[a_i > M' \to M'[a_j >$，称 a_i 和 a_j 是直接顺序行为关系；当活动序列 σ 长度不为 0 时，称 a_i 和 a_j 是间接顺序行为关系。

定义 4.39　选择行为关系　设 $p=(C, A; F, M_0)$为一个软件过程，$a_i, a_j \in A$，$M \in R(M_0)$，如果

（1）对于 $\forall \sigma \in A^*$，有 $M[a_i >$ 且 $M[\sigma >$ 或者 $M[a_j >$ 且 $M[\sigma >$

（2）$M[\sigma > M_1[a_i > M_2 \to \neg M_1[a_j > \wedge \neg M_2[a_j >$

但 $M[a_j > M' \to \neg M'[\sigma > \wedge \neg M'[a_i >$

或者 $M[\sigma > M_3[a_j > M_4 \to \neg M_3[a_i > \wedge \neg M_4[a_i >$

但 $M[a_i > M'' \to \neg M''[\sigma > \wedge \neg M''[a_j >$

则称 a_i 和 a_j 之间是选择行为关系。当活动序列 σ 长度为 0 时，有 $M[a_i >$ 且 $M[a_j >$，$M[a_i > M'' \to \neg M''[a_j >$ 或 $M[a_j > M' \to \neg M'[a_i >$，称 a_i 和 a_j 是直接选择行为关系；当活动序列 σ 长度不为 0 时，称 a_i 和 a_j 是间接选择行为关系。

定义 4.40　并发行为关系　设 $p=(C, A; F, M_0)$为一个软件过程，$a_i, a_j \in A$，$M \in R(M_0)$，如果

（1）对于 $\forall \sigma \in A^*$，有 $M[a_i >$ 且 $M[\sigma >$ 或者 $M[a_j >$ 且 $M[\sigma >$

（2）$M[\sigma > M_1 \to M_1[a_i > \wedge M_1[a_j >$ 且 $M_1[a_i > M' \to M'[a_j >$

或 $M_1[a_j > M'' \to M''[a_i >$

或者 $M[a_i > M_2[\sigma > M_3 \to M_3[a_j >$

或者 $M[a_j > M_4[\sigma > M_5 \to M_5[a_i >$

则称 a_i 和 a_j 之间是并发行为关系。当活动序列 σ 长度为 0 时，有 $M[a_i >$ 且 $M[a_j >$，$M[a_i > M_2 \to M_2[a_j >$ 或 $M[a_j > M_4 \to M_4[a_i >$，称 a_i 和 a_j 是直接并发行为关系；当活动序列 σ 长度不为 0 时，称 a_i 和 a_j 是间接并发行为关系。

定义 4.41　迭代行为关系　设 $p = (C, A; F, M_0)$为一个软件过程，$a_i, a_j \in A$，$M \in R(M_0)$，如果

（1） $M[a_i>$ 但 $\neg M[a_j>$

（2） $\forall\sigma\in A^*$ 使得 $M[a_i>M'[\sigma>M''\rightarrow M''[a_j>M'''[a_i>$

则称 a_i 和 a_j 之间是迭代行为关系。当活动序列 σ 长度为 0 时，$M[a_i>M'\rightarrow M'[a_j>M'''[a_i>$，称 a_i 和 a_j 是直接迭代行为关系；当活动序列 σ 长度不为 0 时，称 a_i 和 a_j 是间接迭代行为关系。

基于上述活动间行为关系的定义，当可信过程方面织入软件演化过程模型时，无行为冲突定义如下。

定义 4.42　无行为冲突　一个可信过程方面织入软件演化过程模型无行为冲突，当且仅当织入可信过程方面后潜在冲突过程片段中原基本过程的活动行为与织入前行为一致。

4. 织入冲突控制

可信过程方面的织入根据切点及通知的不同类型可以分为 10 类织入操作，分别是条件前织入、条件后织入、条件周围织入、迭代织入、活动前织入、活动后织入、活动周围织入、并发织入、条件活动弧织入和活动条件弧织入。根据织入操作无冲突定义 4.36、定义 4.37 及定义 4.42，下面对这 10 类织入操作进行结构、性质、行为冲突控制的分析，其中，假设可信过程方面 $\text{tAspect}_p=(\text{id}_p,\text{ad}_p,\text{pc}_p)$，基本过程 $p=(C,A;F,M_0)$。

（1）条件活动弧织入操作的切点定义为连接条件和活动的弧，如图 4.19 所示，织入操作结果是在活动 a 前顺序加入可信过程方面的过程通知 $\text{pc}_p=\{(p.(c,a),1)\}$。

（2）活动条件弧织入操作与条件活动弧织入操作类似，只是切点定义为连接活动和条件的弧，如图 4.20 所示，织入操作结果是在活动 a 后顺序加入可信过程方面的过程通知 $\text{pc}_p=\{(p.(a,c),2)\}$。

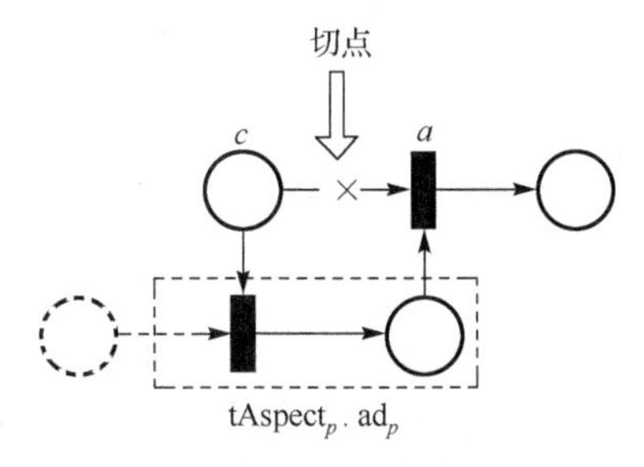

图 4.19　条件活动弧织入操作

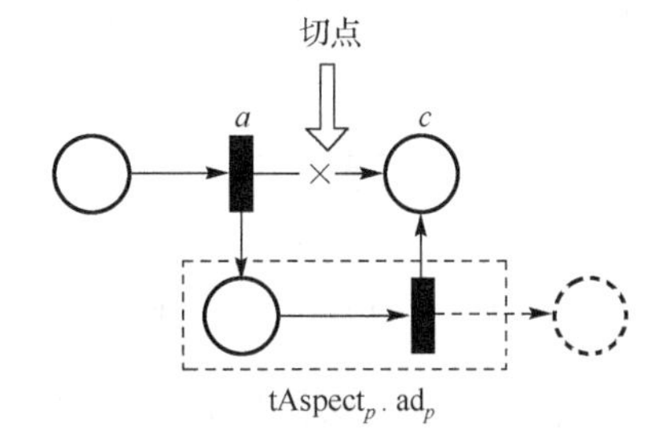

图 4.20　活动条件弧织入操作

（3）条件前织入操作是将可信过程方面在基本过程的条件切点前织入，如图 4.21 所示，此织入操作结果是在以 c 为前集的所有活动前顺序加入可信过程方面的过程通知，但此织入操作在切点条件 c 处产生潜在冲撞，根据无性质冲突定义 4.37，不允许实施条件前织入操作，取而代之，用条件活动弧织入操作实现可信过程方面的织入。

（4）条件后织入操作是将可信过程方面在基本过程的条件切点后织入，如图 4.22 所示，织入操作结果是在以 c 为后集的所有活动后顺序加入可信过程方面的过程通知，但此织入操作产生无法控制的冲突，会破坏基本过程的持续性，同样根据无性质冲突定义 4.37，不允许实施条件后织入操作，取而代之，用活动条件弧织入操作实现可信过程方面的织入。

图 4.21　条件前织入操作　　　图 4.22　条件后织入操作

（5）条件周围织入操作是在条件 c 的前后集活动之间织入可信过程方面的过程通知，如图 4.23 所示，此织入操作的结果是在切点条件前后集活动之间顺序插入可信过程方面的过程通知 $\mathrm{pc}_p=\{(p.c,3)\}$ 。

（6）活动前织入操作将可信过程方面的过程通知顺序织入切点活动之前，如图 4.24 所示，此织入操作本质上是为活动 a 的执行增加限制，要求必须在可信过程方面的过程通知执行之后才可以执行活动 a，但是，当软件过程中存在迭代结构而需要多次执行活动 a 时，此织入操作会导致活动 a 无法执行，因此，取而代之，用条件活动弧织入操作实现可信过程方面的织入。

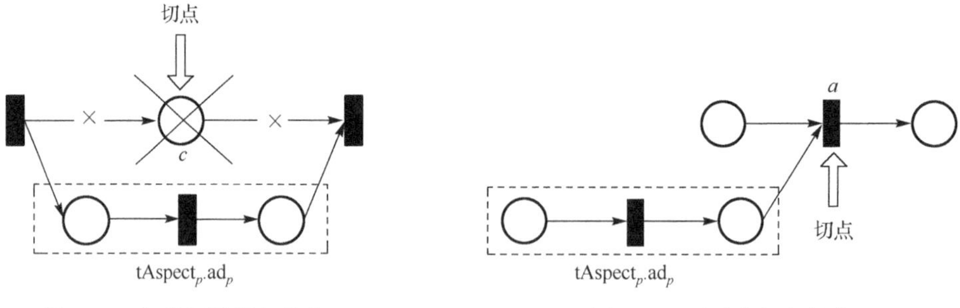

图 4.23　条件周围织入操作　　　图 4.24　活动前织入操作

（7）活动后织入操作与活动前织入操作类似，如图 4.25 所示，其本质是在切点活动 a 之后顺序执行可信过程方面的过程通知，可以用活动条件弧织入操作取代。

（8）活动周围织入操作以选择关系织入可信过程方面，织入后可信过程方面的过程通知与切点活动之间形成选择关系，如图 4.26 所示， $\mathrm{pc}_p=\{(p.a,4)\}$ 。此时，切点活动可能被过程通知中的活动取代，为满足原过程需求，过程通知中活动必须在满足可信需求的同时包含切点活动的功能。

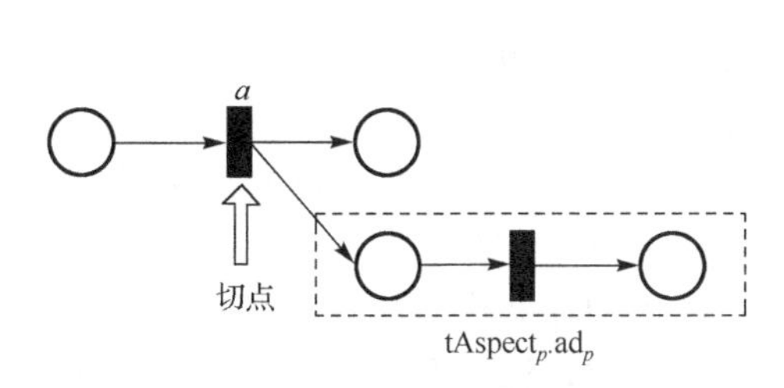

图 4.25　活动后织入操作

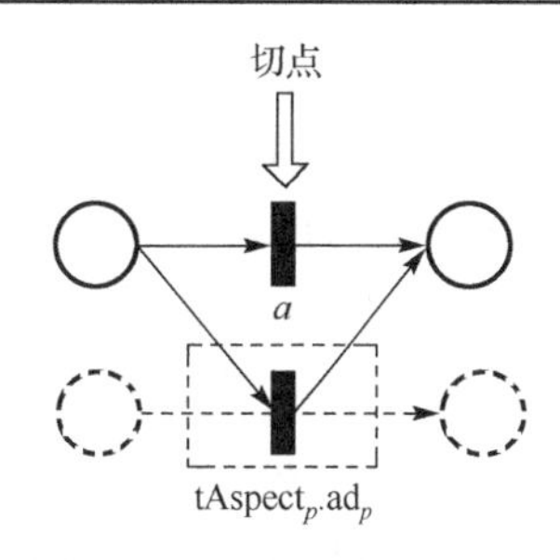

图 4.26　活动周围织入操作

（9）迭代织入操作是将可信过程方面的过程通知迭代织入基本过程的一个活动，如图 4.27 所示，$\mathrm{pc}_p = \{(p.a,5)\}$。当切点活动 a 在织入操作前已经有迭代行为关系的活动 b 时，迭代织入操作使过程通知与活动 b 在织入操作后形成选择关系，与活动周围织入操作类似，活动 b 可能被过程通知中的活动取代，为满足原过程需求，过程通知中活动必须在满足可信需求的同时包含活动 b 的功能。

（10）并发织入操作是将可信过程方面的过程通知并发织入基本过程的一个活动，如图 4.28 所示，$\mathrm{pc}_p = \{(p.a,6)\}$。

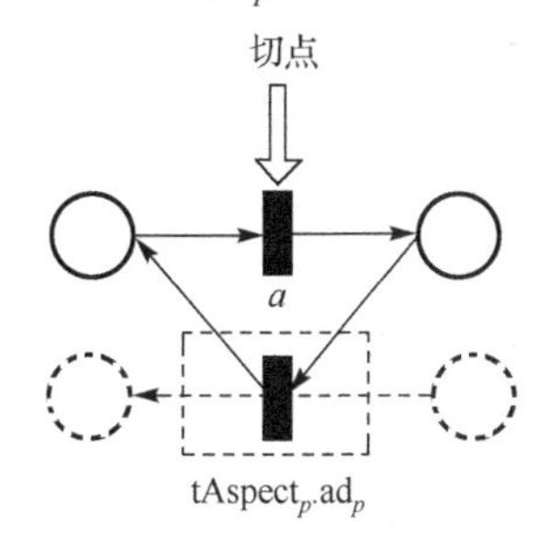

图 4.27　迭代织入操作

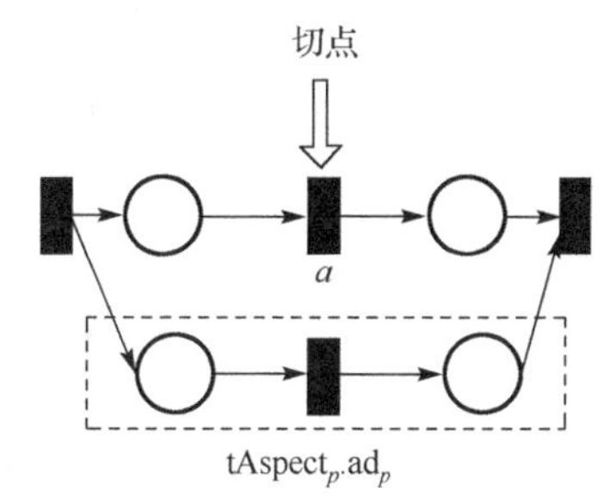

图 4.28　并发织入操作

经过以上对十类可信过程方面织入操作的分析，去除存在潜在冲突以及可以取代的织入操作，使用六类织入操作实现可信过程方面的织入，这六类织入操作分别是条件活动弧织入、活动条件弧织入、条件周围织入、活动周围织入、迭代织入和并发织入，在第 5 章中将对这六类织入操作进行形式化定义。

上述针对可信过程方面织入冲突提出的冲突控制方法属于预防性手段，建模过程中仍然可能存在因疏忽而导致引入错误和异常的可能性，因此，下面提出可信过程方面织入的错误检测及消解方法。

4.7　可信过程方面织入冲突检测

由于可信方面细化为不同粒度的可信过程方面和可信任务方面，分别在可信软件过程模型的过程层和任务层实施扩展，其中，可信过程方面在过程层的织入有可能造成冲突，而在任务层织入可信任务方面，因为不改变原有消息机制，不会造成冲突。因此，本节针对可信过程方面织入提出面向方面的冲突检测方法。

4.6 节针对可信过程方面织入软件演化过程模型可能产生的冲突进行研究并提出防止冲突发生的控制方法，这属于预防性手段。但是，建模过程仍然可能存在因疏忽而导致引入冲突的可能性，而且，我们需要完全保证可信方面织入软件演化过程模型时一定没有冲突，因此，本节提出可信过程方面织入的冲突检测及消解方法。

面向方面方法中的方面除了可以用于扩展软件演化过程模型外，还可以用于检测冲突，并且拦截匹配到的冲突，因此，本节定义冲突检测方面，在可信方面织入过程中进行冲突检测。冲突检测方面的切点定义为冲突模式，当切点匹配存在冲突的连接点时，检测到冲突，此时，建模者可以根据方面通知定义的冲突相关信息进行冲突消解。通过织入前控制冲突，织入过程中检测并消解冲突，实现可信方面织入完全无冲突保证。

4.7.1 面向方面的冲突检测方法

面向方面方法的核心概念是连接点、切点、通知及合成，本章 4.2 节使用面向方面方法定义可信方面扩展软件演化过程时对上述概念进行了定义，但与本节使用面向方面方法实现冲突检测的定义不同，因此，本节首先对面向方面方法应用于冲突检测时的连接点、切点、通知及合成机制进行定义。

1）连接点模型

针对可信过程方面织入冲突检测，连接点定义为可信过程方面织入软件演化过程模型产生冲突的位置。

定义 4.43 冲突连接点模型 在过程层的冲突连接点映射为软件演化过程模型中可信过程方面织入产生冲突的条件和活动，即连接点 $\mathrm{cjp}_p \in \mathrm{CJP}_p$， $\mathrm{CJP}_p \mapsto \mathrm{CJPType\_Process}$， $\mathrm{CJPType\_Process} = \{C, A\}$，其中，$C$、$A$ 分别是软件演化过程模型中存在冲突的条件和活动。

同样，因为连接点是动态的，它们是在可信过程方面织入软件演化过程模型出现冲突时产生的，所以需要用静态的切点描述冲突模式，通过定义切点语言，可以捕获存在冲突的连接点。

2）切点语言

切点定义冲突模式，当可信过程方面织入软件演化过程模型时，冲突检测方面的切点拦截存在冲突的连接点，并启动方面通知的执行。为了使用模式匹配技术，在可信过程方面织入时寻找匹配的模式，本章定义切点语言，每一个切点定义为一个继承切点类的子类，当有连接点匹配时返回 true，此时，检测到冲突；否则返回 false，表示没有冲突。

3）通知语言

一旦可信过程方面织入基本过程，冲突检测方面就处于活动状态，只要切点匹配到存在冲突的连接点，方面通知就根据切点定义的冲突模式反馈冲突类型、冲突匹配连接点以及引入冲突的可信过程方面标识。同样，为了描述通知的反馈行为，本章定义通知语言，每一个通知定义为一个继承通知类的子类，当有连接点匹配时执行通知行为，阻止可信过程方面织入，并记录冲突信息。

4）合成机制

当可信过程方面织入软件演化过程模型时，冲突检测方面对织入操作进行冲突检测，如果存在冲突，冲突检测方面的切点拦截符合冲突模式的连接点，则启动冲突方面中的通知，报告冲突及引入冲突的可信过程方面。

合成分为融合和编织，单个冲突检测方面实现单一冲突检测，融合的冲突检测方面可以实现复杂模式的冲突检测。

4.7.2　冲突检测方面

当可信过程方面织入软件演化过程模型时，冲突检测方面根据切点定义的冲突模式进行冲突检测，一旦切点匹配连接点，就意味着存在冲突，此时冲突通知阻止织入可信过程方面并记录冲突类型、位置和导致冲突产生的可信过程方面。

基于上述面向方面冲突检测方法提出的连接点、切点、通知及合成机制，冲突检测方面定义如下。

定义4.44　冲突检测方面　一个冲突检测方面是一个三元组 cAspect = (id,pc,ad)。

（1）id 是冲突检测方面标识，用于标识不同的冲突检测方面。

（2）pc 是切点（pointcut），定义冲突模式。

（3）ad 是通知（advice），阻止可信过程方面织入并记录冲突信息。

根据建模者不同的建模需求，可以灵活地定义不同的冲突检测方面实现不同类型的冲突检测，下面针对可信过程方面织入软件演化过程模型可能引入的冲突定义三类冲突检测方面。

1）结构冲突检测方面

针对可信过程方面在过程层有可能引入的四类结构冲突，通过结构冲突分析（见本章4.6.2节），我们定义如图4.29所示的两类结构冲突方面。

(a) 伴随条件冲突方面　　(b) 孤立节点冲突方面

图4.29　结构冲突方面

其中，伴随条件冲突方面遍历潜在冲突过程片段中的活动，若一个活动 $a \in tp'.A$ 匹配切点定义 ${}^{\bullet}a \cap a^{\bullet} \neq \varnothing$ ，那么这个活动 a 存在伴随条件冲突，此时，方面通知检测引入的弧，如果可以通过删除多余弧消解冲突就删除引入伴随条件的弧；如果无法确定引入伴随条件的多余弧，则报告冲突位置为活动 a 以及引入冲突的可信过程方面标识 id。孤立节点冲突方面遍历潜在冲突过程片段中的活动和条件，若一个活动或条件 $y \in tp'.A \cup tp'.C$ 匹配切点定义 ${}^{\bullet}y \cup y^{\bullet} = \varnothing$ ，那么这个活动或条件 y 是孤立节点，此时，如果此孤立节点来自于可信过程方面，则报告产生此孤立节点的可信过程方面标识 id；如果此孤立节点来自于基本过程，则报告冲突位置为活动或条件 y 以及产生孤立节点的可信过程方面标识 id。

另外，根据结构死锁的定义，活动间的迭代行为关系导致其前后集条件属于潜在结构死锁，由 4.6.2 节的分析已知，潜在结构死锁条件集中的条件一旦获得托肯，则无结构死锁，只有存在迭代关系的活动无发生权时才能判断出结构死锁冲突存在，因此，不定义死锁冲突方面，对于冲突过程片段中的迭代关系活动，只需要对活动进行可发生性检测（将在性质冲突检测方面部分介绍）。同样，根据结构陷阱的定义，织入可信过程方面中的过程通知如果永远持有托肯则导致结构陷阱，同样由 4.6.2 节的分析可知，基本过程如果在织入可信过程方面后仍然是持续的，则无结构陷阱，只有可信过程方面织入后过程通知中存在无后集活动的条件导致基本过程不持续时才能判断出结构陷阱冲突存在，因此，同样不需要定义陷阱冲突方面，只需要对潜在冲突过程片段进行持续性检测（将在性质冲突检测方面部分介绍）。

2）性质冲突检测方面

针对可信过程方面在过程层有可能引入的四类性质冲突以及相关冲突控制分析，我们定义如图 4.30 所示的两类性质冲突方面。

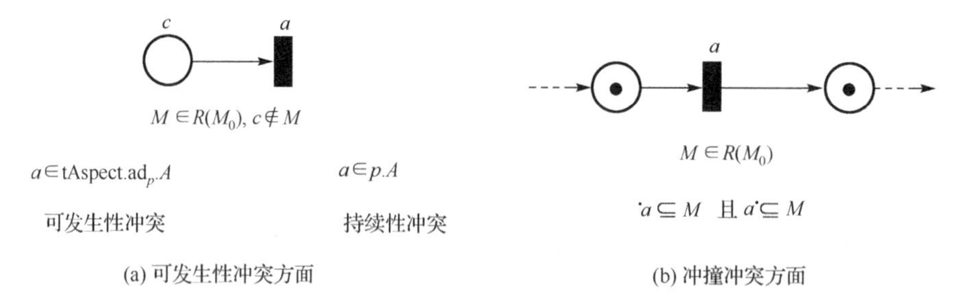

图 4.30　性质冲突方面

对于可发生性冲突方面，可发生性冲突和持续性冲突都属于活动无发生权的情况，因此，统一定义可发生性冲突方面，当无发生权的活动在可信过程方面的过程通知中时，属于可发生性冲突，而当无发生权的活动在基本过程中时，属于持续性冲突。可发生性冲突方面的冲突检测是遍历可达标识集合，如果存在活动 a 的前集条件不在可达标识集合中，则说明活动 a 无发生权，此时，如果活动 a 属于可信过程方面中的过程通知，则为可发生性冲突；如果活动 a 属于基本过程，则为持续性冲突。

另外，对于冲撞冲突方面，如果存在 $M \in R(M_0)$，有 ${}^{\bullet}a \subseteq M$ 且 $a^{\bullet} \subseteq M$，那么活动 a 的后集条件存在冲撞。对于安全性冲突，由于 $M(c) > 1$ 的情况与冲撞一样，因此，仅检测冲撞冲突。

3）行为冲突检测方面

4.6.2 节定义了软件演化过程中活动间的顺序、并发、选择及迭代行为关系，在研究行为冲突时，两个活动间的间接行为关系被破坏可以体现为另外两个活动间的直接行为关系被破坏，例如，假设活动 a 和活动 c 之间的间接顺序行为关系被破坏，其实也是活动 a 和活动 b 之间或者活动 b 和活动 c 之间的直接顺序行为关系遭到破坏，如图 4.31 所示。

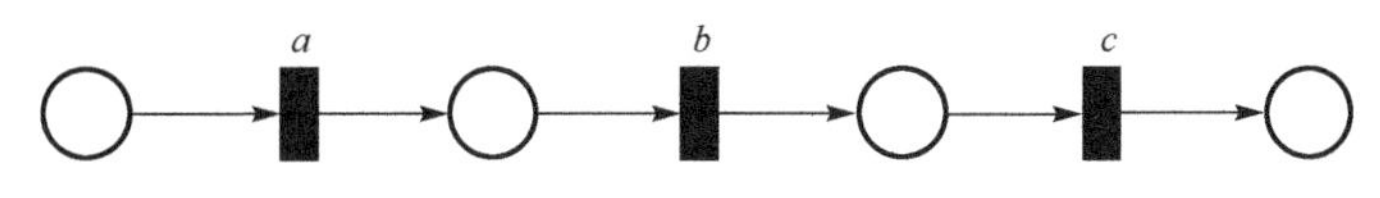

图 4.31　活动间顺序行为关系

因此，只需要针对直接行为关系来研究可信过程方面在过程层有可能引入的行为冲突。通过 4.6.2 节有关织入冲突控制的研究可知，所定义的六类织入操作只会让活动间的直接行为关系变为间接行为关系，由行为冲突定义，这样的改变并不破坏原有行为关系。另外，对于活动周围织入操作，为了保持原有行为关系，织入可信过程方面的过程通知必须保持切点活动的功能。

4）冲突检测算法

设 tp′ = (C, A; F)是可信过程方面 $\mathrm{tAspect}_p = (\mathrm{id}_p, \mathrm{ad}_\mathrm{p}, \mathrm{pc}_p)$ 织入软件演化过程 p = (C，A；F，M_0)产生的一个潜在冲突过程片段，其中，$\mathrm{ad}_p = (C, A; F, A_e, A_x)$ 是 $\mathrm{tAspect}_p$ 的通知。针对可信方面织入有可能引入的性质冲突，下面给出冲突检测算法，结构冲突检测与行为冲突检测类似，在此省略。

按照性质冲突检测方面定义，持续性冲突检测方面 cAspect = (id,pc,ad)，其中，id = "Persistent" 定义方面标识，方面切点定义为 $\mathrm{pc} = \{\exists \mathrm{tp}'.c \notin M, \mathrm{tp}'.c^{\bullet} \in p.A\}$，方面通知定义为 ad = "可能出现基本过程持续性错误"。可发生性错误、安全性错误及冲撞错误方面定义类似。基于冲突检测方面定义，算法 4.1 给出了性质冲突检测算法。

算法 4.1　性质冲突检测算法 PropertyC_Detection

输入：$\mathrm{tAspect}_p$, p, tp′。

输出：如果 tp′检测到存在冲突，则输出冲突提示。

```
BEGIN
计算 tp′的可达标识集 R(M0);
```

```
FOR ∀M∈R(M0) DO
  BEGIN
     FOR ∀tp'.c∈tp'.C DO
       BEGIN
         IF tp'.c满足pc中所有条件 THEN
            /*错误检测方面切点pc定义了错误模式*/
            RETURN ad+tp'.c+“附近节点”;    /*检测到错误，给出提示*/
       END;
     FOR ∀tp'.a∈tp'.A DO
       BEGIN
         IF tp'.a满足pc中所有条件 THEN
            RETURN ad+tp'.a+“和”+tp'.c+“附近节点”
       END
     END
END
```

4.8 小　结

基于分层的思想，EPMM（Li，2008）使用Petri网定义软件过程，其中的库所表达活动的输入和输出条件，而变迁即活动，一个活动可以进一步分解为一个过程或者一个任务的集合；任务用扩展的Hoare逻辑定义，并用消息控制任务的执行。为将可信活动分层地织入软件演化过程模型，本章将可信关注点的可信活动模块化为可信过程方面和可信任务方面，可信过程方面和可信任务方面统称可信方面，可信方面织入软件演化过程模型即完成可信软件过程建模。

可信方面织入软件演化过程模型可以实现软件演化过程的可信扩展，然而，方面织入固有的冲突问题是面向方面方法的一大挑战，本章针对可信方面织入冲突中方面间冲突以及方面与基本模型间冲突进行分析并分别提出冲突控制及检测方法。对于方面间冲突，保证编织的完整性及正确性可以有效地解决方面间干扰问题，而控制了方面间干扰问题就解决了方面间冲突问题，因此，本章依据方面通知中实体之间的数据依赖关系和控制依赖关系先实施方面间融合，再织入软件演化过程模型，可以控制方面间冲突。对于方面与基本模型间冲突，由于可信方面按粒度不同分为可信过程方面和可信任务方面，当可信过程方面织入软件演化过程模型时，保证织入无结构冲突、性质冲突和行为冲突，就可以控制可信过程方面与基本模型间冲突，本章分别对这三类冲突进行了定义，并提出织入冲突控制及检测方法。可信任务方面织入软件演化过程模型无冲突。

参 考 文 献

代飞. 2011. 基于 EPMM 的软件演化过程模型验证. 昆明: 云南大学.

付志涛. 2010. 面向方面的软件演化过程研究. 昆明: 云南大学.

金芝, 刘璘, 金英. 2008. 软件需求工程: 原理和方法. 北京: 科学出版社.

刘金卓. 2013. 基于符号化模型检测的软件演化过程模型验证. 昆明: 云南大学.

吴哲辉. 2006. Petri 网导论. 北京: 机械工业出版社.

袁崇义. 2005. Petri 网原理与应用. 北京: 电子工业出版社.

张瞩熹, 李仁杰, 王怀民. 2009. 一个面向方面的可信软件开发平台 TSCE. 计算机应用研究, 26(5): 1743-1745.

Amyot D, Mussbacher G. 2011. User requirements notation: The first ten years, the next ten years (Invited Paper). Journal of Software, 6(5):747-768.

Amyot D. 2013. Goal and Aspect-Oriented Business Process Engineering. http://www.cs.mcgill.ca/～joerg/SEL/AOM_Bellairs_2013_-_Schedule_files/Daniel.pdf.

Bergmans L. 2003. Towards detection of semantic conflicts between crosscutting concerns// ECOOP: AAOS'03: The first workshop on Analysis of Aspect-Oriented Software, Darmstadt.

Constantinides C A, Bader A, Elrad T. 1999. An aspect-oriented design framework for concurrent systems// The ECOOP'99 Workshop on Aspect-Oriented Programming, Lisbon: 302-311.

Dinkelaker T, Erradi M, Ayache M. 2012. Using aspect-oriented state machines for detecting and resolving feature interactions. Computer Science and Information Systems, 9(3): 1045-1074.

Douence R, Fradet P, Südholt M. 2002. A framework for the detection and resolution of aspect interactions. Generative Programming and Component Engineering: 173-188.

Douence R, Fradet P, Südholt M. 2004. Composition, reuse and interaction analysis of stateful aspects// The 3rd International Conference on Aspect-oriented Software Development, ACM: 141-150.

Durr P, Bergmans L, Akşit M. 2007. Static and dynamic detection of behavioral conflicts between aspects. Runtime Verification: 38-50.

Durr P, Staijen T, Bergmans L, et al. 2005. Reasoning about semantic conflicts between aspects// EIWAS'05: The 2nd European Interactive Workshop on Aspects in Software: 10-18.

Filman R E, Elrad T, Clarke S, et al. 2006. 面向方面的软件开发. 莫倩, 王恺, 刘冬梅, 等译. 北京: 机械工业出版社.

Guan L, Li X, Hu H, et al. 2008. A Petri net-based approach for supporting aspect-oriented modeling. Frontiers of Computer Science in China, 2(4): 413-423.

Harrison W, Ossher H, Tarr P, et al. 2002. Asymmetrically vs. Symmetrically Organized Paradigms for Software Composition. IBM Research Report.

Jacobson I, Ng P W. 2004. Aspect-Oriented Software Development with Use Cases (Addison-Wesley Object Technology Series). New Jersey: Addison-Wesley .

Kellens A, Mens K, Brichau J, et al. 2006. Managing the evolution of aspect-oriented software with model-based pointcuts// The ECOOP 2006-Object-Oriented Programming: 501-525.

Kiczales G, Hilsdale E, Hugunin J, et al. 2001. An overview of AspectJ// The European Conference on Object-Oriented Programming (ECOOP): 327-353.

Kniesel G, Bardey U. 2006. An analysis of the correctness and completeness of aspect weaving// The 13th Working Conference on Reverse Engineering (WCRE'06), 10: 324-333.

Kniesel G. 2009. Detection and resolution of weaving interactions. Transactions on Aspect-Oriented Software Development: 135-186.

Li T. 2008. An Approach to Modelling Software Evolution Processes. Berlin: Springer.

Molderez T, Meyers B, Janssens D, et al. 2012. Towards an aspect-oriented language module: Aspects for Petri nets// The Seventh Workshop on Domain-Specific Aspect Languages, ACM, 3: 21-26.

Nagy I, Bergmans L, Akşit M. 2005. Composing aspects at shared join points// International Conference NetObjectDays (NODe2005), Lecture Notes in Computer Science: 69-84.

Odgers B, Thompson S. 1999. Aspect-oriented process engineering (ASOPE)// The Workshop on Object-Oriented Technology, London: 295-299.

Park C, Choi H, Lee D, et al. 2007. Knowledge-based AOP framework for business rule aspects in business process. ETRI Journal, 29 (4): 477-488.

Pawlak R, Duchien L, Seinturier L. 2005. CompAr: Ensuring safe around advice composition. Formal Methods for Open Object-Based Distributed Systems: 163-178.

Roubtsova E E, Aksit M. 2005. Extension of Petri nets by aspects to apply the model driven architecture approach// The 1st International Workshop on Aspect-Based and Model-Based Separation of Concerns in Software Systems (ABMB), Nuremberg: 1-15.

Schauerhuber A, Schwinger W, Kapsammer E, et al. 2007. A Survey on Aspect-Oriented Modeling Approaches. Vienna: Vienna University of Technology.

Sutton Jr S M. 2006. Aspect-oriented software development and software process. Unifying the Software Process Spectrum: 177-191.

Tessier F, Badri L, Badri M. 2004. Towards a formal detection of semantic conflicts between aspects: A model-based approach// The 5th Aspect-Oriented Modeling Workshop in Conjunction with UML 2004.

van den Berg K G, Conejero J M, Chitchyan R. 2005. AOSD Ontology 1.0-Public Ontology of Aspect-Orientation. Technical Report D9 AOSD-Europe-UT-01, AOSD-Europe.

Xu D X, Nygard K E. 2006. Threat-driven modeling and verification of secure software using aspect-oriented Petri nets. IEEE Transactions on Software Engineering, 32(4): 265-278.

第 5 章　可信方面编织方法

本章内容：

（1）定义方面合成规则，提出可信方面合成方法

（2）提出可信过程方面织入方法

（3）证明可信过程方面织入的结构保持性、性质保持性和行为一致性

（4）提出可信任务方面织入方法

（5）证明可信方面编织完整性及正确性

可信方面合成的核心是合成机制，合成机制根据合成规则将共享连接点上的多个可信方面融合为一个可信方面，然后织入基本模型的切点，因此，方面合成规则分为方面间融合规则和方面织入规则，方面合成工作由合成器完成。

定义 5.1　方面合成规则　一个方面合成规则是一个二元组 ARule = (STR(W), AL(W))，其中，W 是合成器，STR(W)是合成结构，AL(W)是合成操作算法。

（1）合成结构 STR(W)定义了可信方面融合与织入的结构关系，合成器 W 按照不同的可信方面实施不同的结构合成，可信方面分为可信过程方面和可信任务方面，对应的合成结构分别为过程合成结构和任务合成结构。

（2）合成操作算法 AL(W)按照合成结构 STR(W)定义了可信方面融合操作与织入操作的算法。可信方面分为可信过程方面和可信任务方面，对应的合成操作分别为过程合成操作和任务合成操作。

基于方面合成规则，本章提出可信方面合成方法，如图 5.1 所示。按照合成操作分为融合操作和织入操作两类，5.1 节提出可信方面间融合方法，5.2 节提出可信过程方面织入方法，5.3～5.5 节分别对可信过程方面织入的结构保持性、性质保持性以及行为一致性进行证明，5.6 节提出可信任务方面的织入方法，5.7 节对可信方面编织完整性和正确性进行证明。

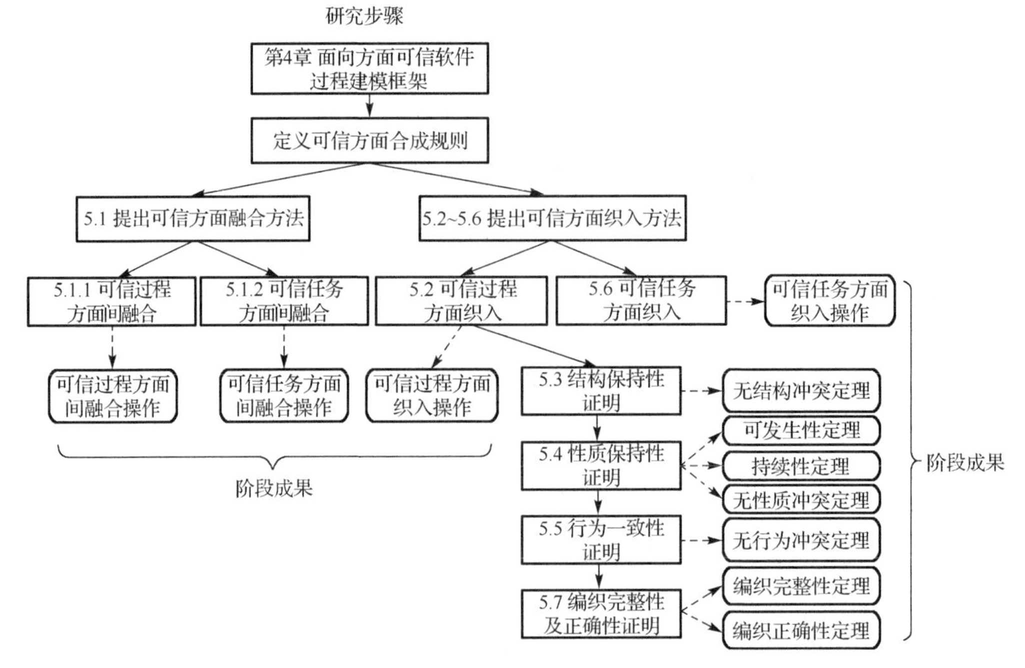

图 5.1　可信方面编织方法

5.1　可信方面间融合

当多个可信方面需要在同一个连接点以同类型方式织入软件演化过程模型时，我们先把这些可信方面融合为一个可信方面，再将融合后的可信方面织入软件演化过程模型。

5.1.1　可信过程方面间融合

由于同一连接点上需要实施同类型织入的可信过程方面之间可能存在依赖关系，基于第 4 章中编织完整性及正确性的定义，本章对以同类型方式织入同一连接点的可信过程方面中的过程通知使用李彤教授的依赖关系分析方法（Li，2008）进行分析，对于存在依赖关系的活动构建活动依赖图（activity dependence graph，ADG），然后使用转换规则（Li，2008）将活动依赖图转换为过程片段，此过程片段是融合后的可信过程方面中过程通知的 Petri 网。

对于没有依赖关系的活动，建模者可以根据实际情况实施顺序融合、选择融合、迭代融合或者并发融合操作。

定义 5.2　可信过程方面融合操作　设有两个可信过程方面 $\text{tAspect}_{pr} = (\text{id}_{pr}, \text{ad}_{pr}, \text{pc}_{pr})$ 和 $\text{tAspect}_{ps} = (\text{id}_{ps}, \text{ad}_{ps}, \text{pc}_{ps})$，可信过程方面的融合操作是指当 $\text{pc}_{pr}.k \cap \text{pc}_{ps}.k \neq \varnothing$

且 $pc_{pr}.type_r = pc_{ps}.type_s$ 时，$tAspect_{pr}$ 和 $tAspect_{ps}$ 按照顺序、选择、迭代或者并发结构融合为一个新的可信过程方面 $tAspect_p = (id_p, ad_p, pc_p)$，该融合操作满足且仅满足以下四个条件。

（1）$id_p = 0$。

（2）$pc_p.k = pc_{pr}.k \cap pc_{ps}.k$。

（3）$ad_p = (C, A; F, A_e, A_x)$，其中

① $C = ad_{pr}.C \cap ad_{ps}.C$。

② 如果 $tAspect_{pr} : tAspect_{ps}$，则 $A = ad_{pr}.A \cup ad_{ps}.A \cup \{v\}$；

如果 $tAspect_{pr} \mid tAspect_{ps}$，则 $A = ad_{pr}.A \cup ad_{ps}.A \cup \{v_1, v_2, v_3, v_4\}$；

否则 $A = ad_{pr}.A \cup ad_{ps}.A \cup \{v_1, v_2\}$。

③ 如果 $tAspect_{pr} : tAspect_{ps}$，则

$$F = ad_{pr}.F \cup ad_{ps}.F \cup \{(c_i, v) \mid c_i \in ad_{pr}.A_x^{\bullet}\} \cup \{(v, c_j) \mid c_j \in ad_{ps}.{}^{\bullet}A_e\}$$

如果 $tAspect_{pr} \mid tAspect_{ps}$，则

$$F = ad_{pr}.F \cup ad_{ps}.F \cup \{(v_1, c_i) \mid c_i \in ad_{pr}.{}^{\bullet}A_e\} \cup \{(c_j, v_2) \mid c_j \in ad_{pr}.A_x^{\bullet}\}$$
$$\cup \{(v_3, c_l) \mid c_l \in ad_{ps}.{}^{\bullet}A_e\} \cup \{(c_m, v_4) \mid c_m \in ad_{ps}.A_x^{\bullet}\}$$

如果 $tAspect_{pr} * tAspect_{ps}$，则

$$F = ad_{pr}.F \cup ad_{ps}.F \cup \{(v_1, c_i) \mid c_i \in ad_{ps}.{}^{\bullet}A_e\} \cup \{(c_j, v_1) \mid c_j \in ad_{pr}.A_x^{\bullet}\}$$
$$\cup \{(v_2, c_l) \mid c_l \in ad_{pr}.{}^{\bullet}A_e\} \cup \{(c_m, v_2) \mid c_m \in ad_{ps}.A_x^{\bullet}\}$$

如果 $tAspect_{pr} \parallel tAspect_{ps}$，则

$$F = ad_{pr}.F \cup ad_{ps}.F \cup \{(v_1, c_i) \mid c_i \in ad_{pr}.{}^{\bullet}A_e \cup ad_{ps}.{}^{\bullet}A_e\}$$
$$\cup \{(c_j, v_2) \mid c_j \in ad_{pr}.A_x^{\bullet} \cup ad_{ps}.A_x^{\bullet}\}$$

④ 如果 $tAspect_{pr} \mid tAspect_{ps}$，$A_e = \{v_1, v_3\}$，如果 $tAspect_{pr} \parallel tAspect_{ps}$，$A_e = \{v_1\}$，否则 $A_e = ad_{pr}.A_e$。

⑤ 如果 $tAspect_{pr} \mid tAspect_{ps}$，$A_x = \{v_2, v_4\}$，如果 $tAspect_{pr} \parallel tAspect_{ps}$，$A_x = \{v_2\}$，否则 $A_x = ad_{ps}.A_x$。

（4）$type = type_r$。

其中，顺序融合操作符为“:”，选择融合操作符为“|”，并发融合操作符为“||”，迭代融合操作符为“*”。另外，v_i（i＝1，2，3，4）是虚活动，仅有传递托肯的作用。

若 $pc_{pr}.k \cap pc_{ps}.k \neq \varnothing$ 但 $pc_{pr}.k \neq pc_{ps}.k$，那么 $tAspect_{pr}$ 和 $tAspect_{ps}$ 在非共同切点上

定义不变，因此，分别重新定义 $\text{tAspect}_{\text{pr}}$ 和 $\text{tAspect}_{\text{ps}}$ 的切点为 $\text{pc}_{\text{pr}}.k = \text{pc}_{\text{pr}}.k - \text{pc}_p.k$ 和 $\text{pc}_{\text{ps}}.k = \text{pc}_{\text{ps}}.k - \text{pc}_p.k$。如果 $\text{pc}_{\text{pr}}.k = \text{pc}_{\text{ps}}.k$，那么在可信方面织入操作中仅织入 tAspect_p，而不织入 $\text{tAspect}_{\text{pr}}$ 和 $\text{tAspect}_{\text{ps}}$。

假设 $\text{tAspect}_{\text{pr}}$ 和 $\text{tAspect}_{\text{ps}}$ 的过程通知分别为 ad_{pr} 和 ad_{ps}，如图 5.2 和图 5.3 所示，ad_{pr} 和 ad_{ps} 的形式化定义为 $\text{ad}_{\text{pr}} = (\{c_{r1}, c_{r2}\}, \{a\}, \{(c_{r1}, a), (a, c_{r2})\}, \{a\}, \{a\})$ 和 $\text{ad}_{\text{pr}} = (\{c_{s1}, c_{s2}\}, \{b\}, \{(c_{s1}, b), (b, c_{s2})\}, \{b\}, \{b\})$。

图 5.2　过程通知 ad_{pr}　　图 5.3　过程通知 ad_{ps}

图 5.4～图 5.7 分别描述了过程通知 ad_{pr} 和 ad_{ps} 按照顺序、选择、迭代和并发结构执行融合操作后得到的过程通知 ad_p。

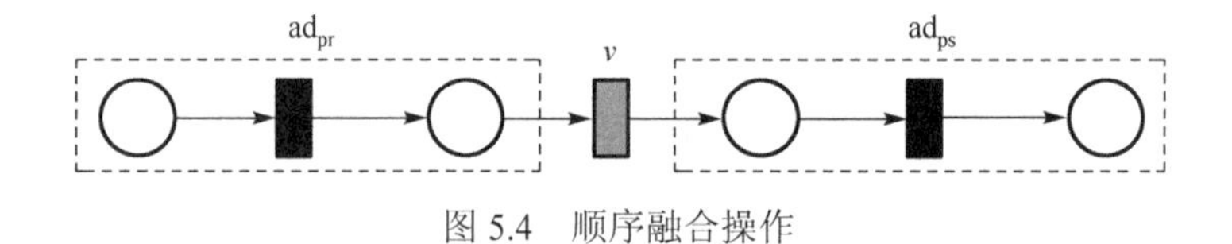

图 5.4　顺序融合操作

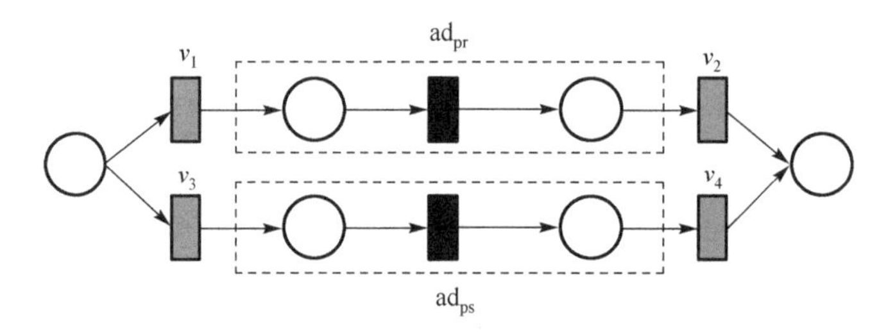

图 5.5　选择融合操作

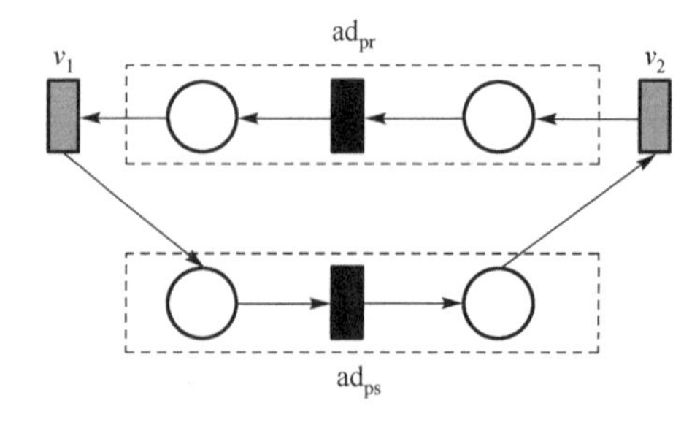

图 5.6　迭代融合操作

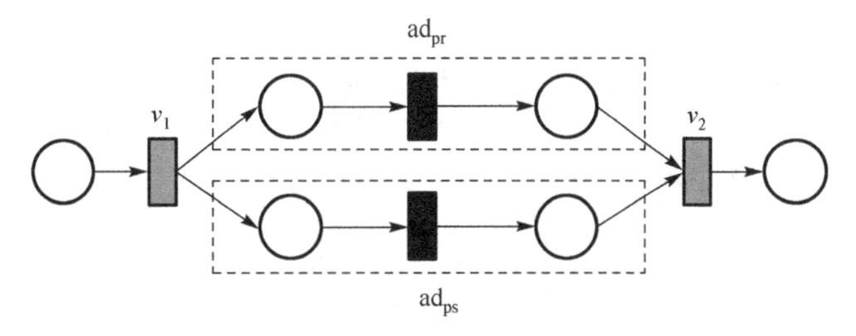

图 5.7　并发融合操作

当然，如果待融合的过程通知结构简单（单一入口活动或者单一出口活动），上述可信过程方面的融合操作可以简化为图 5.8～图 5.11 所示情形。

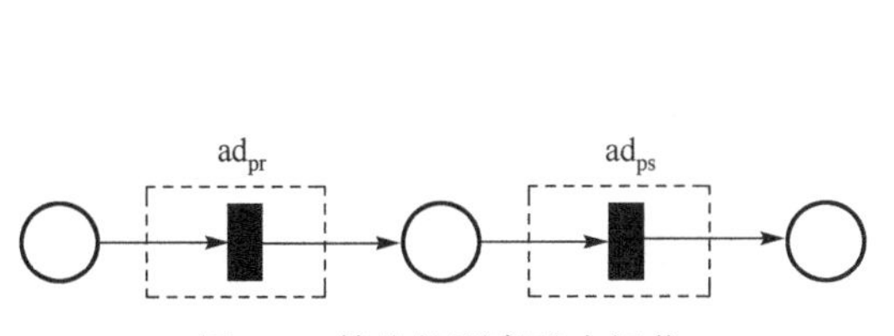

图 5.8　简化的顺序融合操作

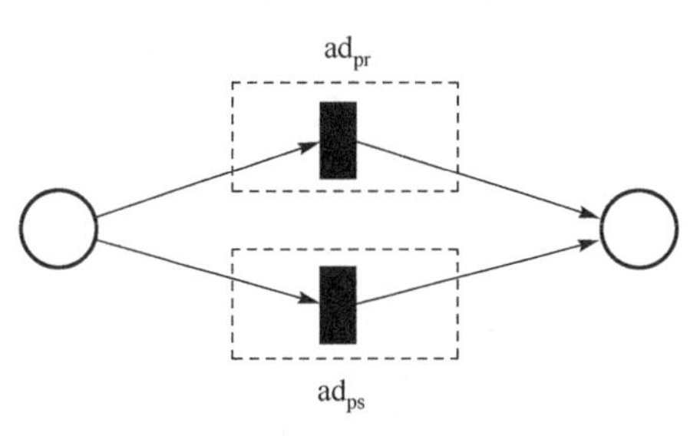

图 5.9　简化的选择融合操作

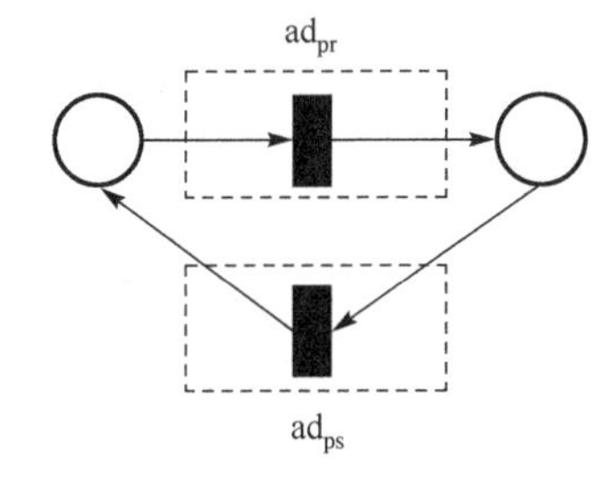

图 5.10　简化的迭代融合操作

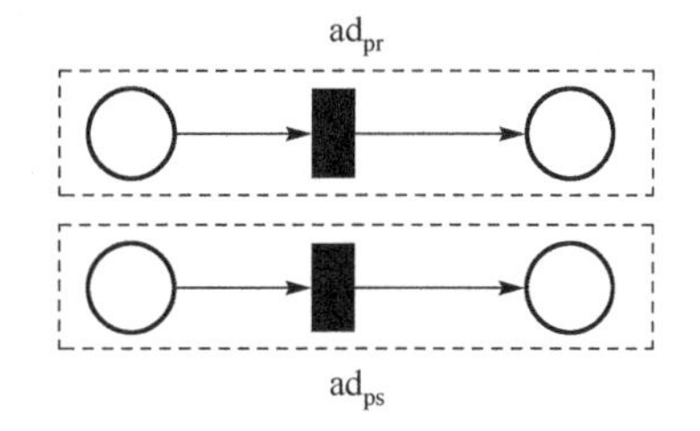

图 5.11　简化的并发融合操作

算法 5.1　可信过程方面融合操作算法 Process_Aspect_Merging

对于同切点同类型织入的可信过程方面 $\text{tAspect}_{p1},\cdots,\text{tAspect}_{pn}$，使用依赖关系分析方法（Li，2008）分析依赖关系，对于存在依赖关系的活动构建活动依赖图，然后转换为过程片段，对于没有依赖关系的活动实施融合操作，输出融合后的可信过程方面 tAspect_p。修改存在不同连接点的可信过程方面 $\text{tAspect}_{p1},\cdots,\text{tAspect}_{pn}$ 的切点定义。

输入：$\text{tAspect}_{p1}=(\text{id}_{p1},\text{ad}_{p1},\text{pc}_{p1}),\cdots,\text{tAspect}_{pn}=(\text{id}_{pn},\text{ad}_{pn},\text{pc}_{pn})$。

输出：$\text{tAspect}_p=(\text{id}_p,\text{ad}_p,\text{pc}_p),\text{tAspect}_{p1}=(\text{id}_{p1},\text{ad}_{p1},\text{pc}_{p1}),\cdots,\ \text{tAspect}_{pn}=(\text{id}_{pn},\text{ad}_{pn},\text{pc}_{pn})$。

```
BEGIN
分析 tAspect_p1,…,tAspect_pn 中所有活动的数据依赖关系 Rs;
分析 tAspect_p1,…,tAspect_pn 中所有活动的控制依赖关系 Rc;
IF  k 个方面存在依赖关系  THEN                                    /* k ≤ n */
    BEGIN
      分析 tAspect_p1,…,tAspect_pk 中所有活动的输入/输出数据集 input(ta_i),
      output(ta_i), ta_i ∈ tAspect_p1.A_1 ∪ … ∪ tAspect_pk.A_k;
      调用 Constructing_DG(tAspect_p1.A_1 ∪ … ∪ tAspect_pk.A_k,{input(ta_i)},
      {output(ta_i)}, Rs, Rc, ADG);
      调用 Localising_Dependences(ADG);
      调用 Simplifying_ADG(ADG);
      调用 Preprocessing_SADG(ADG);
      调用 Constructing_Process_Segment(ADG, u)
    END;
ad_p.C := u.C; ad_p.A := u.A; ad_p.F := u.F;
FOR  所有 u.A 中的活动 a  DO
  BEGIN
    IF •a = ∅ THEN
       ad_p.A_e := ad_p.A_e ∪ {a};
    IF a• = ∅  THEN
       ad_p.A_x := ad_p.A_x ∪ {a};
  END;
FOR  l=k+1  TO  n  DO                                  /*无依赖关系的方面*/
  BEGIN
    IF tAspect_p : tAspect_pl  OR  tAspect_pl : tAspect_p  THEN
      /*顺序融合*/
       BEGIN
       ad_p.C := ad_p.C ∪ ad_pl.C;
       ad_p.A := ad_p.A ∪ ad_pl.A ∪ {v};
       IF tAspect_p : tAspect_pl  THEN
           BEGIN
             FOR a_x ∈ tAspect_p.A_x  AND  a_e ∈ tAspect_pl.A_e  DO
              ad_p.F := ad_p.F ∪ ad_pl.F ∪ {(a_x•, v),(v, •a_e)};
             ad_p.A_x := tAspect_pl.A_x
           END
       IF tAspect_pl : tAspect_p  THEN
           BEGIN
             FOR a_x ∈ tAspect_pl.A_x  AND  a_e ∈ tAspect_p.A_e  DO
              ad_p.F := ad_p.F ∪ ad_pl.F ∪ {(a_x•, v),(v, •a_e)};
```

```
            adp.Ae := tAspectp1.Ae
          END
       END;
   IF  tAspectp | tAspectp1  THEN                                     /*选择融合*/
       BEGIN
         adp.C := adp.C ∪ adp1.C ;
         adp.A := adp.A ∪ adp1.A ∪ {v1, v2, v3, v4} ;
         FOR ae ∈ tAspectp.Ae AND a'e ∈ tAspectp1.Ae
              ax ∈ tAspectp.Ax AND a'x ∈ tAspectp1.Ax DO
              adp.F := adp.F ∪ adp1.F ∪ { (v1, •ae), (v3, •a'e), (ax•, v2), (a'x•, v4) };
              adp.Ae := {v1, v3};
              adp.Ax := {v2, v4}
       END;
   IF tAspectp * tAspectp1 OR tAspectp1 * tAspectp THEN               /*迭代融合*/
       BEGIN
   adp.C := adp.C ∪ adp1.C ;
   adp.A := adp.A ∪ adp1.A ∪ {v1, v2} ;
   IF tAspectp * tAspectp1 THEN
       FOR ae ∈ tAspectp.Ae AND a'e ∈ tAspectp1.Ae
            ax ∈ tAspectp.Ax AND a'x ∈ tAspectp1.Ax DO
         adp.F := adp.F ∪ adp1.F ∪ { (v1, •ae), (ax•, v2), (v2, •a'e), (a'x•, v1) }
   IF tAspectp1 * tAspectp THEN
      BEGIN
       FOR ae ∈ tAspectp1.Ae AND a'e ∈ tAspectp.Ae
            ax ∈ tAspectp1.Ax AND a'x ∈ tAspectp.Ax DO
           adp.F := adp.F ∪ adp1.F ∪ { (v1, •ae), (ax•, v2), (v2, •a'e), (a'x•, v1) };
       adp.Ae := tAspectp1.Ae ;
       adp.Ax := tAspectp1.Ax
      END
   END;
IF tAspectp || tAspectp1 THEN                                         /*并发融合*/
    BEGIN
     adp.C := adp.C ∪ adp1.C ;
     adp.A := adp.A ∪ adp1.A ∪ {v1, v2} ;
     FOR ae ∈ tAspectp.Ae ∪ tAspectp1.Ae AND
          ax ∈ tAspectp.Ax ∪ tAspectp1.Ax DO
             adp.F := adp.F ∪ adp1.F ∪ { (v1, •ae), (ax•, v2) };
```

```
            adp.Ae := {v1};
            adp.Ax := {v2}
    END
END;
idp := 0;
pcp.k := tAspectp1.pcp1.k ∩ tAspectp2.pcp2.k ∩ … ∩ tAspectpn.pcpn.k;
FOR l = 1 TO n DO                /*修改存在不同连接点的方面切点定义*/
    tAspectpl.pcpl.k := tAspectpl.pcpl.k - pcp.k;
  pcp.type := tAspectp1.pcp1.type
END
```

其中，Constructing_DG 算法（Li，2008）将方面通知中的活动按照活动间依赖关系构建活动依赖图，如果 ADG 中的活动需要进一步分解为子活动，则调用 Localising_Dependences（Li，2008）细化 ADG，并调用 Simplifying_ADG（Li，2008）消除 ADG 生成过程中可能产生的冗余元素，在调用 Preprocessing_SADG（Li，2008）将 ADG 预处理为单入口单出口 ADG 后，调用 Constructing_Process_Segment（Li，2008）将 ADG 转换为 Petri 网 u。

5.1.2 可信任务方面间融合

对于需要以同类型织入同一切点的可信任务方面，同样使用依赖关系分析方法（Li，2008）分析，对于存在依赖关系的任务构建任务依赖图（task dependence graph，TDG），然后将 TDG 转换为融合后可信任务方面的任务通知，其中的数据依赖关系转换为顺序融合关系，控制依赖关系转换为选择融合关系。对于没有依赖关系的任务，建模者可以根据实际情况实施顺序融合或者选择融合。

定义 5.3　可信任务方面融合操作　设有两个可信任务方面 $\mathrm{tAspect_{tr}}=(\mathrm{id_{tr}},\mathrm{ad_{tr}},\mathrm{pc_{tr}})$ 和 $\mathrm{tAspect_{ts}}=(\mathrm{id_{ts}},\mathrm{ad_{ts}},\mathrm{pc_{ts}})$，可信任务方面的融合操作是指当 $\mathrm{pc_{tr}}.k\cap\mathrm{pc_{ts}}.k\neq\varnothing$ 且 $\mathrm{pc_{tr}.type}_r=\mathrm{pc_{ts}.type}_s$ 时，$\mathrm{tAspect_{tr}}$ 和 $\mathrm{tAspect_{ts}}$ 按照顺序和选择结构融合为一个新的可信任务方面 $\mathrm{tAspect}_t=(\mathrm{id}_t,\mathrm{ad}_t,\mathrm{pc}_t)$，该融合操作满足且仅满足以下四个条件。

（1）$\mathrm{id}_t=0$。

（2）$\mathrm{pc}_t.k=\mathrm{pc_{tr}}.k\cap\mathrm{pc_{ts}}.k$。

（3）$\mathrm{ad}_t=A(F_r)+A(F_s)$。

① 如果 $\mathrm{tAspect_{tr}}:\mathrm{tAspect_{ts}}$，$\mathrm{ad}_t=A(F_r):A(F_s)$；如果 $\mathrm{tAspect_{ts}}:\mathrm{tAspect_{tr}}$，$\mathrm{ad}_t=A(F_s):A(F_r)$；

② 如果 $\mathrm{tAspect_{tr}}\mid\mathrm{tAspect_{ts}}$，$\mathrm{ad}_t=A(F_r)\mid B(X)\mid A(F_s)$，$B(X)$是布尔条件，如果 $B(X)$ 为真，则执行 $A(F_r)$，否则执行 $A(F_s)$。

（4）$pc_t.type = pc_{tr}.type_r$。

其中，顺序融合操作符为“:”，选择融合操作符为“|”。图 5.12 和图 5.13 分别描述了任务通知按照顺序和选择结构执行融合操作后得到的任务通知 ad_t。

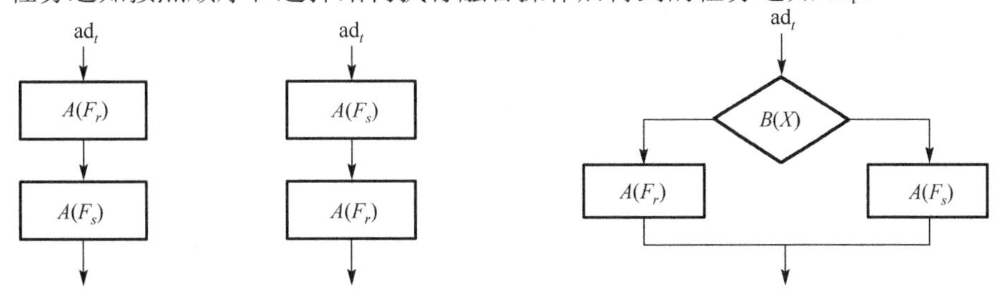

图 5.12　可信任务方面顺序融合　　图 5.13　可信任务方面选择融合

若 $pc_{tr}.k \cap pc_{ts}.k \neq \varnothing$ 但 $pc_{tr}.k \neq pc_{ts}.k$，那么 $tAspect_{tr}$ 和 $tAspect_{ts}$ 在非共同切点上定义不变，因此，分别重新定义 $tAspect_{tr}$ 和 $tAspect_{ts}$ 的切点为 $pc_{tr}.k = pc_{tr}.k - pc_t.k$ 和 $pc_{ts}.k = pc_{ts}.k - pc_t.k$。如果 $pc_{tr}.k = pc_{ts}.k$，那么在可信方面织入操作中仅织入 $tAspect_t$，而不织入 $tAspect_{tr}$ 和 $tAspect_{ts}$。

算法 5.2　可信任务方面融合操作算法 Task_Aspect_Merging

输入需在同一切点同类型织入的可信任务方面 $tAspect_{t1},\cdots,tAspect_{tn}$，使用实体依赖关系分析方法（Li，2008）分析依赖性，对于存在依赖关系的任务构建任务依赖图，然后转换为任务通知。对于没有依赖关系的任务，建模者可以根据实际情况实施顺序融合或者选择融合。

输入：$tAspect_{t1} = (id_{t1}, ad_{t1}, pc_{t1}),\cdots, tAspect_{tn} = (id_{tn}, ad_{tn}, pc_{tn})$。

输出：$tAspect_t = (id_t, ad_t, pc_t), tAspect_{t1} = (id_{t1}, ad_{t1}, pc_{t1}),\cdots,\ tAspect_{tn} = (id_{tn}, ad_{tn}, pc_{tn})$。

```
BEGIN
  分析 tAspect_t1,…,tAspect_tn 中所有任务的数据依赖关系 Rs;
  分析 tAspect_t1,…,tAspect_tn 中所有任务的控制依赖关系 Rc;
  IF  k 个方面存在依赖关系  THEN              /* k ≤ n */
BEGIN
   分析 tAspect_t1,…,tAspect_tk 中所有任务的输入/输出向量 input(t_i), output(t_i),
   t_i ∈ tAspect_t1.ad_t1 ∪ … ∪ tAspect_tk.ad_tk;
   调用 Constructing_DG(tAspect_t1.ad_t1 ∪ … ∪ tAspect_tk.ad_tk, {input(t_i)},
   {output(t_i)}, Rs, Rc, TDG);
   调用 Localising_Dependences(TDG);
   调用 Simplifying_ADG(TDG);
   调用 Preprocessing_SADG(TDG);
   转换 TDG 为任务通知 ad_t;
```

```
 END;
FOR  l=k+1  TO  n  DO                            /*无依赖关系的方面*/
   BEGIN
      IF tAspect_t:tAspect_tl THEN               /*顺序前融合*/
          ad_t := A(F_r)  : A(F_s);
      IF tAspect_tl:tAspect_t THEN               /*顺序后融合*/
          ad_t := A(F_s)  : A(F_r);
      IF  tAspect_t|tAspect_tl  THEN             /*选择融合*/
          ad_t := A(F_r)  | B(X)  | A(F_s)
    END;
   id_t := 0;
   pc_t.k := tAspect_t1.pc_t1.k ∩ tAspect_t2.pc_t2.k ∩ ··· ∩ tAspect_tn.pc_tn.k;
   FOR  l = 1  TO  n  DO                   /*修改存在不同连接点的方面切点定义*/
     tAspect_tl.pc_tl.k := tAspect_tl.pc_tl.k − pc_t.k
   pc_t.type := tAspect_t1.pc_t1.type
END
```

5.2 可信过程方面织入

按照过程层切点定义，可信过程方面的织入分为条件织入、活动织入和弧织入。

5.2.1 条件织入

条件织入是将可信过程方面织入基本过程的条件切点处，如果有多个方面需要织入一个条件切点处且织入类型相同，则先实施可信过程方面融合操作，然后织入基本过程。由 4.6.2 节的织入冲突控制可知，条件织入操作只定义条件周围织入操作。

定义 5.4　条件周围织入操作　设 $\text{tAspect}_p = (\text{id}_p, \text{ad}_p, \text{pc}_p)$ 是一个可信过程方面，$\text{ad}_p = (C, A; F, A_e, A_x)$ 是 tAspect_p 的过程通知，$p = (C, A; F, M_0)$ 是一个基本过程，条件周围织入操作是指将 tAspect_p 织入 p 的某一个条件切点 $\text{pc}_p.k_{cz}$（$\text{pc}_p.k_{cz} \in \text{pc}_p.k_c$，$\text{pc}_p.k_c \subseteq \text{pc}_p.k$，$\text{pc}_p.k_c$ 是 $\text{pc}_p.k$ 中的条件切点集合，$z = 1, \cdots, h, h \leqslant |\text{pc}_p.k|$）周围，产生一个新的软件过程 $\text{tp} = (C, A; F, M_0)$，称为可信过程，条件周围织入操作记为 $\text{tp} = \text{CW}(p, \text{tAspect}_p)$，该操作满足且仅满足以下四个条件。

（1）$\text{tp}.C = p.C \cup \text{tAspect}_p.C - \{\text{pc}_p.k_{cz}\}$。

（2）$\text{tp}.A = p.A \cup \text{tAspect}_p.\text{ad}_p.A$。

（3）$\text{tp}.F = p.F \cup \text{tAspect}_p.\text{ad}_p.F - \{(\text{pc}_p.k_{cz}, a_y) \mid a_y \in \text{pc}_p.k_{cz}^{\bullet}\}$

$$- \{(a_u, \text{pc}_p.k_{cz}) \mid a_u \in {}^{\bullet}\text{pc}_p.k_{cz}\}$$

$$\cup \{(c_i, a_i) \mid c_i \in \text{tAspect}_p.\text{ad}_p.A_x^{\bullet} \wedge a_i \in \text{pc}_p.k_{cz}^{\bullet}\}$$

$$\cup \{(a_j, c_j) \mid a_j \in {}^{\bullet}\text{pc}_p.k_{cz} \wedge c_j \in \text{tAspect}_p.\text{ad}_p.{}^{\bullet}A_e\}$$

（4）若 $\text{pc}_p.k_{cz} \in M_0$，则 $\text{tp}.M_0 = M_0 \cup \text{tAspect}_p.\text{ad}_p.{}^{\bullet}A_e - \{\text{pc}_p.k_{cz}\}$，否则 $\text{tp}.M_0 = p.M_0$。

按照条件周围织入操作定义 5.4，条件织入操作算法如下。

算法 5.3　条件织入操作算法 Condition_Weaving

输入一个基本过程 $p = (C, A; F, M_0)$ 和一个可信过程方面 $\text{tAspect}_p = (\text{id}_p, \text{ad}_p, \text{pc}_p)$，将 tAspect_p 织入 p 的条件织入操作算法。

输入：p，tAspect_p。

输出：$\text{tp} = (C, A; F, M_0)$。

```
BEGIN
    tp.C := ∅; tp.A := ∅; tp.F := ∅; tp.M0 := ∅;
    tp.C := p.C ∪ tAspectp.adp.C − {pcp.kcz};
    tp.A := p.A ∪ tAspectp.adp.A;
    tp.F := p.F ∪ tAspectp.adp.F − { (pcp.kcz, ay) | ay ∈ pcp.kcz•}
            − { (au, pcp.kcz) | au ∈ •pcp.kcz}
            ∪ { (ci, ai) | ci ∈ tAspectp.adp.Ax• ∧ ai ∈ pcp.kcz•}
            ∪ { (aj, cj) | aj ∈ •pcp.kcz ∧ cj ∈ tAspectp.adp.•Ae}
    IF pcp.kcz ∉ M0 THEN
      tp.M0 := p.M0
    ELSE
      tp.M0 := M0 ∪ tAspectp.adp.•Ae − {pcp.kcz}
END
```

条件织入操作示例　假设一个可信过程方面 $\text{tAspect}_p = (\text{id}_p, \text{ad}_p, \text{pc}_p)$，其中，$\text{ad}_p = (\{c_3, c_4\}, \{b\}; \{(c_3, b), (b, c_4)\}, \{b\}, \{b\})$，如图 5.14 所示，一个基本过程 $p = (\{c_1, c_2, \cdots\}, \{a, \cdots\}, \{(c_1, a), (a, c_2), \cdots\}, \{c_1, \cdots\})$，如图 5.15 所示。

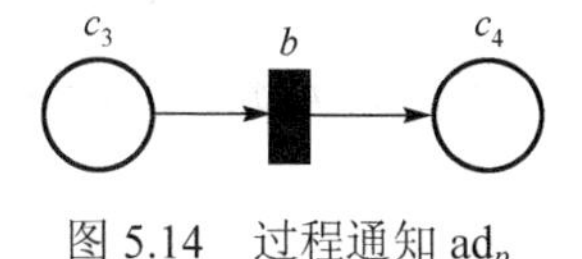

图 5.14　过程通知 ad_p

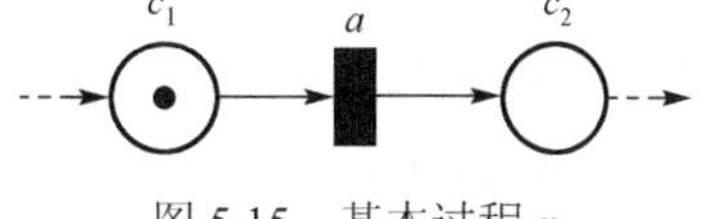

图 5.15　基本过程 p

按照定义 5.4 及算法 5.3，可信过程方面 $\mathrm{tAspect}_p$ 织入基本过程 p 得到的可信过程 tp 如表 5.1 所示。

表 5.1　条件织入

条件织入 $\mathrm{tp}=\mathrm{CW}(p,\mathrm{tAspect}_p)$ $(\mathrm{pc}_p.k=\{p.c_1,p.c_2\})$	
条件周围织入 $\mathrm{pc}_p=\{(p.c_1,3)\}$	条件周围织入 $\mathrm{pc}_p=\{(p.c_2,3)\}$
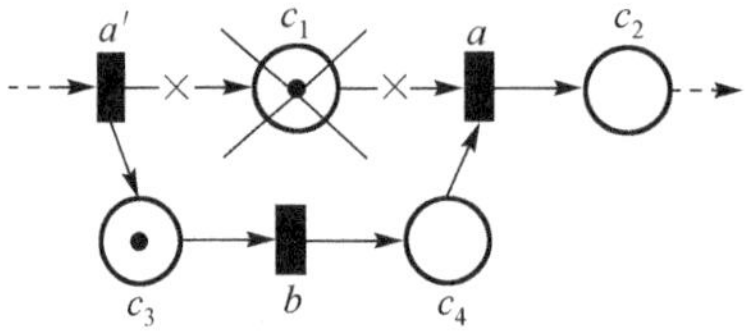 $\mathrm{tp}=(\{c_2,c_3,c_4\},\{a,a',b\};\{(a',c_3),(c_3,b),(b,c_4),(c_4,a),(a,c_2)\},\{c_3\})$	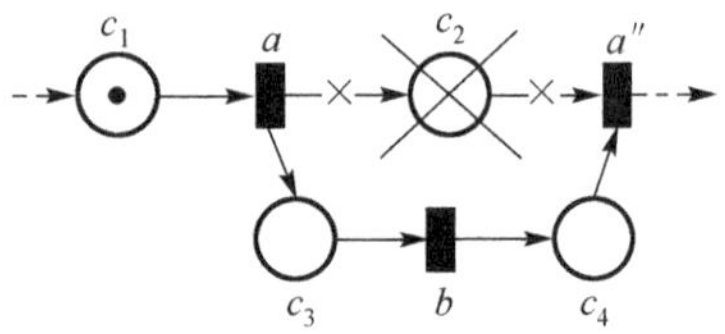 $\mathrm{tp}=(\{c_1,c_3,c_4\},\{a,a'',b\};\{(c_1,a),(a,c_3),(c_3,b),(b,c_4),(c_4,a'')\},\{c_1\})$

注：为表达简洁，编织后可信过程 tp 的形式化表达中去除了省略号

5.2.2　活动织入

活动织入是将可信过程方面编织入基本过程的活动切点处，如果有多个方面需要织入一个活动切点且以相同通知类型织入，则先实施可信过程方面融合操作，然后织入基本过程。同样，由 4.6.2 节的分析可知，活动织入操作只定义活动周围织入操作、迭代织入操作和并发织入操作。

定义 5.5　活动周围织入操作　设 $\mathrm{tAspect}_p=(\mathrm{id}_p,\mathrm{ad}_p,\mathrm{pc}_p)$ 是一个可信过程方面，$\mathrm{ad}_p=(C,A;F,A_e,A_x)$ 是 $\mathrm{tAspect}_p$ 的过程通知，活动周围织入操作是指将 $\mathrm{tAspect}_p$ 织入 p 的某一个活动切点 $\mathrm{pc}_p.k_{az}$（$\mathrm{pc}_p.k_{az}\in\mathrm{pc}_p.k_a$， $\mathrm{pc}_p.k_a\subseteq\mathrm{pc}_p.k$， $\mathrm{pc}_p.k_a$ 是 $\mathrm{pc}_p.k$ 中的活动切点集合，$z=1,\cdots,h$，$h\leqslant|\mathrm{pc}_p.k|$）周围，产生一个新的软件过程 $\mathrm{tp}=(C,A;F,M_0)$，称为可信过程，条件周围织入操作记为 $\mathrm{tp}=\mathrm{AW}(p,\mathrm{tAspect}_p)$，该操作满足且仅满足以下四个条件。

（1）若 $|A_e|>1$ 且 $|A_x|>1$，$\mathrm{tp}.C=p.C\cup\mathrm{tAspect}_p.\mathrm{ad}_p.C$；若 $|A_e|>1$ 且 $|A_x|=1$，$\mathrm{tp}.C=p.C\cup\mathrm{tAspect}_p.\mathrm{ad}_p.C-\mathrm{tAspect}_p.\mathrm{ad}_p.A_x^{\bullet}$；若 $|A_x|>1$ 且 $|A_e|=1$，$\mathrm{tp}.C=p.C\cup\mathrm{tAspect}_p.\mathrm{ad}_p.C-\mathrm{tAspect}_p.\mathrm{ad}_p.{}^{\bullet}A_e$；若 $|A_e|=1$ 且 $|A_x|=1$，$\mathrm{tp}.C=p.C\cup\mathrm{tAspect}_p.\mathrm{ad}_p.C-\mathrm{tAspect}_p.\mathrm{ad}_p.{}^{\bullet}A_e-\mathrm{tAspect}_p.\mathrm{ad}_p.A_x^{\bullet}$。

（2）若 $|A_e|>1$ 且 $|A_x|>1$，$\mathrm{tp}.A:=p.A\cup\mathrm{tAspect}_p.\mathrm{ad}_p.A\cup\{v_1,v_2\}$；若 $|A_e|>1$ 或 $|A_x|>1$，$\mathrm{tp}.A:=p.A\cup\mathrm{tAspect}_p.\mathrm{ad}_p.A\cup\{v\}$；若 $|A_e|=1$ 且 $|A_x|=1$，$\mathrm{tp}.A:=p.A\cup\mathrm{tAspect}_p.\mathrm{ad}_p.A$。

（3）若 $|A_e|>1$ 且 $|A_x|>1$，则

$$\text{tp}.F = p.F \cup \text{tAspect}_p.\text{ad}_p.F \cup \{(v_1, c_i) \mid c_i \in \text{tAspect}_p.\text{ad}_p.{}^{\bullet}A_e\}$$
$$\cup \{(c_j, v_2) \mid c_j \in \text{tAspect}_p.\text{ad}_p.A_x^{\bullet}\} \cup \{(c_l, v_1) \mid c_l \in {}^{\bullet}\text{pc}_p.k_{az}\} \cup \{(v_2, c_m) \mid c_m \in \text{pc}_p.k_{az}^{\bullet}\}$$

若$|A_e|>1$且$|A_x|=1$，则

$$\text{tp}.F = p.F \cup \text{tAspect}_p.\text{ad}_p.F \cup \{(v, c_i) \mid c_i \in \text{tAspect}_p.\text{ad}_p.{}^{\bullet}A_e\}$$
$$\cup \{(c_l, v) \mid c_l \in {}^{\bullet}\text{pc}_p.k_{az}\} \cup \{(a_m, c_j) \mid a_m \in \text{tAspect}_p.\text{ad}_p.A_x \wedge c_j \in \text{pc}_p.k_{az}^{\bullet}\}$$

若$|A_x|>1$且$|A_e|=1$，则

$$\text{tp}.F = p.F \cup \text{tAspect}_p.\text{ad}_p.F \cup \{(c_i, v) \mid c_i \in \text{tAspect}_p.\text{ad}_p.A_x^{\bullet}\}$$
$$\cup \{(v, c_l) \mid c_l \in \text{pc}_p.k_{az}^{\bullet}\} \cup \{(c_j, a_m) \mid a_m \in \text{tAspect}_p.\text{ad}_p.A_x \wedge c_j \in {}^{\bullet}\text{pc}_p.k_{az}\}$$

若$|A_e|=1$且$|A_x|=1$，则

$$\text{tp}.F = p.F \cup \text{tAspect}_p.\text{ad}_p.F \cup \{(a_i, c_j) \mid a_i \in \text{tAspect}_p.\text{ad}_p.A_x \wedge c_j \in \text{pc}_p.k_{az}^{\bullet}\}$$
$$\cup \{(c_l, a_m) \mid a_m \in \text{tAspect}_p.\text{ad}_p.A_e \wedge c_l \in {}^{\bullet}\text{pc}_p.k_{az}\}$$

（4）$\text{tp}.M_0 = p.M_0$。

由 4.6.2 节分析可知，在实施活动周围织入操作时，切点活动可能被过程通知中的活动取代，为满足原过程需求，过程通知中的活动必须在满足可信需求的同时包含切点活动的功能。

迭代织入操作是将可信过程方面的过程通知以迭代关系织入基本过程的一个活动切点处，织入后，过程通知中的所有活动与切点活动形成迭代关系。

定义 5.6　迭代织入操作　设$\text{tAspect}_p=(\text{id}_p,\text{ad}_p,\text{pc}_p)$是一个可信过程方面，$\text{ad}_p=(C,A;F,A_e,A_x)$是$\text{tAspect}_p$的过程通知，$p=(C,A;F,M_0)$是一个基本过程，迭代织入操作是指将$\text{tAspect}_p$迭代织入$p$的活动切点$\text{pc}_p.k_{az}$（$\text{pc}_p.k_{az} \in \text{pc}_p.k_a$，$\text{pc}_p.k_a$是$\text{pc}_p.k$中的活动切点集合，$z$=1,…,$h$，$h \leqslant |\text{pc}_p.k|$），并产生一个新的软件过程$\text{tp}=(C,A;F,M_0)$，称为可信过程，迭代织入操作记为$\text{tp}=\text{IAW}(p,\text{tAspect}_p)$，该操作满足且仅满足以下四个条件。

（1）若$|A_e|>1$且$|A_x|>1$，$\text{tp}.C = p.C \cup \text{tAspect}_p.\text{ad}_p.C$；若$|A_e|>1$且$|A_x|=1$，$\text{tp}.C = p.C \cup \text{tAspect}_p.\text{ad}_p.C - \text{tAspect}_p.\text{ad}_p.A_x^{\bullet}$；若$|A_x|>1$且$|A_e|=1$，$\text{tp}.C = p.C \cup \text{tAspect}_p.\text{ad}_p.C - \text{tAspect}_p.\text{ad}_p.{}^{\bullet}A_e$；若$|A_e|=1$且$|A_x|=1$，$\text{tp}.C = p.C \cup \text{tAspect}_p.\text{ad}_p.C - \text{tAspect}_p.\text{ad}_p.{}^{\bullet}A_e - \text{tAspect}_p.\text{ad}_p.A_x^{\bullet}$。

（2）若$|A_e|>1$且$|A_x|>1$，$\text{tp}.A := p.A \cup \text{tAspect}_p.\text{ad}_p.A \cup \{v_1, v_2\}$；若$|A_e|>1$或$|A_x|>1$，$\text{tp}.A := p.A \cup \text{tAspect}_p.\text{ad}_p.A \cup \{v\}$；若$|A_e|=1$且$|A_x|=1$，$\text{tp}.A := p.A \cup \text{tAspect}_p.\text{ad}_p.A$。

（3）若$|A_e|>1$且$|A_x|>1$，则

$$\text{tp}.F = p.F \cup \text{tAspect}_p.\text{ad}_p.F \cup \{(v_1,c_i) \mid c_i \in \text{tAspect}_p.\text{ad}_p.{}^{\bullet}A_e\}$$
$$\cup \{(c_j,v_2) \mid c_j \in \text{tAspect}_p.\text{ad}_p.A_x^{\bullet}\} \cup \{(c_l,v_1) \mid c_l \in \text{pc}_p.k_{az}^{\bullet}\} \cup \{(v_2,c_m) \mid c_m \in {}^{\bullet}\text{pc}_p.k_{az}\}$$

若$|A_e|>1$且$|A_x|=1$，则

$$\text{tp}.F = p.F \cup \text{tAspect}_p.\text{ad}_p.F \cup \{(v,c_i) \mid c_i \in \text{tAspect}_p.\text{ad}_p.{}^{\bullet}A_e\}$$
$$\cup \{(c_l,v) \mid c_l \in \text{pc}_p.k_{az}^{\bullet}\} \cup \{(a_m,c_j) \mid a_m \in \text{tAspect}_p.\text{ad}_p.A_x \wedge c_j \in {}^{\bullet}\text{pc}_p.k_{az}\}$$

若$|A_x|>1$且$|A_e|=1$，则

$$\text{tp}.F = p.F \cup \text{tAspect}_p.\text{ad}_p.F \cup \{(c_i,v) \mid c_i \in \text{tAspect}_p.\text{ad}_p.A_x^{\bullet}\}$$
$$\cup \{(c_l,a_j) \mid c_l \in \text{pc}_p.k_{za}^{\bullet} \wedge a_i \in \text{tAspect}_p.\text{ad}_p.A_e\} \cup \{(v,c_m) \mid c_m \in {}^{\bullet}\text{pc}_p.k_{az}\}$$

若$|A_e|=1$且$|A_x|=1$，则

$$\text{tp}.F = p.F \cup \text{tAspect}_p.\text{ad}_p.F \cup \{(c_j,a_i) \mid c_j \in \text{pc}_p.k_{az}^{\bullet} \wedge a_i \in \text{tAspect}_p.\text{ad}_p.A_e\}$$
$$\cup \{(a_m,c_l) \mid a_m \in \text{tAspect}_p.\text{ad}_p.A_x \wedge c_l \in {}^{\bullet}\text{pc}_p.k_{az}\}$$

（4）$\text{tp}.M_0 = p.M_0$。

同样，由 4.6.2 节分析可知，在实施迭代织入操作时，织入前就与切点活动有迭代关系的活动 b 可能被过程通知中的活动取代，为满足原过程需求，过程通知中的活动必须在满足可信需求的同时包含活动 b 的功能。

并发织入操作是将可信过程方面的过程通知并发织入活动切点处，织入后，过程通知中的所有活动和切点活动之间形成并发关系。

定义 5.7　并发织入操作　设$\text{tAspect}_p=(\text{id}_p,\text{ad}_p,\text{pc}_p)$是一个可信过程方面，$\text{ad}_p=(C,A;F,A_e,A_x)$是$\text{tAspect}_p$的过程通知，$p=(C,A;F,M_0)$是一个基本过程，并发织入操作是指将$\text{tAspect}_p$并发织入$p$的活动切点$\text{pc}_p.k_{az}$（$\text{pc}_p.k_{az} \in \text{pc}_p.k_a$，$\text{pc}_p.k_a$是$\text{pc}_p.k$中的活动切点集合，$z$=1,…, h，$h \leqslant |\text{pc}_p.k|$），并产生一个新的软件过程$\text{tp}=(C,A;F,M_0)$，称为可信过程，并发织入操作记为$\text{tp}=\text{CAW}(p,\text{tAspect}_p)$，该操作满足且仅满足以下四个条件。

（1）$\text{tp}.C = p.C \cup \text{tAspect}_p.\text{ad}_p.C$。

（2）$\text{tp}.A := p.A \cup \text{tAspect}_p.\text{ad}_p.A$。

（3）$\text{tp}.F = p.F \cup \{(c_j,a_i) \mid c_j \in \text{tAspect}_p.\text{ad}_p.A_x^{\bullet} \wedge a_i \in (\text{pc}_p.k_{az}^{\bullet})^{\bullet}\}$

$$\cup \{(a_m,c_l) \mid a_m \in {}^{\bullet}({}^{\bullet}\text{pc}_p.k_{az}) \wedge c_l \in \text{tAspect}_p.\text{ad}_p.{}^{\bullet}A_e\} \cup \text{tAspect}_p.\text{ad}_p.F。$$

（4）若$(\text{pc}_p.k_{az}^{\bullet} \cup {}^{\bullet}\text{pc}_p.k_{az}) \cap M_0 \neq \varnothing$，则$\text{tp}.M_0 = p.M_0 \cup \text{tAspect}_p.\text{ad}_p.{}^{\bullet}A_e$，否则$\text{tp}.M_0 = p.M_0$。

按照活动周围织入操作定义 5.5、迭代织入操作定义 5.6 和并发织入操作定义 5.7，活动织入操作算法如下。

算法 5.4　活动织入算法 Activity_Weaving

输入一个基本过程 $p=(C,A;F,M_0)$ 和一个可信过程方面 $\text{tAspect}_p=(\text{id}_p,\text{ad}_p,\text{pc}_p)$，将 tAspect_p 织入 p 的活动织入操作算法。

输入：p，tAspect_p。

输出：$\text{tp}=(C,A;F,M_0)$。

```
BEGIN
   tp.C := ∅ ; tp.A := ∅ ; tp.F := ∅ ; tp.M_0 := ∅ ;
   IF pc_p.type = 4 THEN                                    /*活动周围织入操作*/
     BEGIN
       IF | A_e |> 1 AND | A_x |> 1 THEN
         BEGIN
          tp.C := p.C ∪ tAspect_p.ad_p.C ;
          tp.A := p.A ∪ tAspect_p.ad_p.A ∪ {v_1, v_2} ;
          tp.F := p.F ∪ tAspect_p.ad_p.F ∪ { (v_1, c_i) | c_i ∈ tAspect_p.ad_p.•A_e}
               ∪ { (c_j, v_2) | c_j ∈ tAspect_p.ad_p.A_x•} ∪ { (c_l, v_1) | c_l ∈ •pc_p.k_az}
               ∪ { (v_2, c_m) | c_m ∈ pc_p.k_az•}
        END
       ELSE IF | A_e |> 1 AND | A_x |= 1 THEN
        BEGIN
          tp.C := p.C ∪ tAspect_p.ad_p.C - tAspect_p.ad_p.A_x• ;
          tp.A := p.A ∪ tAspect_p.ad_p.A ∪ {v} ;
          tp.F := p.F ∪ tAspect_p.ad_p.F ∪ { (v, c_i) | c_i ∈ tAspect_p.ad_p.•A_e}
          ∪{ (c_l, v) | c_l ∈ •pc_p.k_az} ∪ { (a_m, c_j) | a_m ∈ tAspect_p.ad_p.A_x ∧ c_j
          ∈ pc_p.k_az•}
        END
       ELSE IF | A_e |= 1 AND | A_x |> 1
        BEGIN
          tp.C := p.C ∪ tAspect_p.ad_p.C - tAspect_p.ad_p.•A_e ;
          tp.A := p.A ∪ tAspect_p.ad_p.A ∪ {v} ;
          tp.F := p.F ∪ tAspect_p.ad_p.F ∪ { (c_i, v) | c_i ∈ tAspect_p.ad_p.A_x•}
          ∪{ (v, c_l) | c_l ∈ pc_p.k_az•} ∪ { (c_j, a_m) | a_m ∈ tAspect_p.ad_p.A_x ∧ c_j ∈
          •pc_p.k_az}
        END
       ELSE
        BEGIN
          tp.C := p.C ∪ tAspect_p.ad_p.C-tAspect_p.ad_p.•A_e-tAspect_p.ad_p.A_x• ;
```

```
        tp.A := p.A ∪ tAspect_p.ad_p.A;
        tp.F := p.F ∪ tAspect_p.ad_p.F ∪ {(a_i, c_j) | a_i ∈ tAspect_p.ad_p.
        A_x ∧ c_j ∈ pc_p.k•_az} ∪ {(c_l, a_m) | a_m ∈ tAspect_p.ad_p.A_e ∧ c_l ∈
        •pc_p.k_az}
      END;
     tp.M_0 := p.M_0
   END
 ELSE IF type = 5 THEN                                        /*迭代织入操作*/
   BEGIN
    IF | A_e |> 1 AND | A_x |> 1 THEN
      BEGIN
        tp.C := p.C ∪ tAspect_p.ad_p.C;
        tp.A := p.A ∪ tAspect_p.ad_p.A ∪ {v_1, v_2};
        tp.F := p.F ∪ tAspect_p.ad_p.F ∪ {(v_1, c_i) | c_i ∈ tAspect_p.ad_p.•A_e}
        ∪{(c_j, v_2) | c_j ∈ tAspect_p.ad_p.A•_x} ∪ {(c_l, v_1) | c_l ∈ pc_p.k•_az}
        ∪{(v_2, c_m) | c_m ∈ •pc_p.k_az}
      END
    ELSE IF | A_e |> 1 AND | A_x |= 1 THEN
      BEGIN
        tp.C := p.C ∪ tAspect_p.ad_p.C − tAspect_p.ad_p.A•_x;
        tp.A := p.A ∪ tAspect_p.ad_p.A ∪ {v};
        tp.F := p.F ∪ tAspect_p.ad_p.F ∪ {(v, c_i) | c_i ∈ tAspect_p.ad_p.•A_e}
             ∪ {(c_l, v) | c_l ∈ pc_p.k_az•} ∪ {(a_m, c_j) | a_m ∈ tAspect_p.ad_p.A_x
             ∧ c_j ∈ •pc_p.k_az}
      END
    ELSE IF | A_x |> 1 AND | A_e |= 1 THEN
      BEGIN
        tp.C := p.C ∪ tAspect_p.ad_p.C − tAspect_p.ad_p.•A_e;
        tp.A := p.A ∪ tAspect_p.ad_p.A ∪ {v};
        tp.F := p.F ∪ tAspect_p.ad_p.F ∪ {(c_i, v) | c_i ∈ tAspect_p.ad_p.A•_x}
             ∪ {(c_l, a_j) | c_l ∈ pc_p.k•_az ∧ a_i ∈ tAspect_p.ad_p.A_e}
             ∪ {(v, c_m) | c_m ∈ •pc_p.k_az}
      END
    ELSE
      BEGIN
        tp.C := p.C ∪ tAspect_p.ad_p.C−tAspect_p.ad_p.•A_e−tAspect_p.ad_p.A•_x;
        tp.A := p.A ∪ tAspect_p.ad_p.A;
```

```
            tp.F := p.F ∪ tAspect_p.ad_p.F ∪ { (c_j, a_i) | c_j ∈ pc_p.k•_az ∧ a_i ∈
                tAspect_p.ad_p.A_e} ∪ { (a_m, c_l) | a_m ∈ tAspect_p.ad_p.A_x ∧ c_l
                ∈ •pc_p.k_az}
          END;
        tp.M_0 := p.M_0
      END
    ELSE  IF  pc_p.type = 6  THEN                               /*并发织入操作*/
     BEGIN
        tp.C := p.C ∪ tAspect_p.ad_p.C;
        tp.A := p.A ∪ tAspect_p.ad_p.A;
        tp.F := p.F ∪ { (c_j, a_i) | c_j ∈ tAspect_p.ad_p.A•_x ∧ a_i ∈ (pc_p.k•_az)•}
              ∪ { (a_m, c_l) | a_m ∈ •(•pc_p.k_az) ∧ c_l ∈ tAspect_p.ad_p.•A_e}
              ∪ tAspect_p.ad_p.F
    IF (pc_p.k•_az ∪ •pc_p.k_az) ∩ M_0 ≠ ∅ THEN
            tp.M_0 := p.M_0 ∪ tAspect_p.ad_p.•A_e
        ELSE
            tp.M_0 := p.M_0
    END
END
```

活动织入操作示例　仍然使用图 5.14 和图 5.15 假设的可信过程方面 tAspect_p 和基本过程 p，按照定义 5.5～定义 5.7 及算法 5.4，可信过程方面 tAspect_p 织入基本过程 p 得到的可信过程 tp 如表 5.2 所示。

表 5.2　活动织入

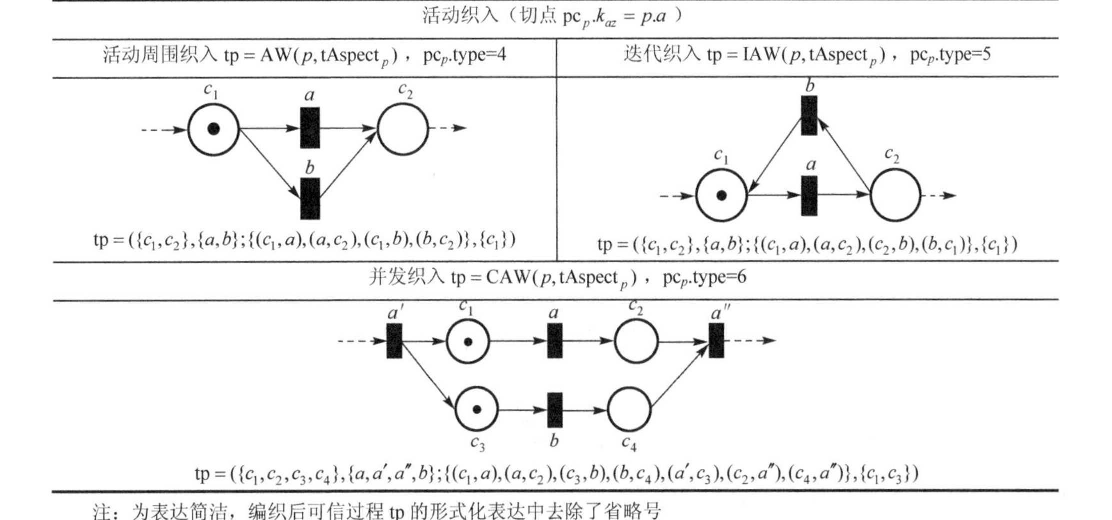

注：为表达简洁，编织后可信过程 tp 的形式化表达中去除了省略号

5.2.3　弧织入

弧织入是将可信过程方面织入基本过程的弧切点处，如果有多个方面需要织入一个弧切点处，则先实施 5.1.1 节介绍的可信过程方面融合操作，再织入基本过程。

定义 5.8　弧织入操作　设 $\mathrm{tAspect}_p=(\mathrm{id}_p,\mathrm{ad}_p,\mathrm{pc}_p)$ 是一个可信过程方面，$\mathrm{ad}_p=(C,A;F,A_e,A_x)$ 是 $\mathrm{tAspect}_p$ 的过程通知，$p=(C,A;F,M_0)$ 是一个基本过程，弧织入操作是指将 $\mathrm{tAspect}_p$ 织入 p 的某一个弧切点 $\mathrm{pc}_p.k_{fz}$（$\mathrm{pc}_p.k_{fz}\in \mathrm{pc}_p.k_f$，$\mathrm{pc}_p.k_f\subseteq \mathrm{pc}_p.k$，$\mathrm{pc}_p.k_f$ 是 $\mathrm{pc}_p.k$ 中的弧切点集合，z=1,…, h, $h\leqslant|\mathrm{pc}_p.k|$），并产生一个新的软件过程 $\mathrm{tp}=(C,A;F,M_0)$，称为可信过程，弧织入操作记为 $\mathrm{tp}=\mathrm{FW}(p,\mathrm{tAspect}_p)$，该操作满足且仅满足以下四个条件。

（1）若 $\mathrm{dom}(\mathrm{pc}_p.k_{fz})\in p.C$，则 $\mathrm{tp}.C=p.C\cup \mathrm{tAspect}_p.\mathrm{ad}_p.C-\mathrm{tAspect}_p.\mathrm{ad}_p.{}^{\bullet}A_e$，否则 $\mathrm{tp}.C=p.C\cup \mathrm{tAspect}_p.\mathrm{ad}_p.C-\mathrm{tAspect}_p.\mathrm{ad}_p.A_x^{\bullet}$。

（2）若 $\mathrm{dom}(\mathrm{pc}_p.k_{fz})\in p.C$ 且 $|A_e|>1$ 或 $\mathrm{dom}(\mathrm{pc}_p.k_{fz})\in p.A$ 且 $|A_x|>1$，$\mathrm{tp}.A=p.A\cup \mathrm{tAspect}_p.\mathrm{ad}_p.A\cup\{v\}$，否则 $\mathrm{tp}.A=p.A\cup \mathrm{tAspect}_p.\mathrm{ad}_p.A$。

（3）若 $\mathrm{dom}(\mathrm{pc}_p.k_{fz})\in p.C$ 且 $|A_e|=1$，则

$$\mathrm{tp}.F=p.F\cup \mathrm{tAspect}_p.\mathrm{ad}_p.F-\mathrm{pc}_p.k_{fz}\cup\{(\mathrm{dom}(\mathrm{pc}_p.k_{fz}),a_i)\mid a_i\in \mathrm{tAspect}_p.\mathrm{ad}_p.A_e\}$$
$$\cup\{(c_j,\mathrm{cod}(\mathrm{pc}_p.k_{fz}))\mid c_j\in \mathrm{tAspect}_p.\mathrm{ad}_p.A_x^{\bullet}\}-\mathrm{inflow}(\mathrm{tAspect}_p.\mathrm{ad}_p.A_e)$$

若 $\mathrm{dom}(\mathrm{pc}_p.k_{fz})\in p.A$ 且 $|A_x|>1$，则

$$\mathrm{tp}.F=p.F\cup \mathrm{tAspect}_p.\mathrm{ad}_p.F-\mathrm{pc}_p.k_{fz}\cup\{(\mathrm{dom}(\mathrm{pc}_p.k_{fz}),c_i)\mid c_i\in \mathrm{tAspect}_p.\mathrm{ad}_p.{}^{\bullet}A_e\}$$
$$\cup\{(c_j,v)\mid c_j\in \mathrm{tAspect}_p.\mathrm{ad}_p.A_x^{\bullet}\}\cup\{(v,\mathrm{cod}(\mathrm{pc}_p.k_{fz}))\}$$

若 $\mathrm{dom}(\mathrm{pc}_p.k_{fz})\in p.A$ 且 $|A_x|=1$，则

$$\mathrm{tp}.F=p.F\cup \mathrm{tAspect}_p.\mathrm{ad}_p.F-\mathrm{pc}_p.k_{fz}\cup\{(\mathrm{dom}(\mathrm{pc}_p.k_{fz}),c_i)\mid c_i\in \mathrm{tAspect}_p.\mathrm{ad}_p.{}^{\bullet}A_e\}$$
$$\cup\{(a_j,\mathrm{cod}(\mathrm{pc}_p.k_{fz}))\mid a_j\in \mathrm{tAspect}_p.\mathrm{ad}_p.A_x\}-\mathrm{outflow}(\mathrm{tAspect}_p.\mathrm{ad}_p.A_x)$$

若 $\mathrm{dom}(\mathrm{pc}_p.k_{fz})\in p.C$ 且 $|A_e|>1$，则

$$\mathrm{tp}.F=p.F\cup \mathrm{tAspect}_p.\mathrm{ad}_p.F-\mathrm{pc}_p.k_{fz}\cup\{(v,c_i)\mid c_i\in \mathrm{tAspect}_p.\mathrm{ad}_p.{}^{\bullet}A_e\}$$
$$\cup\{(\mathrm{dom}(\mathrm{pc}_p.k_{fz}),v)\}\cup\{(c_j,\mathrm{cod}(\mathrm{pc}_p.k_{fz}))\mid c_j\in \mathrm{tAspect}_p.\mathrm{ad}_p.A_x^{\bullet}\}$$

（4）$\mathrm{tp}.M_0=p.M_0$。

按照弧织入操作定义 5.8，弧织入操作算法如下。

算法 5.5　弧织入操作算法 Flow_Weaving

输入一个基本过程 $p=(C,A;F,M_0)$ 和一个可信过程方面 $\mathrm{tAspect}_p=(\mathrm{id}_p,\mathrm{ad}_p,\mathrm{pc}_p)$，将 $\mathrm{tAspect}_p$ 织入 p 的弧织入操作算法。

输入：p， tAspect_p 。

输出： $\text{tp}=(C,A;F,M_0)$ 。

```
BEGIN
  tp.C := ∅; tp.A := ∅; tp.F := ∅; tp.M0 := ∅;
  IF dom(pcp.kfz) ∈ p.C THEN                        /*条件活动弧织入*/
    BEGIN
      tp.C := p.C ∪ tAspectp.adp.C − tAspectp.adp.•Ae;
      IF |Ae|> 1 THEN
        tp.A := p.A ∪ tAspectp.adp.A ∪ {v}
      ELSE
        tp.A := p.A ∪ tAspectp.adp.A;
      IF |Ae|> 1 THEN
        tp.F := p.F ∪ tAspectp.adp.F − pcp.kfz ∪ {(v, ci) | ci ∈
            tAspectp.adp.•Ae} ∪ {(dom(pcp.kfz), v)} ∪ {(cj, cod(pcp.kfz)) |
            cj ∈ tAspectp.adp.Ax•}
      ELSE
        tp.F := p.F ∪ tAspectp.adp.F − pcp.kfz − inflow(tAspectp.adp.Ae)
            ∪ {(dom(pcp.kfz), ai) | ai ∈ tAspectp.adp.Ae}
            ∪ {(cj, cod(pcp.kfz)) | cj ∈ tAspectp.adp.Ax•}
      tp.M0 := p.M0
    END
  ELSE                                               /*活动条件弧织入*/
    BEGIN
      tp.C := p.C ∪ tAspectp.adp.C − tAspectp.adp.Ax•;
      IF |Ae|> 1 THEN
        tp.A = p.A ∪ tAspectp.adp.A ∪ {v}
      ELSE
        tp.A = p.A ∪ tAspectp.adp.A;
      IF |Ax|> 1 THEN
        tp.F := p.F ∪ tAspectp.adp.F − pcp.kfz
            ∪ {(dom(pcp.kfz), ci) | ci ∈ tAspectp.adp.•Ae}
            ∪ {(cj, v) | cj ∈ tAspectp.adp.Ax•} ∪ {(v, cod(pcp.kfz))}
      ELSE
        tp.F := p.F ∪ tAspectp.adp.F − pcp.kfz − outflow(tAspectp.adp.Ax)
            ∪ {(dom(pcp.kfz), ci) | ci ∈ tAspectp.adp.•Ae}
            ∪ {(aj, cod(pcp.kfz)) | aj ∈ tAspectp.adp.Ax}
```

```
        tp.M0 := p.M0
    END
END
```

弧织入操作示例　仍然使用图 5.14 和图 5.15 假设的可信过程方面 $\mathrm{tAspect}_p$ 和基本过程 p，按照定义 5.8 及算法 5.5，可信过程方面 $\mathrm{tAspect}_p$ 织入基本过程 p 得到的可信过程 tp 如表 5.3 所示。

表 5.3　弧织入

弧织入 $\mathrm{tp}=\mathrm{FW}(p,\mathrm{tAspect}_p)$	
条件活动弧织入 $\mathrm{pc}_p.k=\{(p.(c_1,a),1)\}$	活动条件弧织入 $\mathrm{pc}_p.k=\{(p.(c_2,a),2)\}$
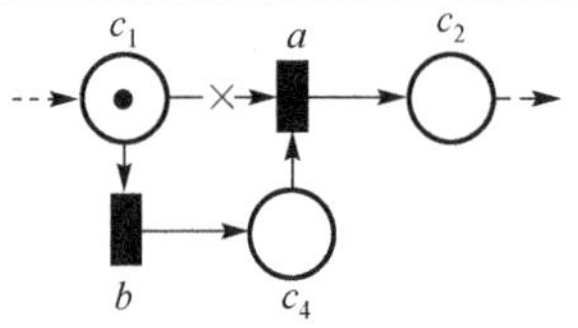 c_1　a　c_2　b　c_4	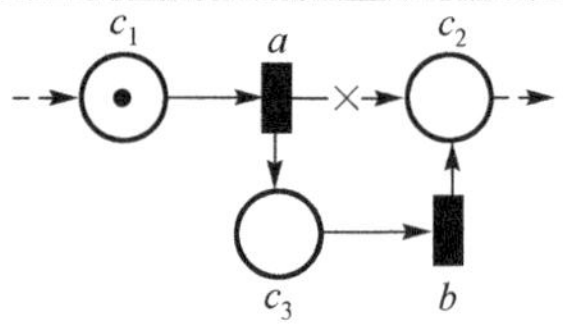 c_1　a　c_2　c_3　b
$\mathrm{tp}=(\{c_1,c_2,c_4\},\{a,b\};\{(c_1,b),(b,c_4),(c_4,a),(a,c_2)\},\{c_1\})$	$\mathrm{tp}=(\{c_1,c_2,c_3\},\{a,b\};\{(c_1,a),(a,c_3),(c_3,b),(b,c_2)\},\{c_1\})$

注：为表达简洁，编织后可信过程 tp 的形式化表达中去除了省略号

可信过程方面织入操作将可信过程方面织入软件演化过程模型，实现过程模型在过程层的可信扩展和约束，由 4.5 节分析可知，方面的织入有可能引入冲突致使编织后模型不满足需要的结构性质和动态性质，或者产生行为不一致问题，因此，本章从 5.3 节开始对织入操作的结构保持性、性质保持性和行为一致性进行分析，目的是保证织入操作的正确性。

5.3　结构保持性

结构保持性要求可信过程方面织入软件演化过程模型无结构冲突，假设可信过程方面的过程通知和基本过程在编织前都满足结构保持性，由于织入操作完成后，可能导致结构冲突的活动或条件仅存在于潜在冲突过程片段中，所以下面证明织入操作不会在潜在冲突过程片段产生结构冲突。

定理 5.1　无结构冲突定理　设 $\mathrm{tAspect}_p$ 和 p 分别是一个可信过程方面和一个基本过程，若 p 和 $\mathrm{tAspect}_p$ 的过程通知都通过了结构验证，则 $\mathrm{tAspect}_p$ 织入 p 后，潜在冲突过程片段 tp′无结构冲突。

证明：令一个基本过程 $p=(C,A;F,M_0)$，一个可信过程方面 $\mathrm{tAspect}_p=(\mathrm{id}_p,\mathrm{ad}_p,\mathrm{pc}_p)$，其中，$\mathrm{ad}_p=(C,A;F,A_e,A_x)$，$\mathrm{pc}_p.k_c,\mathrm{pc}_p.k_a,\mathrm{pc}_p.k_f\subseteq\mathrm{pc}_p.k$ 分别是条件切点集合、活动切点集合和弧切点集合，$\mathrm{pc}_p.k_{cz}\in\mathrm{pc}_p.k_c$（$z=1,\cdots,h,h\leqslant|\mathrm{pc}_p|$）是条件切点集

合中的一个条件切点，$\mathrm{pc}_p.k_{az} \in \mathrm{pc}_p.k_a(z=1,\cdots,h,h \leqslant |\mathrm{pc}_p|)$是活动切点集合中的一个活动切点，$\mathrm{pc}_p.k_{fz} \in \mathrm{pc}_p.k_f(z=1,\cdots,h,h \leqslant |\mathrm{pc}_p|)$是弧切点集合中的一个弧切点。

根据可信过程方面织入操作的定义，织入操作分为条件织入操作、活动织入操作和弧织入操作，因此，下面分这三种情况分别证明编织后可信过程 tp 的潜在冲突过程片段 tp′无结构冲突。

1. 无伴随条件证明

（1）条件织入操作。已知可信过程方面的过程通知和基本过程无伴随条件。

根据条件周围织入操作定义 5.4，只有切点前后集活动的前后集条件改变，假设任意$a \in {}^{\bullet}\mathrm{pc}_p.k_{cz}$，有${}^{\bullet}a \subseteq p.C$，$a^{\bullet} \subseteq \mathrm{ad}_p.C$，而$p.C \cap \mathrm{ad}_p.C = \varnothing$，因此，${}^{\bullet}a \cap a^{\bullet} = \varnothing$，切点前集活动无伴随条件，同理可证切点的后集活动无伴随条件。

（2）活动织入操作。已知可信过程方面的过程通知和基本过程无伴随条件。

根据迭代织入操作定义 5.6，只有过程通知的入口活动集和出口活动集的前后集条件改变，假设任意$a \in A_e$，有${}^{\bullet}a = \mathrm{pc}_p.k_{az}^{\bullet} \subseteq p.C$，$a^{\bullet} \subseteq \mathrm{ad}_p.C$，而$p.C \cap \mathrm{ad}_p.C = \varnothing$，因此，${}^{\bullet}a \cap a^{\bullet} = \varnothing$，如果$A_e = A_x$，有${}^{\bullet}a = \mathrm{pc}_p.k_{az}^{\bullet}$，$a^{\bullet} = {}^{\bullet}\mathrm{pc}_p.k_{az}$，因为${}^{\bullet}\mathrm{pc}_p.k_{az} \neq \mathrm{pc}_p.k_{az}^{\bullet}$，所以${}^{\bullet}a \cap a^{\bullet} = \varnothing$，过程通知的入口活动无伴随条件，同理可证出口活动无伴随条件。

根据活动周围织入操作定义 5.5，只有过程通知的入口活动集和出口活动集的前后集条件改变，与迭代织入操作的证明一样，此处省略，过程通知的入口活动和出口活动无伴随条件。

根据并发织入操作定义 5.7，只有切点活动的前后活动改变，假设$A_1 = {}^{\bullet}({}^{\bullet}\mathrm{pc}_p.k_{az})$，$A_2 = (\mathrm{pc}_p.k_{az}^{\bullet})^{\bullet}$，那么${}^{\bullet}A_1 \subseteq p.C$，$A_1^{\bullet} = p.{}^{\bullet}\mathrm{pc}_p.k_{az} \cup {}^{\bullet}A_e$，而${}^{\bullet}A_e \subseteq \mathrm{ad}_p.C$，$p.C \cap \mathrm{ad}_p.C = \varnothing$且已知基本过程无伴随条件，所以${}^{\bullet}A_1 \cap A_1^{\bullet} = \varnothing$，$A_1$ 中的活动无伴随条件，同理可证 A_2 中的活动无伴随条件。

（3）弧织入操作。已知可信过程方面的过程通知和基本过程无伴随条件。

根据弧织入操作定义 5.8，只有过程通知的入口活动集或者出口活动集的前后集条件改变，与迭代织入操作的证明一样，此处省略，过程通知的入口活动或出口活动无伴随条件。

2. 无孤立节点证明

（1）条件织入操作。已知可信过程方面的过程通知和基本过程无孤立节点。

根据条件周围织入操作定义 5.4，只有切点前后集活动以及过程通知的入口条件集和出口条件集的外延改变。假设任意$a \in {}^{\bullet}\mathrm{pc}_p.k_{cz}$，$a$ 的前集条件集不变，$\mathrm{tp}'.a^{\bullet} = p.a^{\bullet} - \{\mathrm{pc}_p.k_{cz}\} \cup {}^{\bullet}A_e$，因为${}^{\bullet}A_e \neq \varnothing$，所以${}^{\bullet}a \cup a^{\bullet} \neq \varnothing$，$a$ 不是孤立节点。假设任意

$c \in {}^{\bullet}A_e$，c 的后集活动集不变，${}^{\bullet}c = {}^{\bullet}\text{pc}_p.k_{cz}$，因为 ${}^{\bullet}\text{pc}_p.k_{cz} \neq \varnothing$，所以 ${}^{\bullet}c \cup c^{\bullet} \neq \varnothing$，如果 ${}^{\bullet}\text{pc}_p.k_{cz} = \varnothing$，$c$ 的外延不变，已知可信过程方面的过程通知无孤立节点，c 不是孤立节点。同理可证切点后集活动及过程通知的出口条件不是孤立节点。

（2）活动织入操作。已知可信过程方面的过程通知和基本过程无孤立节点。

根据迭代织入操作定义 5.6，只有切点活动前后集条件以及过程通知的入口条件集和出口条件集的外延改变。对于切点活动 $\text{pc}_p.k_{az}$ 的后集条件，其前集活动是切点活动 $\text{pc}_p.k_{az}$，后集活动 $\text{tp}'.({}^{\bullet}\text{pc}_p.k_{az})^{\bullet} = p.(\text{pc}_p.k_{az}^{\bullet})^{\bullet} \cup A_e$，因为 $A_e \neq \varnothing$，所以 ${}^{\bullet}(\text{pc}_p.k_{az}^{\bullet}) \cup (\text{pc}_p.k_{az}^{\bullet})^{\bullet} \neq \varnothing$，切点活动 $\text{pc}_p.k_{az}$ 的后集条件不是孤立节点。假设任意 $a \in A_e$，a 的后集条件集不变，${}^{\bullet}a = \text{pc}_p.k_{az}^{\bullet}$，因为 $\text{pc}_p.k_{az}^{\bullet} \neq \varnothing$，所以 ${}^{\bullet}a \cup a^{\bullet} \neq \varnothing$，$a$ 不是孤立节点。同理可证切点活动 $\text{pc}_p.k_{az}$ 的前集条件及过程通知的出口条件不是孤立节点。

根据活动周围织入操作定义 5.5，只有切点活动的前后集条件以及过程通知的入口活动集和出口活动集的外延改变，与迭代织入操作的证明一样，此处省略，过程通知的入口活动、出口活动以及切点活动的前后集条件不是孤立节点。

根据并发织入操作定义 5.7，只有切点活动的前后活动集以及过程通知的入口条件集和出口条件集的外延改变，其中，过程通知入口条件集和出口条件集的证明同条件周围织入操作证明，下面证明切点活动前后活动不是孤立节点，假设 $a \in {}^{\bullet}({}^{\bullet}\text{pc}_p.k_{az})$，$a$ 的前集条件不变，后集条件 $a^{\bullet} = {}^{\bullet}\text{pc}_p.k_{az} \cup {}^{\bullet}A_e$，因为 ${}^{\bullet}\text{pc}_p.k_{az} \neq \varnothing$ 且 ${}^{\bullet}A_e \neq \varnothing$，所以 ${}^{\bullet}a \cup a^{\bullet} \neq \varnothing$，$a$ 不是孤立节点，同理可证切点活动 $\text{pc}_p.k_{az}$ 后活动不是孤立节点。

（3）弧织入操作。已知可信过程方面的过程通知和基本过程无孤立节点。

根据弧织入操作定义 5.8，只有切点弧的前后节点，过程通知的入口活动集和出口活动后集条件集或者出口活动集和入口活动前集条件集的外延改变。对于条件活动弧切点的前节点 $\text{dom}(\text{pc}_p.k_{fz})$，$\text{dom}(\text{pc}_p.k_{fz}) \in p.C$，其前集不变，$\text{tp}'.\text{dom}(\text{pc}_p.k_{fz})^{\bullet} = p.\text{dom}(\text{pc}_p.k_{fz})^{\bullet} - \text{cod}(\text{pc}_p.k_{fz}) \cup A_e$，因为 $A_e \neq \varnothing$，所以 ${}^{\bullet}\text{dom}(\text{pc}_p.k_{fz}) \cup \text{dom}(\text{pc}_p.k_{fz})^{\bullet} \neq \varnothing$，$\text{dom}(\text{pc}_p.k_{fz})$ 不是孤立节点，同理可证 $\text{cod}(\text{pc}_p.k_{fz})$ 不是孤立节点。假设任意 $a \in A_e$，a 的后集条件集不变，${}^{\bullet}a = \{\text{dom}(\text{pc}_p.k_{fz})\}$，因为 $\text{dom}(\text{pc}_p.k_{fz}) \neq \varnothing$，所以 ${}^{\bullet}a \cup a^{\bullet} \neq \varnothing$，$a$ 不是孤立节点。假设任意 $c \in A_x^{\bullet}$，c 的前集活动集不变，$c^{\bullet} = \{\text{cod}(\text{pc}_p.k_{fz})\}$，因为 $\{\text{cod}(\text{pc}_p.k_{fz})\} \neq \varnothing$，所以 ${}^{\bullet}c \cup c^{\bullet} \neq \varnothing$，$c$ 不是孤立节点。同理可证活动条件弧织入操作不产生孤立节点。

3. 无死锁和陷阱证明

（1）条件织入操作。已知可信过程方面的过程通知和基本过程无死锁和陷阱。

根据条件周围织入操作定义 5.4，只有过程通知的入口活动前集条件集和出口活动后集条件集的前后集改变，而 $tp'.^{\bullet}({}^{\bullet}A_e \cup A_x^{\bullet}) = A_x \cup {}^{\bullet}pc_p.k_{cz}$， $tp'.({}^{\bullet}A_e \cup A_x^{\bullet})^{\bullet} = A_e \cup pc_p.k_{cz}^{\bullet}$，因为基本过程无伴随条件，${}^{\bullet}pc_p.k_{cz} \neq pc_p.k_{cz}^{\bullet}$，所以 $tp'.^{\bullet}({}^{\bullet}A_e \cup A_x^{\bullet}) \not\subset tp'.({}^{\bullet}A_e \cup A_x^{\bullet})^{\bullet}$ 且 $tp'.({}^{\bullet}A_e \cup A_x^{\bullet})^{\bullet} \not\subset tp'.^{\bullet}({}^{\bullet}A_e \cup A_x^{\bullet})$，因此，潜在冲突过程片段 tp′无死锁和陷阱。

（2）活动织入操作。已知可信过程方面的过程通知和基本过程无死锁和陷阱。

根据活动周围织入操作定义 5.5，只有切点活动前后集条件的前后集改变，令 $X = {}^{\bullet}pc_p.k_{az} \cup pc_p.k_{az}^{\bullet}$，有 $tp'.^{\bullet}(X) = p.^{\bullet}(X) \cup A_x$， $tp'.(X)^{\bullet} = p.(X)^{\bullet} \cup A_e$，已知基本过程无死锁和陷阱，有 $p.(X)^{\bullet} \not\subset p.^{\bullet}(X)$ 且 $p.^{\bullet}(X) \not\subset p.(X)^{\bullet}$，那么 $tp'.(X)^{\bullet} \not\subset tp'.^{\bullet}(X)$，$tp'.^{\bullet}(X) \not\subset tp'.(X)^{\bullet}$，因此，潜在冲突过程片段 tp′无死锁和陷阱。

对于迭代织入操作，由 4.5.2 节对结构冲突的分析可知，迭代关系活动的前后集条件是潜在的结构死锁，但是只要存在结构死锁的条件集中条件能够获得托肯则不会导致迭代关系活动无法发生，也就没有结构死锁，而这个属于可发生性性质，将在 5.4 节中对可发生性进行证明。

根据并发织入操作定义 5.7，只有过程通知的入口活动前集条件集和出口活动后集条件集的前后集改变，与条件周围织入操作的证明一样，此处省略，入口条件和出口条件的前后集改变不产生死锁。而对于并发织入操作的无结构陷阱问题，根据 4.5.2 节对结构冲突的分析可知，如果可信过程方面切点活动之后没有与其有顺序关系的活动，织入的过程通知是潜在结构陷阱，但是同样只要切点活动以及和切点活动有其他行为关系的活动有发生权，即可信过程方面织入不影响基本过程的持续性，则无结构陷阱，而持续性也属于动态性质，将在 5.4 节中对持续性进行证明。

（3）弧织入操作。已知可信过程方面的过程通知和基本过程无死锁和陷阱。

根据弧织入操作定义 5.8，对于条件活动弧织入 $dom(pc_p.k_{fz}) \in p.C$，只有弧前条件和过程通知出口活动后集条件集的前后集改变，令 $X = dom(pc_p.k_{fz}) \cup A_x^{\bullet}$，有 $tp'.^{\bullet}(X) = p.dom(pc_p.k_{fz}) \cup A_x$， $tp'.(X)^{\bullet} = p.cod(pc_p.k_{fz}) \cup A_e$，因为基本过程无伴随条件，${}^{\bullet}dom(pc_p.k_{fz}) \cap \{cod(pc_p.k_{fz})\} = \varnothing$，所以 $tp'.^{\bullet}(X) \not\subset tp'.(X)^{\bullet}$ 且 $tp'.(X)^{\bullet} \not\subset tp'.^{\bullet}(X)$，因此，潜在冲突过程片段 tp′无死锁和陷阱。同理可证活动条件弧织入操作不产生死锁和陷阱。

证毕。

以上证明忽略了织入操作中根据织入操作需要引入的虚活动，因为虚活动的引入让本来可能改变的过程通知入口活动集和出口活动集不变，根据已知，过程通知满足结构性质，虚活动的引入不会产生结构冲突。

5.4　性质保持性

性质保持性要求可信过程方面织入软件演化过程模型无性质冲突，假设可信过程方面的过程通知和基本过程在编织前都满足性质保持性，由于织入操作完成后，可能导致性质冲突的活动或条件仅存在于潜在冲突过程片段中，因此，下面证明织入操作不会在潜在冲突过程片段产生性质冲突。

由于可信过程方面的过程通知在编织前无发生权，所以要证明 tp′的安全性和无冲突性需要先证明过程通知在编织后是可发生的，同时，基本模型在编织后是持续的。

定义 5.9　可发生性与持续性　设 $\text{tAspect}_p=(\text{id}_p,\text{ad}_p,\text{pc}_p)$ 是一个可信过程方面，$\text{ad}_p=(C,A;F,A_e,A_x)$ 是 tAspect_p 的过程通知，p 是一个基本过程，可信过程方面织入操作将 tAspect_p 织入 p。如果 p 是可发生的，则 p 中一定存在一个活动集合序列 $G_0,G_1,G_2,\cdots,G_n$ 且存在 $M_1,M_2,\cdots,M_n\subseteq p.C$，有 $M_0[G_0>M_1$，$M_1[G_1>M_2,\cdots,M_{n-1}[G_{n-1}>M_n$，那么 tAspect_p 织入 p 后，其过程通知是可发生的且 p 是持续的。

定理 5.2　可发生性定理　织入基本过程的可信过程方面的过程通知是可发生的。

证明：令一个基本过程 $p=(C,A;F,M_0)$，一个可信过程方面 $\text{tAspect}_p=(\text{id}_p,\text{ad}_p,\text{pc}_p)$，其中，$\text{ad}_p=(C,A;F,A_e,A_x)$，$\text{pc}_p.k_c,\text{pc}_p.k_a,\text{pc}_p.k_f\subseteq\text{pc}_p.k$ 分别是条件切点集合、活动切点集合和弧切点集合，$\text{pc}_p.k_{cz}\in\text{pc}_p.k_c(z=1,\cdots,h,h\leqslant|\text{pc}_p|)$ 是条件切点集合中的一个条件切点，$\text{pc}_p.k_{az}\in\text{pc}_p.k_a(z=1,\cdots,h,h\leqslant|\text{pc}_p|)$ 是活动切点集合中的一个活动切点，$\text{pc}_p.k_{fz}\in\text{pc}_p.k_f(z=1,\cdots,h,h\leqslant|\text{pc}_p|)$ 是弧切点集合中的一个弧切点。

为了证明 tAspect_p 织入 p 后，其过程通知是可发生的，下面分两个步骤，首先证明过程通知的入口活动集 A_e 有发生权，在此基础上证明过程通知中所有其他活动都有发生权。

1）证明织入基本过程的可信过程方面的 A_e 有发生权

织入操作分为条件织入操作、活动织入操作和弧织入操作，下面分别证明所有这些织入操作都保证 A_e 有发生权。

（1）条件织入操作。

根据条件周围织入操作定义 5.4，若 ${}^\bullet A_e\subseteq M_0$，$M_0[A_e>$；若 ${}^\bullet A_e\not\subset M_0$，对于基本过程 p，一定存在 M'，使 $M'[{}^\bullet\text{pc}_p,k_{cz}>$ 且 $M'[{}^\bullet\text{pc}_p,k_{cz}>M''$，而 ${}^\bullet A_e\subseteq M''$，那么 $M''[A_e>$，A_e 有发生权。

（2）活动织入操作。

根据迭代织入操作定义 5.6，若 $\text{pc}_p.k_{az}^\bullet\subseteq M_0$，$M_0[A_e>$；若 $\text{pc}_p.k_{az}^\bullet\not\subset M_0$，对于基本过程 p，一定存在 M'，使 $M'[\text{pc}_p,k_{az}>$ 且 $M'[\text{pc}_p,k_{az}>M''$，而 $\text{pc}_p.k_{az}{}^\bullet\subseteq M''$，那么 $M''[A_e>$，A_e 有发生权。

活动周围织入操作与迭代织入操作的证明一样，此处省略，A_e 有发生权。

根据并发织入操作定义5.7，因为基本过程 p 是可发生的，$^{\bullet}(^{\bullet}\mathrm{pc}_p.k_{az})$ 是可发生的，则一定存在 M'，使 $M'[^{\bullet}(^{\bullet}\mathrm{pc}_p,k_{az})>M''$，而 $^{\bullet}A_e\subseteq M''$，$M''[A_e>$，$A_e$ 有发生权。

（3）弧织入操作。

根据弧织入操作定义5.8，若 $\mathrm{dom}(\mathrm{pc}_p.k_{fz})\in p.C$，因为基本过程 p 是可发生的，则一定存在 M'，使 $\mathrm{dom}(\mathrm{pc}_p.k_{fz})\in M'$，那么 $M'[A_e>$，A_e 有发生权；若 $\mathrm{dom}(\mathrm{pc}_p.k_{fz})\in p.A$，因为基本过程 p 是可发生的，则一定存在 M'，使 $M'[\mathrm{dom}(\mathrm{pc}_p.k_{fz})>M''$，那么 $M''[A_e>$，A_e 有发生权。

2）如果过程通知入口活动集 A_e 有发生权，证明过程通知中所有其他活动都有发生权

每一个可信过程方面的过程通知都使用白盒或黑盒建模方法实现。当应用白盒方法建模时，过程通知中的一个活动 a 细化为一个基本块，基本块由活动的顺序、并发、选择和迭代四种结构构成。当应用黑盒方法建模时，活动 a 细化为一个过程包，隐藏其内部结构。软件演化过程建模方法已被证明了接口一致性（Li，2008），也就是说，如果活动 a 有发生权，那么细化后的基本块和过程包中的所有活动都有发生权，且保持细化前的格局。也就是说，可信过程方面的过程通知初始时 $A_e=A_x=\mathrm{ad}_p.A$，上述证明已经证明了 A_e 有发生权，此时，过程通知没有其他活动，过程通知是可发生的。当对过程通知进行细化操作后，由接口一致性定理（Li，2008）可知，过程通知仍然是可发生的。

当多个可信过程方面基于融合操作生成一个新的可信过程方面时，按照融合操作分为顺序融合操作、选择融合操作、迭代融合操作和并发融合操作，下面分别证明这些融合操作都让所有融合后的活动有发生权。

设 $\mathrm{tAspect}_{\mathrm{pr}}$ 和 $\mathrm{tAspect}_{\mathrm{ps}}$ 是两个可信过程方面，$\mathrm{ad}_{\mathrm{pr}}$ 和 $\mathrm{ad}_{\mathrm{ps}}$ 分别是它们的过程通知，其中，$a_1,\cdots,a_m\in\mathrm{ad}_{\mathrm{pr}}.A_x$，$b_1,\cdots,b_n\in\mathrm{ad}_{\mathrm{ps}}.A_e$，假设 $M_r[\mathrm{ad}_{\mathrm{pr}}.A_e>M_{r1},\cdots,M_{ri}[\mathrm{ad}_{\mathrm{pr}}.A_x>M_r'$ 且 $M_s[\mathrm{ad}_{\mathrm{ps}}.A_e>M_{s1},\cdots,M_{sj}[\mathrm{ad}_{\mathrm{ps}}.A_x>M_s'$。

（1）顺序融合操作。

按照可信过程方面融合操作定义5.2，$\mathrm{ad}_{\mathrm{pr}}$ 和 $\mathrm{ad}_{\mathrm{ps}}$ 顺序融合操作如图5.16所示。

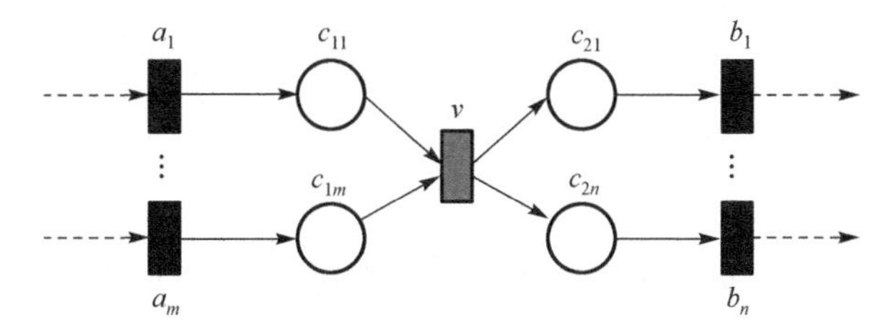

图5.16　$\mathrm{ad}_{\mathrm{pr}}$ 和 $\mathrm{ad}_{\mathrm{ps}}$ 顺序融合

因为 $M_r[\mathrm{ad}_{\mathrm{pr}}.A_e > M_{r1},\cdots,M_{ri}[\mathrm{ad}_{\mathrm{pr}}.A_x > M_r'$，而虚活动 v 仅有传递托肯的作用，所以 $M_r'[v > M_s$，有 $M_s[\mathrm{ad}_{\mathrm{ps}}.A_e > M_{s1},\cdots,M_{sj}[\mathrm{ad}_{\mathrm{ps}}.A_x > M_s'$，顺序融合后的过程通知是可发生的。

（2）选择融合操作。

同样按照定义 5.2，$\mathrm{ad}_{\mathrm{pr}}$ 和 $\mathrm{ad}_{\mathrm{ps}}$ 选择融合操作如图 5.17 所示，其中省略了 $\mathrm{ad}_{\mathrm{pr}}$ 和 $\mathrm{ad}_{\mathrm{ps}}$ 的内部结构。

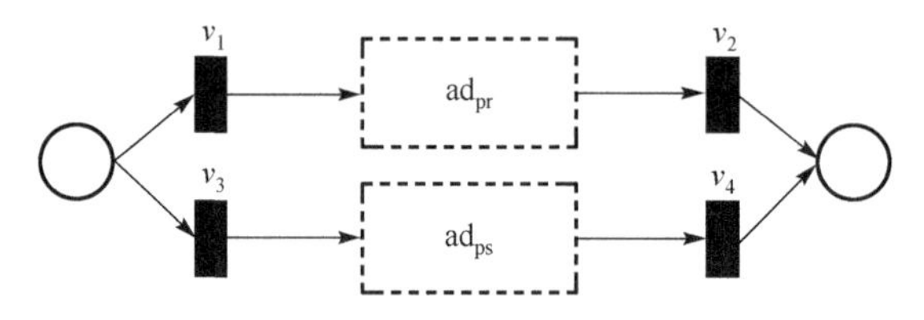

图 5.17　$\mathrm{ad}_{\mathrm{pr}}$ 和 $\mathrm{ad}_{\mathrm{ps}}$ 选择融合

根据前面的证明，如果将 $\mathrm{ad}_{\mathrm{pr}}$ 和 $\mathrm{ad}_{\mathrm{ps}}$ 选择融合后织入基本过程，那么 v_1 和 v_3 有发生权，令方面织入基本过程所处格局为 M，那么 $M[v_1 > M_r$ 且 $M[v_3 > M_s$，而 $M_r[\mathrm{ad}_{\mathrm{pr}}.A_e > M_{r1},\cdots,M_{ri}[\mathrm{ad}_{\mathrm{pr}}.A_x > M_r'$ 且 $M_s[\mathrm{ad}_{\mathrm{ps}}.A_e > M_{s1},\cdots,M_{sj}[\mathrm{ad}_{\mathrm{ps}}.A_x > M_s'$，因此，有 $M_r'[v_2 >$ 且 $M_s'[v_4 >$，选择融合后的过程通知是可发生的。

（3）迭代融合操作。

同样按照定义 5.2，$\mathrm{ad}_{\mathrm{pr}}$ 和 $\mathrm{ad}_{\mathrm{ps}}$ 迭代融合操作如图 5.18 所示，其中省略了 $\mathrm{ad}_{\mathrm{pr}}$ 和 $\mathrm{ad}_{\mathrm{ps}}$ 的内部结构。

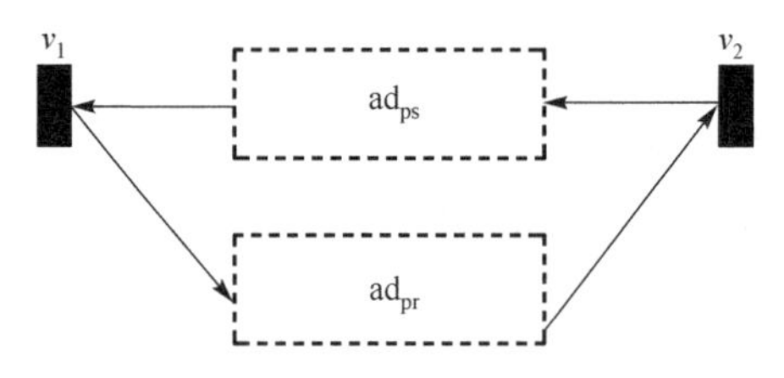

图 5.18　$\mathrm{ad}_{\mathrm{pr}}$ 和 $\mathrm{ad}_{\mathrm{ps}}$ 迭代融合

根据上述证明，如果将 $\mathrm{ad}_{\mathrm{pr}}$ 和 $\mathrm{ad}_{\mathrm{ps}}$ 迭代融合后织入基本过程，那么 v_1 有发生权，令方面织入基本过程所处格局为 M，那么 $M[v_1 > M_r$，因为 $M_r[\mathrm{ad}_{\mathrm{pr}}.A_e > M_{r1},\cdots,$ $M_{ri}[\mathrm{ad}_{\mathrm{pr}}.A_x > M_r'$，有 $M_r'[v_2 > M_s, M_s[\mathrm{ad}_{\mathrm{ps}}.A_e > M_{s1},\cdots, M_{sj}[\mathrm{ad}_{\mathrm{ps}}.A_x > M_s'$，而 $M_s{}'[v_1 >$，迭代融合后的过程通知是可发生的。

（4）并发融合操作。

同样按照定义 5.2，$\mathrm{ad}_{\mathrm{pr}}$ 和 $\mathrm{ad}_{\mathrm{ps}}$ 并发融合操作如图 5.19 所示，其中省略了 $\mathrm{ad}_{\mathrm{pr}}$ 和 $\mathrm{ad}_{\mathrm{ps}}$ 的内部结构。

根据上述证明，如果将 $\mathrm{ad}_{\mathrm{pr}}$ 和 $\mathrm{ad}_{\mathrm{ps}}$ 并发融合后织入基本过程，那么 v_1 有发生权，令方面织入基本过程所处格局为 M，那么 $M[v_1 > M_r \cup M_s$ 因为 $M_r[\mathrm{ad}_{\mathrm{pr}}.A_e > M_{r1},\cdots,$ $M_{ri}[\mathrm{ad}_{\mathrm{pr}}.A_x > M'_r$ 且 $M_s[\mathrm{ad}_{\mathrm{ps}}.A_e > M_{s1},\cdots,$ $M_{sj}[\mathrm{ad}_{\mathrm{ps}}.A_x > M'_s$，有 $M'_r \cup M'_s[v_2 >$，并发融合后的过程通知是可发生的。

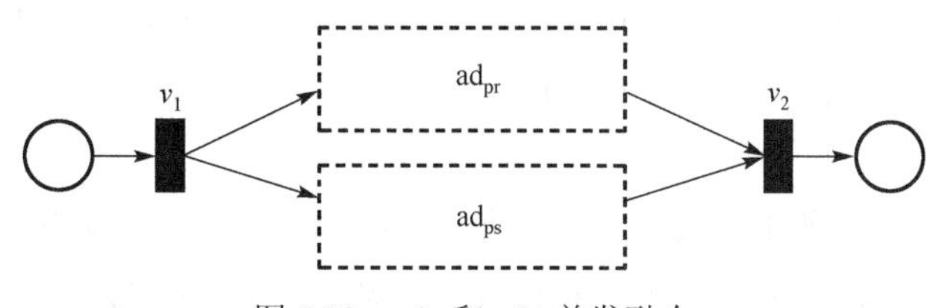

图 5.19　$\mathrm{ad}_{\mathrm{pr}}$ 和 $\mathrm{ad}_{\mathrm{ps}}$ 并发融合

任何一个可信过程方面的过程通知都是由以上四种结构融合而成的，而上述四种结构都保证了在 A_e 有发生权的前提下，所有其他活动都有发生权，因此，任何一个可信过程方面的过程通知在 A_e 有发生权的前提下都是可发生的，同时，由上述证明可知，织入基本过程的可信过程方面的 A_e 都可以获得发生权，因此，织入基本过程的可信过程方面的过程通知是可发生的。

证毕。

可发生性定理保证可信过程方面织入后基本过程的格局一定能让可信过程方面中的活动获得发生权，即可信过程方面的过程通知是可发生的。下面的持续性定理则保证可信过程方面织入后基本过程中的活动仍有发生权，即可信过程方面的织入不影响基本过程的持续性。

定理 5.3　持续性定理　织入可信过程方面后的基本过程是持续的。

证明：令一个基本过程 $p=(C,A;F,M_0)$，一个可信过程方面 $\mathrm{tAspect}_p=(\mathrm{id}_p,\mathrm{ad}_p,\mathrm{pc}_p)$，其中，$\mathrm{ad}_p=(C,A;F,A_e,A_x)$，$\mathrm{pc}_p.k_c,\mathrm{pc}_p.k_a,\mathrm{pc}_p.k_f \subseteq \mathrm{pc}_p.k$ 分别是条件切点集合、活动切点集合和弧切点集合，$\mathrm{pc}_p.k_{cz} \in \mathrm{pc}_p.k_c(z=1,\cdots,h,h \leqslant |\mathrm{pc}_p|)$ 是条件切点集合中的一个条件切点，$\mathrm{pc}_p.k_{az} \in \mathrm{pc}_p.k_a(z=1,\cdots,h,h \leqslant |\mathrm{pc}_p|)$ 是活动切点集合中的一个活动切点，$\mathrm{pc}_p.k_{fz} \in \mathrm{pc}_p.k_f(z=1,\cdots,h,h \leqslant |\mathrm{pc}_p|)$ 是弧切点集合中的一个弧切点。

（1）条件织入操作。

假设 $\mathrm{tAspect}_p$ 在条件切点 $\mathrm{pc}_p.k_{cz} \in \mathrm{pc}_p.k_c(z=1,\cdots,h,h \leqslant |\mathrm{pc}_p|)$ 处织入 p，对任意 $M \in R(M_0)$，根据条件周围织入操作定义 5.4，若 $\mathrm{pc}_p.k_{cz} \in M_0$，$M_0[\mathrm{pc}_p.k_{cz}^{\bullet} >$，织入后有 ${}^{\bullet}A_e \subseteq M_0$，已知 ad_p 是可发生的，那么 $M_0[\sigma > M'$，有 $M'[\mathrm{pc}_p.k_{cz}^{\bullet} >$；若 $\mathrm{pc}_p.k_{cz} \notin M_0$，已知 $M[{}^{\bullet}\mathrm{pc}_p.k_{cz} >$，$M[{}^{\bullet}\mathrm{pc}_p.k_{cz} > M'$，有 $M'[\mathrm{pc}_p.k_{cz}^{\bullet} >$，织入后有 ${}^{\bullet}A_e \subseteq M'$，已知 ad_p 是可发生的，那么 $M'[\sigma > M''$，有 $M''[\mathrm{pc}_p.k_{cz}^{\bullet} >$，基本过程是持续的。

（2）活动织入操作。

假设 tAspect_p 在活动切点 $\text{pc}_p.k_{az} \in \text{pc}_p.k_a$（$z=1,\cdots,h,h\leqslant|\text{pc}_p|$）处织入 p，$M\in R(M_0)$，根据迭代织入操作定义 5.5，若 $\text{pc}_p.k_{az}^{\bullet} \subseteq M_0$，织入后 $M_0[A_e>$，已知 ad_p 是可发生的，那么 $M_0[\sigma>M'$，有 $M'[\text{pc}_p.k_{az}>$，令 $M'[\text{pc}_p.k_{az}>M''$，有 $\text{pc}_p.k_{az}^{\bullet} \subseteq M''$，那么 $M''[(\text{pc}_p.k_{az}^{\bullet})^{\bullet}>$；若 $\text{pc}_p.k_{az}^{\bullet} \not\subset M_0$，已知 $M[\text{pc}_p.k_{az}>$，$M[\text{pc}_p.k_{az}>M'$，有 $M'[(\text{pc}_p.k_{az}^{\bullet})^{\bullet}>$，根据定义 5.5，织入后 $M'[A_e>$，此时，证明方法与 $\text{pc}_p.k_{az}^{\bullet} \subseteq M_0$ 一样，故省略，基本过程是持续的。

根据活动周围织入操作定义 5.5，如果在 tAspect_p 织入 p 之前有 $M[\text{pc}_p.k_{az}>$，那么织入后，若 $M[\text{pc}_p.k_{az}>M'$，则 $\neg M[\sigma>$；若 $M[\sigma>M''$ 则 $\neg M[\text{pc}_p.k_{az}>$，但不论是切点活动执行还是过程通知执行，执行后进入的格局是相同的，即 $M'=M''$，那么 $M'[(\text{pc}_p.k_{az}^{\bullet})^{\bullet}>$ 且 $M''[(\text{pc}_p.k_{az}^{\bullet})^{\bullet}>$，基本过程是持续的。

对于并发织入操作，如果在 tAspect_p 织入 p 之前有 $M[\text{pc}_p.k_{az}>M'$，$M'[(\text{pc}_p.k_{az}^{\bullet})^{\bullet}>$，那么 tAspect_p 织入 p 之后，根据并发织入操作定义 5.7，如果 $\forall\sigma\in \text{ad}_p.A^*$，那么 $M'[\sigma>M''$，有 $M''[(\text{pc}_p.k_{az}^{\bullet})^{\bullet}>$，基本过程是持续的。

（3）弧织入。

假设 tAspect_p 在弧切点 $\text{pc}_p.k_{fz} \in \text{pc}_p.k_f$（$i=1,\cdots,h,h\leqslant|\text{pc}_p|$）处织入 p，$M\in R(M_0)$。

对于条件活动弧织入操作，根据定义 5.8，如果在 tAspect_p 织入 p 之前有 $M[a>$（$a=\text{cod}(\text{pc}_p.k_{fz})$），那么 tAspect_p 织入 p 之后，有 $M[\sigma>M'$ 且 $M'[a^{\bullet}>$，基本过程是持续的。

对于条件活动弧织入操作，根据定义 5.8，如果在 tAspect_p 织入 p 之前有 $M[a>M'$（$a=\text{dom}(\text{pc}_p.k_{fz})$），$M'[(a^{\bullet})^{\bullet}>$，那么 tAspect_p 织入 p 之后，有 $M'[\sigma>M''$ 且 $M''[(a^{\bullet})^{\bullet}>$，基本过程是持续的。

证毕。

可发生性和持续性是可信过程方面织入软件演化过程应保持的最基本动态性质，不满足这两条基本性质，可信过程方面就不能织入软件演化过程模型，但是仅满足基本性质是不够的，可信过程方面的织入还需要满足安全性和无冲突性，下面基于可发生性和持续性定理证明潜在冲突过程片段保持安全性和无冲突性。

定理 5.4　无性质冲突定理　设 tAspect_p 和 p 分别是一个可信过程方面和一个基本过程，若 p 和 tAspect_p 的过程通知都通过性质验证，则 tAspect_p 织入 p 后，潜在冲突过程片段 tp′无性质冲突。

证明：令一个基本过程 $p=(C,A;F,M_0)$，一个可信过程方面 $\text{tAspect}_p=(\text{id}_p,\text{ad}_p,$

pc_p），其中，$\text{ad}_p = (C, A; F, A_e, A_x)$，$\text{pc}_p.k_c, \text{pc}_p.k_a, \text{pc}_p.k_f \subseteq \text{pc}_p.k$ 分别是条件切点集合、活动切点集合和弧切点集合，$\text{pc}_p.k_{cz} \in \text{pc}_p.k_c (z = 1, \cdots, h, h \leqslant |\text{pc}_p|)$ 是条件切点集合中的一个条件切点，$\text{pc}_p.k_{az} \in \text{pc}_p.k_a (z = 1, \cdots, h, h \leqslant |\text{pc}_p|)$ 是活动切点集合中的一个活动切点，$\text{pc}_p.k_{fz} \in \text{pc}_p.k_f (z = 1, \cdots, h, h \leqslant |\text{pc}_p|)$ 是弧切点集合中的一个弧切点。

根据可信过程方面织入操作的定义，织入操作分为条件织入操作、活动织入操作和弧织入操作，因此，下面分三种情况分别证明织入操作不会引入性质冲突。

1）安全性证明

（1）条件织入操作。假设 tp′不满足安全性，则存在条件 $c \in \text{tp}'.C$，有 $B(c)>1$。

根据条件周围织入操作定义 5.4，只有过程通知入口活动的前集条件 ${}^\bullet A_e$ 改变了前集，若 tp′不满足安全性，那么存在 $c \in {}^\bullet A_e$，有 $B(c)>1$，由于 ${}^\bullet({}^\bullet A_e) = {}^\bullet \text{pc}_p.k_{cz}$，若 $B(c)>1$，必然有 $B(\text{pc}_p.k_{cz}) > 1$，而 $\text{pc}_p.k_{cz} \in p.C$，与基本过程 p 满足安全性矛盾，因此，tp′满足安全性。

（2）活动织入操作。假设 tp′不满足安全性，则存在条件 $c \in \text{tp}'.C$，有 $B(c)>1$。

根据活动周围织入操作定义 5.5，只有切点活动后集条件集 $\text{pc}_p.k_{az}^\bullet$ 的前集发生了改变，若存在 $c \in \text{pc}_p.k_{az}^\bullet$，有 $B(c)>1$，那么存在一个格局 M 有 $\text{pc}_p.k_{az}^\bullet \subseteq M$ 且 ${}^\bullet \text{pc}_p.k_{az} \subseteq M$ 或者 ${}^\bullet A_x \subseteq M$，这与 p 和 tAspect_p 满足安全性矛盾，因此，tp′满足安全性。

根据迭代织入操作定义 5.6，只有切点活动前集条件 ${}^\bullet \text{pc}_p.k_{az}$ 的前集发生了改变，若 $B({}^\bullet \text{pc}_p.k_{az}) > 1$，那么存在一个格局 M 有 ${}^\bullet \text{pc}_p.k_{az} \subseteq M$ 且 ${}^\bullet({}^\bullet({}^\bullet \text{pc}_p.k_{az})) \subseteq M$ 或者 ${}^\bullet A_x \subseteq M$，这与 p 和 tAspect_p 满足安全性矛盾，因此，tp′满足安全性。

根据并发织入操作定义 5.7，只有过程通知入口条件的前集发生了改变，若 tp′不满足安全性，那么存在 $c \in {}^\bullet A_e$，有 $B(c)>1$，由于 ${}^\bullet({}^\bullet A_e) = {}^\bullet({}^\bullet \text{pc}_p.k_{az})$，若 $B(c)>1$，必然存在 $c' \in {}^\bullet \text{pc}_p.k_{az}$，有 $B(c') > 1$，而 ${}^\bullet \text{pc}_p.k_{az} \subseteq p.C$，与基本过程 p 满足安全性矛盾，因此，tp′满足安全性。

（3）弧织入操作。假设 tp′不满足安全性，则存在条件 $c \in \text{tp}'.C$，有 $B(c)>1$。

根据弧织入操作定义 5.8，只有活动条件弧织入操作中过程通知入口条件的前集发生了改变，若 tp′不满足安全性，那么存在 $c \in {}^\bullet A_e$，有 $B(c)>1$，由于 ${}^\bullet({}^\bullet A_e) = \text{dom}(\text{pc}_p.k_{fz})$，若 $B(c)>1$，必然有 $B(\text{cod}(\text{pc}_p.k_{fz})) > 1$，而 $\text{cod}(\text{pc}_p.k_{fz}) \in p.C$，与基本过程 p 满足安全性矛盾，因此，tp′满足安全性。

2）无冲突证明

（1）条件织入操作。假设 tp′在条件 c 处有冲突，则存在条件 $c \in \text{tp}'.C$ 和活动 $a \in \text{tp}'.A$，有 $c \in a^\bullet \cap M$ 且 ${}^\bullet a \subseteq M$。

根据条件周围织入操作定义 5.4，只有过程通知的入口条件集增加了前集活动，若 tp′中的条件存在冲突，那么存在 $c \in {}^{\bullet}A_e$ 和 $a \in {}^{\bullet}\mathrm{pc}_p.k_{cz}$，有 $c \in a^{\bullet} \cap M$ 且 ${}^{\bullet}a \subseteq M$，与过程通知无冲突矛盾，因此，tp′无冲突。

（2）活动织入操作。假设 tp′在条件 c 处有冲突，则存在条件 $c \in \mathrm{tp}'.C$ 和活动 $a \in \mathrm{tp}'.A$，有 $c \in a^{\bullet} \cap M$ 且 ${}^{\bullet}a \subseteq M$。

根据活动周围织入操作定义 5.5，只有切点活动后集条件集中的条件增加了前集活动，若 tp′中的条件存在冲突，那么存在 $c \in \mathrm{pc}_p.k_{az}^{\bullet}$ 和 $a \in \{\mathrm{pc}_p.k_{az}\} \cup A_x$，有 $c \in a^{\bullet} \cap M$ 且 ${}^{\bullet}a \subseteq M$。已知基本过程无冲突，当 $a = \mathrm{pc}_p.k_{az}$ 时，若 $c \in a^{\bullet} \cap M$，不存在 ${}^{\bullet}a \subseteq M$，产生矛盾；同理，已知过程通知无冲突，当 $a \in A_x$ 时，若 $c \in a^{\bullet} \cap M$，不存在 ${}^{\bullet}a \subseteq M$，产生矛盾，因此，不存在 $c \in \mathrm{pc}_p.k_{az}^{\bullet}$ 和 $a \in \{\mathrm{pc}_p.k_{az}\} \cup A_x$，使 $c \in a^{\bullet} \cap M$ 且 ${}^{\bullet}a \subseteq M$，tp′无冲突。

根据迭代织入操作定义 5.6，只有切点活动的前集条件 ${}^{\bullet}\mathrm{pc}_p.k_{az}$ 增加了前集活动，若 tp′中的条件存在冲突，那么存在 $a \in {}^{\bullet}({}^{\bullet}\mathrm{pc}_p.k_{az}) \cup A_x$，有 ${}^{\bullet}\mathrm{pc}_p.k_{az} = a^{\bullet} \cap M$ 且 ${}^{\bullet}a \subseteq M$。已知基本过程无冲突，当 $a \in {}^{\bullet}({}^{\bullet}\mathrm{pc}_p.k_{az})$ 时，若 ${}^{\bullet}\mathrm{pc}_p.k_{az} \in a^{\bullet} \cap M$，不存在 ${}^{\bullet}a \subseteq M$，产生矛盾；同理，已知过程通知无冲突，当 $a \in A_x$ 时，若 ${}^{\bullet}\mathrm{pc}_p.k_{az} \in a^{\bullet} \cap M$，也不存在 ${}^{\bullet}a \subseteq M$，产生矛盾，因此，不存在 $a \in {}^{\bullet}({}^{\bullet}\mathrm{pc}_p.k_{az}) \cup A_x$，使 ${}^{\bullet}\mathrm{pc}_p.k_{az} \in a^{\bullet} \cap M$ 且 ${}^{\bullet}a \subseteq M$，tp′无冲突。

根据并发织入操作定义 5.7，只有过程通知的入口条件集增加了前集活动，若 tp′中的条件存在冲突，那么存在 $c \in {}^{\bullet}A_e$，有 $c \in ({}^{\bullet}({}^{\bullet}\mathrm{pc}_p.k_{az}))^{\bullet} \cap M$ 且 ${}^{\bullet}({}^{\bullet}({}^{\bullet}\mathrm{pc}_p.k_{az})) \subseteq M$，已知基本过程无冲突，不存在 $c \in ({}^{\bullet}({}^{\bullet}\mathrm{pc}_p.k_{az}))^{\bullet} \cap M$ 且 ${}^{\bullet}({}^{\bullet}({}^{\bullet}\mathrm{pc}_p.k_{az})) \subseteq M$，产生矛盾，因此，tp′无冲突。

（3）弧织入操作。假设 tp′在条件 c 处有冲突，则存在条件 $c \in \mathrm{tp}'.C$ 和活动 $a \in \mathrm{tp}'.A$，有 $c \in a^{\bullet} \cap M$ 且 ${}^{\bullet}a \subseteq M$。

根据弧织入操作定义 5.8，只有活动条件弧织入操作中过程通知入口条件集增加了前集活动，若 tp′中的条件存在冲突，那么存在 $c \in {}^{\bullet}A_e$，有 $c \in \mathrm{dom}(\mathrm{pc}_p.k_{fz})^{\bullet} \cap M$ 且 ${}^{\bullet}(\mathrm{dom}(\mathrm{pc}_p.k_{az})) \subseteq M$，已知基本过程无冲突，不存在 $c \in \mathrm{dom}(\mathrm{pc}_p.k_{fz})^{\bullet} \cap M$ 且 ${}^{\bullet}(\mathrm{dom}(\mathrm{pc}_p.k_{az})) \subseteq M$，产生矛盾，因此，tp′无冲突。

证毕。

以上证明忽略了织入操作中根据织入操作需要引入的虚活动，因为虚活动仅有传递托肯的作用，根据已知，过程通知通过性质验证，虚活动的引入不会产生性质冲突。

5.5 行为一致性

本节假设软件演化过程模型和可信过程方面的过程通知都通过行为验证，也就是说，过程模型和过程通知的行为与过程规约定义的行为是一致的，当我们将可信过程方面织入软件演化过程模型后，方面织入不能使基本过程行为与过程规约定义的行为不一致。

因为织入操作完成后，可能产生行为不一致的活动仅存在于潜在冲突过程片段中，因此，下面我们证明织入操作不会在潜在冲突过程片段产生行为冲突。

定理 5.5 无行为冲突定理 设 tAspect_p 和 p 分别是一个可信过程方面和一个基本过程，若 p 和 tAspect_p 的过程通知都通过行为验证，则 tAspect_p 织入 p 后，潜在冲突过程片段无行为冲突。

证明：令一个基本过程 $p=(C,A;F,M_0)$，一个可信过程方面 $\text{tAspect}_p=(\text{id}_p,\text{ad}_p,\text{pc}_p)$，其中，$\text{ad}_p=(C,A;F,A_e,A_x)$，$\text{pc}_p.k_c,\text{pc}_p.k_a,\text{pc}_p.k_f\subseteq\text{pc}_p.k$ 分别是条件切点集合、活动切点集合和弧切点集合，$\text{pc}_p.k_{cz}\in\text{pc}_p.k_c$（$z$=1, …, h, $h\leqslant|\text{pc}_p|$）是条件切点集合中的一个条件切点，$\text{pc}_p.k_{az}\in\text{pc}_p.k_a$（$z$=1,…, h, $h\leqslant|\text{pc}_p|$）是活动切点集合中的一个活动切点，$\text{pc}_p.k_{fz}\in\text{pc}_p.k_f$（$z$=1,…, h, $h\leqslant|\text{pc}_p|$）是弧切点集合中的一个弧切点。

根据可信过程方面织入操作的定义，织入操作分为条件织入操作、活动织入操作和弧织入操作，因此，下面按这三种织入操作类别分别证明编织后潜在冲突过程片段 tp′无行为冲突。

1. 条件织入操作

根据条件周围织入操作定义 5.4，只有切点条件前后集活动的行为关系发生改变，而且只会改变并发行为关系和顺序行为关系。如果织入可信过程方面前，切点条件前后集活动与其他活动之间存在并发行为关系，下面证明编织后并发行为关系不变；另外，如果织入可信过程方面前，切点条件前后集活动之间存在顺序行为关系，下面证明编织后顺序行为关系不变。

（1）并发行为关系证明。假设可信过程方面织入前，基本过程的切点条件前后集活动 $a\in{}^\bullet\text{pc}_p.k_{cz}\cup\text{pc}_p.k_{cz}^\bullet$ 与活动 $b\in p.A$ 之间是直接并发行为关系，有 $M[a>$ 且 $M[b>$，$M[a>M_1\rightarrow M_1[b>$ 或 $M[b>M_2\rightarrow M_2[a>$，那么织入可信过程方面后，根据条件周围织入操作定义 5.4，织入操作结果如图 5.20 所示。

此时，对于 $\forall\sigma\in\text{ad}_p.A^*$，$M[b>$ 且 $M[\sigma>$，但 $\neg M[a>$，有 $M[\sigma>M_1\rightarrow M_1[a>\wedge M_1[b>$ 且 $M_1[a>M_2\rightarrow M_2[b>$ 或 $M_1[b>M_3\rightarrow M_3[a>$，或者 $M[b>M'[\sigma>M''\rightarrow M''[a>$，根据并发行为关系定义 4.40，$a$ 和 b 之间是并发行为关系。如果 a 和 b 在可信过程方面织入前是间接并发行为关系，同理可证。

（2）顺序行为关系证明。假设可信过程方面织入前，基本过程的切点条件前后集活动之间是直接顺序行为关系，有 $a,b\in {}^{\bullet}\text{pc}_p.k_{cz}\cup \text{pc}_p.k_{cz}^{\bullet}$， $M[a>$ 但 $\neg M[b>$，而 $M[a>M'\to M'[b>$，那么织入可信过程方面后，根据条件周围织入操作定义 5.4，织入操作结果如图 5.21 所示。

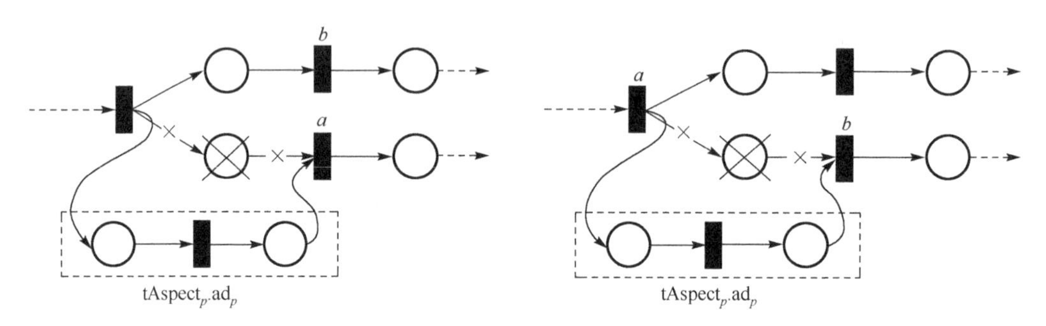

图 5.20 条件织入操作后的并发行为关系　　图 5.21 条件织入操作后的顺序行为关系

此时，对于 $\forall\sigma\in \text{ad}_p.A^*$，$M[a>M'\to\neg M'[b>\wedge M'[\sigma>$，但 $M'[\sigma>M''\to M''[b>$，根据顺序行为关系定义 4.38，a 和 b 之间是顺序行为关系。如果 a 和 b 在可信过程方面织入前是间接顺序行为关系，同理可证。

2. 活动织入操作

活动织入操作分为活动周围织入操作、迭代织入操作和并发织入操作，下面分别证明这三类织入操作不会引入行为冲突。

1）活动周围织入操作

根据活动周围织入操作定义 5.5，可信过程方面织入后，过程通知与切点活动之间形成选择行为关系，那么过程通知可以决定切点活动是否执行，也就是说，此时的过程通知可以修改基本过程中的切点活动，甚至完全替换。由于活动周围织入操作中过程通知的活动在满足可信需求的同时必须包含切点活动的功能，因此，在编织后的过程模型执行中，即使选择执行过程通知，也不破坏原过程需求的行为。

2）迭代织入操作

根据迭代织入操作定义 5.6，可信过程方面织入后，切点活动的行为关系发生改变，但只会改变顺序行为关系和迭代行为关系。如果切点活动在织入操作前与活动 $b\in p.A$ 之间是迭代行为关系，对其实施迭代织入操作后，过程通知与 b 形成选择关系，其证明同活动周围织入操作。下面证明如果切点活动在织入操作前与活动 $b\in p.A$ 之间是顺序行为关系，织入操作后这些活动间的行为关系与织入前一致，仍为顺序行为关系。

顺序行为关系证明。假设可信过程方面织入前，基本过程的切点活动 $\text{pc}_p.k_{az}$ 与活

动 $b\in p.A$ 之间是直接顺序行为关系，有 $M[\text{pc}_p.k_{az}>$ 但 $\neg M[b>$，而 $M[\text{pc}_p.k_{az}>M'\to M'[b>$，那么织入可信过程方面后，根据迭代织入操作定义 5.6，织入操作结果如图 5.22 所示。

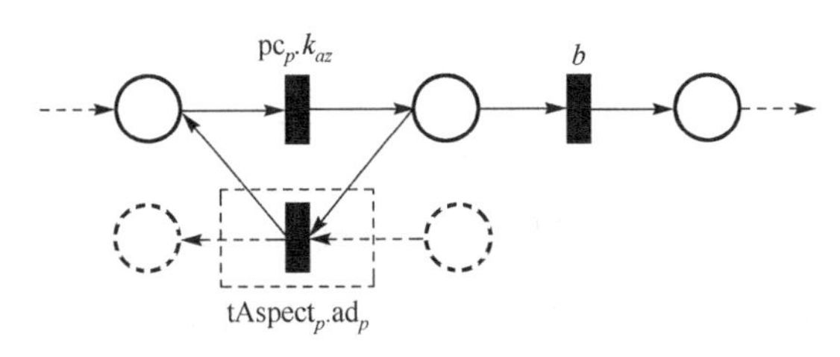

图 5.22　迭代织入操作后的顺序行为关系

此时，对于 $\forall\sigma\in \text{ad}_p.A^*$，$M[\text{pc}_p.k_{az}>M'\to M'[\sigma>\wedge M'[b>$。如果 $M'[b>$，那么 $\neg M'[\sigma>$，切点活动 $\text{pc}_p.k_{az}$ 与活动 b 之间仍然是直接顺序行为关系；如果 $M'[\sigma>$，那么 $\neg M'[b>\neg M'[b>$，根据迭代织入操作定义 5.6，$M'[\sigma>M''\to M''[\text{pc}_p.k_{az}>$，而 $M''[\text{pc}_p.k_{az}>M'''\to M'''[\sigma>\wedge M'''[b>$，此时，切点活动 $\text{pc}_p.k_{az}$ 与活动 b 之间是间接顺序行为关系。如果 $\text{pc}_p.k_{az}$ 和 b 在可信过程方面织入前是间接顺序行为关系，同理可证。

3）并发织入操作

根据并发织入操作定义 5.7，可信过程方面的并发织入不会改变基本过程中任何活动的行为关系，故并发织入操作不会引入行为冲突。

3. 弧织入操作

弧织入操作分为活动条件弧织入操作和条件活动弧织入操作，下面分别证明这两类织入操作不会引入行为冲突。

1）活动条件弧织入操作

根据弧织入操作定义 5.8，活动条件弧织入操作只会改变切点弧相关活动的顺序和迭代行为关系，下面证明编织后的行为关系与编织前行为关系保持一致。

（1）顺序行为关系证明。假设可信过程方面织入前，基本过程的切点弧前活动 $\text{dom}(\text{pc}_p.k_{fz})$ 与活动 $b\in p.A$ 之间是直接顺序行为关系，有 $M[\text{dom}(\text{pc}_p.k_{fz})>$ 但 $\neg M[b>$，而 $M[\text{dom}(\text{pc}_p.k_{fz})>M'\to M'[b>$，那么织入可信过程方面后，根据弧织入操作定义 5.8，织入操作结果如图 5.23 所示。

此时，$M[\text{dom}(\text{pc}_p.k_{fz})>$，$\neg M[b>$，对于 $\forall\sigma\in \text{ad}_p.A^*$，$M[\text{dom}(\text{pc}_p.k_{fz})>M'\to M'[\sigma>\wedge\neg M'[b>$，但 $M'[\sigma>M''\to M''[b>$，根据顺序行为关系定义 4.38，$\text{dom}(\text{pc}_p.k_{fz})$ 与活动 $b\in p.A$ 之间仍是顺序行为关系。如果 $\text{dom}(\text{pc}_p.k_{fz})$ 和 b 在可信过程方面织入前是间接顺序行为关系，同理可证。

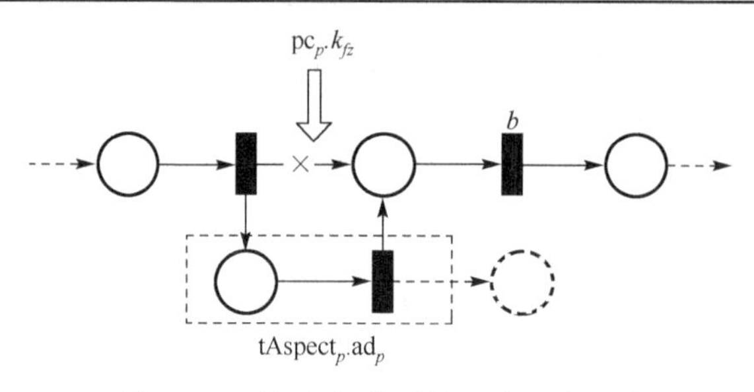

图 5.23　弧织入操作后的顺序行为关系

（2）迭代行为关系证明。假设可信过程方面织入前，基本过程的切点弧前活动 $\mathrm{dom}(\mathrm{pc}_p.k_{fz})$ 与活动 $b \in p.A$ 之间是直接迭代行为关系，有 $M[\mathrm{dom}(\mathrm{pc}_p.k_{fz})>$，$\neg M[b>$，但 $M[\mathrm{dom}(\mathrm{pc}_p.k_{fz})>M'[b>M'' \to M''[\mathrm{dom}(\mathrm{pc}_p.k_{fz})>$，那么织入可信过程方面后，根据弧织入操作定义 5.8，织入操作结果如图 5.24 所示。

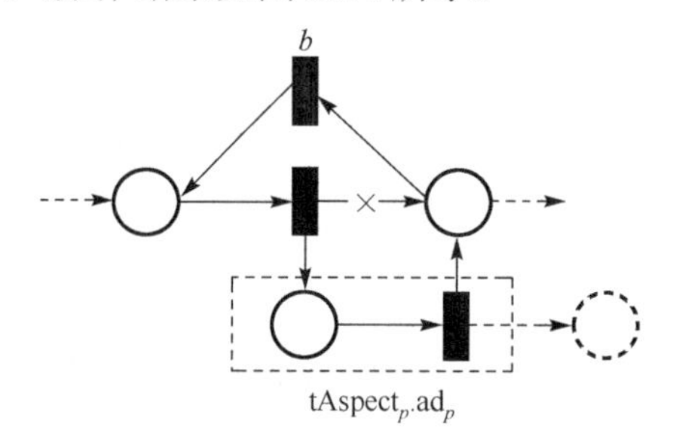

图 5.24　弧织入操作后的迭代行为关系

此时，$M[\mathrm{dom}(\mathrm{pc}_p.k_{fz})>$，$\neg M[b>$，但对于 $\forall \sigma \in \mathrm{ad}_p.A^*$，$M[\mathrm{dom}(\mathrm{pc}_p.k_{fz})>M'[\sigma>M'' \to M''[b>$ 且 $M''[b>M''' \to M'''[\mathrm{dom}(\mathrm{pc}_p.k_{fz})$，根据迭代行为关系定义 4.41，切点弧前活动 $\mathrm{dom}(\mathrm{pc}_p.k_{fz})$ 与活动 b 之间仍是迭代行为关系。如果切点弧前活动 $\mathrm{dom}(\mathrm{pc}_p.k_{fz})$ 与活动 b 之间是间接迭代行为关系，同理可证。如果切点弧定义为以 b 为前节点的弧，同理可证。

2）条件活动弧织入操作

根据弧织入操作定义 5.8，条件活动弧织入操作会改变切点弧相关活动的顺序、并发、迭代和选择行为关系，其中，顺序行为关系和迭代行为关系证明同活动条件弧织入操作的证明，下面证明并发行为关系和选择行为关系的一致性。

（1）并发行为关系证明。假设可信过程方面织入前，基本过程的切点弧后活动 $\mathrm{cod}(\mathrm{pc}_p.k_{fz})$ 与活动 $b \in p.A$ 之间是直接并发行为关系，有 $M[\mathrm{cod}(\mathrm{pc}_p.k_{fz})>$ 且 $M[b>$，$M[\mathrm{cod}(\mathrm{pc}_p.k_{fz})>M_1 \to M_1[b>$ 或 $M[b>M_2 \to M_2[\mathrm{cod}(\mathrm{pc}_p.k_{fz})>$，那么织入可信过程方面后，根据弧织入操作定义 5.8，织入操作结果如图 5.25 所示。

此时，对于 $\forall\sigma\in \mathrm{ad}_p.A^*$， $M[b>$ 且 $M[\sigma>$，但 $\neg M[\mathrm{cod}(\mathrm{pc}_p.k_{fz})>$，有 $M[\sigma> M_1 \to M_1[\mathrm{cod}(\mathrm{pc}_p.k_{fz})>\wedge M_1[b>$ 且 $M_1[\mathrm{cod}(\mathrm{pc}_p.k_{fz})>M_2 \to M_2[b>$ 或 $M_1[b>M_3 \to M_3[\mathrm{cod}(\mathrm{pc}_p.k_{fz})>$，或者 $M[b>M'[\sigma>M'' \to M''[\mathrm{cod}(\mathrm{pc}_p.k_{fz})>$，根据并发行为关系定义 4.40， $\mathrm{cod}(\mathrm{pc}_p.k_{fz})$ 和 b 之间是并发行为关系。如果 $\mathrm{cod}(\mathrm{pc}_p.k_{fz})$ 和 b 在可信过程方面织入前是间接并发行为关系，同理可证。

（2）选择行为关系证明。假设可信过程方面织入前，基本过程的切点弧后活动 $\mathrm{cod}(\mathrm{pc}_p.k_{fz})$ 与活动 $b\in p.A$ 之间是直接选择行为关系，有 $M[\mathrm{cod}(\mathrm{pc}_p.k_{fz})>$ 且 $M[b>$，$M[\mathrm{cod}(\mathrm{pc}_p.k_{fz})>M_1 \to M_1[b>$ 或 $M[b>M_2 \to \neg M_2[\mathrm{cod}(\mathrm{pc}_p.k_{fz})>$，那么织入可信过程方面后，根据弧织入操作定义 5.8，织入操作结果如图 5.26 所示。

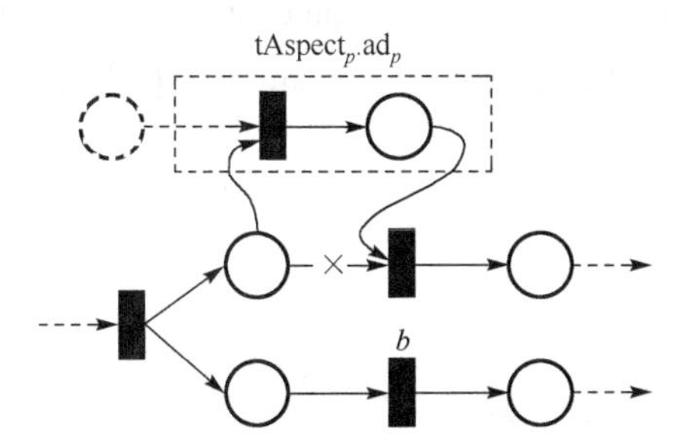

图 5.25　弧织入操作后的并发行为关系

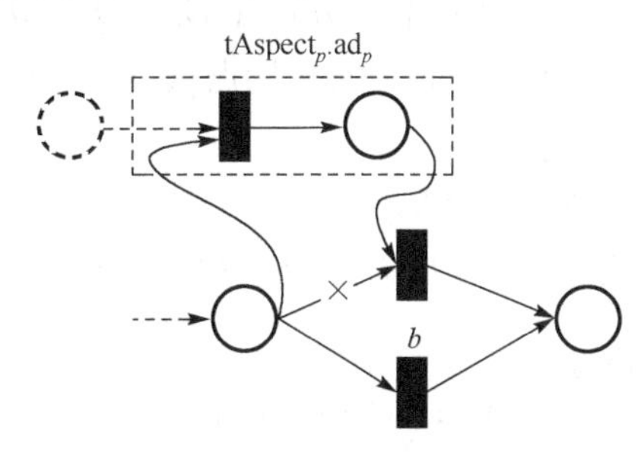

图 5.26　弧织入操作后的选择行为关系

此时，对于 $\forall\sigma\in \mathrm{ad}_p.A^*$， $M[b>$ 且 $M[\sigma>$，但 $\neg M[\mathrm{cod}(\mathrm{pc}_p.k_{fz})>$，有 $M[b> M_2 \to \neg M_2[\sigma>\wedge \neg M_2[\mathrm{cod}(\mathrm{pc}_p.k_{fz})>$，$M[\sigma>M' \to M'[\mathrm{cod}(\mathrm{pc}_p.k_{fz})>\wedge \neg M'[b>$ 且 $M'[\mathrm{cod}(\mathrm{pc}_p.k_{fz})>M'' \to \neg M''[b>$，根据选择行为关系定义 4.39， $\mathrm{cod}(\mathrm{pc}_p.k_{fz})$ 与 b 之间仍是选择行为关系，如果 $\mathrm{cod}(\mathrm{pc}_p.k_{fz})$ 和 b 在可信过程方面织入前是间接选择行为关系，同理可证。

证毕。

以上证明忽略了织入操作中根据织入操作需要引入的虚活动，因为虚活动仅有传递托肯的作用，可以将其视为过程通知中活动序列 σ 的一个活动，根据行为关系定义 4.38～定义 4.41，不会引入行为冲突。

5.6　可信任务方面织入

按照任务层切点定义，可信任务方面的织入分为之前、之后和周围织入，分别对应任务 2-断言功能的顺序织入和选择织入。

定义 5.10　可信任务方面织入操作　设 $\mathrm{tAspect}_t=(\mathrm{id}_t,\mathrm{ad}_t,\mathrm{pc}_t)$ 是一个可信任务方面， $\mathrm{ad}_t=\{(\{Q_a\},\{Q_b\})\}$ 是 $\mathrm{tAspect}_t$ 的任务通知， $t=(\{Q_1\},\{Q_2\},M_i,M_o)$ 是一个基本任

务，在 tAspect_t 定义的切点 $\text{pc}_t.k=\{t.(\{Q_1\},\{Q_2\})\}$ 处织入可信任务方面分为 2-断言功能前织入、2-断言功能后织入和 2-断言功能周围织入。

（1）2-断言功能前织入操作 $\text{tt}=\text{BTW}(t,\text{tAspect}_t)$： $\text{tt}.A(F)=\text{tAspect}_t.\text{ad}_t.A(F):t.A(F)$。

（2）2-断言功能后织入 $\text{tt}=\text{FTW}(t,\text{tAspect}_t)$： $\text{tt}.A(F)=t.A(F):\text{tAspect}_t.\text{ad}_t.A(F)$。

（3）2-断言功能周围织入操作 $\text{tt}=\text{ATW}(t,\text{tAspect}_t)$： $\text{tt}.A(F)=t.A(F)|B(F)|\text{tAspect}_t.\text{ad}_t.A(F)$； $\text{tt}.M_i=t.M_i$； $\text{tt}.M_o=t.M_o$。

按照可信任务方面织入定义 5.10，织入算法如下。

算法 5.6　可信任务方面织入算法 Task_Weaving

输入一个基本任务 $t=(\{Q_1\},\{Q_2\},M_i,M_o)$ 和一个可信任务方面 $\text{tAspect}_t=(\text{id}_t,\text{ad}_t,\text{pc}_t)$，在 tAspect_t 定义的切点 $\text{pc}_t.k=\{t.(\{Q_1\},\{Q_2\})\}$ 处实施任务通知 $\text{ad}_t=\{(\{Q_a\},\{Q_b\})\}$ 的织入操作。

输入：t， tAspect_t。

输出： $\text{tt}=(\{Q_x\},\{Q_y\},M_i,M_o)$。

```
BEGIN
   tt.{Q1} := ∅; tt.{Q2} := ∅; tt.Mi := ∅; tt.Mo := ∅;
   IF  pct.type = 0  THEN                              /*2-断言功能前织入*/
     BEGIN
        tt.A(F) = tAspectt.adt.A(F) : t.A(F);
        tt.Mi  = t.Mi ;
        tt.Mo  = t.Mo
     END
   ELSE  IF  pct.type = 1  THEN                        /*2-断言功能后织入*/
     BEGIN
        tt.A(F) = t.A(F): tAspectt.adt.A(F);
        tt.Mi  = t.Mi ;
        tt.Mo  = t.Mo
     END
   ELSE                                                /*2-断言功能周围织入*/
     BEGIN
        tt.A(F) = t.A(F) | B(F) | tAspectt.adt.A(F);
        tt.Mi  = t.Mi ;
        tt.Mo  = t.Mo
     END
END
```

假设一个基本任务 $t=(\{Q_1\},\{Q_2\},M_i,M_o)$ 和一个可信任务方面 $\text{tAspect}_t=(\text{id}_t,\text{ad}_t,$

pc_t)，$\mathrm{pc}_t.k=\{t.(\{Q_1\},\{Q_2\})\}$，$\mathrm{ad}_t=\{(\{Q_a\},\{Q_b\})\}$，按照定义 5.10 及算法 5.6，可信任务方面 $\mathrm{tAspect}_t$ 织入基本任务 t 得到的可信任务 tt 如表 5.4 所示。

表 5.4　可信任务方面织入

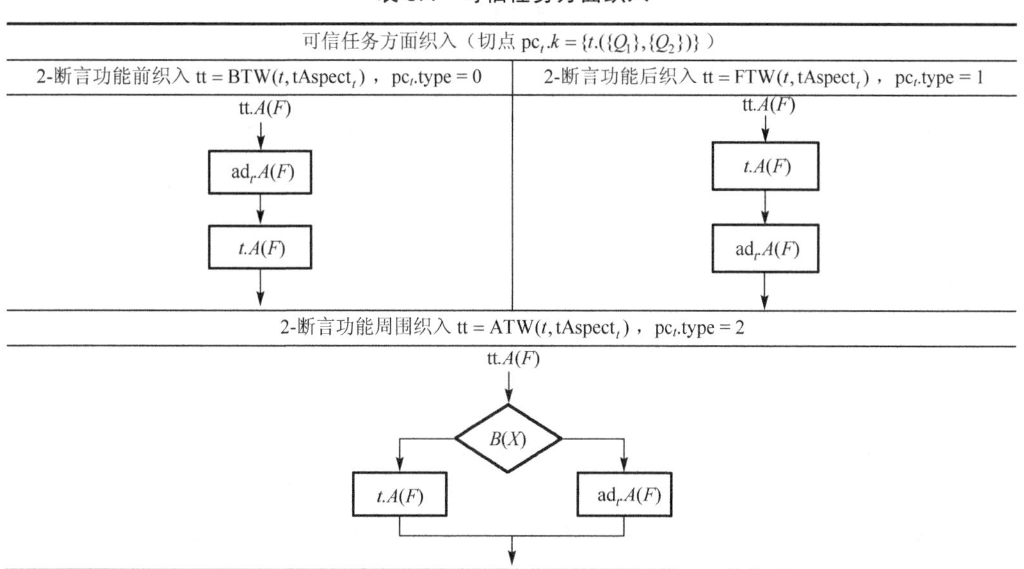

可信任务方面的织入保持原任务消息机制不变，只要基本任务能够执行，基本任务的消息一定能够让可信任务方面中的任务通知执行。

5.7　可信方面间编织完整性及正确性

5.3 节～5.5 节的证明保证了可信方面织入软件演化过程模型无冲突，下面对共享连接点上多个可信方面间的冲突控制进行编织完整性和正确性的证明，保证可信方面间无冲突。

1. 编织完整性

根据第 4 章 4.6.1 节中对编织完整性的定义，编织完整性可以通过保证所有织入的可信方面具有发生权且共享连接点上所有有数据依赖关系的可信方面按照依赖关系顺序融合来实现。本章 5.4 节中的可发生性定理已经证明可信方面具备发生权，因此，下面证明共享连接点上所有有数据依赖关系的可信方面如果按照依赖关系顺序融合，则保证了编织完整性。

为描述简洁，针对数据依赖关系，下面将决定其他可信方面的可信方面称为被依赖方面，而依赖于其他可信方面的可信方面称为依赖方面。

对于存在数据依赖关系的可信方面，如果依赖方面和被依赖方面未按照依赖关系的正确顺序织入基本模型，那么依赖方面将无法正确执行，导致其影响丢失，等同于依赖方面未编织入基本模型，此时编织是不完整的。因此，存在数据依赖关系的可信方面按照依赖关系正确地实施顺序融合后织入基本模型，可以保证编织的完整性。

定理 5.6　完整性定理　设 $\text{TAspect}=\{\text{tAspect}_1,\cdots,\text{tAspect}_n\}$ 是一个共享连接点上的可信方面集合，若 TAspect 中所有方面织入软件演化过程模型，其中所有有数据依赖关系的可信方面都按照依赖关系顺序融合，那么编织是完整的。

证明：设可信方面集合 $\text{TAspect}=\{\text{tAspect}_1,\cdots,\text{tAspect}_n\}$ 中任意两个可信方面 tAspect_1 和 tAspect_2 中实体 e_1 和 e_2 之间是数据依赖关系 $e_1\ \delta^d\ e_2$，根据可信方面融合操作定义，包含 e_1 的可信方面 tAspect_1 和包含 e_2 的可信方面 tAspect_2 以图 5.27 所示数据依赖关系顺序融合。

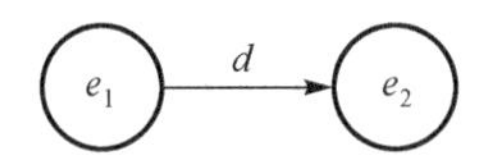

图 5.27　数据依赖关系

实体为活动时，tAspect_1 和 tAspect_2 顺序融合后织入基本过程，tAspect_1 和 tAspect_2 的过程通知在织入后都是可发生的（5.4 节证明了过程通知的可发生性），那么存在格局 M 和 M'，有 $M[e_1>$ 但 $\neg M[e_2>$，$M[e_1>M'\rightarrow M'[e_2>$，在格局 M，e_1 有发生权，e_2 没有发生权，但 e_1 发生后进入格局 M'，此时，e_2 获得发生权以及需要的资源，意味着 e_2 正常执行且不会丢失其应有的影响，因此，编织是完整的。

实体为任务时，tAspect_1 和 tAspect_2 顺序融合，有 $A(F)=A(F_1):A(F_2)$，$A(F_1)=(\text{PR}(X),\text{PO}_1(X,Y_1))$，$A(F_2)=(\text{PR}(X),\text{PO}_2(X,Y_2))$（$X$ 和 Y 分别是任务功能的输入向量和输出向量（Li，2008）），如果 $\text{PR}(X)$为真，$A(F_1)$执行且终止，那么 $\text{PO}_1(X,Y_1)$为真，因为 $A(F_1)$只改变了变量 Y_1 且有 $X\cap Y=\varnothing$，$\{Y_1\}\subseteq\{Y\}$，因此 $\text{PR}(X)$仍为真，此时，$A(F_2)$可以正常执行，意味着不会丢失 e_2 的影响，并且 $A(F_2)$改变变量 Y_1 为 Y_2，意味着 e_2 会产生应有的影响，因此，编织是完整的。

证毕。

编织完整性示例　假设一个可信软件的可信关注点之一是可靠性，建模者需要将包含可靠性建模活动 a_1、可靠性预测活动 a_2、可靠性计划活动 a_3 和可靠性分配活动 a_4 的可信过程方面分别织入软件过程的需求分析阶段，由可信需求模型可知，这四个活动之间有数据依赖关系 $a_1\ \delta^d\ a_2\ \delta^d\ a_3\ \delta^d\ a_4$，如图 5.28 所示。

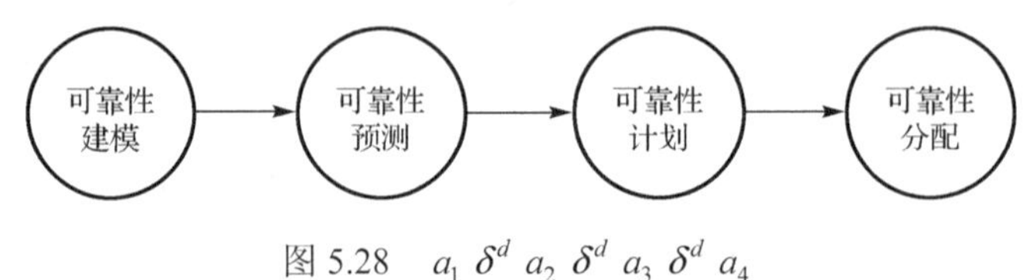

图 5.28　$a_1\ \delta^d\ a_2\ \delta^d\ a_3\ \delta^d\ a_4$

按照编织完整性要求，a_1、a_2、a_3 和 a_4 按图 5.29 所示的顺序关系融合后织入基本模型。

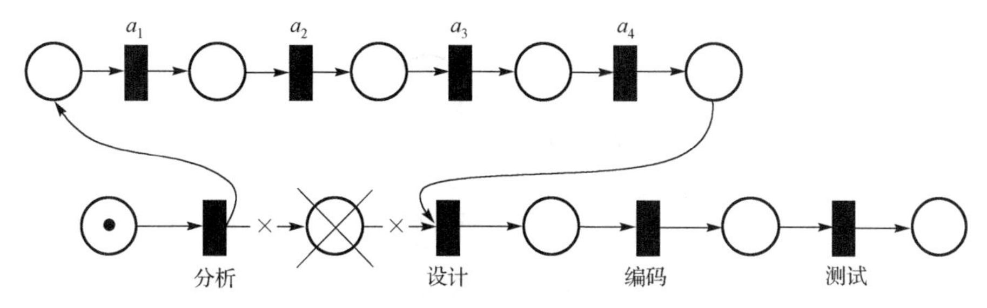

图 5.29　a_1、a_2、a_3 和 a_4 顺序融合后织入基本过程

如果可靠性建模活动 a_1 从顺序上先于可靠性预测活动 a_2 执行，那么可靠性预测活动 a_2 可以从可靠性建模活动 a_1 获得发生权，并且获得可靠性预测需要的相关资源，且不会丢失可靠性预测活动 a_2 的影响。相反，如果可靠性预测活动 a_2 在没有可靠性建模活动 a_1 执行的情况下执行，对于可靠性预测活动 a_2 来说，可靠性建模活动 a_1 相当于没有织入基本过程，此时，编织是不完整的，同时，可靠性预测活动 a_2 没有可靠性建模活动提供的建模数据，其应有的影响也会丢失。可靠性计划活动 a_3 和可靠性分配活动 a_4 的情况类似。

2. 编织正确性

同样，根据第 4 章 4.6.1 节中对编织正确性的定义，编织正确性可以通过保证所有织入的可信方面具有发生权且共享连接点上所有有控制依赖关系的可信方面按照依赖关系选择融合来实现。本章 5.4 节中的可发生性定理已经证明可信方面具备发生权，因此，下面证明共享连接点上所有有控制依赖关系的可信方面如果按照依赖关系选择融合，则保证了编织正确性。

为描述简洁，下面将控制其他可信方面的可信方面称为控制方面，而被其他可信方面控制的可信方面称为被控制方面。

对于存在控制依赖关系的可信方面，如果被控制方面未按照控制关系织入基本模型，那么被控制方面将造成错误的方面影响，等同于被控制方面错误地织入基本模型，此时编织是不正确的。因此，存在控制依赖关系的可信方面按照控制依赖关系正确地实施选择融合后织入基本模型，可以保证编织的正确性。

定理 5.7　正确性定理　设 $\text{TAspect}=\{\text{tAspect}_1,\cdots,\text{tAspect}_n\}$ 是一个共享连接点上的可信方面集合，若 TAspect 中所有方面织入软件演化过程模型，其中所有有控制依赖关系的可信方面都按照依赖关系选择融合，那么编织是正确的。

证明： 设可信方面集合 $\text{TAspect}=\{\text{tAspect}_1,\cdots,\text{tAspect}_n\}$ 中任意三个可信方面 tAspect_1、tAspect_2 和 tAspect_3 中实体 e_1、e_2、e_3 之间是控制依赖关系：$e_1\ \delta^c\ e_2$ 且

$e_1\ \delta^c\ e_3$，根据可信方面融合操作定义，包含 e_1、e_2 和 e_3 的可信方面以图 5.30 所示的控制关系融合。

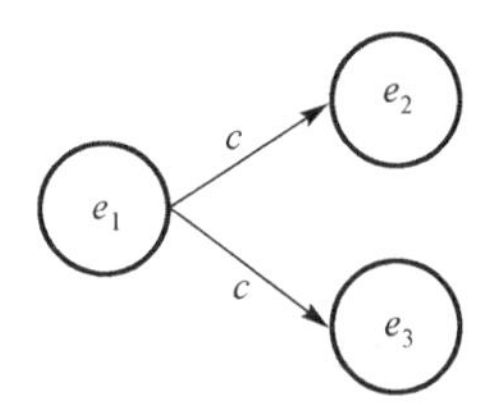

图 5.30　控制依赖关系

实体为活动时，tAspect$_1$ 控制 tAspect$_2$ 和 tAspect$_3$ 的执行，如果 $M[e_1 > M'$，那么 $M'[e_2 >$ 或者 $M'[e_3 >$ 但 $\neg M'[\{e_2, e_3\} >$，e_2 和 e_3 的发生权由 e_1 的实际执行情况决定。在格局 M'，e_2 和 e_3 虽然都能够获得发生权，但在实际运行过程中，M'决定了只有其中一个活动能真正发生，且 e_2 和 e_3 的执行接受了 e_1 的执行结果，意味着 e_2 和 e_3 不会同时发生而造成错误的影响，也不会让 e_2 或者 e_3 在不受 e_1 控制的情况下发生错误的影响，因此，编织是正确的。

实体为任务时，tAspect$_1$ 控制 tAspect$_2$ 和 tAspect$_3$ 的执行，有 $A(F) = A(F_1) : (A(F_2) \mid B(X) \mid A(F_3))$，其中，$A(F_1) = (\mathrm{PR}_1(X_1), \mathrm{PO}_1(X_1, Y_1))$，$A(F_2) = (\mathrm{PR}_2(X_2), \mathrm{PO}_2(X_2, Y_2))$，$A(F_3) = (\mathrm{PR}_3(X_3), \mathrm{PO}_3(X_3, Y_3))$，因为 $\mathrm{PO}_1(X_1, Y_1) \wedge B(X) \Rightarrow \mathrm{PR}_2(X_2)$ 且 $\mathrm{PO}_1(X_1, Y_1) \wedge \neg B(X) \Rightarrow \mathrm{PR}_3(X_3)$，而 $\mathrm{PO}_1(X_1, Y_1) \Rightarrow B(X) \vee \neg B(X)$，因此，tAspect$_1$ 的执行结果保证了 $\mathrm{PR}_2(X_2)$ 和 $\mathrm{PR}_3(X_3)$ 只有一个为真，且 e_2 和 e_3 的执行由 e_1 的执行结果决定，意味着不会让 e_2 和 e_3 同时发生而造成错误的影响，也不会让 e_2 或者 e_3 在不受 e_1 控制的情况下发生错误的影响，因此，编织是正确的。

对于一个可信方面仅控制另外一个可信方面的特殊情况，可以增加虚方面实现控制关系，例如，可信过程方面 tAspect$_1$ 仅控制 tAspect$_2$，此时增加一个虚活动 VA 或者一个虚功能 VT，实现 tAspect$_1$ 和 tAspect$_2$ 之间的控制关系，如图 5.31 和图 5.32 所示。

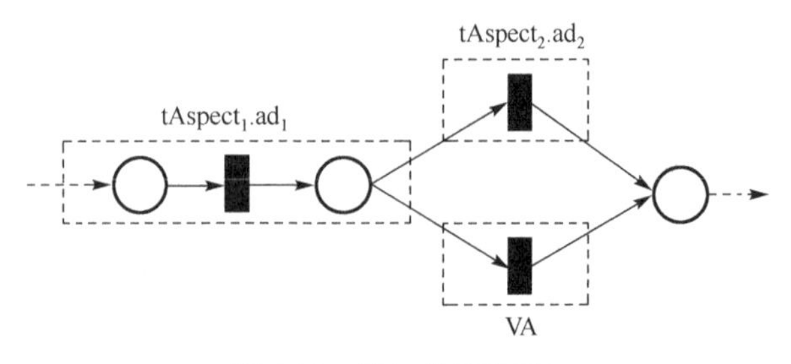

图 5.31　增加虚活动 VA

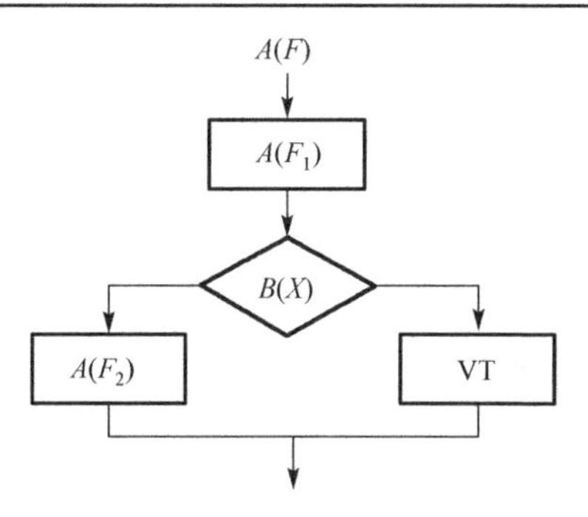

图 5.32　增加虚功能 VT

其中，虚活动 VA 仅有传递托肯的作用，虚功能 VT 仅有传递变量的作用。

证毕。

编织正确性示例　假设一个可信软件的可信关注点包括可靠性和精确性，建模者需要将包含精确性设计活动 a 和容错设计活动 b 的可信过程方面分别织入软件过程的设计阶段，由可信需求模型可知，这两个活动之间存在控制依赖关系 $a\ \delta^c\ b$，即精确性设计的结果决定了容错设计是否执行，并且容错设计如果执行，其容错的范围也由精确性设计结果决定，因为容错只允许在精确性边界以外实现，所以精确性设计活动 a 和容错设计活动 b 需以正确的控制关系融合后织入基本过程，如图 5.33 所示。

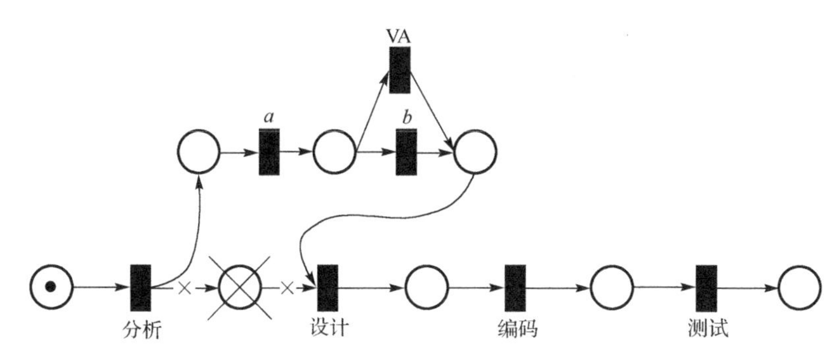

图 5.33　a 和 b 基于控制关系融合后织入基本过程

如果精确性设计边界包含整个软件，那么容错设计不执行，此时执行虚活动 VA。如果精确性设计边界未包含整个软件，容错范围也依据精确性设计结果决定。因此，在精确性设计活动的控制下，容错设计不会不正确地织入基本过程，也不会产生错误影响。

通过编织完整性定理和编织正确性定理的证明可以得出结论：如果同一连接点织入的多个方面按照其数据依赖关系和控制依赖关系以正确的顺序和选择关系融合，那么方面编织是完整且正确的，方面间的干扰问题可以得到控制。

5.8 小　结

可信方面合成操作是面向方面可信软件过程建模的核心操作，合成分融合与织入，当同一切点上有同类型多个可信方面需要织入时，先对这些可信方面执行融合操作，当一个切点上只有一种类型的可信方面需要织入时执行织入操作，所有可信方面织入软件演化过程模型后得到可信软件过程模型。按照粒度不同，可信方面分为可信过程方面和可信任务方面，本章分别对这两类方面定义了融合与织入操作，并证明织入操作具有结构保持性、性质保持性及行为一致性，在此基础上证明了融合操作保证编织完整性及正确性。

参考文献

Li T. 2008. An Approach to Modelling Software Evolution Processes. Berlin: Springer.

第 6 章　可信软件过程建模

本章内容：

（1）定义面向方面可信软件过程建模流程

（2）提出可信软件过程活动层、任务层、过程层和全局层建模方法

（3）定义可信方面织入一致性判定准则，提出方面追踪方法

（4）面向方面可信软件过程建模方法应用案例分析

基于前两章提出的面向方面可信软件过程元模型、可信软件过程框架、可信方面织入冲突控制和检测方法以及可信方面合成方法，本章提出面向方面可信软件过程建模方法，图 6.1 给出了本章的研究步骤及阶段成果。

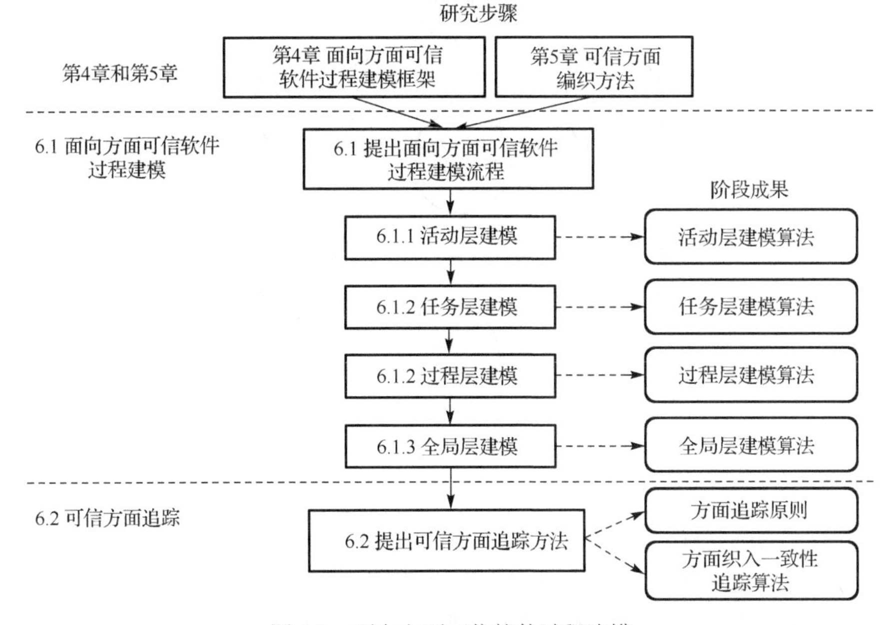

图 6.1　面向方面可信软件过程建模

可信软件过程建模方法使用面向方面方法扩展软件演化过程建模方法，按照软件演化过程建模框架，分别在全局层、过程层、活动层和任务层实施扩展。另外，前述章节中，我们对可信方面织入可能引入的冲突进行了分析、控制、检测和消解，但方面织入对基本过程的影响仍然是一个需要解决的问题，因此，在提出建模方法后，我

们提出方面织入的一致性追踪方法，验证方面织入是否对基本过程产生影响，以及验证产生的影响是正常影响还是异常影响。最后，面向本书第 2 章提出的可信第三方认证中心软件 SIS 和航天软件，基于面向方面可信软件过程框架和可信方面编织方法，应用本章的可信软件过程建模方法对这两个可信软件实施了过程建模的案例分析，并将面向方面可信软件过程建模方法应用于业务过程领域，对四个真实的银行业务过程案例进行研究分析。

6.1　面向方面可信软件过程建模

不同于软件演化过程建模流程（Li，2008），面向方面可信软件过程建模首先从活动层建模开始，然后根据活动分解的不同粒度进行任务层建模和过程层建模，最后完成全局层建模，如图 6.2 所示。

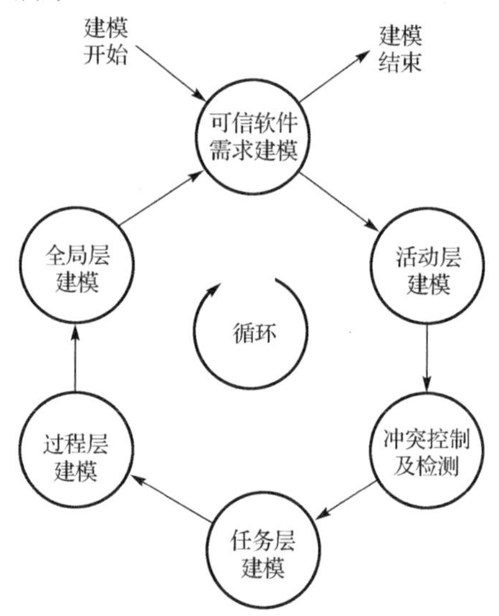

图 6.2　面向方面可信软件过程建模流程

（1）可信软件需求建模。

本书第 2 章提出可信软件需求获取方法及可信软件需求元模型，在此基础之上提出基于知识库的可信软件需求建模方法。第 3 章提出可信软件需求推理与权衡方法，寻找满足可信软件需求的过程策略，即找到满足可信软件需求的可信活动。

（2）活动层建模。

基于步骤（1）得到的可信活动实施可信活动建模，即在可信软件过程的活动层设计可信活动，定义可信活动的输入、输出、本地数据结构及活动体，按照分解粒度不同，将活动体定义为一个软件过程或者一个任务集合，并在此基础上定义可信过程方面和可信任务方面。

（3）可信方面编织冲突控制及检测。

可信方面织入软件演化过程模型可能产生两类冲突：一类是方面间编织冲突，另一类是方面织入基本过程的结构、性质或行为冲突。其作用为控制及消除冲突，在任务层和过程层建模前进行冲突控制、检测及消解。对于第一类方面间编织冲突，此类冲突发生在同切点同类型织入的可信方面之间，为了控制这类冲突，分析可信方面之间的依赖关系，对于存在依赖关系的可信方面，按照依赖关系实施融合操作。对于第二类可信过程方面织入软件演化过程模型可能存在的冲突，在可信过程方面织入软件演化过程模型的过程中进行结构、性质和行为冲突检测，只要检测到冲突，冲突检测方面将阻止可信过程方面织入，对冲突予以消解后再实施方面织入操作。

（4）任务层建模。

任务层建模是将可信任务方面织入软件演化过程模型。对于同切点同类型织入的可信任务方面，首先实施方面融合操作，如果可信任务方面的任务通知间有依赖关系则按照依赖关系实施融合，如果任务通知间没有依赖关系，建模者可以根据需要按照顺序或者选择结构实施融合。对于不同切点或者同切点但不同类型的可信任务方面，实施方面织入操作。

（5）过程层建模。

当可信过程方面织入软件演化过程模型无冲突时，过程层建模本质上是将可信过程方面融合后织入软件演化过程模型。

（6）全局层建模。

过程层建模将产生新的可信过程，因此，全局层建模是识别所有的可信过程、软件过程以及过程之间的包含关系。通过全局层模型，建模者可以掌握原软件演化过程模型的变化以及新可信软件过程模型的整体架构。

6.1.1　活动层建模

可信软件过程建模的第一步是通过可信软件需求推理出的过程策略确定扩展软件演化过程模型活动层的可信活动，并定义可信活动的输入、输出、本地数据结构和活动体。

算法 6.1　可信活动建模算法 Tactivity_Modelling

可信活动的建模包括定义输入、输出、本地数据结构和活动体，活动体进一步分解为一个可信过程或者一个可信任务集合。

输入：过程策略。

输出：TA，TAspect_t，TAspect_p。

```
BEGIN
   TA := ∅; TAspect_p := ∅; TAspect_t := ∅;
   I_t := ∅; O_t := ∅; L_t := ∅; B_t := ∅;
```

```
  FOR 每一个过程策略的可信活动 DO
     BEGIN
      定义输入数据结构 It、输出数据结构 Ot、本地数据结构 Lt;
      分析活动体 Bt;
      IF  Bt 细化为软件过程  THEN
         BEGIN
            定义可信过程方面 tAspectp ;
            TAspectp := TAspectp ∪ {tAspectp}
         END
      ELSE
         BEGIN
            定义 Bt 的任务集合为 TT;
            FOR 每一个 tt ∈ TT DO
               BEGIN
                  定义 tt 为可信任务方面 tAspectt ;
                  TAspectt := TAspectt ∪ {tAspectt}
               END
         END;
      ta := (It, Ot, Lt, Bt);
      TA := TA ∪ {ta}
     END
END
```

与软件演化过程模型中的活动一样，可信活动根据粒度不同可以细化为软件过程或者任务集合，它们分别被定义为可信过程方面和可信任务方面，并且分别在过程层和任务层织入软件演化过程模型。

6.1.2　任务层和过程层建模

任务层和过程层的建模本质上是将可信任务方面和可信过程方面织入软件演化过程模型。由于织入需要避免共享连接点的冲突，建模过程的第一步是寻找每一个切点上需要织入的可信方面。如果某一个切点上只有一个可信方面需要织入，则基于切点定义调用可信方面织入算法；如果有多个可信方面需要织入同一切点，对于同切点同类型织入的可信方面，调用可信方面融合算法，保证有依赖关系的可信方面完整且正确地织入软件演化过程模型；对于同切点不同类型的可信方面，同样基于切点定义调用可信方面织入算法。

1. *任务层建模*

对于软化演化过程模型中的所有任务，调用可信任务方面融合操作算法 5.2 和织入操作算法 5.6 将所有可信任务方面织入任务层任务得到可信任务。

算法 6.2　任务层建模算法 Ttask_Modelling

输入软件演化过程模型的任务集合 T 和可信任务方面集合 $\mathrm{TAspect}_t = \{\mathrm{tAspect}_{t1}, \mathrm{tAspect}_{t2}, \cdots, \mathrm{tAspect}_{tn}\}$（$n > 0$），任务层建模算法将 $\mathrm{TAspect}_t$ 中所有可信任务方面织入 T，生成可信任务集合 TT。

输入：T，$\mathrm{TAspect}_t$。

输出：TT。

```
BEGIN
  TT := Ø;
  PC.K := tAspect_t1.pc.k ∪ tAspect_t2.pc.k ∪ … ∪ tAspect_tn.pc.k;
  FOR 每一个 pc.k ∈ PC.K  DO
    BEGIN
      SJP(pc.k) := Ø;
     FOR  j=1  TO  n  DO
       IF  pc.k ∈ tAspect_tj.pc.k  THEN              /*共享连接点判断*/
          SJP(pc.k) := SJP(pc.k) ∪ {tAspect_tj}
    END;
  FOR  每一个 pc.k ∈ PC.K   DO
    IF | SJP(pc.k) |> 1  THEN                         /*多个可信任务方面织入*/
      BEGIN
        FOR SJP(pc.k)中同类型可信过程方面 DO
         BEGIN
          调用 Task_Aspect_Merging();
          SJP(pc.k) := SJP(pc.k) ∪ {tAspect_t}     /* tAspect_p是融合生成的*/
         END;
        FOR  SJP(pc.k)中不同类型可信过程方面 tAspect_t ∈ SJP(pc.k)  DO
          调用 Task_Weaving(t, tAspect_t);
        输出 tt;
        TT := TT ∪ {tt}
      END
    ELSE  IF | SJP(pc.k) |= 1  THEN                   /*一个可信任务方面织入*/
      BEGIN
        tt := Task_Weaving(t, tAspect_t);
        TT := TT ∪ {tt}
      END
END
```

2. 过程层建模

由于可信过程方面的织入除了方面间可能存在冲突外，还可能存在可信过程方面与软件演化过程模型中软件过程间的冲突，所以可信过程方面织入还需要进行冲突检测。根据第 4 章 4.7 节提出的织入冲突检测方法，可信过程方面织入时通过冲突检测方面拦截冲突，在保证织入无冲突时才允许实施可信过程方面织入操作。

算法 6.3 过程层建模算法 Tprocess_Modelling

输入软件演化过程模型的软件过程集合 P 和可信过程方面集合 $\text{TAspect}_p = \{\text{tAspect}_{p1}, \text{tAspect}_{p2}, \cdots, \text{tAspect}_{pn}\}$（$n > 0$），过程层建模算法将 TAspect_p 中所有可信过程方面织入 P，生成可信过程集合 TP。

输入：P，TAspect_p。

输出：TP。

```
BEGIN
  PC.K := tAspect_p1.pc.k ∪ tAspect_p2.pc.k ∪ … ∪ tAspect_pn.pc.k ;
  FOR  每一个 pc.k ∈ PC.K   DO
    BEGIN
      SJP(pc.k) := ∅ ;
      FOR  j=1  TO  n  DO
        IF  pc.k ∈ tAspect_pj.pc.k  THEN              /*共享连接点判断*/
          SJP(pc.k) := SJP(pc.k) ∪ {tAspect_pj}
    END;
  FOR  每一个 pc.k ∈ PC.K   DO
    IF  | SJP(pc.k) |> 1  THEN                        /*多个可信过程方面织入*/
      BEGIN
        FOR  SJP(pc)中同类型可信过程方面  DO
          BEGIN
            调用 Process_Aspect_Merging();
            SJP(pc.k) := SJP(pc.k) ∪ {tAspect_p};  /* tAspect_p 是融合生成的*/
          END;
        FOR  SJP(pc)中不同类型可信过程方面 tAspect_p ∈ SJP(pc.k)  DO
          IF  Conflict = 0  THEN                      /*织入无冲突*/
            IF  tAspect_p.pc.k ∈ p.A  THEN            /*活动织入*/
                调用 Activity _Weaving(p, tAspect_p)
            ELSE  IF  tAspect_p.pc.k ∈ p.F  THEN      /*弧织入*/
                调用 Flow _Weaving(p, tAspect_p);
            ELSE  IF  tAspect_p.pc.k ∈ p.C  DO        /*条件织入*/
                调用 Condition _Weaving(p, tAspect_p)
          ELSE
        输出冲突类型、冲突位置和 tAspect_p.id_p
      END
    ELSE  IF | SJP(pc.k) |= 1  THEN                  /*一个可信过程方面织入*/
      IF  Conflict = 0  THEN                          /*织入无冲突*/
```

```
        IF tAspect_p.pc.k ∈ p.A THEN                    /*活动织入*/
           调用 Activity _Weaving(p, tAspect_p)
        ELSE  IF tAspect_p.pc.k ∈ p.F THEN              /*弧织入*/
           调用 Flow _Weaving(p,tAspect_p)
        ELSE  IF tAspect_p.pc.k ∈ p.C DO                /*条件织入*/
           调用 Condition _Weaving(p,tAspect_p)
     ELSE
        输出冲突类型、冲突位置和 tAspect_p.id_p;
   输出 TP
END
```

6.1.3　全局层建模

与软件演化过程建模步骤相反，可信软件过程建模的全局层建模在完成活动层、过程层和任务层建模之后实施。基于未编织可信方面的软件演化过程和编织了可信方面的可信软件过程，全局层建模算法如下。

算法 6.4　全局层建模算法 Tglobal_Modelling

输入可信过程方面集合 TAspect_p 和软件演化过程集合 P，调用过程层建模算法 Tprocess_Modelling 将 TAspect_p 织入 P，生成全集模型 $g=(P,\text{TP},E)$。

输入：P，TAspect_p。

输出：g。

```
BEGIN
   TP := ∅;
   FOR 每一个 p ∈ P DO
     IF  p 织入了可信过程方面 THEN
       BEGIN
          TP := TP ∪ {tp};
          P := P - {p};
          替换 E 中 p 为 tp
       END
     输出 g  = (P, TP, E)
END
```

可信软件过程建模方法使用面向方面方法扩展软件演化过程建模方法(Li, 2008)，按照软件演化过程框架，面向方面可信软件过程建模分别在全局层、过程层、活动层和任务层实施扩展。通过第 2 章和第 3 章的可信软件需求获取、建模、推理与权衡，我们首先获得满足可信软件需求的可信活动，因此，可信软件过程的建模首先将可信活动扩展至活动层，然后将可信活动按不同粒度细化后得到的可信过程方面和可信任务方面分别织入软件演化过程模型的过程层和任务层，实现过程层建模和任务层建模，最终将可信过程加入全局模型，实现全局层建模。

6.2 可信方面追踪

面向方面可信软件过程建模将基本过程（软件演化过程模型）与可信方面分离，单独建模，然后通过消解冲突的编织机制合成起来，编织机制的设计除了保证可信方面之间无冲突、可信方面与基本过程无冲突外，如何验证可信方面织入对软件演化过程模型的影响也是一个亟待解决的问题，方面追踪的出现为这一问题提供了一个解决方案。可信方面追踪的目标是追踪可信方面织入软件演化过程模型是否影响软件演化过程模型的一致性，即追踪可信方面织入是否对软件演化过程模型产生影响，以及产生的影响是正常影响还是异常影响。

Tabares 等（2007）认为方面追踪即对横切关注点演化和改进的追踪，验证模型元素的完整性和一致性。Yu 等（2007）认为方面追踪可归为两大类：一是确保使用和不使用方面的系统具有由硬目标定义的相同的功能；二是检查编织系统方面在软目标方面是否确实提高了系统的质量。Störzer 等（2003）认为方面追踪是追踪系统行为的改变。本章针对面向方面可信软件过程模型，可信方面的一致性追踪是验证可信方面织入后能够正常行使可信方面的功能，并且不破坏原软件演化过程模型的功能，则可信方面的影响视为正常影响。如果方面织入基本过程后破坏了软件演化过程模型的功能或导致编织后的软件演化过程模型部分与原过程模型不一致，则方面的影响视为异常影响。

6.2.1 可信方面追踪原则

可信方面追踪仍然以 Petri 网语言为基础，在提出可信方面追踪方法前，首先提出如下可信方面追踪原则。

原则一：对面向方面可信软件过程建模的方面追踪而言，需要保证两个准确性，一是准确描述过程模型；二是准确描述方面追踪的内容。

此原则要求准确描述过程模型和追踪内容，否则方面追踪将没有任何意义。

原则二：对于可信方面织入而言，追踪可信方面的织入是否会破坏软件演化过程模型。

此原则说明方面的织入应当能满足软件演化过程模型的全部需求，或者方面织入后可以提高编织后模型在某一方面的能力，而不是破坏原软件演化过程模型。

原则三：可信方面追踪仅研究可信方面织入的一致性。

此原则是针对复杂的软件过程来说的，所生成的过程模型包含多方面的内容，通常情况下，要对其进行完整的追踪是不可能的，针对面向方面可信软件过程模型，本章限定对可信方面织入一致性进行追踪。

原则四：可信方面追踪的目的是以满足用户期望为基础，检验织入可信方面前后的过程模型是否一致。

此原则要求可信方面追踪以满足用户的期望为基础，不保证过程模型在实际使用中是可靠的，这是因为一致性追踪以织入方面前的软件演化过程模型作为基准，而软件演化过程模型未必完全满足用户的真实需求，在实际执行过程中可能需要改进。因此，为力求尽量全面地满足用户的真实需求，本书在第 7 章介绍可信软件过程维护方法。

6.2.2 可信方面织入一致性追踪

以 Petri 网语言为基础，可信方面织入一致性追踪方法通过对比基本过程模型（软件演化过程模型）与织入可信方面后的过程模型（面向方面可信软件过程模型）执行的活动序列来研究方面织入的影响，一致性追踪的流程如图 6.3 所示。

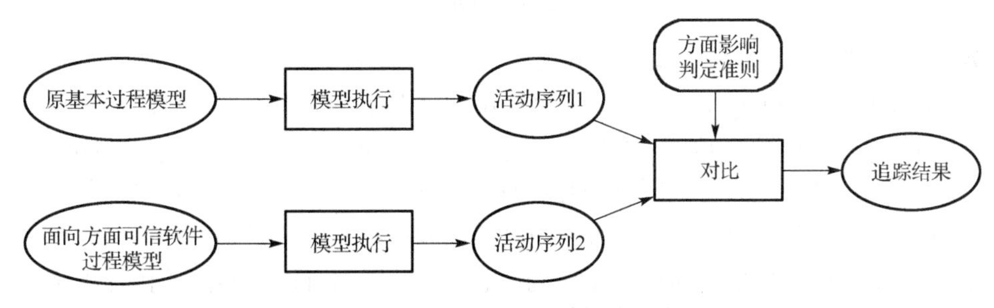

图 6.3　可信方面织入一致性追踪流程

由于过程模型执行会产生多条活动序列，为了保证所得活动序列具有可比性，给出如下四个限制：①两个过程模型要具有相同的初始格局；②两个过程模型要具有相同的目标格局；③对于迭代织入方式，在对比活动序列时，去除重复执行的活动；④在过程模型中有选择结构时，对选择相同分支的过程模型进行对比。即保证可信方面织入前后的两个过程模型的起始活动和终止活动相同，且执行路径确定。

1. 可信方面织入一致性判定准则

下面给出可信方面织入软件演化过程模型产生正常影响的判定准则，此判定准则只要求方面织入后能正确行使其功能，且不破坏原基本过程的功能，即认为是正常影响。

判定准则 1　给定基本过程模型 p 和织入可信方面后的过程模型 tp，对于给定的初始格局 M_0 和目标格局 M，在 p 中有活动发生序列 σ_1，使得 $M_0[\sigma_1 > M$，在 tp 中有活动发生序列 σ_2，使得 $M_0[\sigma_2 > M$。若 σ_1 中的活动执行在 σ_2 中不改变，那么可信方面织入影响是正常影响。

此准则较为严格，限制软件演化过程模型中所有活动在织入可信方面后的过程模型中顺序完全不变。但织入的可信方面可能会对软件演化过程模型作出改进，这就使得织入方面后，软件演化过程模型中的活动不能完全按照原来的顺序执行，但这种变化是可信软件过程建模的需要，属于正常影响。为了给出合理的判定准则，下面通过分析可信方面的四类织入操作有针对性地提出判定准则。

1）可信方面并发织入

图 6.4 给出了软件演化过程模型 p 和可信软件过程模型 tp。

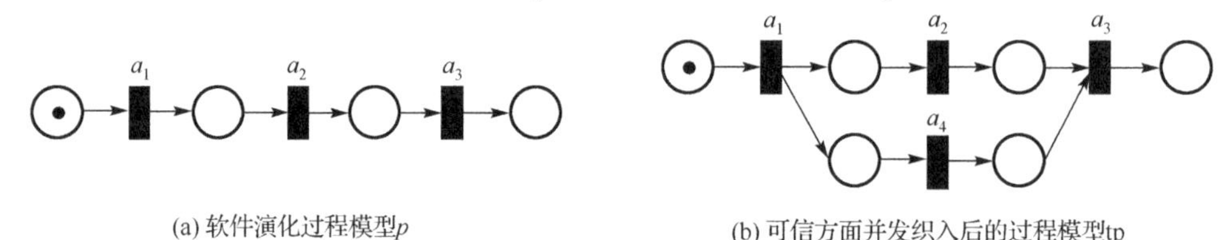

(a) 软件演化过程模型p　(b) 可信方面并发织入后的过程模型tp

图 6.4　可信方面并发织入

p 的活动发生序列为 $a_1a_2a_3$，tp 的活动发生序列可以为 $a_1a_2a_4a_3$，也可以为 $a_1a_4a_2a_3$，其中，a_2 和 a_4 并发执行。如果使用判定准则 1，由于织入方面前后两个活动序列中的活动改变了，则该方面的织入影响是异常的。然而，实际执行顺序中，两个模型中 a_1、a_2 和 a_3 之间的执行顺序是没有改变的，增加 a_4 活动的并发执行并不会产生异常影响。因此在这种条件下，方面织入的影响应视为正常影响。

在一个软件过程模型的活动发生序列 σ 中，活动之间可以有不同的执行顺序，这些在 σ 中变换顺序后可以得到一系列活动序列组成一个活动序列集合，记为 $D(\sigma)$（宋巍等，2009）。引入 $D(\sigma)$，下面给出判定准则 2。

判定准则 2　给定基本过程模型 p 和织入可信方面后的过程模型 tp，对于给定的初始格局 M_0 和目标格局 M，在 p 中有活动发生序列 σ_1，使得 $M_0[\sigma_1 > M$，若在 tp 中有活动发生序列 σ_2，$\forall \lambda \in D(\sigma_2)$，满足 $M_0[\lambda > M$，那么可信方面织入影响是正常影响。

另外，可信方面的弧织入和条件织入以顺序方式引入可信活动，这类顺序织入方式对活动序列的改变情况与并发织入相同，因此，可以使用判断准则 2 实施追踪。

2）可信方面迭代织入

图 6.5 给出了软件演化过程模型 p 和可信软件过程模型 tp。

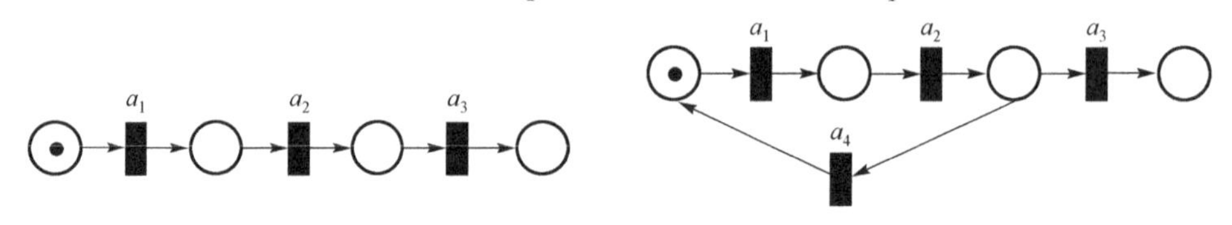

(a) 软件演化过程模型p　(b) 可信方面迭代织入后的过程模型tp

图 6.5　可信方面迭代织入

p 的活动发生序列为 $a_1a_2a_3$，tp 的活动发生序列可以为 $(a_1a_2a_4)^n a_3$，如果仅迭代一次，则 tp 的活动发生序列可以为 $a_1a_2a_4a_1a_2a_3$。由于 tp 的活动序列中 a_2 执行之后 a_1 再次执行，出现了顺序上的变化，根据判定准则 1 和判定准则 2，此方面的织入影响是异常的。然而，在迭代织入的情况下，应将可以重复执行的几个活动序列视为一个整体来进行分析，不应该将二次迭代的活动序列与第一次执行的序列对比，这种情况不应视为顺序改变。因此，在这种情况下，方面织入的影响应视为正常影响。下面给出判定准则 3。

判定准则 3　给定基本过程模型 p 和织入可信方面后的过程模型 tp，对于给定的初始格局 M_0 和目标格局 M，在 p 中有活动发生序列 σ_1，使得 $M_0[\sigma_1 > M$，若以迭代织入操作织入可信方面后，在 tp 中有活动发生序列 $\sigma_2 = a_1 \cdots \gamma^n \cdots a_m$，$\gamma = a_i \cdots a_j$，使得 $M_0[\sigma_2 > M$，无论 n 的值为多少，方面织入的影响都视为正常影响。

3）可信方面选择织入

图 6.6 给出了软件演化过程模型 p 和可信软件过程模型 tp。

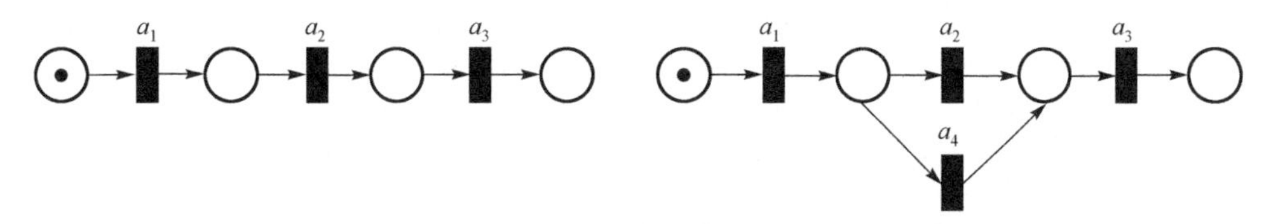

(a) 软件演化过程模型p　　(b) 可信方面选择织入后的过程模型tp

图 6.6　可信方面选择织入

p 的活动发生序列为 $a_1a_2a_3$，tp 的活动发生序列可以为 $a_1a_2a_3$，也可以为 $a_1a_4a_3$，如果是后一个活动发生序列，那么可信方面活动 a_4 的织入阻止了原活动 a_2 的发生，或者说活动 a_4 代替了 a_2。在上述判定准则的限制下，该方面的织入是不允许的，但按照可信方面选择织入操作定义，要求 a_4 中包含 a_2 的功能，在这种限制下，可信方面的织入应视为正常影响。下面给出判定准则 4。

判定准则 4　给定基本过程模型 p 和织入可信方面后的过程模型 tp，对于给定的初始格局 M_0 和目标格局 M，在 p 中有活动发生序列 σ_1，使得 $M_0[\sigma_1 > M$，若在 tp 中有活动发生序列 σ_2，使得 $M_0[\sigma_2 > M$，而 $\exists a_i \in p.A$、$\exists a_j \in \text{tp}.A$ 但 $a_i \notin \text{tp}.A$ 且 $a_j \notin p.A$，σ_2 中用 a_j 代替了 a_i，如果 a_j 包含 a_i 的功能，那么可信方面织入影响是正常影响。

2. 一致性追踪算法

基于上述判定准则，下面给出可信方面织入一致性追踪算法。该算法的大致思路是：遍历软件演化过程模型 p 的活动发生序列 σ_1 和可信软件过程模型 tp 的活动发生序列 σ_2 中是否有不相同的活动，如果有，则将其放入差异集 Z 中。遍历完成后，如果

差异集 Z 为空，则 σ_1 和 σ_2 是一致的，输出“方面织入满足判定准则”的结论；否则，基于活动间行为关系定义（第 4 章 4.6.2 节中定义 4.39 的选择行为关系定义、定义 4.40 的并发行为关系和定义 4.41 的迭代行为关系）判定 σ_1 和 σ_2 中元素的结构关系 T_{σ_1} 和 T_{σ_2}，如果关系符合判定准则 2 的并发结构或者判定准则 3 的迭代结构或者判定准则 4 的选择结构，则输出“方面织入满足判定准则”的结论，否则输出“方面织入不满足判断准则”的结论，并输出导致异常影响的差异集元素。

算法 6.5　可信方面织入一致性追踪算法 Aspect_Tracing

输入：p，σ_1，tp，σ_2。

输出：如果可信软件过程模型满足可信方面正常影响的判定准则，则输出“方面织入满足判定准则×”，否则输出“方面织入不满足任何判定准则”。

```
BEGIN
  Z:= ∅;                                              /*初始化差异集 Z*/
  FOR 每一个 a_i ∈ σ_1  AND a_j ∈ σ_2 DO
    IF a_i ≠ a_j THEN
      Z:= Z ∪ {a_i};
  IF Z ≠ ∅ THEN
    FOR ∀a ∈ Z DO
      BEGIN
        获取 a 在 σ_1 和 σ_2 中的结构关系 T_σ1 和 T_σ2;
        IF T_σ1 和 T_σ2 是并发结构 THEN
          输出“方面织入满足判定准则 2”;
        ELSE  IF T_σ1 和 T_σ2 是迭代结构 THEN
          输出“方面织入满足判定准则 3”;
        ELSE  IF T_σ1 和 T_σ2 是选择结构 THEN
          输出“方面织入满足判定准则 4”;
        ELSE 输出“方面织入不满足任何判定准则”
      END
  ELSE 输出“方面织入满足判定准则 1”
END
```

6.3　案例研究

下面以第 2 章和第 3 章研究的可信第三方认证中心软件 SIS 和航天软件为例，介绍面向方面可信软件过程建模的应用，并将建模方法应用到业务过程建模领域，对银行业务过程的可信扩展进行了案例分析。

6.3.1　可信第三方认证中心软件 SIS

首先，基于第 3 章 3.4 节推理得到的过程策略，我们定义 12 个可信过程方面和 32 个可信任务方面，并将其分别织入软件演化过程模型的过程层和任务层，并在此基础上完成了全局层建模，其中，仅对可信活动和可信任务方面进行形式化定义，重点介绍过程层建模，有关活动层和任务层的建模将在航天软件案例中重点介绍。

1. 可信活动定义

基于 SIS 软件的可信需求模型，我们得到 45 项过程策略，其中，“容错设计”由于其损害了功能适用性和安全性，且可以由“纠错设计”和“防差错设计”弥补，所以去除了这项过程策略，剩余 44 项过程策略对应 44 项可信活动，下面使用抽象数据类型表示方法对其中 3 项可信活动进行定义，其余可信活动定义类似，在此省略。

```
ACTIVITY 功能分析{
  IMPORTS
     Requirements: Requirement_Type;
     Design: Design_Type;
     System_for_Analysis: System_Type;
     Analysis_Request: STRING;
  EXPORTS
     Analysis_Report: Analysis_Report_Type;
  BODY
     Function_analysis;
  }ACTIVITY 功能分析
ACTIVITY 评估安全技术{
  IMPORTS
     Technology_Options: STRING;
  EXPORTS
     Evaluation_Report, Technology_Options: STRING;
  LOCALS
     Authorising_Origisation: ROLE;
  BODY
     Technology_evaluation
  }ACTIVITY 评估安全技术
ACTIVITY 冗余设计{
  IMPORTS
     Requirements: Requirement_Type;
     Reliability_Model: Reliability_Model _Type;
  EXPORTS
     Design_Redundency: Design_Type;
     Command: STRING;
```

```
  BODY
      Recovery_design;
      N_redundancy_design;
      Defence_design;
}ACTIVITY 冗余设计
```

上述活动定义中的谓词符号和数据类型使用 Li(2008)给出的定义。

2. 可信任务方面定义

“冗余设计”活动分解为任务集合{“恢复块设计”，“N-版本程序设计”，“防卫式程序设计”}，对应的可信任务方面定义如下，其余可信任务方面定义类似，在此省略。

```
tAspect_t_恢复块设计 = (id_t, ad_t, pc_t)
    id_t = Recovery_design;
    ad_t = ({Q1}, {Q2})
         Q1 = Rea(Requirements) and Rea(Reliability_Model)
         Q2 = Rea(Design_Redundency)
    pc_t.k= {a2.1, a2.2.4.1, a2.2.4.2};
    pc_t.type = 1;/*活动前顺序织入*/
tAspect_t_N-版本程序设计= (id_t, ad_t, pc_t)
    id_t = N_redundancy_design;
    ad_t = ({Q1}, {Q2})
         Q1 = Rea(Requirements) and Rea(Reliability_Model)
         Q2 = Rea(Design_Redundency)
    pc_t.k = { a2.1, a2.2.4.1, a2.2.4.2};
    pc_t.type = 1;/*活动前顺序织入*/
tAspect_t_防卫式程序设计=(id_t, ad_t, pc_t)
    id_t = Defence_design;
    ad_t = ({Q1}, {Q2})
         Q1 = Rea(Requirements) and Rea(Reliability_Model)
         Q2 = Rea(Design_Redundency) and Rea(Command_Options)
    pc_t.k = { a2.1, a2.2.4.1, a2.2.4.2};
    pc_t.type =1;/*活动前顺序织入*/
```

上述 3 个可信任务方面中，“恢复块设计”和“N-版本程序设计”之间是控制依赖关系，如果能够执行“N-版本程序设计”，则不需要执行“恢复块设计”，即“N-版本程序设计”控制“恢复块设计”，当它们在同一切点以同类型方式织入软件演化过程模型时需要按照控制依赖关系建模为选择融合关系再实施织入操作。

3. 过程层建模

上述定义的三项可信活动中的“功能分析”和“评估安全技术”定义为可信过程方面。

```
tAspectp_功能分析 = (idp, adp, pcp)
    idp= Function_analysis;
    adp = (C, A, F, Ae, Ax)
        C = {fa1,fa2};
        A = {功能分析};
        F = {(fa1, 功能分析), (功能分析, fa2)};
        Ae = {功能分析};
        Ax = {功能分析};
    pcp.k = {c1};
    pcp.type = 3;/*活动间顺序织入*/
tAspectp_评估安全技术 = (idp, adp, pcp)
    idp= Technology_evaluation;
    adp = (C, A, F, Ae, Ax)
        C = { te1, te2};
        A = {评估安全技术};
        F = {(te1, 评估安全技术), (评估安全技术, te2)};
        Ae = {评估安全技术};
        Ax = {评估安全技术};
    pcp.k = {c1};
    pcp.type = 3;/*活动间顺序织入*/
```

“功能分析”和“评估安全技术”在同切点以同类型织入，因此，需要考虑它们之间的依赖关系，经分析，它们间有数据依赖关系，“评估安全技术”需要得到“功能分析”的结果才能进行安全技术评估，因此，在织入前，先对它们实施顺序融合操作，其他可信过程方面定义及融合操作类似，在此省略，在定义了所有可信过程方面并融合同切点同类型方面后，下面将所有可信过程方面织入软件演化过程模型。Li（2008）提出 SIS 软件的演化过程模型使用白盒建模方法不断细化得到 SIS_Process(5)，如图 6.7 所示。

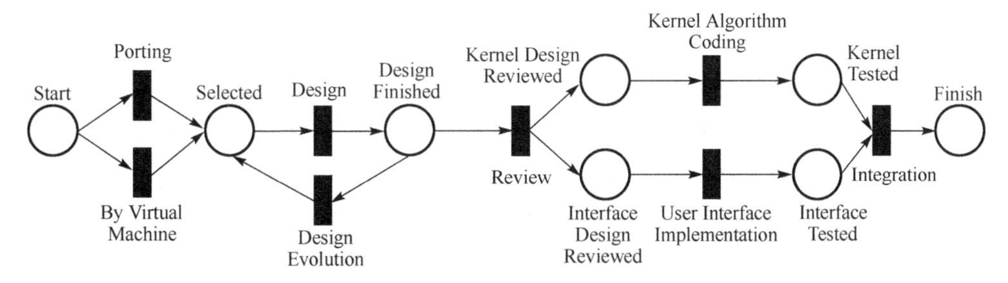

图 6.7　SIS 软件演化过程模型 SIS_Process(5)（Li，2008）

SIS_Process(5)过程模型中的 Design Evolution 活动通过使用黑盒建模方法进一步细化以及活动并行挖掘后得到 Design_Evolution_Package 过程模型，如图 6.8 所示。

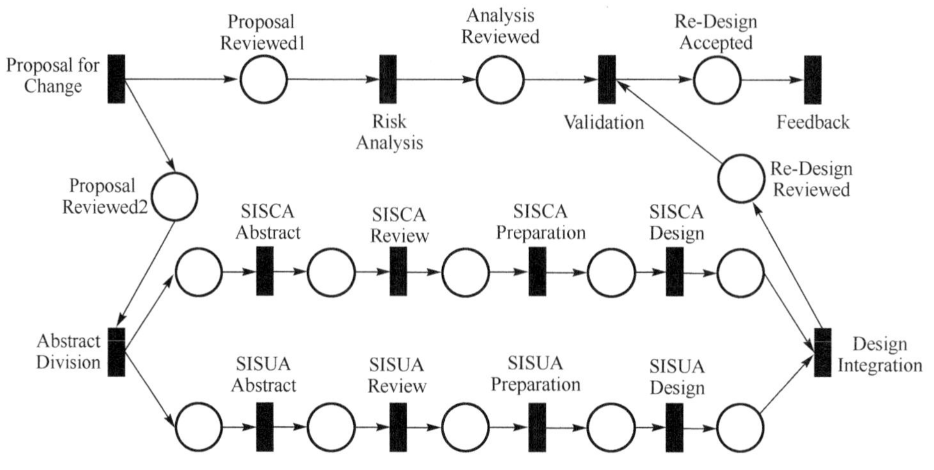

图 6.8　Design_Evolution_Package（Li，2008）

在将所有可信过程方面织入 SIS_Process(5)和 Design_Evolution_Package 时，如果织入操作检测到冲突将阻止可信过程方面的织入并给予提示和记录，如图 6.9 所示，如果无冲突，则织入结果分别如图 6.10 和图 6.11 所示。

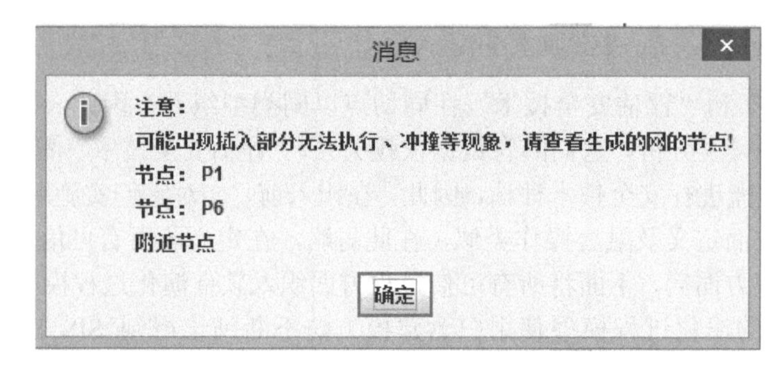

图 6.9　织入冲突提示信息

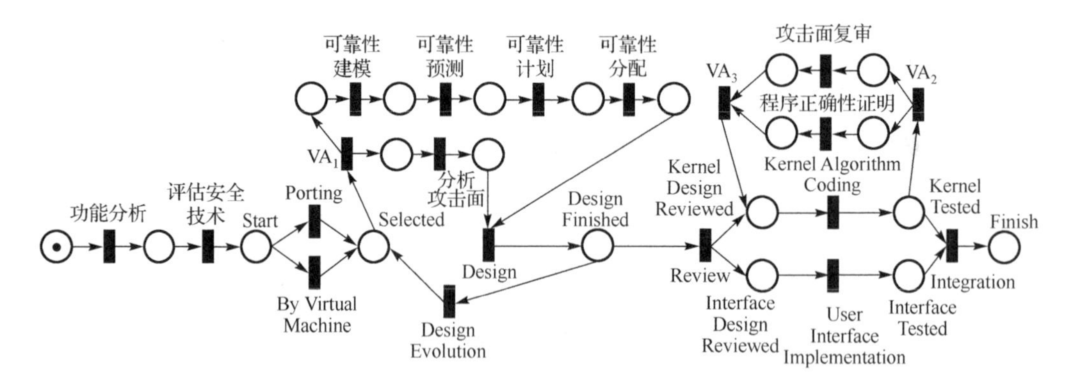

图 6.10　SIS_TProcess(5)

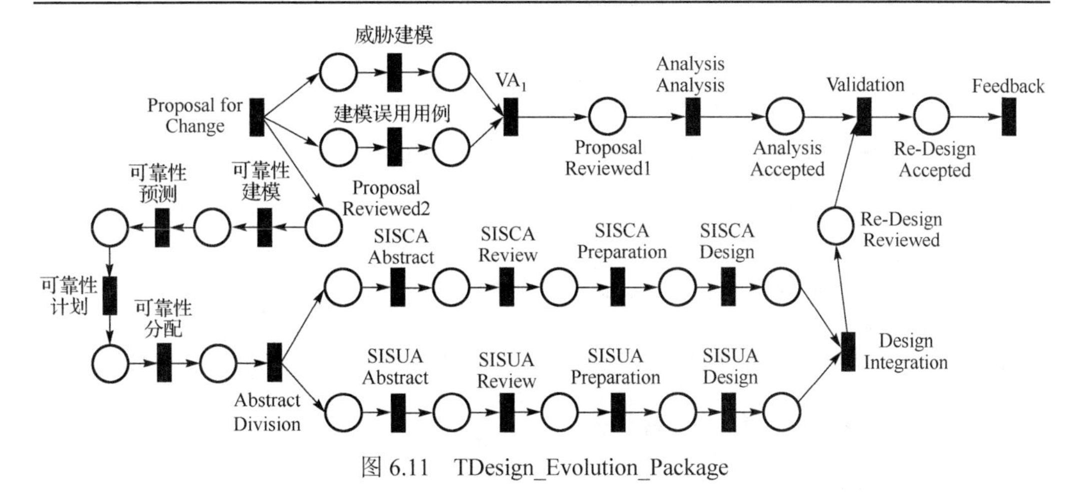

图 6.11　TDesign_Evolution_Package

4. *全局层建模*

经过上述对可信活动、可信任务方面、可信过程方面的定义，以及可信方面的织入操作，我们得到可信扩展后的全局层模型。

```
GLOBAL MODEL SIS_TEvolution = (P, TP, E)
    P = ∅;
    TP = {SIS_TProcess(5), TDesign_Evolution_Package};
    E = {(SIS_TProcess(5), TDesign_Evolution_Package)};
```

6.3.2　航天软件

Li（2008）在其著作中提到的第四个案例是将 ISO/IEC 12207 标准定义的软件生命周期过程使用软件演化过程建模方法对其中的维护过程进行了建模，在这个案例中，详细介绍了四层架构中各个层的建模，因此，下面基于这个案例实现航天软件的可信软件过程建模，其中，重点介绍活动层和任务层的建模。

1. *活动层建模*

基于航天软件的可信需求模型，我们得到 42 项过程策略，其中，因为和 6.3.1 节案例同样的原因去除了“容错设计”过程策略，剩余 41 项过程策略对应 41 项可信活动，其中和软件维护过程相关的可信活动有 10 项，由于“需求确认及验证”、“设计确认及验证”和“制定维护方案”与软件维护过程模型中的相关任务重复，所以下面使用抽象数据类型表示方法将与软件维护过程相关但不重复的 7 项可信活动进行定义。

```
ACTIVITY 功能分析{
    IMPORTS
        Original_Requirements, Problem_Report, Modification_Request:
STRING;
```

```
    EXPORTS
        Analysis_Report: Analysis_Report_Type;
    BODY
        Function_analysis;
    }ACTIVITY 功能分析
ACTIVITY 精确性定义{
    IMPORTS
        Problem_Report, Modification_Request: STRING;
    EXPORTS
        Analysis_Report: Analysis_Report_Type;
    BODY
        Accuracy_definition
    }ACTIVITY 精确性定义
ACTIVITY 应急响应计划{
    IMPORTS
        Modified_System: System_Type;
        Approval_Report, Modification_Requirements: STRING;
    EXPORTS
        Emergency_Plan: Emergency_Plan _Type;
    LOCALS
        Authorising_Organisation: ROLE;
    BODY
        Emergency_plan;
    }ACTIVITY 应急响应计划
ACTIVITY 可靠性建模{
    IMPORTS
        Problem_Report, Modification_Request: STRING;
        Analysis_Report: Analysis_Report_Type;
    EXPORTS
        Reliability_Model: Reliability_Model _Type;
    BODY
        Reliability_modeling;
    }ACTIVITY 可靠性建模
ACTIVITY 可靠性预测{
    IMPORTS
        Reliability_Model: Reliability_Model _Type;
    EXPORTS
        Problem_Report: STRING;
        Analysis_Report: Analysis_Report_Type;
    BODY
        Reliability_prediction;
    }ACTIVITY 可靠性预测
```

```
ACTIVITY 评估危险风险{
   IMPORTS
      Problem_Report, Modification_Request: STRING;
   EXPORTS
      Analysis_Report: Analysis_Report_Type;
   BODY
      Safety_risk_evaluation;
   }ACTIVITY 评估危险风险
ACTIVITY 危险风险复审{
   IMPORTS
      Modified_System: System_Type;
      Modification_Requirements: STRING;
   EXPORTS
      Modified_System: System_Type;
      Review_Report: STRING;
   LOCALS
      Authorising_Organisation: ROLE;
   BODY
      Safety_risk_review;
   }ACTIVITY 危险风险复审
```

2. 任务层建模

上述所有 7 项可信活动均细化为任务，对应可信任务方面定义如下。

```
tAspect_t_功能分析 = (id_t, ad_t, pc_t)
    id_t = Fumction_analysis;
    ad_t = ({Q1}, {Q2})
       Q1 = Rea(Original_Requirements) and (Rea(Problem_Report) or
       Rea(Modification_Request))
       Q2 = Doc(Analysis_Report);
    pc_t.k = {Problem_Modification_Analysis.Main.A(F)};
    pc_t.type = 0;/*顺序前织入*/
tAspect_t_精确性定义 = (id_t, ad_t, pc_t)
    id_t = Accuracy_definition;
    ad_t = ({Q1}, {Q2})
       Q1 = Rea(Problem_Report) or Rea(Modification_Request);
       Q2 = Doc(Analysis_Report);
    pc_t.k = {Problem_Modification_Analysis.Main.A(F)};
    pc_t.type = 0;/*顺序前织入*/
tAspect_t_应急响应计划 = (id_t, ad_t, pc_t)
    id_t = Emergency_plan;
    ad_t = ({Q1}, {Q2})
```

```
        Q1 = App(Modified_System) and Doc(Approval_Report) and Doc
        (Modification_ Requirements);
        Q2 = Doc(Emergency_Plan) and Exe(Emergency_Plan) and Tra(USER);
    pct.k = {Review_Acceptance.Approval.A(F)};
    pct.type = 1;/*顺序后织入*/
tAspectt_可靠性建模 = (idt, adt, pct)
    idt = Reliability_modeling;
    adt = ({Q1}, {Q2})
        Q1 = (Rea(Problem_Report) or Rea(Modification_Request)) and
        Rea(Analysis_Report);
        Q2 = Rea(Reliability_Model);
    pct.k = {Problem_Modification_Analysis.Verifying.A(F)};
    pct.type = 0;/*顺序前织入*/
tAspectt_可靠性预测 = (idt, adt, pct)
    idt = Reliability_prediction;
    adt = ({Q1}, {Q2})
        Q1 = Rea(Reliability_Model);
        Q2 = Doc(Analysis_Report) or Doc(Problem_Report);
    pct.k = {Problem_Modification_Analysis.Verifying.A(F)};
    pct.type = 0;/*顺序前织入*/
tAspectt_评估危险风险 = (idt, adt, pct)
    idt = Safety_risk_evaluation;
    adt = ({Q1}, {Q2})
        Q1 = Rea(Problem_Report) or Rea(Modification_Request);
        Q2 = Doc(Analysis_Report);
    pct.k = {Problem_Modification_Analysis.Main.A(F)};
    pct.type = 0;/*顺序前织入*/
tAspectt_危险风险复审 = (idt, adt, pct)
    idt = Safety_risk_review;
    adt = ({Q1}, {Q2})
        Q1 = Rev(Modifie_System, Integrity) and Doc(Modification_
        Requirements;
        Q2 = Rev(Modified_System, Safety_Risk) and Doc(Review_Report);
    pct.k = {Review_Acceptance.Main.A(F)};
    pct.type = 1;/*顺序后织入*/
```

将所有可信任务方面织入软件维护过程模型的任务层，其中的谓词符号使用 Li（2008）给出的定义。

1）Problem and Modification Analysis *活动*

将“功能分析”、“精确性定义”、“可靠性建模”、“可靠性预测”和“评估危险风险”任务方面织入 Problem and Modification Analysis 活动的 Main 和 Verifying 任务，保证维护后软件的功能完整性/正确性、精确性、可靠性和防危性。

“功能分析”、“精确性定义”和“评估危险风险”任务方面在同一切点同类型织入，对其进行依赖关系分析，由于它们之间无数据依赖和控制依赖关系，因此，可以以随机顺序织入 Main 任务。

```
TASK Main = ({Q1}, {Q2}, Mi, Mo)
A(F) = ({Q1}, {Q2}):
          /*功能分析*/
          {PRECONDITION Rea (Original_Requirements) and (Rea
           (Problem_Report) or Rea(Modification_Request));
           POSTCONDITION Doc(Analysis_Report)};
          /*精确性定义*/
          {PRECONDITION Rea(Problem_Report) or Rea(Modification_
           Request);
           POSTCONDITION Doc(Analysis_Report)};
          /*评估危险风险*/
          {PRECONDITION Rea(Problem_Report) or Rea(Modification_
           Request);
           POSTCONDITION Doc(Analysis_Report)};
          /*原 Main 任务功能*/
          {PRECONDITION Rea(Problem_Report) or Rea(Modification_
           Request);
           POSTCONDITION Rea(Analysis_Report)}
Mi = {Execution};
Mo = {(Verifying(0), Start), (Options(0), Start), (Problem_Modification_
    Analysis(0), Finish)}
```

“可靠性建模”和“可靠性预测”任务方面在同一切点同类型织入，对其进行依赖关系分析，由于它们之间有数据依赖关系，即“可靠性预测”依赖“可靠性建模”输出的可靠性模型实施可靠性预测，因此，以“可靠性建模”在“可靠性预测”之前的顺序织入 Verifying 任务。

```
TASK Verifying = ({Q1}, {Q2}, Mi, Mo)
A(F) = ({Q1}, {Q2}):
       /*可靠性建模*/
       {PRECONDITION (Rea(Problem_Report) or Rea(Modification_Request))
        and Rea(Analysis_Report);
        POSTCONDITION Rea(Reliability_Model)};
       /*可靠性预测*/
       {PRECONDITION Rea(Reliability_Model);
        POSTCONDITION Doc(Analysis_Report) or Doc(Problem_Report)};
       /*原 Verifying 任务功能*/
       {PRECONDITION Rea(Problem_Report);
        POSTCONDITION Doc (Replicating_Report) or Doc (Verifying_Report)}
```

```
Mi = {Start};
Mo = {(Problem_Modification_Analysis(0), Finish)}
```

2）Maintenance Review/Acceptance 活动

将“危险风险复审”和“应急响应计划”任务方面织入 Maintenance Review/Acceptance 活动的 Main 和 Approval 任务之前，对维护性修改进行危险风险复审，并制定维护失败的应急响应计划。

```
TASK Main = ({Q1}, {Q2}, Mi, Mo)
A(F) = ({Q1}, {Q2}):
      /*原 Main 任务功能*/
      {PRECONDITION Rea(Modified_System) and Doc(Modification_
       Requirements);
       POSTCONDITION Rev(Modifie_System, Integrity) and Doc(Review_
       Report)};
      /*危险风险复审*/
      {PRECONDITION Rev(Modifie_System, Integrity) and Doc(Modification_
       Requirements);
       POSTCONDITION Rev(Modified_System, Safety_Risk) and Doc(Review
       _Report)};
Mi = {Execution};
Mo = {(Approval(0), Start), (Review_Acceptance(0), Finish)}
TASK Approval = ({Q1}, {Q2}, Mi, Mo)
A(F) = ({Q1}, {Q2}):
      /*原 Approval 任务功能*/
      {PRECONDITION Rev(Modifie_System, Integrity) and Rea(Contract);
       POSTCONDITION App(Modifie_System) and Doc(Approval_Report)}
      /*应急响应计划*/
      {PRECONDITION App(Modified_System) and Doc(Approval_Report) and
       Doc(Modification_ Requirements);
       POSTCONDITION Doc(Emergency_Plan) and Exe(Emergency_Plan) and
       Tra(USER)};
Mi = {Start};
Mo = {(Review_Acceptance(0), Finish)}
```

3. 全局层建模

经过上述定义与软件维护过程相关的可信活动、可信任务方面、可信过程方面以及可信方面的织入操作，我们得到可信扩展后的全局层模型，由于在本案例中我们仅对软件维护过程进行了可信方面织入，所以其他软件过程保持不变。

```
GLOBAL MODEL SIS_TEvolution = (P, TP, E)
   P = {Acquisition_Process, Sypply_Process, Development_Process,
```

```
      Operation_ Process, Documentation_Process, Configuration_
      Management_Process, Quality_Assurance_Process, Verification_
      Process, Validation_Process, Joint_Review_Process, Audit_
      Process, Problem_Resolution_Process, Management_Process, Infr-
      astructure_Process, Improvement_Process, Training_Process};
  TP = { Minatenance_TProcess};
  E = ∅;
```

本章基于（Li，2008）的案例三和案例四，使用可信软件过程建模方法完成了可信第三方认证中心 SIS 软件和航天软件的过程建模。SIS 软件过程建模基于（Li，2008）的案例三，重点介绍了可信软件需求获取、建模与推理方法的使用，在可信软件过程建模时重点介绍了过程层建模。航天软件则基于（Li，2008）的案例四重点介绍了活动层和任务层的建模。

6.3.3 面向方面业务过程建模

面向方面可信软件过程建模方法还可以应用于业务过程建模领域，支持业务过程柔性建模，并提高业务过程模型的可重用性。业务过程模型是理解与分析业务过程的重要工具，伴随着组织机构不断增加的业务工作，业务过程模型逐渐积累下来，大批大型组织机构已经设计并保存了成百上千的业务过程模型，例如，Suncorp 的过程模型库中就包含了超过 6000 个保险相关过程模型，BIT 过程库包含 735 个过程模型，IBM 应用架构包含 250 个过程模型，荷兰市政局存储了大约 600 个参考过程模型（Dijkman et al.，2012）。在这些过程模型中，大部分模型本质上是相似的，即这些相似的模型有可重用的活动、子过程或者组织实体，而这些可重用部分没有被有效地重用，导致更多相似过程模型被新建并存储下来，面对如此庞大的过程模型库，如何有效地管理与维护这些大量保存的业务过程模型已经成为一个新的研究方向（Dijkman et al.，2012）。

导致相似模型无法重用的一个重要原因是业务过程模型中的基本活动和横切活动交织建模，基本活动是完成业务目标而强制指定用于体现业务功能的活动，横切活动是针对特定应用领域定制用于保证基本活动可信、可追踪的活动，例如，审核、签署、控制、归档等活动通常是对基本活动的约束，用于保证基本活动可信且可追踪。将横切活动与基本活动合成，就实现一个特定应用领域的业务过程（Odgers & Thompson，1999），但如果在建模阶段将这两类活动不加区分地进行交织建模，则难于实现业务过程模型的重用，也无法针对不同业务需求定制业务过程。另外，在实际应用领域中，预先设计好完整的业务过程模型是不可能的，即便能够设计好完整的业务过程模型，外部环境和业务需求的变化也迫使业务过程需要随之变更，因此，我们只能在建模时完成大部分的过程模型，其余不确定的过程只能在后期明确以后逐步补充至已有业务过程中（Reichert & Weber，2012），在对过程模型实施如此频繁的修改行为时，如果两类活动“纠缠”（tangling）在一起，对其中任何活动的改变都有可能影响其他活动，甚至破坏整个业务过程，而相同横切活动“分散”（scattering）编织在基本过程的不同位置，又难于保证这些横切活动的一致性，这类“纠缠”和“分散”问题必然导致业务过程难以维护、缺乏柔性且不利于重用。关注点分离是一个解决上述模型重用及实现柔性建模的有效方法，可以有效地解决“分散”与“纠缠”问题，有利于降低过程模型的复杂度，同时利于过程模型的理解、维护、改变和重用。

下面对一个真实的银行业务过程——投资交易过程，进行面向方面的建模与分析，这个交易过程数据来源于一个银行的 1000 余个分行（Jalali，2011），使用 Petri 网建模这个过程得到的过程模型如图 6.12 所示。

投资交易过程描述银行的投资活动，交易过程起始于交易员提交投资申请，如果投资交易金额没有超过限额则直接提交，如果金额超过限额，则需要责任交易员和部门经理对申请进行确认，如果申请被否决则将申请归档，并结束交易过程，如果申请得到确认，则继续投资交易，交易员填写交易单并提交给责任交易员和部门经理签字并归档，在交易单归档后，银行结算部门根据交易单生成结算单，并提交交易员、责任交易员和部门经理签字，同时，银行结算部门生成结算数据，结算数据由部门经理生成交易订单后提交后台部门，同时提交行间交易机构，在分别处理完交易后归档，并连同结算单生成货币兑换凭据，将兑换凭据归档后即完成整个交易过程。

在整个银行交易业务过程中，存在着大量的验证、签署、控制、约束和归档等横切活动，这些横切活动用以保证基本交易活动的可信及可追溯，然而，众多相同的横切活动分散在基本过程的不同位置，并与基本过程的活动交织在一起，增加了过程模型的复杂度，不利于业务过程的维护和重用。将这些横切活动在面向方面方法中封装为横切方面并与基本业务过程分离，分离后投资交易过程的基本业务过程和横切方面如图 6.13 和图 6.14 所示。

基本过程定义为 $b=(C,A;F,M_0)$，其中

$$C=\{c_1,c_2,c_3,c_4,c_5,c_6,c_7,c_8,c_9,c_{10},c_{11},c_{12},c_{13}\}$$

$$\begin{aligned}A=\{&\text{JDOpenthePosiiton, JDDeal, JDFillDealSlip, SDReceiveNT300Swift,}\\&\text{SDProvideSwiftDraft, SDSendtoGM, SDSendSwift, GMOrdertoBackOffice,}\\&\text{GMOrdertoDealingRoom, BOERegisterVoucher}\}\end{aligned}$$

$$\begin{aligned}F=\{&(c_1,\text{JDOpenthePosition}),(\text{JDOpenthePosition},c_2),(c_2,\text{JDDeal}),(\text{JDDeal},c_3),\\&(c_3,\text{JDFillDealSlip}),\cdots,(\text{BOERegisterVoucher},c_{13})\}\end{aligned}$$

$$M_0=\{c_1\}$$

为描述简洁，基本过程中部分弧的定义被省略了，这些省略的弧定义与已给出的弧定义类似。

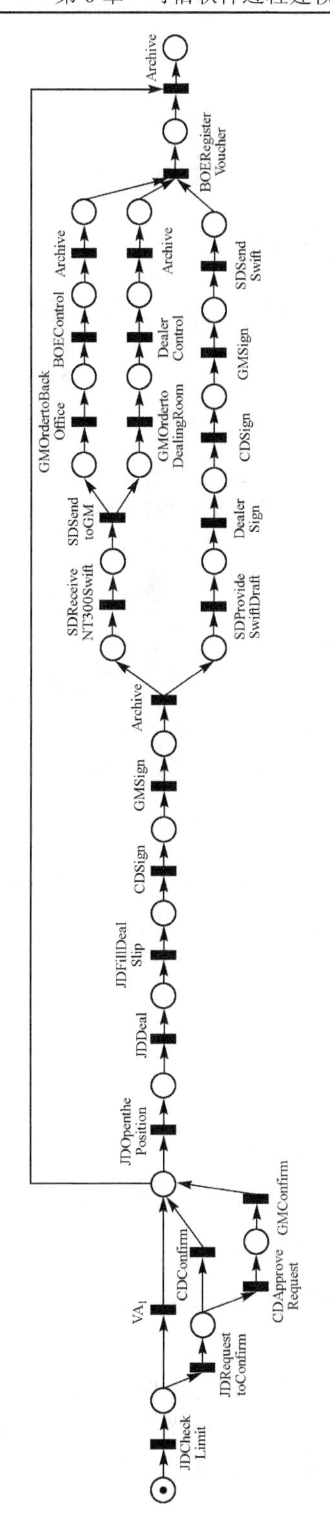

BOE-back office employee; JD-junior dealer, CD-chief dealer, GM-general manager, SD-swift dept

图 6.12　银行投资交易业务过程

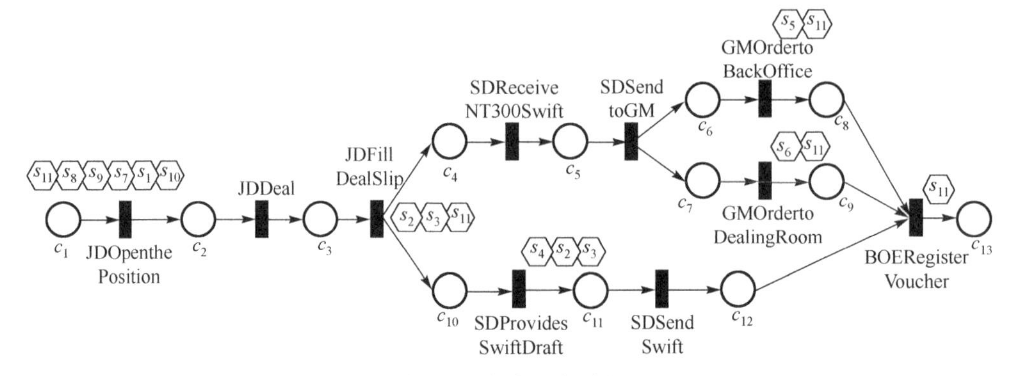

图 6.13　基本业务过程

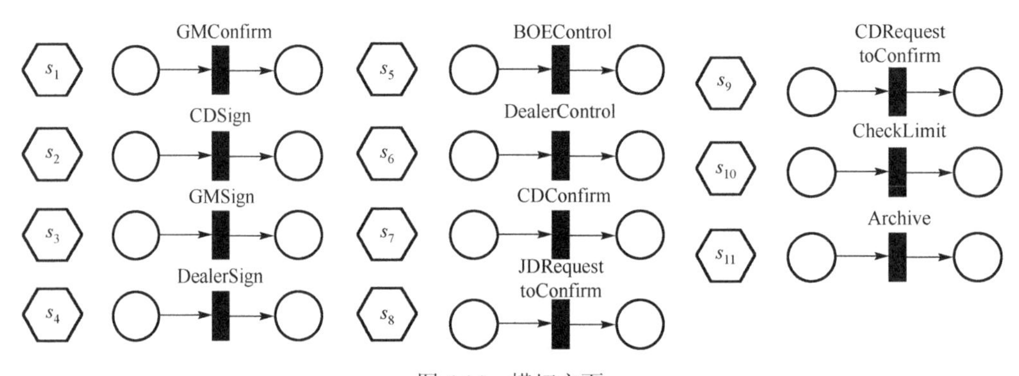

图 6.14　横切方面

图 6.14 描述了所有的横切方面，为展示横切方面与基本过程的关系，图 6.13 中的六边形代表横切方面，横切方面在基本过程的位置大致描述了这些横切方面的切点位置。以横切方面 s_1 为例，s_1 定义为 $s_1=(i,d,J)$，其中

$$i=1$$

$$d=(C_s,A_s;F_s,A_e,A_x)$$

$$C_s=\{c_{s1},c_{s2}\}$$

$$A_s=\{\text{GMConfirm}\}$$

$$F_s=\{(c_{s1},\text{GMConfirm}),(\text{GMConfirm},c_{s2})\}$$

$$A_e=A_x=\{\text{GMConfirm}\}$$

$$J=\{(b.\text{JDOpenthePosition},1)\}$$

其他横切方面定义类似。

通过对比图 6.13 和图 6.14，基本过程与横切方面的分离使过程模型清晰且复杂度明显降低，更重要的是，有利于基本过程和横切方面的重用，方便有不同需求的业务过程按照各自规模和可信需求重用不同的基本过程或编织不同的横切方面。例如，如

果需要对货币汇兑交易过程进行建模，此交易过程处理不同货币之间的转换，交易起始于后台员工填写汇兑交易表，提交部门经理，如果部门经理否决，则交易结束并归档，如果部门经理同意，则汇兑交易表将提交给交易员填写交易单，后续过程执行与投资交易同样的过程。由于与投资交易过程采用了大部分相同的基本过程和横切方面，所以可以重用投资交易过程模型大部分的基本过程和横切方面。另外，如果对银行汇票交易过程进行建模，此交易过程是银行签发汇票并兑付的过程，汇票签发起始于支付者提交签发申请并提供银行账户信息，银行对支付者进行测试汇票验证，如果未通过，则申请被否决并在申请归档后结束签发过程，如果验证通过则生成银行汇票信息，提交交易员填写交易单，后续基本过程同样采用与投资交易一样的过程，但汇票可以延时兑付并且需要支付者的信用担保，因此，与投资交易过程相比，横切方面除了需要安全和日志记录外，还需要追踪和审计的横切方面。因此，汇票交易过程建模相对货币汇兑交易过程，可以重用较少的投资交易基本过程，同时需要增加投资交易过程模型不需要的追踪和审计横切方面。例如，银行为国际贸易提供的信用证交易过程，同样与上述三个交易的基本过程相似，但横切方面主要以保证安全性为主。总之，在定义了基本过程和横切方面后，银行业务过程可以通过不断重用相似基本过程和横切方面进行面向方面业务过程建模。

下面以投资交易过程为例进行面向方面业务过程建模。首先根据横切方面定义，我们将同一切点上相同编织类型的多个横切方面按照方面间依赖关系融合为一个横切方面，然后按照方面织入方法将横切方面织入基本过程，并在织入过程中进行方面编织正确性检测。

1）方面间融合

如图 6.13 所示，所有横切方面（图中用六边形表示）在基本过程的七个切点位置织入基本过程，其中，有六个切点存在多个横切方面需织入，按照面向方面可信软件过程建模方法，首先将同一切点上相同织入类型的横切方面实施方面间融合操作。基于方面间融合算法，首先分析这些同切点同织入类型横切方面间的依赖关系，在切点 JDFillDealSlip、SDProvideSeiftDraft、GMOrdertoBackOffice 和 GMOrdertoDealingRoom 上的横切方面仅有数据依赖关系，在 BOEFillPositionSheet 和 JDRequesttoConfirm 上的横切方面间既有数据依赖关系也有控制依赖关系。

下面以切点 JDFillDealSlip 和 JDOpenthePosition 上横切方面间融合操作为例，由于 JDFillDealSlip 切点上的横切方面 s_2、s_3 和 s_{11} 之间仅有数据依赖关系（如图 6.15 所示，其中 data 表示数据依赖关系），按照方面间融合算法，s_2、s_3 和 s_{11} 按照数据依赖关系顺序编织为图 6.16 所示的 Petri 网。

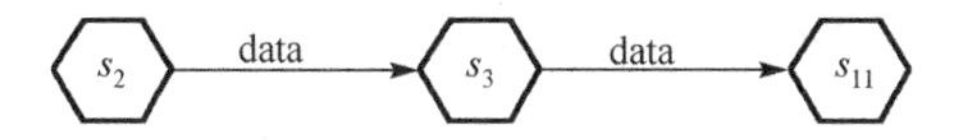

图 6.15　JDFillDealSlip 切点上横切方面依赖关系

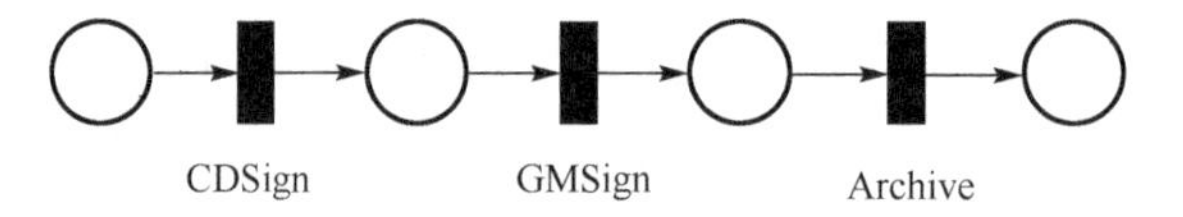

图 6.16　JDFillDealSlip 切点上横切方面融合操作结果

与此类似，JDOpenthePosition 切点上横切方面 s_1、s_7、s_8、s_9、s_{10} 和 s_{11} 之间按照数据依赖关系和控制依赖关系（如图 6.17 所示，其中，cntr 表示控制依赖关系）融合操作的结果如图 6.18 所示。

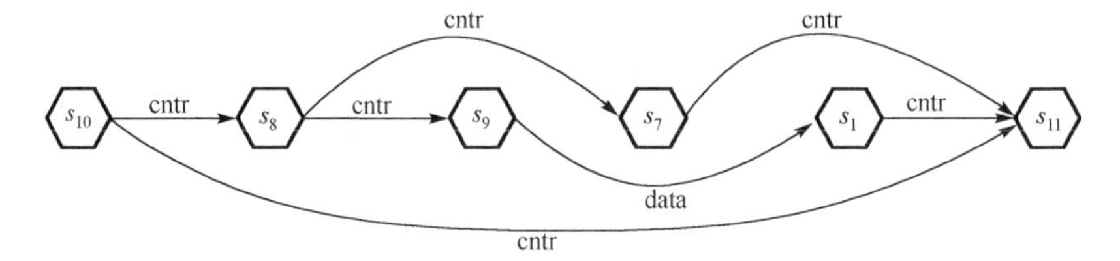

图 6.17　JDOpenthePosition 切点上横切方面依赖关系

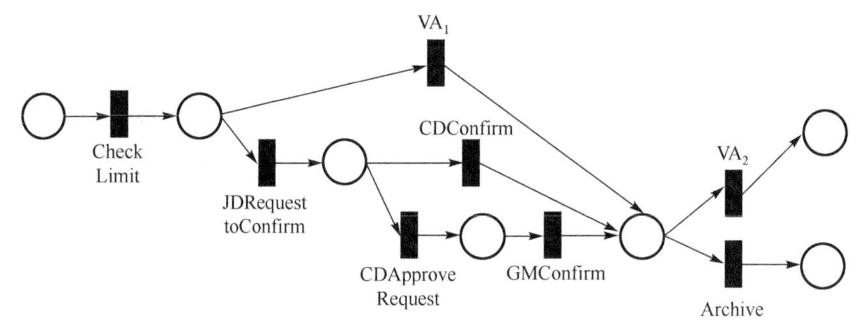

图 6.18　JDOpenthePosition 切点上横切方面融合操作结果

在所有切点上有相同织入类型的方面编织后，下面将编织后方面织入基本过程。

2）方面织入基本过程

当横切方面织入基本过程时，需要按照控制织入冲突，否则方面织入会引入错误或导致异常，例如，在基本过程（图 6.19 中实线框内 Petri 网）切点 JDOpenthePosition，图 6.18 所示融合后方面以活动前方式织入，如果不控制方面织入冲突，织入结果如图 6.19 所示，横切方面中的活动无发生权，基本过程也不满足持续性。

按照控制织入冲突的方面织入操作如图 6.20 所示，编织结果可以保证方面中的活动有发生权且基本过程满足持续性。

在方面织入基本过程中，如果错误检测方面检测到方面织入错误，则弹出图 6.21 所示的错误提示框，指出错误位置，待所有可能引入的错误解决后，图 6.22 给出了在三个切点位置织入方面的结果，其他切点织入结果类似。

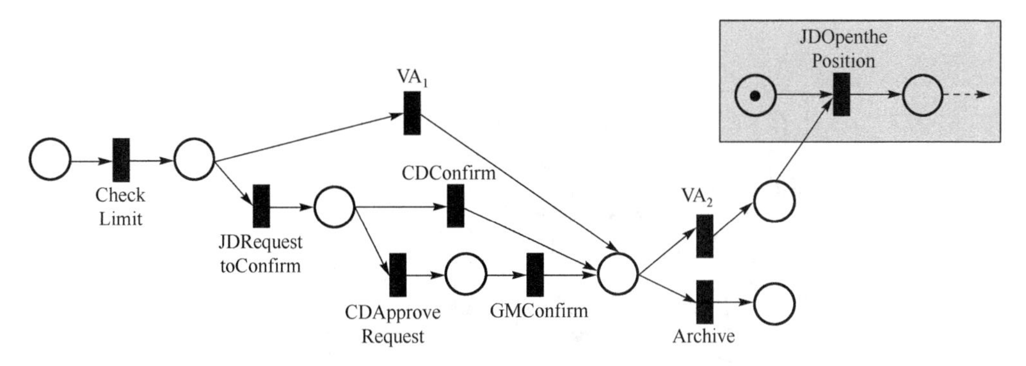

图 6.19　不按照方面织入正确性准则织入横切方面

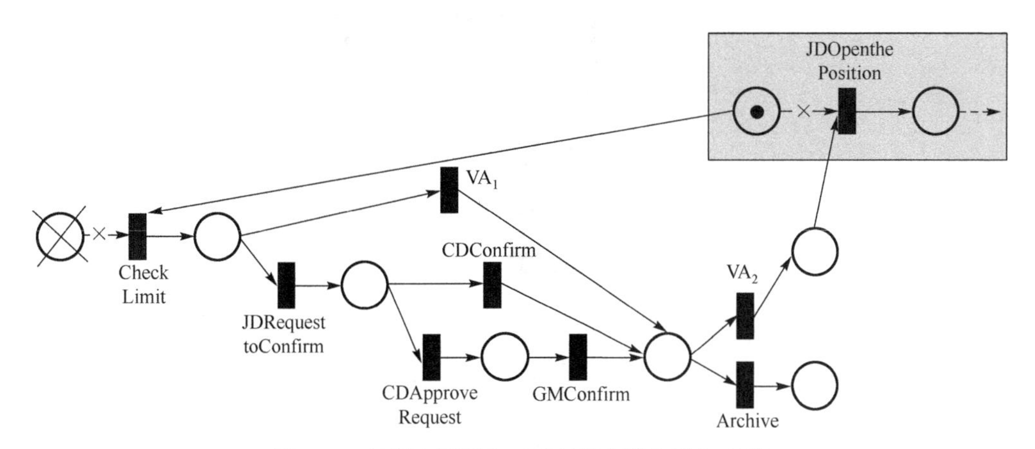

图 6.20　按照方面织入正确性准则织入横切方面

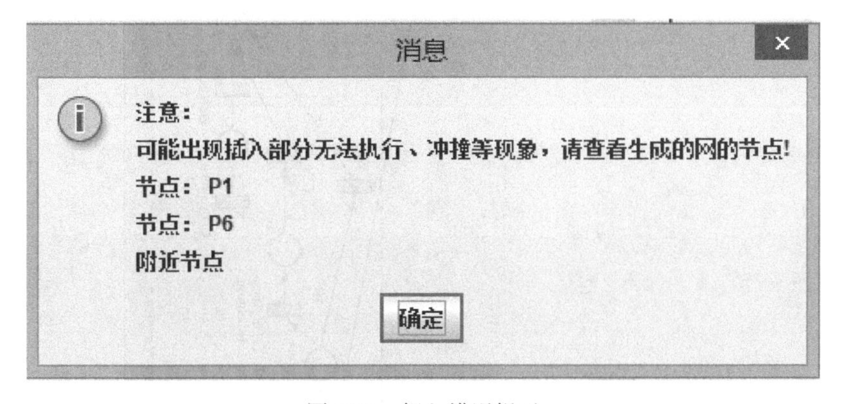

图 6.21　织入错误提示

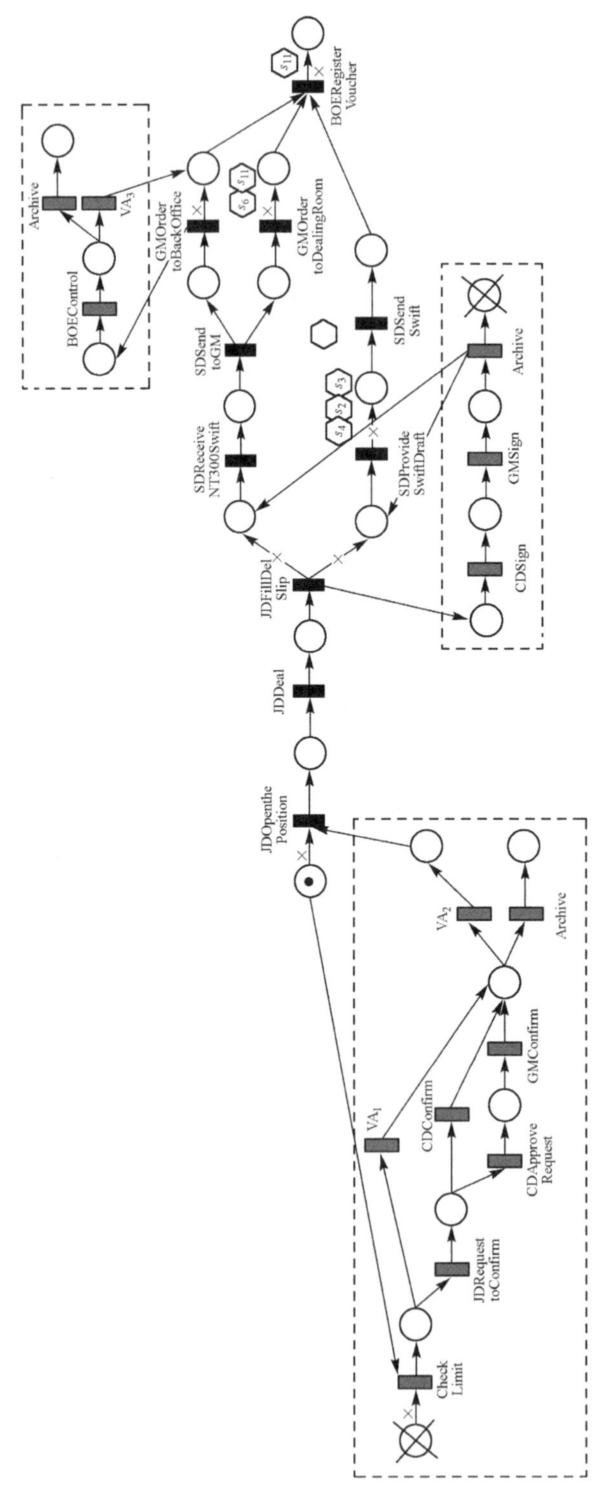

图 6.22　面向方面业务过程模型

将面向方面可信软件过程建模方法应用于业务过程建模有三个优势：①分离后的基本过程与横切方面有利于重用和定制，减少业务过程模型库中相似重复的过程模型存储，解决大量相似模型管理复杂的问题；②有利于业务过程的柔性建模，可以按照不同业务应用领域需求灵活织入不同横切方面实现按需裁剪，方便业务过程改进；③在业务过程建模过程中，对方面间融合冲突及方面织入基本过程冲突进行控制与检测，可以有效地保证建模得到的业务过程模型的正确性，减少后期验证修复过程模型产生的成本、人员及时间损失。

3）性能评估

通过第 4 章定义的可信软件过程建模框架、第 5 章的可信方面编织方法，以及对编织方法的结构保持性、性质保持性和行为一致性证明和本章 6.2 节的可信方面追踪方法，面向方面可信软件过程建模方法可以用于业务过程建模领域且达到预期目标，然而在实际使用过程中，分离横切活动与核心活动可以增加多大的过程模型重用比例？分别对基本过程、横切方面通知和潜在冲突过程片段进行冲突检测是否会影响业务过程建模的整体性能与效率？面向方面业务过程建模是否会增加过多的代码量？下面通过度量重用比例、冲突检测时间性能和增加的代码量三项指标，评估面向方面可信软件过程建模方法应用于业务过程建模领域的性能与工作量。

为统计重用比例，下面对银行业务过程案例中的四个过程模型进行重用比例分析，如表 6.1 所示。

表 6.1　重用比例

业务过程模型	基本过程重用活动数量	基本过程重用比例/%	横切方面重用数量	横切方面重用比例/%
b_{s1} b_{s2}	9	90	10	95
b_{s1} b_{s3}	7	58	10	83
b_{s1} b_{s4}	7	60	9	90
b_{s2} b_{s3}	7	58	10	88
b_{s2} b_{s4}	7	60	9	95
b_{s3} b_{s4}	7	48	9	84

b_{s1}、b_{s2}、b_{s3} 和 b_{s4} 分别是横切方面织入后的投资交易过程、货币汇兑交易过程、银行汇票交易过程和信用证交易过程，表 6.1 所示的重用比例是四个业务过程两两比较的结果。由于所有业务过程中涉及银行结算的基本过程都是可重用的，而结算过程包含 7 个核心活动，所以基本过程中可重用的活动数量至少为 7，其中，投资交易过程和货币汇兑交易过程除了初始活动不同外，其他 9 个核心活动组成的业务过程是一致的，因此，重用比例最高。

横切方面主要分四类：安全横切方面、日志横切方面、追踪横切方面和审计横切方面。根据四个业务过程的需求，投资交易过程和货币汇兑交易过程需编织安全横切方面和日志横切方面，银行汇票交易过程需编织所有横切方面，而信用证交易过程仅需编织安全横切方面，因此，横切方面重用比例按此计算得到结果如表 6.1 所示。

当然，并不是所有银行业务的基本过程都可以重用，例如，贷款业务过程和本案例中的四个业务过程均没有相同的核心活动，无法重用基本过程，但是部分横切方面是可以重用的，因此，面向方面业务过程建模可以提高重用比例。然而，为实现面向方面业务过程建模，需要增加额外代码量存储横切方面定义及方面编织配置信息，因此，下面分析需要增加的代码量。

如表 6.2 所示，如果仅对投资交易过程进行面向方面建模，那么面向方面投资交易过程模型 b_{s1} 的代码增加量为 33.8%，如果对所有四个银行业务过程进行面向方面建模，则代码增加量降低为 29.6%，此时，代码增加量降低是因为模型重用。因此，采用面向方面方法对业务过程进行建模会增加一定的代码量，但随着模型的不断重用，代码量增加会逐渐减少。

表 6.2　增加代码量

业务过程模型	评估指标	非面向方面业务过程建模方法	面向方面业务过程建模方法	
		代码量	增加代码量	增长量/%
b_{s1}	代码量	1597	815	33.8
$b_{s1}\ b_{s2}\ b_{s3}\ b_{s4}$	代码量	7516	3161	29.6
	XML Tags 数量	50	10	16.7

另外，与非面向方面业务过程建模相比，要完成过程模型的冲突检测，首先需要对基本过程和横切方面通知进行结构、性质和行为检测，在此基础上，再对编织区域进行冲突检测，表 6.3 给出了面向方面建模方法与非面向方面建模方法检测时间性能的比较。

表 6.3　检测时间

业务过程模型	非面向方面业务过程模型检测	面向方面业务过程模型检测		
		基本过程与横切方面检测	编织区域检测	增长时间/%
	执行时间/ms	执行时间/ms	执行时间/ms	
b_{s1}	2801.7	1510.2	1259.1	−3.3
b_{s2}	2787.6	1503.0	1171.7	−4.05
b_{s3}	3125.4	1779.8	1024.2	−10.28
b_{s4}	2560.1	1477.9	991.7	−3.54

通过表 6.3 的检测时间性能比较可以看出，由于汇票交易过程模型 b_{s3} 的规模相对大于其他过程模型，所以在进行检测时，检测时间优于非面向方面业务过程模型，主要原因是面向方面方法分解了业务过程模型，使其复杂度降低，其他三个过程模型因为规模相对较小，检测时间性能没有明显差异，但如果能够重用过程模型，重用的过程模型将大大缩短检测时间。

6.4 小　结

可信软件过程建模方法使用面向方面方法扩展软件演化过程建模方法（Li，2008），按照软件演化过程框架，面向方面可信软件过程建模分别在全局层、过程层、活动层和任务层实施可信方面扩展。通过第 2 章和第 3 章的可信软件需求建模、推理与权衡，我们首先获得满足可信软件需求的可信活动，因此，可信软件过程的建模首先将可信活动扩展至活动层，然后将可信活动按不同粒度细化后得到的可信过程方面和可信任务方面分别织入软件演化过程模型的过程层和任务层，实现过程层建模和任务层建模，最终将可信过程加入全局模型，实现全局层建模。

可信方面织入软件演化过程模型后得到面向方面的可信软件过程模型，为了追踪可信方面，我们给出了可信方面影响是否正常的判定准则，确保方面织入后能正确行使其功能，且不破坏原始业务流程的功能，为实现此追踪，本章提出可信方面织入一致性的追踪方法，在同一初始格局和给定目标格局下，分析方面织入前后的两个业务流程 Petri 网模型的活动发生序列，以此来分析方面织入对原始流程的影响，从而分析方面织入前后业务流程之间的一致性。

最后，在 6.3 节中，6.3.1 节案例针对可信第三方认证中心软件 SIS 的可信需求，在第 2 章中描述了如何组织利益相关者收集可信软件需求评估数据，使用梯形模糊数表示评估数据，并使用信息熵方法判断评估数据的客观性，保证评估数据的有效性，在此基础之上，基于可信需求元模型完成了 SIS 软件的可信需求建模，通过第 3 章提出的可满足性问题求解推理方法获得满足可信需求的过程策略，从中获得可信活动，并定义可信方面，基于 SIS 软件演化过程模型（Li，2008），将可信过程方面融合后织入 SIS_Process(5)和过程包 Design_Evolution_Package，完成 SIS 软件的过程建模。

6.3.2 节案例针对 Harland（2005）和 Shayler（2000）对航天事故的研究和分析结果，在第 2 章提出航天软件的可信需求并完成可信需求建模，同样，在第 3 章通过可信需求推理找出满足可信需求的过程策略，在此基础之上，基于 ISO/IEC 12207 软件维护过程模型（Li，2008），针对维护过程相关的可信活动定义可信方面，重点介绍了如何将可信任务方面融合后织入过程模型的任务层。

6.3.3 节案例将面向方面可信软件过程建模方法应用于业务过程领域，对真实银行的投资交易业务过程采用面向方面可信软件过程建模方法实现业务过程的柔性建模，并改善业务过程的重用效率，通过应用冲突控制和检测方法保证业务过程模型的结构、性质和行为正确性。最后，通过对投资交易业务过程、货币汇兑交易过程、银行汇票交易过程和信用证交易过程的重用比例、增加代码量和冲突检测时间进行评估，说明面向方面可信软件过程建模方法是可行且有效的。

参 考 文 献

宋巍, 马晓星, 吕建. 2009. Web服务组合动态演化的实例可迁移性. 计算机学报, 32(9):1816-1831.

Dijkman R, La Rosa M, Reijers H A. 2012. Managing large collections of business process models: Current techniques and challenges. Computers in Industry, 2(63): 91-97.

Harland D M, Ralph L. 2005. Space Systems Failures: Disasters and Rescues of Satellites, Rockets and Space Probes. New York: Springer.

Jalali A. 2011. Foundation of Aspect Oriented Business Process Management. Stockholm: Stockholm University.

Li T. 2008. An Approach to Modelling Software Evolution Processes. Berlin: Springer.

Odgers B, Thompson S. 1999. Aspect-oriented process engineering (ASOPE)// The Workshop on Object-Oriented Technology, London: 295-299.

Reichert M, Weber B. 2012. Enabling Flexibility in Process-Aware Information Systems: Challenges, Methods, Technologies. Berlin: Springer.

Shayler D. 2000. Disasters and Accidents in Manned Spaceflight. London: Springer.

Störzer M, Krinke J, Breu S. 2003. Trace analysis for aspect application// Workshop on Analysis of Aspect-Oriented Software (AAOS).

Tabares M S, Moreira A, Anaya R, et al. 2007. A traceability method for crosscutting concerns with transformation rules// The Early Aspects at ICSE: Workshops in Aspect-Oriented Requirements Engineering and Architecture Design, 2: 7.

Yu Y, Niu N, González-Baixauli B, et al. 2007. Tracing and validating goal aspects// The 15th IEEE International Requirements Engineering Conference(RE'07): 53-56.

第 7 章　可信软件过程管理

本章内容：

（1）软件过程可信性度量
（2）软件过程改进
（3）软件过程运行实例动态可信演化
（4）可信风险评估与控制

可信软件过程建模的主要目的是建立可信软件过程的抽象模型，通过对该抽象模型的分析有助于更好地理解正在实施或者将要实施的可信软件过程，同时，可执行的可信软件过程模型可以直接指导实际可信软件生产活动，分析可信软件开发过程中潜在的问题，进而规范软件开发行为，促进过程的不断改进并最终保证可信软件的可信性能够得以满足。

软件项目团队开发产品依赖需求、项目计划和已定义过程（Florac et al.，1997），需求驱动的可信软件过程建模方法的提出即是为软件项目团队提供这些必需品，然而，辨识需求、准备实行计划、实施项目和追踪开发进度需要对过程进行度量，并通过度量结果来管理和改进过程。另外，Boehm（2008）指出 21 世纪软件工程面临快速变化带来的强有力挑战，当软件组织和软件项目处于这样一种动态的环境时，软件过程通常难以按照预定义的模型来执行，即便通过高层管理者强制推广软件过程模型，但由于缺乏有效的手段，如灵活的裁剪和控制分析、问题反馈分析机制等，在动态环境下不能及时调整过程，必然会使得软件过程烦琐且僵化，无法适应软件企业所面临的动态环境。执行这样的软件过程，要么付出很高的代价，要么开发人员绕开管理过程，使得管理与技术脱节。无论是哪种情况，实施效果都不尽如人意。因过程实施效果不佳而形成的软件项目不成功经验将产生负面效应，从而降低软件企业实施过程的积极性。因此，要使所开发的软件在一种非确定的环境下能够应付自如，必须动态地对软件过程进行演化以符合企业及项目的实际情况。风险管理是降低软件失败率的关键方法之一，特别是对于大型、复杂的项目而言，风险管理就显得更加重要，风险管理措施不当必定会以巨额的损失为代价，因此，在项目开始实施以前必须认真对待。成功的风险管理能够察觉软件项目中的潜在问题，这样就可以抢先一步制定相应的风险控制策略，当风险发生时可以很快地提供解决方案，同时有助于项目负责人把握项目，将其注意力用于关键风险。因此，通过可信软件过程管理阶段的软件过程可信度量、过程改进、过程运行实例可信演化及可信风险评估与控制，在软件的生命周期过程中不断地追求人员、技术、理论和策略的平衡，最终将软件过程中面临的所有问题转换为满足用户需求的软件产品解决方案。图 7.1 给出了本章的研究步骤及阶段成果。

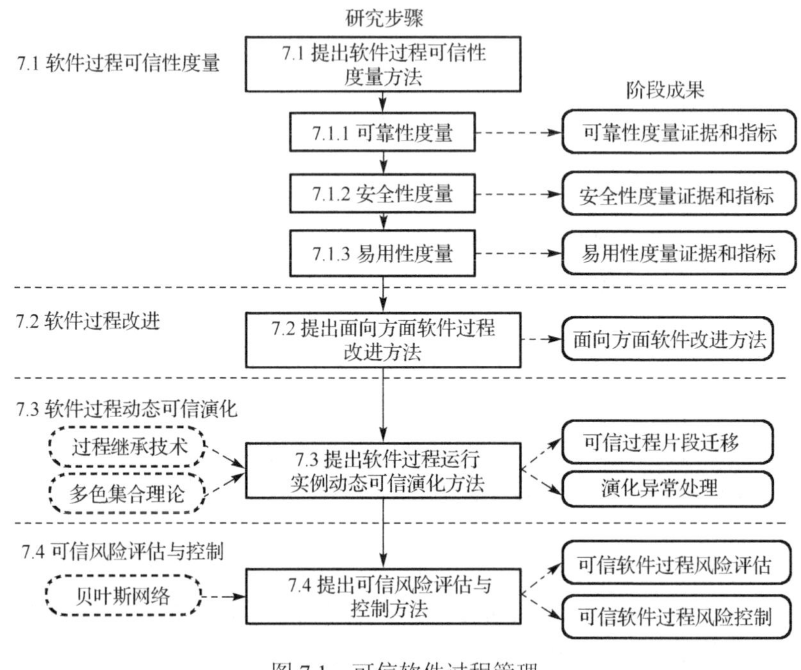

图 7.1　可信软件过程管理

7.1　软件过程可信性度量

软件工程的目标是在给定成本、进度的前提下，开发出满足用户需求的软件产品，并追求提高软件产品的质量和开发效率，减少维护困难（王青，2014）。软件的质量取决于软件过程的质量，只有运用科学、定量的方法很好地、有效地控制了软件过程质量，才能获得高质量的软件产品；同时，软件的开发效率在一定程度上取决于软件过程的效率（王青等，2005）。然而，从历史上看，很少有软件开发组织能够切实满足费用、进度及质量方面的要求。因此，为了保证软件产品的高质量及高开发效率，我们必须认真研究软件过程的内在规律，并在软件过程的实施过程中根据实际情况不断地进行过程改进和优化。

过程改进是一项综合且需要持续开展的活动，过程改进活动的内容不仅涉及过程建模、过程实施等过程工程中的各项基本活动，更涉及过程度量、过程评价和过程优化等活动内容。Humphrey 提出了一个通用的改进过程，如图 7.2 所示。

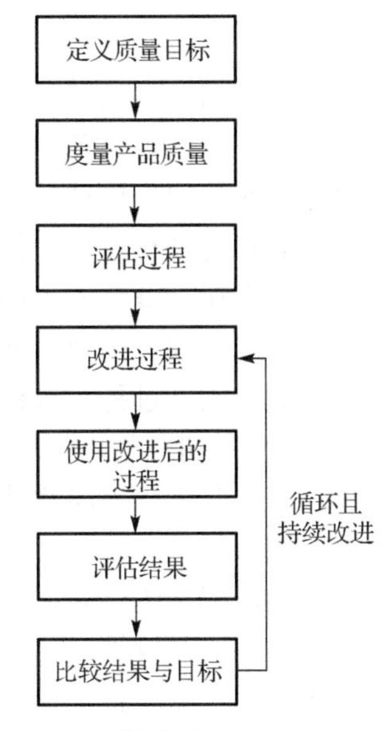

图 7.2　Humphrey 的改进过程（Humphrey，1997）

软件过程度量是软件过程评估与改进的基础，其度量工作要求能覆盖过程评估和改进中的各个目标，在一组基线度量建立后，就可以评估过程及其产品改进的成效。软件过程评估一般是基于评估参考模型展开评估工作，即以过程评估参考模型的一系列标准为依据，基于过程模型和过程改进规划，将当前的过程状况与预期的改进目标进行比较，试图发现当前过程实施特点，以更好地控制和改进过程。软件过程评估之后，组织已清楚地了解自身或项目过程管理上的问题，接下来就可以根据评估结果启动过程改进的进程。

当前过程改进主要有模型驱动和度量驱动两种过程改进模式（朱三元等，2002）。模型驱动的过程改进模式基于一个预先给定的评价模型设定改进目标，自顶向下制定和实施过程度量，有目的地开展相关改进活动；度量驱动的过程改进，根据具体过程实施时度量获得的关于过程反馈信息，针对过程中存在的问题进行有针对性的改进活动。前者是一种自顶向下（top-down）的过程改进；而后者是一种自底向上（bottom-up）的过程改进。

模型驱动自顶向下的过程改进模式，由于有明确的改进目标能够将改进活动控制在预定的范围之内，能够利用尽可能少的资源获得满意的改进结果。这种方法主要关注建立和不断改善组织的过程模型（Paulk et al.，1993），而过程模型代表了组织的一类软件项目的共性，因而这种改进方式比针对具体项目的过程改进更为有效，是目前主流的过程改进模式。但这种改进模式是一种泛化的、与领域无关的过程改进，未涉及特定领域的专门知识和具体技术，而这些都是项目成功的关键因素。此外，基于模型的过程改进总是基于一定的假设前提，因而往往会产生由于改进目标和模型策划不周而带来的风险问题，有时甚至会出现前功尽弃的局面。

相反，度量驱动自底向上的过程改进模式，所关注的是具体项目过程及单个软件产品的改善，过程改进的目标是一种特化的、与领域密切相关的过程改进目标，过程改进的驱动力来自于解决项目组中通过度量发现的各种过程缺陷和不足，过程改进是建立在已经发现的过程缺陷的基础之上的，因而这种针对具体缺陷和不足的改进往往切实有效，可以确保每次的改进活动能够得到相对更加优化的过程。然而，从整体角度看，这种自底向上的过程改进模式由于缺乏整体的改进策划，改进活动缺乏主题，也不利于过程知识的形成和积累，使得过程改进的效率低下。

针对可信软件，我们使用度量驱动的软件过程改进模式，首先对过程进行全方位的度量，目标是预测过程生产出软件产品的可信性和质量，减少过程结果带来的偏差，并通过度量结果提供自底向上的过程持续改进、提高软件可信性和质量。

软件过程度量主要包括以下内容。

（1）成熟度度量（maturity metrics），即组织度量、资源度量、培训度量、文档标准化度量、数据管理与分析度量、过程质量度量等。

（2）管理度量（management metrics），即项目管理度量（包括里程碑管理度量、风险度量、作业流程度量、控制度量、管理数据库度量等）、质量管理度量（包括质量审查度量、质量测试度量、质量保证度量等）、配置管理度量（包括式样变更控制度量、版本管理控制度量等）。

（3）生命周期度量（life cycle metrics），主要包括问题定义度量、需求分析度量、设计度量、制造度量、维护度量等。

软件过程度量要根据准确的度量流程实施，才能让过程度量作业可以被管理和追踪，以便提升度量效果。软件过程度量一般分为找出过程存在的问题、收集数据、确定过程数据、解释过程数据、汇总过程分析、提供过程建议，并基于建议实行过程改进、实行管理和监控。

为了对软件过程进行度量、管理和改进，需要在软件过程中，对项目、产品以及过程本身进行数据的收集、定义和分析，这些数据即是进行度量的依据，依据可能来源于文档或者过程的相关信息，本章参照 Trustie 项目（Trustie，2009；郎波等，2010），将度量软件过程可信性的依据称为可信证据，可信证据是一些数据、文档和其他与可信度量相关的信息。

可信证据依据软件开发生命周期划分为三个阶段证据（Trustie，2009）：开发阶段证据、提交阶段证据、应用阶段证据。开发阶段证据是在软件开发过程中得到的证据，这些证据来自于开发过程中规范化的设计和标准的软件管理流程。提交阶段证据是软件开发完成之后，处于提交阶段，自身的一些可信相关证据，这些证据主要是通过测试和验证的手段，使用现有的成熟工具和测试方法获得的。应用阶段证据主要是指软件应用的广泛性、用户的反馈以及软件提供商信誉度等数据，应用阶段的证据最主要来自于反馈以及用户调查。

基于以上三个阶段的证据，最为困难的证据获取是开发阶段证据。因为软件工程发展的这几年来，已经有了相当成熟的测试技术和验证技术，提交阶段的证据获取并不困难，而应用阶段证据也可以通过用户调查和反馈的方式较为容易地获得。但在开发阶段的证据则不像后两个阶段的证据那般容易获取。关注基于开发阶段的证据，可以发现，目前存在的主流证据评价方法是通过对软件过程可信性的度量来达到的。Amoroso 等（1991；1994）从软件开发过程角度出发，首先给出了一系列可信软件开发过程应该具备的可信原则，然后通过验证软件开发方法与可信原则是否一致而对软件可信性进行度量。杨叶等（2009）提出软件可信论域的概念，以此作为软件过程可信建模的基础，构建了可信度度量模型。另外，Yu（2009b）从不同人员的角度出发，给出不同的过程可行性度量模型，从成本可信性和进度可信性的角度建立了软件过程可信性度量指标体系，并根据软件开发过程时间的有效使用情形给出了进度可信性度量模型，根据软件开发过程可用成本的度量给出了成本可信性度量模型。Qian 等（2009）从测试管理、测试团队、测试过程的角度构造了软件测试过程可信性度量模型。

基于面向方面可信软件过程建模方法，可信证据的获取来自于可信活动，并将与可信软件相关的能够反映其可信性的度量值、文档或其他信息称为可信证据，因此，可信证据定义如下。

定义 7.1　可信证据　可信证据是一个四元组，evidence=(i, d, ta, T)。

（1）i 是可信证据标识，i 的命名规则为 $i=p.a.e$，其中，p 为软件过程编号，a 为活动编号，e 为可信证据编号。

（2）d 是可信证据描述。

（3）ta 是可信活动，即可信证据来源，ta$\in$TA，TA 是可信活动集合。

（4）T 是证据对应的可信关注点集合，$\forall t\in T$ 是一个可信关注点。

对可信证据进行度量的度量指标定义如下。

定义 7.2　可信度量指标　可信度量指标是一个四元组，metric=(n,i,m(i),dt)。

（1）n 是度量指标的名称。

（2）i 是度量指标所度量的可信证据标识。

（3）$m(i)$是针对可信证据 evidence 的度量方法，$m(i)\in M$，M 是度量方法集合，$M\mapsto M$_Type，M_type={exp,math}，其中，exp 是专家给出的度量评估值，math 是使用数学算式计算的度量值。

（4）dt 是度量指标的数据类型。

对于任何一个可信证据 evidence，存在多种度量方法，用于从不同的可信软件需求角度度量该指标，使用可信度量指标对可信证据实施度量后，得到的可信度量值定义如下。

定义 7.3　可信度量值　可信度量值是一个二元组，mdata=(n,v)。

（1）n 是可信度量数据使用的可信度量指标名称。

（2）v 是度量数据值。

软件可信证据来源于可信活动，一个可信证据由于其包含的可信关注点不同，会有多种可信度量指标，不同的可信度量指标对应产生不同的可信度量数据，因此，它们之间的关系如图 7.3 所示。

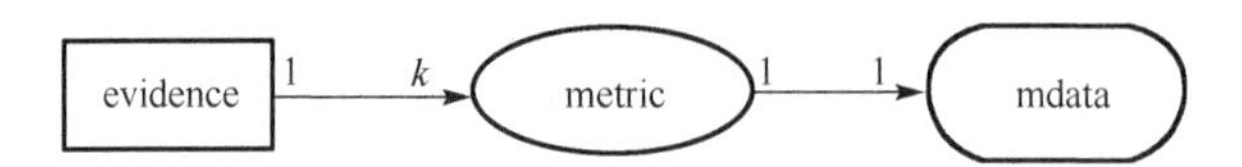

图 7.3　可信证据、可信度量指标和可信度量值之间的关系

按照面向方面可信软件过程建模框架的分层结构，过程可信性度量采用自顶向下获取度量值后，自底向上分层度量，最终给出过程可信性度量结果。

所有软件开发的生命周期阶段，从需求到最终交付用户使用，大致都包含需求分析、设计、实现、测试验证和发布等阶段。因此，下面以这些基本阶段作为研究对象，对其他的特殊生命周期阶段则同样加以应用，在此省略。

在开发过程的早期阶段，即准备、需求分析、设计、实现、测试（单元测试）阶段，对软件过程可信性的度量主要采取在可信活动中抽取可信证据，并用可信度量指标将可信证据量化，以此对软件可信过程进行度量，并将结果与软件最初设立的可信目标进行比较，找到与预期不符的活动或者过程，以确定是否要对当前过程阶段进行改进，改进的位置即是度量结果所对应的可信活动所在过程。在开发过程中后期阶段，即测试验证（集成测试阶段）和部署发布阶段，这一阶段的软件已经基本成型，可以形成大量的可信测试数据，因此，此阶段可信证据主要来自于对质量测试的结果。通过测试结果与开发前确立的可信目标进行比较来判断是否符合交付的标准。软件过程分阶段可信性度量方法如图 7.4 所示。

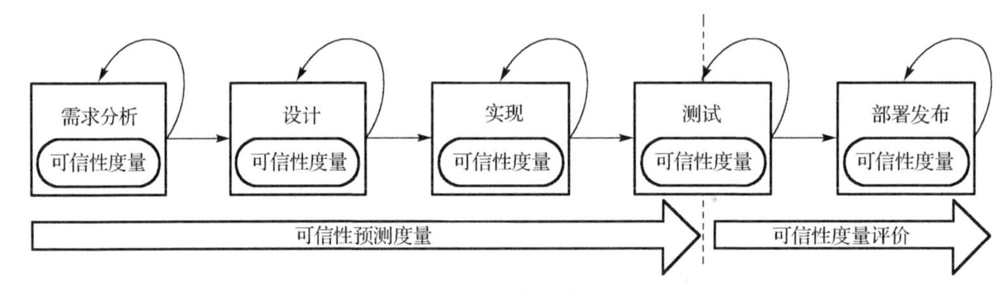

图 7.4　过程可信性度量阶段

下面列举三个重要的软件过程可信需求——可靠性、安全性和易用性，作为关键可信需求，进行可信证据的提取和可信指标的定义，并通过定义可信指标度量方法对可信证据进行度量。

7.1.1　可靠性度量

软件的可靠性是在规定的条件下和规定的时间内，不引起系统故障的能力（IEEE，

2008）。软件可靠性不仅与软件存在的差错有关，还与系统的输入和系统的使用有关。同时，软件不会像硬件那样损耗或者老化产生故障，不可靠的软件是由于在系统开发过程中存在的需求错误、设计错误和编程错误等缺陷导致的。因此，如果要从根本上控制软件的可靠性，必须从软件开发过程中进行控制。

基于文献（Schneberger，1997；Zhang & Pham，2000；Jacobs & Moll，2007）中对软件可靠性的研究，软件的复杂度、软件类别、代码重用比例、软件开发语言、开发工具及使用平台、开发人员的水平、团队开发经验、团队规模、管理力度和经验、需求的变更、设计使用的方法、文档规范性以及设计变更、测试环境、测试方法、测试的覆盖率、可靠性模型的使用情况等均对软件可靠性有影响。这些可靠性因素分布于软件开发的各个阶段，存在于软件过程以及活动中。通过从过程、活动中提取与可靠性因素相关的证据，经过专家根据经验判断或者通过数学公式计算方法对可靠性证据度量，从而对可靠性过程进行评估以预测软件产品的可靠性高低。下面分别从软件开发的各个阶段——准备阶段、需求分析阶段、设计实现阶段、测试验证阶段出发，描述在何种过程或活动中提取可靠性证据，并描述这些证据应该通过何种方式进行度量。

软件过程中，可靠性过程的层次模型如图 7.5 所示。

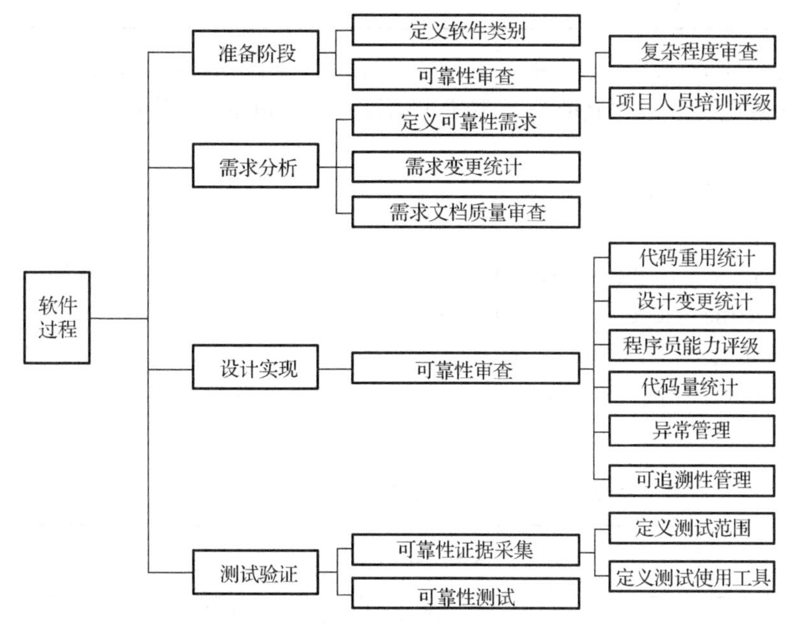

图 7.5　可靠性过程度量的层次模型

1. 准备阶段

1）定义软件类别过程（pr1_1）

不同的软件类别对于可靠性的要求是不同的，同时，软件开发经验表明，软件的应用类型确定了基本的错误密度。因此，需要在准备阶段定义该软件的类别，从而约束后续软件的可靠性范围，防止因软件类别不同产生的可靠性差异与预期可靠性要求不符而造成的错误度量。对于软件类别的定义可以在需求规格说明书中详细给出。

软件应用类型能够确定软件基本的错误密度有很多例子，经典的例子是 Rome 实验室的可靠性预测模型（Yu et al.，2009a）。该模型是美国空军在飞行器控制以及战略战术软件中的一个非常有效的可靠性预测模型。此模型将飞行器控制和战略战术软件分为六大类系统，并根据软件开发历史数据汇总后得出每一类系统所对应的代码的平均错误密度，如表 7.1 所示。

表 7.1　代码的平均错误密度（Yu et al.，2009a）

系统应用类	平均错误密度/（错误数/行）
机载运输系统	0.0128
战略信息指挥系统	0.0092
战术指挥系统	0.0078
过程控制系统	0.0018
生产中枢系统	0.0085
开发工具	0.0123

从定义软件类别这一过程中可以抽取可靠性证据：软件类别，这一证据可以从软件需求规格说明书中得到验证。按照可信证据（evidence）的定义 7.1，该证据定义如下。

evidenceR1_1=(i, d, ta, T)，其中

i = R1.1.1

d = the category of the software in SRS（在需求说明书中与软件类别相关的定义）

ta = define the category of the software（定义软件类别活动）

t = Reliability

为方便阅读，后续内容都将可信证据用表格的形式进行描述，evidenceR1_1 的表格描述如表 7.2 所示。

表 7.2　证据 evidenceR1_1：软件类别定义

evidenceR1_1	软件类别定义
i	R1.1.1
d	在需求说明书中与软件类别相关的定义
ta	定义软件类别活动
t	Reliability

软件类别这一证据的度量指标根据定义 7.2 定义如下。

metricR1_1=(n,i,m(i),dt)，其中

n = SoftwareCategoryMetricIndex (软件类别度量指标)

i = R1.1.1 (i 对应可信证据中证据的唯一标识)

$m(i)$ = exp (exp 表示由专家根据经验给出)

dt = num (num 表示度量结果是数值)

此可信度量指标是由专家对可信证据根据经验给予赋值，赋值范围为 0～1 的数字，这一经验数据由多个专家共同给出，对于该数据的归一化处理使用第 2 章中可信软件需求重要程度评估数据的处理方式。

同样为了方便阅读，可信度量指标也使用表格的形式描述，metricR1_1 的表格描述如表 7.3 所示。

表 7.3　软件类别定义度量指标 metricR1_1

n	软件类别定义指标
i	R1.1.1
$m(i)$	exp
dt	num

2）可靠性审查过程（pr1_2）

可靠性审查过程包括以下两个子过程。

（1）软件复杂程度审查子过程（pr1_2.1）：软件复杂程度和错误率正相关，软件复杂程度越高，开发和维护过程中消耗的资源也就越多，从而导致设计中出现错误的可能性越大。因此，从软件复杂程度审查子过程中可以抽取可靠性证据：软件复杂程度。这一证据可以从软件需求规格说明书中得到验证，如表 7.4 所示。

表 7.4　证据 evidenceR1_2.1：软件复杂程度

evidenceR1_2.1	软件复杂程度
i	R1.2.1
d	在需求说明书中与软件复杂程度相关的定义
ta	软件复杂程度审查过程
t	Reliability

该证据的软件可靠性度量指标——软件复杂程度度量指标如表 7.5 所示。

表 7.5　软件复杂程度度量指标 metricR1_2.1

n	软件复杂程度指标
i	R1.2.1
$m(i)$	exp
dt	num

（2）项目人员培训子过程（pr1_2.2）：项目人员培训子过程主要是对项目人员进行培训，在培训结束后对人员的能力进行评价。项目人员的能力直接影响软件产品的可靠性，人员能力包括团队协作能力、高技术人员的比例、开发队伍的规模等，都直接关系到一

个软件产品是否可靠。该子过程中可靠性证据 evidenceR1_2.2 定义如表 7.6 所示。

表 7.6　证据 evidenceR1_2.2：项目参与人员能力

evidenceR1_2.2	项目参与人员能力
i	R1.2.2
d	项目参与人员的数量、技术能力、团队协作能力
ta	项目人员培训后能力评价
t	Reliability

此子过程的可靠性度量指标 metricR1_2.2 是项目参与人员能力，如表 7.7 所示。

表 7.7　项目参与人员能力度量指标 metricR1_2.2

n	项目参与人员能力指标
i	R1.2.2
$m(i)$	$m(i)=(\text{anum}/\text{snum}_a)\times w$
dt	num

$m(i)$是对参加培训的人员进行评级后的人员能力计算公式，其中，评级为优秀或者熟练工种的人员个数为 anum，项目总人数为 snum_a，项目团队合作能力为 w，w 由培训后评级给出，其取值范围为 0～1。

2. 需求分析阶段

1）定义可靠性需求过程（pr2_1）

在需求规格说明书中应该详细定义可靠性需求，可靠性需求证据 evidenceR2_1 如表 7.8 所示。

表 7.8　证据 evidenceR2_1：定义可靠性需求

evidenceR2_1	定义可靠性需求
i	R2.1.1
d	在需求说明书中定义软件可靠性
ta	定义可靠性需求
t	Reliability

此证据的可靠性定义度量指标 metricR2_1——软件可靠性定义如表 7.9 所示。

表 7.9　软件可靠性定义度量指标 metricR2_1

n	软件可靠性定义指标
i	R2.1.1
$m(i)$	exp
dt	num

软件可靠性定义度量指标的度量方法 *m*(*i*)为判断软件需求说明书中是否有软件可靠性定义的度量，若有，则需要通过专家评定该可靠性定义是否完备，然后给出 0～1 的评价结果。

2）需求变更统计过程（pr2_2）

需求变更统计过程主要统计需求变更率，需求变更率直接影响软件后续的开发工作，变更越多，变更时间越长，软件可靠性越差，需求变更率这一证据如表 7.10 所示。

表 7.10　证据 evidenceR2_2：需求变更率

evidenceR2_2	需求变更率
i	R2.2.1
d	软件需求变更率（变更数目、变更处于软件开发过程中的阶段）
ta	需求变更统计过程
t	Reliability

此过程的可靠性度量指标定义为 metricR2_2（需求变更率），如表 7.11 所示。

表 7.11　需求变更率度量指标 metricR2_2

n	需求变更率指标
i	R2.2.1
m(*i*)	$m(i)=\text{rcnum}\times\text{time}/\text{snum}_r$
dt	num

m(*i*)是需求变更率度量指标的计算公式，其中，rcnum 是需求变更的数目，time 是变更时间，snum_r 是总需求数。time 变量取值分为：

time=1 表示变更发生在需求分析阶段；

time=1.3 表示变更发生在设计实现阶段；

time=1.8 表示变更发生在测试以及测试之后的阶段。

3）需求文档质量审查过程（pr 2_3）

需求文档的质量是后续软件开发过程活动能够顺利进行的保证，软件需求文档的质量高，在一定程度上保证了软件后续过程能够顺利、有序、可靠地开发。该过程的可靠性证据——需求文档质量定义如表 7.12 所示。

表 7.12　证据 evidenceR2_3：需求文档质量

evidenceR2_3	需求文档质量
i	R2.3.1
d	文档定义的规范性，需求阶段对可靠性的定义
ta	需求文档质量审查过程
t	Reliability

需求文档质量的度量指标如表 7.13 所示。

表 7.13　需求文档质量度量指标 metricR2_3

n	需求文档质量指标
i	R2.3.1
$m(i)$	exp
dt	num

需求文档质量的评估由多个专家评定后进行归一化处理，评价值为 0～1 的数值。

3. 设计实现阶段

可靠性审查过程包括六个子过程。

（1）代码重用统计过程（pr3_1.1）：代码重用可以减少软件开发活动中大量的重复性工作，代码重用率与软件生产率正相关，与开发成本负相关，依靠代码重用技术可以缩短软件设计时间，进而缩短了软件开发周期，减少投入成本。另外，用于代码重用的部分一般都经过了严格的质量验证或者实践检验，具有较高的可信度，因此，代码重用率与软件可靠性正相关。该过程可靠性证据——代码/模块重用率定义如表 7.14 所示。

表 7.14　evidenceR3_1.1：代码/模块重用率

evidenceR3_1.1	代码/模块重用率
i	R3.1.1
d	软件代码重用率（重用代码量、模块数、重用部分的重要性）
ta	代码重用统计过程
t	Reliability

此过程的可靠性度量指标——代码/模块重用度量指标 metricR3_1.1，如表 7.15 所示。

表 7.15　代码/模块重用度量指标 metricR3_1.1

n	代码重用比例指标
i	R3.1.1
$m(i)$	$m(i)$=cnum×cr/snum_c
dt	num

$m(i)$是代码/模块重用比例的计算公式，其中，cnum 是重用代码量或者重用模块数目；cr 是重用部分在整个设计阶段的重要程度，由专家评定，给出评定数值的范围为 0～1；snum_c 是代码的总量或者模块的总数目。

（2）设计规格说明书变更统计过程（pr3_1.2）：设计规格说明书变更统计过程主要是统计设计的变更率，在这一过程中，可靠性与变更率以及变更时间段相关，变更越频繁，变更时间在过程中的位置越靠后，软件的可靠性越低。因此，该过程可靠性证据——设计变更率定义如表 7.16 所示。

表 7.16　evidenceR3_1.2：设计变更率

evidenceR3_1.2	设计变更率
i	R3.1.2
d	软件设计变更率（变更数目、变更处于软件开发过程中的阶段）
ta	设计规格说明书变更统计过程
t	Reliability

此过程的可靠性度量指标——设计变更率度量指标 metricR3_1.2 如表 7.17 所示。

表 7.17　设计变更率度量指标 metricR3_1.2

n	设计变更率指标
i	R3.1.2
$m(i)$	$m(i)=\text{dnum}\times\text{time}/\text{snum}_d$
dt	num

$m(i)$是设计变更率的度量方法，其中，dnum 是功能设计变更的数目，time 是变更时间，snum_d是总功能数。time 变量取值分为：

time=1.3 表示变更发生在设计实现阶段；

time=1.8 表示变更发生在测试以及测试之后的阶段。

（3）程序员能力评价过程（pr3_1.3）：软件代码的错误率越高，软件可靠性越低，程序员的能力直接影响他们在编写代码时出错的概率。技术能力高、团队精神好、工作精力充沛的程序员编码出错的可能性会低于技术能力一般、团队合作差、疲劳工作的程序员。该过程的可靠性证据——程序员能力如表 7.18 所示。

表 7.18　evidenceR3_1.3：程序员能力

evidenceR3_1.3	程序员能力
i	R3.1.3
d	程序员数量，程序员技术能力，实现团队的团队凝聚力，程序员的工作可接受强度
ta	程序员能力评价过程
t	Reliability

此过程的软件可靠性度量指标——程序员能力度量指标如表 7.19 所示。

表 7.19　程序员能力度量指标 metricR3_1.3

n	程序员能力指标
i	R3.1.3
$m(i)$	$m(i)=\left(\ln\left[\sum_{j=1}^{k}(\text{pnum}_j\times\text{pgrade}_j)\right]\Big/\sum_{j=1}^{k}\text{pnum}_j\right)\times\text{tgrade}$
dt	num

$m(i)$是程序员能力的计算方式，其中，pnum_j是位于技术等级j级的程序员数量，pgrade_j是程序员的技术能力等级，程序员的技术能力等级在开发团队中具有固定值，由开发组织定期评价给出，tgrade 是开发团队的能力等级。

（4）代码行数统计过程（pr3_1.4）：历史数据表明，每百万行代码中大概会存在 20000 个错误，因此，代码量可以间接反映软件的可靠性，代码量越大，软件相对可靠性降低。因此，该过程的可靠性证据——代码量如表 7.20 所示。

表 7.20　evidenceR3_1.4：代码量

evidenceR3_1.4	代码量
i	R3.1.4
d	代码行数
ta	代码行数统计过程
t	Reliability

此过程的可靠性度量指标 metricR3_1.4——代码量度量指标如表 7.21 所示。

表 7.21　代码量度量指标 metricR3_1.4

n	代码量指标
i	R3.1.4
$m(i)$	$m(\text{i})=\lim\limits_{x\to 1}x^{\text{cnum}\times 0.02}$
dt	num

$m(i)$是代码行数的计算方式，其中，cnum 是代码量，0.02 是系数，是由经验数据：每百万行代码的错误数为 20000 给出的。

（5）异常管理过程（pr3_1.5）：异常管理表示软件系统对于系统错误等异常情况的反应处理能力。当系统采用异常管理过程时，可以降低故障率。对软件过程中异常管理过程可以使用以下标准进行评价：

① 是否有能够识别错误，并将错误传递给相应的处理函数的设计；
② 是否有对输入数据进行错误容忍的设计；
③ 是否有能从计算失效中恢复的设计；
④ 是否有能从输入/输出错误中恢复的设计；
⑤ 是否有能从和其他系统通信失败中恢复的设计；
⑥ 是否在错误中提供替代路径策略的设计；
⑦ 在发生异常时，是否有保持数据完整性的设计；
⑧ 是否有备份关键数据的设计。

该过程的可靠性证据——异常管理判定如表 7.22 所示。

表 7.22　evidenceR3_1.5：异常管理判定

evidenceR3_1.5	异常管理判定
i	R3.1.5
d	异常管理相关活动
ta	异常管理过程
t	Reliability

此过程的可靠性度量指标——异常管理判定度量指标如表 7.23 所示。

表 7.23　异常管理度量指标 metricR3_1.5

n	异常管理判定指标
i	R3.1.5
$m(i)$	$m(i)=\begin{cases}1, & n_y=3\\ 0.9, & n_y>3\\ 1.1, & n_y<3\end{cases}$
dt	num

该证据的度量方法 $m(i)$根据异常管理评价标准对软件异常管理作评估，以判定软件是否符合异常管理的评价标准，对评估结果作出“Y”（符合）或“N”（不符合）的判断，然后统计“Y”的个数 n_y。

（6）可追溯性管理过程（pr3_1.6）：可追溯性管理过程用来考察设计模型是否对应需求，该过程的目的是考察后一个开发阶段是否是前一个开发阶段思想和设计的延续，在前一阶段可靠性高的情况下，下一阶段与上一阶段的高度对应也可以保证下一阶段的高可靠性，对可追溯性管理过程可以使用以下标准进行评价：

① 需求分析中所涉及的各模块是否都有对应的设计；

② 软件顶层的系统功能划分是否在概要设计中都有相应的模块与之对应；

③ 软件系统中的所有单元是否满足了上层设计的需求；

④ 从顶层设计到底层设计是否具备完整的图标资料备案。

该过程的可靠性证据——可追溯性管理判定如表 7.24 所示。

表 7.24　evidenceR3_1.6：可追溯性管理判定

evidenceR3_1.6	可追溯性管理判定
i	R3.1.6
d	可追溯性管理相关活动
ta	可追溯性管理过程
t	Reliability

此过程的可靠性度量指标——可追溯性管理判定度量指标如表 7.25 所示。

表 7.25　可追溯性管理度量指标 metricR3_1.6

n	可追溯性管理判定指标
i	R3.1.6
$m(i)$	$m(i)=\begin{cases}1, & n_y=4\\ 1.1, & n_y<3\end{cases}$
dt	num

该证据的度量方法 $m(i)$是根据可追溯性管理评价标准对软件可追溯性作评估，以判定软件是否符合可追溯性管理的评价标准，对评估结果作出“Y”（符合）或“N”（不符合）的判断，然后统计“Y”的个数 n_y。

4. 测试验证阶段

1）可靠性证据采集过程（pr4_1）

可靠性证据采集过程包括两个子过程。

（1）定义测试范围过程（pr4_1.1）：测试覆盖面表示软件测试的覆盖程度，其结果与发现软件错误的概率正相关，因此，软件测试覆盖面越广，软件可靠性越强。该过程的可靠性证据——测试覆盖率如表 7.26 所示。

表 7.26　evidenceR4_1.1：软件测试覆盖率

evidenceR4_1.1	软件测试覆盖率
i	R4.1.1
d	软件测试的覆盖范围
ta	定义测试范围过程
t	Reliability

此过程的可靠性度量指标——软件测试覆盖率度量指标如表 7.27 所示。

表 7.27　软件测试覆盖率度量指标 metricR4_1.1

n	软件测试覆盖率指标
i	R4.1.1
$m(i)$	$m(i)$=tcnum/snum$_c$，$m(i)$=tnum/fnum
dt	num

软件测试覆盖率根据测试过程中测试代码的行数 tcnum 占总行数 snum$_c$ 的比例以及测试功能 tnum 占总功能数目 fnum 的比例给出判定结果，此结果取值范围为 0～1 的数值。

（2）定义测试使用工具过程（pr4_1.2）：不同的测试工具会对测试产生不同的效果，好的测试工具能够使用较少的测试花销而发现较多的错误，从一定意义上讲，好的测试工具可以保证高可靠性，因此，需要明确地定义测试过程中所使用的测试工具。该过程的可靠性证据——定义测试使用工具如表 7.28 所示。

表 7.28　evidenceR4_1.2：定义测试使用工具

evidenceR4_1.2	定义测试使用工具
i	R4.1.2
d	在测试说明书中明确定义测试工具，并在测试中使用
ta	定义测试使用工具过程
t	Reliability

度量指标 metricR4_1.2——定义测试使用工具度量指标如表 7.29 所示。

表 7.29　定义测试使用工具度量指标 metricR4_1.2

n	定义测试使用工具指标
i	R4.1.2
m(*i*)	exp
dt	num

定义测试使用工具度量指标的度量方法是先判断在测试说明书中是否给出了测试工具，若给出，则由多个专家根据测试工具和项目的契合程度对测试工具进行评价，给出 0～1 的评价值。

2）可靠性测试过程（pr4_2，表 7.30）

表 7.30　evidenceR4_2：可靠性测试

evidenceR4_2	可靠性测试
i	R4.2.1
d	可靠性测试方法测试软件产品的实际可靠性
ta	可靠性测试过程
t	Reliability

可靠性测试是一个标准的、使用可靠性测试方法和度量方法的过程，由于可靠性测试研究领域已有很成熟的方式，在此省略。

过程可靠性综合度量方法总结如表 7.31 所示。

表 7.31　可靠性度量

软件过程	可靠性过程	度量指标	度量方法	度量结果类型
准备阶段	定义软件类别	软件类别定义	对比	数值
	可靠性审查	软件复杂程度	经验分布函数	数值
		项目人员培训	经验分布函数，人员定期评级	数值
需求分析阶段	定义可靠性需求	可靠性需求定义	是否定义	数值
	需求变更统计	需求变更频率	（变更数×时间变量）/功能数	数值
	需求文档质量审查	需求文档质量	经验分布函数	数值

续表

软件过程	可靠性过程	度量指标	度量方法	度量结果类型
设计实现阶段	可靠性审查	代码重用比例	（重用代码量×重用代码重要性）/总代码量	百分比
		设计变更率	（变更数×时间变量）/功能数	数值
		程序员能力	高级别程序员人数/全部人数	数值
		代码量统计	经验分布函数	数值
		异常管理	是否进行异常管理、异常管理度量值	数值
		可追溯性管理	是否进行可追溯性管理、可追溯性管理度量值	数值
测试验证阶段	可靠性证据采集	测试覆盖面		百分比
		测试使用的工具	对比	数值
	可靠性测试	使用成熟的可靠性测试方法		数值

7.1.2　安全性度量

通过对软件安全性的研究，项目人员安全开发的能力水平和职业道德、安全工件的使用、风险管理、攻击模式、漏洞评估等均对软件安全性有影响。这些安全性因素分布于软件开发的各个阶段，存在于软件过程以及活动中。通过从过程、活动中提取与安全性因素相关的证据，通过专家根据经验判断或者通过一些给出的数学计算方法对可信证据进行度量，从而对过程进行安全性评估以预测生产出软件产品的安全性。下面仍然基于软件开发的各个阶段（准备阶段、需求分析阶段、设计实现阶段、测试验证阶段）描述在何种过程或活动中提取安全性证据，并描述这些证据应该通过何种方式进行度量。

软件过程中，安全性过程的层次模型如图 7.6 所示。

1. 准备阶段

1）项目人员培训过程（ps1_1）

通过系统地、持续地对项目经理和软件工程师进行缺陷处理的培训，可以避免大多数软件安全缺陷问题。对这些人员的培训包括：开发和设计安全应用软件的方法，有效使用安全条例，熟悉特定的软件需求安全因素，学习软件架构、设计、开发、部署和运行的安全要素。另外，项目人员的职业道德也十分重要，职业道德低下的工程师可能会在软件中植入可利用的缺陷和弱点、恶意的逻辑和后门等，使软件安全性大大下降，职业道德良好的工程师则可能最大限度地消除可利用的缺陷或其他漏洞。培训结束后，应该对所有参加培训的人员作安全开发能力等级评估以及职业道德评估。项目人员综合能力这一证据如表 7.32 所示。

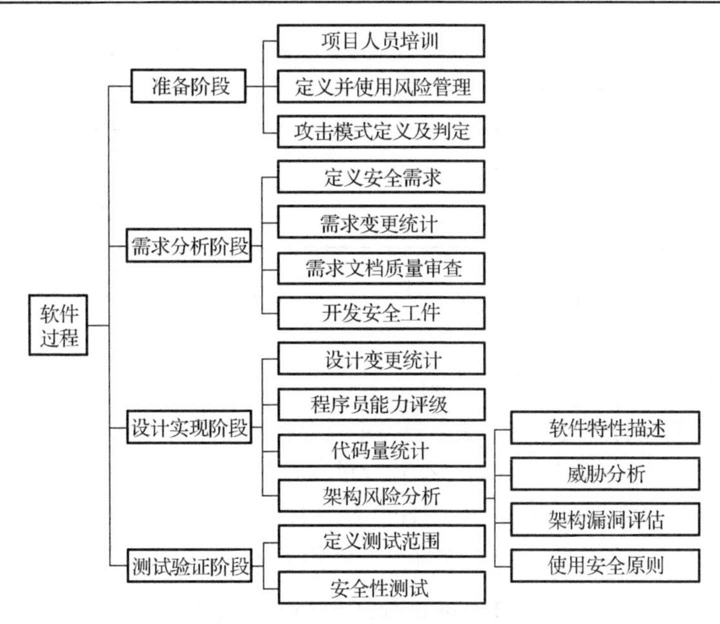

图 7.6　安全性过程度量的层次模型

表 7.32　evidenceS1_1：项目人员培训评级

evidenceS1_1	项目人员培训评级
i	S1.1.1
d	项目人员数量、安全开发能力、团队协作能力
ta	项目人员培训评价
t	Security

此证据的安全性度量指标——人员安全开发能力度量指标 metricS1_1.1 如表 7.33 所示。

表 7.33　人员安全开发能力度量指标 metricS1_1.1

n	人员安全开发能力指标
i	S1.1.1
$m(i)$	$m(i)=(\mathrm{anum}/\mathrm{snum}_a)\times w$
dt	num

$m(i)$是对参加培训后的人员在评级后进行人员安全开发能力计算，其中，anum 定义为优秀或者熟练工种的人员个数，总人数为 snum_a；项目团队合作能力为 w，w 的评价由专家评级给出，指标值范围为 0～1。

证据 evidenceS1_1 的另一项安全性度量指标——项目人员职业道德度量指标 metricS1_1.2 如表 7.34 所示。

表 7.34　项目人员职业道德度量指标 metricS1_1.2

n	项目人员职业道德指标
i	S1.1.1
m(*i*)	exp
dt	num

项目人员职业道德度量指标的度量方式由项目组定期给予人员职业道德考核的等级评价而确定。

2）定义并使用风险管理过程（ps1_2）

保证充分安全性的任何一种方法都必须定义并使用持续的风险管理过程(Allen et al., 2008)。软件安全风险包括人事风险、不充分过程意外引入的风险和软件开发过程各阶段输出的风险。风险管理应该出现在软件开发过程的各阶段，对风险进行衡量和报告，并生成风险报告。风险管理这一证据如表 7.35 所示。

表 7.35　evidenceS1_2：风险管理

evidenceS1_2	风险管理
i	S1.2.1
d	定义并使用软件安全风险管理框架对风险进行衡量和报告
ta	定义使用风险管理过程
t	Security

此证据的安全性度量指标——风险管理度量指标 metricS1_2 如表 7.36 所示。

表 7.36　风险管理度量指标 metricS1_2

n	风险管理指标
i	S1.2.1
m(*i*)	*Y*|*N*，exp
dt	BOOL，num

风险管理度量指标的度量方法为：首先判定是否使用了风险管理框架，如果使用了，则通过专家对该风险管理进行衡量，然后给出一个 0～1 的评价值。

3）攻击模式的定义及判定过程（ps1_3）

攻击模式描述了攻击者可能用于入侵软件的技术（Allen et al.，2008）。在开发过程中衡量攻击模式可以帮助开发者采取更有效的措施来降低攻击的可能性或者影响。攻击模式为软件开发的每一阶段都提供了潜在的价值。因此，应该在软件开发周期的所有阶段衡量攻击模式。攻击模式这一证据如表 7.37 所示。

表 7.37　evidenceS1_3：攻击模式

evidenceS1_3	攻击模式
i	S1.3.1
d	攻击模式的定义以及在软件开发全生命周期对攻击模式的判定
ta	攻击模式的定义以及衡量过程
t	Security

此证据的安全性度量指标——定义攻击模式度量指标 metricS1_3.1 如表 7.38 所示。

表 7.38　定义攻击模式度量指标 metricS1_3.1

n	定义攻击模式指标
i	S1.3.1
m(*i*)	*Y*|*N*
dt	BOOL

该度量指标的度量方法为判断是否在风险管理说明书中定义了攻击模式，如果定义了，则标记为 Y，取值为 1，若没有定义该证据，则标记为 N，定义为 0。

证据 evidenceS1_3 的另一个安全性度量指标——衡量攻击模式度量指标 metricS1_3.2 如表 7.39 所示。

表 7.39　衡量攻击模式度量指标 metricS1_3.2

n	衡量攻击模式指标
i	S1.3.1
m(*i*)	Exp
dt	Num

该度量指标的度量方法为让专家对项目中所定义的攻击模式进行评价，从攻击模式定义是否正确，攻击模式的范围、广度等方面进行综合评价，然后给出一个 0～1 的评价值。

2. 需求分析阶段

1）定义安全需求过程（ps2_1）

安全需求定义证据如表 7.40 所示。

表 7.40　evidenceS2_1：安全需求定义

evidenceS2_1	安全需求定义
i	S2.1.1
d	在软件需求规格说明书中定义软件安全需求并排序安全需求优先级
ta	定义安全需求
t	Security

此证据的安全性度量指标——软件安全需求定义度量指标 metricS2_1 定义如表 7.41 所示。

表 7.41　软件安全需求定义度量指标 metricS2_1

n	软件安全需求定义指标
i	S2.1.1
$m(i)$	exp
dt	num

软件安全需求定义度量指标的度量方法为判断软件需求说明书中是否有软件安全需求的定义，若有，则需要通过专家评定该安全性定义是否完备，然后给出 0～1 的评价值，若无，则直接取 0 值。

2）需求变更统计过程（ps2_2）

需求变更统计主要统计需求变更率，需求的变更率直接影响软件后续的开发工作，变更越多，会导致软件后续出错的概率增加，安全性降低。需求变更率这一证据定义见表 7.42。

表 7.42　evidenceS2_2：需求变更率

evidenceS2_2	需求变更率
i	S2.2.1
d	软件需求变更率（变更数目、变更处于软件开发过程中的时段）
ta	需求变更统计过程
t	Security

此证据的安全性度量指标——需求变更率度量指标 metricS2_2 如表 7.43 所示。

表 7.43　需求变更率度量指标 metricS2_2

n	需求变更率指标
i	S2.2.1
$m(i)$	$m(i)=\text{rcnum}\times\text{time}/\text{snum}_r$
dt	num

$m(i)$代表对需求变更频率的计算，其中，rcnum 是需求变更的数目，time 是变更时间，snum_r 是总需求数。

time 变量分为：

time=1 表示变更发生在需求分析阶段；

time=1.3 表示变更发生在设计实现阶段；

time=1.8 表示变更发生在测试以及测试之后的阶段。

3）需求文档质量审查过程（ps2_3）

需求文档的质量是后续软件开发过程活动能够顺利进行的保证，需求文档的质量高，在一定程度上保证了软件后续过程能够顺利、有序、安全地开发。需求文档质量审查这一证据如表 7.44 所示。

表 7.44　evidenceS2_3：需求文档质量审查

evidenceS2_3	需求文档质量审查
i	S2.3.1
d	文档定义的规范性，需求阶段对安全性的定义
ta	需求文档质量审查过程
t	Security

此证据的安全性度量指标——需求文档质量度量指标 metricS2_3 如表 7.45 所示。

表 7.45　需求文档质量度量指标 metricS2_3

n	需求文档质量指标
i	S2.3.1
m(*i*)	exp
dt	num

需求文档质量的高低由多个专家评定，评价值为 0～1 的数值。

4）开发安全性工件过程（ps2_4）

安全性工件包括安全构架图、用例、误用用例、攻击树、威胁案例，开发过程中的每个工件都需要文档化。软件安全性工作这一证据如表 7.46 所示。

表 7.46　evidenceS2_4：软件安全性工件

evidenceS2_4	软件安全性工件
i	S2.4.1
d	安全性工件的定义、使用以及文档化
ta	开发安全工件
t	Security

此证据的安全性度量指标——软件安全性工件指标 metricS2_4 如表 7.47 所示。

表 7.47　软件安全性工件指标 metricS2_4

n	软件安全性工件指标
i	S2.4.1
m(*i*)	*Y*|*N*，exp
dt	BOOL，num

软件安全性工件度量指标的度量方法首先判断是否对安全工件进行了定义。如果定义了，则依靠专家对安全工件的使用和文档进行度量评估，然后给出一个 0～1 的评价数值。

3. 设计实现阶段

1）设计变更统计过程（ps3_1）

设计变更统计设计规格说明书的变更率，在这一过程中，安全性与变更率以及变更时间阶段相关，变更越频繁，变更时间在过程中的位置越靠后，软件的安全性越低。设计变更率这一证据如表 7.48 所示。

表 7.48　evidenceS3_1：设计变更率

evidenceS3_1	设计变更率
i	S3.1.1
d	软件设计变更率（变更数目、变更处于软件开发过程中的阶段）
ta	设计变更统计过程
t	Security

此证据的软件安全性度量指标——设计变更率度量指标 metricS3_1 如表 7.49 所示。

表 7.49　设计变更率度量指标 metricS3_1

n	设计变更率
i	S3.1.1
$m(i)$	$m(i)$=dnum×time/snum_d
dt	num

$m(i)$表示设计变更率的度量方法，其中，dnum 是设计变更的数目，time 是变更时间，snum_d指总功能数。

time 变量分为：

time=1.3 表示变更发生在设计实现阶段；

time=1.8 表示变更发生在测试以及测试之后的阶段。

2）程序员能力评价过程（ps3_2）

软件代码的错误率越高，软件安全性越低。程序员的能力直接影响他们在编写代码时出错的概率，技术水平高、团队精神好、工作精力充沛的程序员编码出错的可能性会远低于水平一般、团队合作性差、疲劳工作的程序员。程序员能力这一证据如表 7.50 所示。

表 7.50　evidenceS3_2：程序员能力

evidenceS3_2	程序员能力
i	S3.2.1
d	程序员数量，程序员技术水平，实现团队的团队凝聚力，程序员的工作可接受强度
ta	程序员水平评价过程
t	Security

此证据的软件安全性度量指标——程序员能力度量指标 metricS3_2 如表 7.51 所示。

表 7.51　程序员能力度量指标 metricS3_2

n	程序员能力指标
i	S3.2.1
$m(i)$	$m(i)=\left(\ln\left[\sum_{j=1}^{k}(\text{pnum}_j\times\text{pgrade}_j)\right]\Big/\sum_{j=1}^{k}\text{pnum}_j\right)\times\text{tgrade}$
dt	Security

$m(i)$是程序员能力的计算公式，其中，pnum_j 是位于技术等级 j 级的程序员数量；pgrade_j 是程序员的技术等级，程序员的技术等级在开发团队中具有固定值，由开发组织定期评价给出；tgrade 是开发团队的等级。

3）代码行数统计过程（ps3_3）

历史数据表明，每百万行代码中大概会存在 20000 个错误，因此，代码量可以间接反映软件的安全性。代码量越大，软件相对安全性越低。代码量证据如表 7.52 所示。

表 7.52　evidenceS3_3：代码量

evidenceS3_3	代码量
i	S3.3.1
d	代码行数
ta	代码行数统计过程
t	Security

此证据的软件安全性度量指标——代码行数度量指标 metricS3_3 如表 7.53 所示。

表 7.53　代码行数度量指标 metricS3_3

n	代码行数指标
i	S3.3.1
$m(i)$	$m(i)=\lim_{x\to 1}x^{\text{snum}_c\times 0.02}$
dt	num

$m(i)$是代码行数的计算公式，其中，snum_c 是代码量；0.02 是系数，基于经验数据，每百万行代码的错误数为 20000 给出。

4）架构风险分析过程（ps3_4）

架构风险分析过程软件开发周期中的设计和实现阶段非常重要。架构分析能够确保架构和设计层面的安全问题在软件开发阶段尽早被识别和解决。若没有风险分析，架构性缺陷在软件开发周期中就不能得到解决，并可能在已部署的软件中引起严重的安全漏洞。风险分析过程包括以下四个子过程。

（1）软件特性描述子过程（ps3_4.1）：软件特性的描述用于确认在代码复查阶段不会出现结构和设计层面上的缺陷，一个通过验证的特性描述形式是单页图表。该图表描述了如何将软件逐渐结合起来以及如何管理软件的控制流和数据流。收集的描述信息包括误用用例文档、数据架构文档、软件开发计划文档、详细设计文档、事务安全架构文档、身份认证服务和管理结构文档等。特性描述证据如表 7.54 所示。

表 7.54　evidenceS3_4.1：特性描述形式

evidenceS3_4.1	特性描述形式
I	S3.4.1
d	使用已验证的特性描述形式
ta	软件特性描述过程
t	Security

此证据的软件安全性度量指标——特性描述度量指标 metricS3_4.1 如表 7.55 所示。

表 7.55　特性描述度量指标 metricS3_4.1

n	特性描述指标
i	S3.4.1
m(*i*)	*Y*|*N*
dt	BOOL

证据 evidenceS3_4.1 的另一个软件安全性度量指标——安全性相关文档复查度量指标 metricS3_4.2 如表 7.56 所示。

表 7.56　安全性相关文档复查度量指标 metricS3_4.2

n	安全性相关文档复查指标
i	S3.4.1
m(*i*)	exp
dt	num

（2）威胁分析子过程（ps3_4.2）：威胁分析能够分辨出与具体的体系结构、功能、配置相关的威胁。威胁分析这一证据如表 7.57 所示。

表 7.57　evidenceS3_4.2：威胁分析

evidenceS3_4.2	威胁分析
i	S3.4.2
d	识别、分析威胁，并使用威胁对抗方法降低威胁
ta	威胁分析过程
t	Security

此证据的软件安全性度量指标——威胁分析度量指标 metricS3_4.2 如表 7.58 所示。

表 7.58　威胁分析度量指标 metricS3_4.2

n	威胁分析指标
i	S3.4.2
m(*i*)	exp
dt	num

（3）架构漏洞评估子过程（ps3_4.3）：威胁和漏洞的结合是造成软件安全问题的重要风险因素，因此，漏洞评估十分重要。架构漏洞评估分为攻击地域分析、二义性分析、依赖关系分析。这一证据定义如表 7.59 所示。

表 7.59　evidenceS3_4.3：漏洞评估

evidenceS3_4.3	漏洞评估
i	S3.4.3
d	基于攻击地域分析、二义性分析、依赖关系分析对架构漏洞进行评估
ta	架构漏洞评估过程
t	Security

此证据的软件安全性度量指标——漏洞评估度量指标 metricS3_4.3 定义如表 7.60 所示。

表 7.60　漏洞评估度量指标 metricS3_4.3

n	漏洞评估
i	S3.4.3
m(*i*)	exp
dt	num

（4）使用安全原则子过程（ps3_4.4）：安全原则是一组来自于现实软件开发经验的通过验证的安全开发方法。安全原则是前人的经验集合，能够为现有软件安全性开发提供指导，使现有的开发者能够使用安全原则来避免产生常见的严重缺陷。目前被业界确认的安全原则主要有最低权限原则、安全的发生故障原则、保障最弱环节安全原则、深入防御原则、权限分离原则、机制节约原则、通用机制最小化原则、不信任原则、不信任隐私安全原则、完全中立原则、心理可接受原则和提升私密性原则（Allen et al.，2008）。安全原则使用证据定义如表 7.61 所示。

表 7.61　evidenceS3_4.4：安全原则使用

evidenceS3_4.4	安全原则使用
i	S3.4.4
d	使用安全原则进行安全性设计
ta	使用安全原则
t	Security

此证据的软件安全性度量指标——安全性原则使用度量指标 metricS3_4.4 如表 7.62 所示。

表 7.62　安全原则使用度量指标 metricS3_4.4

n	安全原则使用指标
i	S3.4.4
$m(i)$	$m(i)=\begin{cases}1, & n_y \geqslant 12 \\ 0.9, & n_y < 12\end{cases}$
dt	num

$m(i)$是对安全原则使用的度量公式，首先对安全性原则使用度进行判定，是否使用了以上描述中的安全性原则，统计使用原则个数 n_y，如果使用原则数大于等于 12，则记为 1，如果小于 12，则记为 0.9。

4. 测试验证阶段

1）定义测试范围过程（ps4_1）

测试覆盖面是软件测试的覆盖度，覆盖度与通过测试发现软件错误的概率正相关，安全测试需要尽量穷尽测试整个软件。软件测试覆盖率证据如表 7.63 所示。

表 7.63　evidenceS4_1：软件测试覆盖率

evidenceS4_1	软件测试覆盖率
i	S4.1.1
d	软件测试的覆盖范围
ta	定义测试范围过程
t	Security

此证据的软件安全性度量指标——软件测试覆盖率度量指标 metricS4_1 如表 7.64 所示。

表 7.64　软件测试覆盖率度量指标 metricS4_1

n	软件测试覆盖率
i	S4.1.1
$m(i)$	$m(i)$=tcnum/snum$_c$，$m(i)$=tnum/fnum
dt	num

软件测试覆盖率根据测试过程中测试代码的行数 tcnum 占总行数 snum$_c$ 的比例以及测试功能 tnum 占总功能数目 fnum 的比例给出判定结果，此结果取值范围为 0～1 的数值。

2）安全性测试过程（ps4_2）

安全性测试证据定义如表 7.65 所示。

表 7.65　evidenceS4_2：安全性测试

evidenceS4_2	安全性测试
i	S4.2.1
d	安全性测试方法测试软件产品的实际安全性
ta	安全性测试度量评价过程
t	Security

目前，安全性测试经过多年的发展研究已经具备很多测试方法和度量方法，在此省略相关度量指标的定义。

过程安全性综合度量方法总结如表 7.66 所示。

表 7.66　安全性度量

软件过程	安全性过程	度量指标	度量方法	度量结果类型
准备阶段	项目人员培训	项目人员培训	经验分布函数，人员定期评级	数值
	定义并使用风险管理	风险管理定义	是否定义	数值
	攻击模式定义及判定	攻击模式定义及判定	是否定义	数值
需求分析阶段	定义安全需求	定义安全需求	是否定义	数值
	需求变更统计	需求变更统计	（变更数×时间变量）/功能数	百分比
	需求文档质量审查	需求文档质量审查	经验分布函数	数值
	开发安全工件	开发安全工件	是否开发	数值
设计实现阶段	设计变更统计	设计变更统计	（变更数×时间变量）/功能数	百分比
	程序员能力评级	程序员能力评级	高级别程序员人数/全部人数	百分比
	代码量统计	代码量统计	经验分布函数	数值
	架构风险分析	软件特性描述	是否进行软件特性描述	数值
		威胁分析	是否进行软件威胁分析，分析深度	数值
		架构漏洞评估	是否进行软件架构漏洞评估	数值
		使用安全原则	使用已有原则的百分比	百分比
测试验证阶段	定义测试范围	定义测试范围	软件测试覆盖率	百分比
	安全性测试	使用成熟的安全性测试方法		数值

7.1.3　易用性度量

软件的易用性是指特定用户对于软件的易理解性、易学性、可操作性和此系统或者产品对用户的吸引程度。ISO 9241-210《人机交互设计指导国际标准》（ISO，1998）中定义易用性为特定产品在特定的使用环境下被特定的用户用于特定用途时所具有的有效性、效率和用户主观满意度，它衡量的是一个产品是否符合用户的使用喜好，是一个产品立足市场的核心竞争力，也是软件可信的一个关键需求。

20 世纪 70 年代以来，软件易用性的重要程度已经被国外的一些企业所关注。IBM 早在 1970 年就引入了易用性测试，Microsoft 在 1988 年也开始了易用性测试。从

20 世纪 90 年代开始，易用性在美、欧等国家和地区的软件及 IT 行业迅速普及（Madsen，1999；Rosenbaum & Humburg，2000）。目前，世界上主要的软件及 IT 企业都成立了专门的易用性部门，建立了自己的易用性规范，许多互联网公司也有专门的易用性人员。国际上也制定了一系列易用性及与易用性相关的国际标准和工业标准，如 ISO9241（ISO，1998）、ISO25010（ISO/IEC，2011）等，并且这些规范标准已经被业界广泛接受和认可。

以人为中心的设计（human-centred design，HCD）是目前业界常用的判断软件可用性的方法，此方法强调以人为中心进行开发，增加用户的接受度和满意度，以达到较高的易用性。ISO9241（ISO，1998）推荐将 HCD 的设计思想贯穿于整个项目的生命周期，从概念定义、分析、设计、执行、测试到维护。

通过对软件易用性的研究，项目人员素质、用户特征、竞品分析、易用性设计原则、易用性测试用户培训、易用性维护等均对软件易用性有影响。这些易用性因素分布于软件开发的各个阶段，存在于软件过程以及活动中。通过从过程、活动中提取与易用性因素相关的证据，以及专家根据经验判断或者通过数学公式计算方法对易用性证据度量，从而对易用性过程进行评估以预测软件产品的易用性高低。下面分别从软件开发的各个阶段——准备阶段、需求分析阶段、设计实现阶段、测试验证阶段出发，描述在何种过程或活动中提取易用性证据，并描述这些证据应该通过何种方式进行度量。

软件过程中，易用性过程的层次模型如图 7.7 所示。

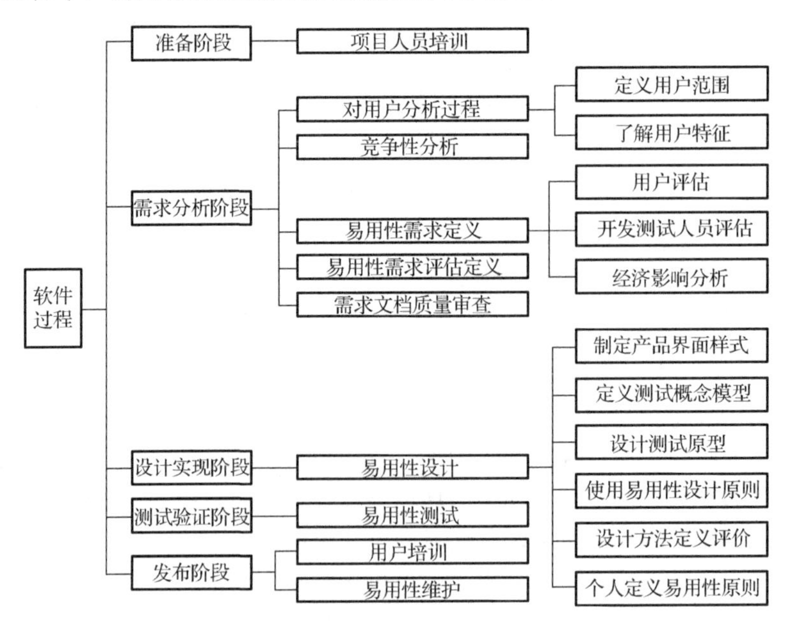

图 7.7　易用性过程度量的层次模型

1. 准备阶段

项目人员培训过程（pu1_1）介绍如下。

通过系统地、持续地对项目经理和软件工程师进行产品设计的培训，可以增强项目人员对易用性的理解，使得在后续过程中更为易用。培训结束后，应该对所有参加培训的人员作易用性设计能力评估。易用性设计能力这一证据定义如表 7.67 所示。

表 7.67　evidenceU1_1：人员易用性设计能力

evidenceU1_1	人员易用性设计能力
i	U1.1.1
d	对项目经理和软件工程师，尤其是产品设计师进行产品设计培训
ta	项目人员培训过程
t	Usability

此证据的软件易用性度量指标——人员易用性设计能力度量指标 metricU1_1 如表 7.68 所示。

表 7.68　人员易用性设计能力度量指标 metricU1_1

n	人员易用性设计能力指标
i	U1.1.1
$m(i)$	$m(i)=(\text{anum}/\text{snum}_a)\times w$
dt	num

$m(i)$是对参加培训后的人员进行评级计算公式，其中，评定为优秀或者熟练工种的人员个数为 anum，总人数为 snum_a；项目团队合作能力为 w，w 的评价由专家给出，评价值范围为 0～1。

2. 需求分析阶段

1）用户需求分析过程（定义用户习惯和学习能力）（pu2_1）

对用户需求进行分析，被作为一个最小的、最有效的、可靠的人机交互定义，这个过程分解为如下子过程。

（1）定义用户范围子过程（pu2_1.1）：用户不仅仅包括确实操作此系统的用户，还应该包括安装人员、维护人员、系统管理人员以及其他的支持人员等。定义用户范围证据如表 7.69 所示。

（2）了解用户特征子过程（pu2_1.2）：通过了解用户的年龄组成范围、教育程度、计算机使用能力、工作经验、工作环境、社会环境等了解用户特征，方便后续的界面定义以及文字定义。通过对用户习惯以及学习能力的了解，定义用户习惯和学习能力，继而对用户需求的演变作出预测。了解用户特征证据如表 7.70 所示。

表 7.69　evidenceU2_1.1：用户范围

evidenceU2_1.1	用户范围
i	U2.1.1
d	软件需求规格说明书中与用户范围相关的定义
ta	定义用户范围过程
t	Usability

表 7.70　evidenceU2_1.2：用户特征

evidenceU2_1.2	用户特征
I	U2.1.1
D	了解用户的年龄组成范围、教育程度、计算机使用能力、工作经验、工作环境、社会环境等，定义用户习惯和学习能力
Ta	了解用户特征过程
T	Usability

证据 evidenceU2_1.1 的软件易用性度量指标——用户范围度量指标 metricU2_1.1 定义如表 7.71 所示。

表 7.71　用户范围度量指标 metricU2_1.1

n	用户范围指标
i	U2.1.1
m(*i*)	*Y*|*N*
dt	BOOL

证据 evidenceU2_1.2 的软件易用性度量指标——用户特征度量指标 metricU2_1.2 定义如表 7.72 所示。

表 7.72　用户特征度量指标 metricU2_1.2

n	用户特征指标
i	U2.1.1
m(*i*)	exp
dt	num

2）竞争性分析（pu2_2）

竞争性分析过程包括：对此类相关产品作易用性测试：易理解性、易学习性、可操作性、吸引度测试；对不同的产品作出比较，分析相关产品的优势和弱点；将分析结果运用到自己的产品研发中。该过程中的易用性证据 evidenceU2_2 竞争性分析如表 7.73 所示。

表 7.73　evidenceU2_2：竞争性分析

evidenceU2_2	竞争性分析
i	U2.2.1
d	相关产品易用性、优缺点分析，及相关产品的借鉴
ta	收集当前相关产品信息
t	Usability

此过程的软件易用性度量指标——竞争性分析度量指标 metricU2_2 定义如表 7.74 所示。

表 7.74　竞争性分析度量指标 metricU2_2

n	竞争性分析指标
i	U2.2.1
m(*i*)	*Y*|*N*，exp
dt	BOOL，num

3）易用性需求定义过程（pu2_3）

易用性需求定义过程定义用户和系统之间的交互易用性需求，明确产品或系统的易用性目标，可分解为如下子过程。

（1）用户易用性需求定义子过程（pu2_3.1）：根据上一阶段的用户需求分析，从易学习性、易理解性、可操作性等方面入手定义产品的易用性功能目标，以辅助产品设计、开发、测试。

（2）开发人员、测试人员易用性需求定义子过程（pu2_3.2）：与开发人员、测试人员协同工作以明确产品的可用性需求、目标和可接受原则。

（3）经济影响分析子过程（pu2_3.3）：经济影响分析包括关于对开发组织影响的评估（有助于确定可用性预算的量级）和关于对用户组织影响的评估（有助于对可用性资源进行优先排序）（Nielsen，1993）。

这些子过程的易用性证据定义如表 7.75～表 7.77 所示。

表 7.75　evidenceU2_3.1：用户易用性需求

evidenceU2_3.1	用户易用性需求
i	U2.3.1
d	用户对软件易用性需求进行评估并将结果写入易用性评估报告中
ta	用户评估需求过程
t	Usability

表 7.76　evidenceU2_3.2：项目人员易用性需求

evidenceU2_3.2	项目人员易用性需求
i	U2.3.2
d	开发人员、测试人员对软件易用性需求进行评估并将结果写入易用性评估报告中
ta	开发人员、测试人员评估需求过程
t	Usability

表 7.77　evidence U2_3.3：经济影响分析

evidenceU2_3.3	经济影响分析
i	U2.3.3
d	对需求进行易用性经济影响分析并将结果写入易用性评估报告中
ta	经济影响分析过程
t	Usability

过程易用性度量指标定义分别如表 7.78～表 7.80 所示。

表 7.78　用户易用性需求评估度量指标 metricU2_3.1

n	用户易用性需求评估指标
i	U2.3.1
m(*i*)	exp
dt	num

该度量指标的度量是通过用户调查，对调查报告进行整合之后给出度量数值。

表 7.79　开发人员、测试人员易用性需求评估度量指标 metricU2_3.2

n	项目人员易用性需求评估指标
i	U2.3.2
m(*i*)	*Y*|*N*，exp
dt	BOOL，num

表 7.80　经济影响分析度量指标 metricU2_3.3

n	经济影响分析指标
i	U2.3.3
m(*i*)	*Y*|*N*，exp
dt	BOOL，num

4）易用性需求评估定义过程（pu2_4）

定义产品易用性的度量和验收标准，确定产品易用性测试时间表，评估结果记录在文档中。该过程的易用性证据 evidenceU2_4 定义如表 7.81 所示。

表 7.81　evidenceU2_4：易用性评估定义

evidenceU2_4	易用性评估定义
i	U2.4.1
d	定义产品易用性的度量和验收标准，确定产品易用性测试时间表
ta	易用性需求评估定义过程
t	Usability

此过程的软件易用性——易用性评估定义度量指标 metricU2_4.1 定义如表 7.82 所示。

表 7.82　易用性评估定义度量指标 metricU2_4.1

n	易用性评估定义
i	U2.4.1
m(*i*)	*Y*|*N*
dt	BOOL

5）需求文档质量审查过程（pu2_5）

需求文档的质量是后续软件开发过程活动能够顺利进行的保证，软件需求文档的质量高，在一定程度上保证了软件后续过程能够顺利、有序、可靠地开发。该过程的易用性证据定义如表 7.83 所示。

表 7.83　evidenceU2_5：软件需求规格说明书

evidenceU2_5	软件需求规格说明书
i	U2.5.1
d	文档定义的规范性，需求阶段对易用性的定义
ta	需求文档质量审查过程
t	Usability

3. 设计实现阶段

易用性设计过程（pu3_1）如下。

易用性设计过程的目的是确立哪些系统的易用性需求应分配给系统的哪些模块。需要制定一个顶级的易用性系统体系架构，并确保所有的易用性需求分配到系统中的每一项中，这个过程可以分解为以下子过程。

（1）制定产品用户界面样式（pu3_1.1）。

（2）定义并测试产品概念模型（pu3_1.2）。

（3）设计和测试原型（pu3_1.3）。

（4）使用易用性设计原则（pu3_1.4）：开发团队定义和发布一个标准的易用性设计手册（原则），手册中定义已规约的原则，如 28 原则、101 原则等，并且此设计原则应该被团队的产品经理认可，开发团队应尽量遵照手册上的原则执行。使用已经制定的规则可以降低产品风险，并为易用性测试提供便利。

（5）设计方法定义过程（pu3_1.5）：是否使用并行设计、参与型设计、反复设计（ISO/IEC，2011）的易用性设计方法。

（6）个人定义易用性过程（pu3_1.6）：在开发中应严格遵照设计手册中的内容，不应随意改变原有设计，如果有改变，必须经由产品经理及设计人员同意，并应将改变写入文档且编制入产品手册中。

这些子过程的易用性证据定义如表 7.84～表 7.89 所示。

表 7.84　evidenceU3_1.1：用户界面样式

evidenceU3_1.1	用户界面样式
I	U3.1.1
d	在设计说明书中给出用户界面样式定义，对定义进行评价
ta	制定产品用户界面样式过程
t	Usability

表 7.85　evidenceU3_1.2：产品概念模型

evidenceU3_1.2	产品概念模型
i	U3.1.2
d	在设计说明书中给出软件产品概念模型定义，对概念模型进行测试
ta	定义、测试产品概念模型过程
t	Usability

表 7.86　evidenceU3_1.3：设计和测试原型

evidenceU3_1.3	设计和测试原理
i	U3.1.3
d	在设计说明书中给出软件产品原型定义，对原型进行测试
ta	设计、测试原型过程
t	Usability

表 7.87　evidenceU3_1.4：使用易用性设计原则

evidenceU3_1.4	使用易用性设计原则
i	U3.1.4
d	使用经过验证的易用性设计原则进行易用性设计
ta	使用易用性设计原则过程
t	Usability

表 7.88　evidenceU3_1.5：定义易用性设计方法

evidenceU3_1.5	设计方法
i	U3.1.5
d	使用并行设计、参与型设计、反复设计的设计方法
ta	设计方法定义过程
t	Usability

表 7.89　evidenceU3_1.6：个人定义的易用性

evidenceU3_1.6	个人定义易用性
i	U3.1.6
d	未经过验证的由个人定义的易用性方法，不在设计手册中的方法
ta	个人定义易用性过程
t	Usability

这些子过程的软件易用性度量指标定义如表 7.90～表 7.95 所示。

表 7.90　用户界面评价度量指标 metricU3_1.1

n	用户界面评价指标
i	U3.1.1
$m(i)$	exp
dt	num

表 7.91　概念评价度量指标 metricU3_1.2

n	概念模型评价指标
i	U3.1.2
$m(i)$	$Y\|N$，exp
dt	BOOL，num

表 7.92　原型评价度量指标 metricU3_1.3

n	原型评价指标
i	U3.1.3
$m(i)$	$Y\|N$，exp
dt	BOOL，num

表 7.93　易用性原则使用度量指标 metricU3_1.4

n	易用性原则使用指标
i	U3.1.4
$m(i)$	$m(i)=(\text{unum}/\text{snum}_u)\times\left(\sum_{j=1}^{\text{unum}}\text{imp}_j\Big/\sum\text{imp}\right)$
dt	num

unum 是使用经过验证的易用性原则个数，snum_u 是易用性原则总数，imp 是易用性原则的重要程度值。

表 7.94　设计方法度量指标 metricU3_1.5

n	设计方法使用指标
i	U3.1.5
$m(i)$	$m(i)=\begin{cases}1, & n_y=2\\ 1.1, & n_y>2\\ 0.9, & n_y<2\end{cases}$
dt	num

$m(i)$是对易用性设计方法的使用进行判定，即是否使用了证据描述中所描述的设计方法，统计使用设计方法的个数 n_y。n_y 等于 2 时取数值 1，小于 2 时取数值 0.9，大于 2 时取数值 1.1。

表 7.95　个人定义的易用性原则度量指标 metricU3_1.6

n	个人定义的易用性原则指标
i	U3.1.6
$m(i)$	$m(i)=(\text{onum}/\text{snum}_u)\times\left(\sum_{j=1}^{\text{onum}}\text{imp}_j\Big/\sum\text{imp}\right)$
dt	num

onum 是个人定义的易用性原则数，snum_u 是易用性原则总数，imp 是易用性原则的重要程度值。

4. 测试验证阶段

易用性测试过程（pu4_1）如下。

易用性测试的目的是确认软件产品满足其产品需求，成功的易用性测试应：符合软件易用性需求，符合设计手册的规定，结果被记录。易用性测试包括：易理解性测试、易学习性测试、易操作性测试、吸引性测试和易用的依从性测试。此过程的易用性证据定义如表 7.96 所示。

表 7.96　evidenceU4_1：易用性测试

evidenceU4_1	易用性测试
i	U4.1.1
d	使用易用性测试方法测试软件产品的实际易用性
ta	易用性测试过程
t	Usability

易用性测试是一个标准的、具备很多测试方法和度量方法的过程。易用性测试证据也有很多方面：易理解性证据、易学习性证据、易操作性证据、吸引性证据、易用的依从性证据。对应的易用性测试指标在研究领域内已经有了很成熟的方式，在此省略。

5. 发布阶段

1）用户培训过程（pu5_1）

针对专有用户，使用专门的培训人员对系统的使用进行培训，包括系统操作培训和环境培训等。该过程的易用性证据 evidenceU5_1 定义如表 7.97 所示。

表 7.97　evidenceU5_1：用户培训

evidenceU5_1	用户培训
i	U5.1.1
d	用户培训相关活动
ta	用户培训过程
t	Usability

此过程的软件易用性度量指标——用户培训度量指标 metricU5_1 定义如表 7.98 所示。

表 7.98　用户培训度量指标 metricU5_1

n	用户培训的度量指标
i	U5.1.1
m(*i*)	*Y*|*N*，exp
dt	BOOL，num

2）维护（pu5_2）

发布后针对易用性问题对产品进行维护，记录易用性问题，为产品的再次开发提供证据。该过程的易用性证据 evidenceU5_2 定义如表 7.99 所示。

表 7.99　evidenceU5_2：易用性维护

evidenceU5_2	易用性维护
i	U5.1.2
d	在维护过程中记录易用性证据
ta	易用性维护过程
t	Usability

此过程的软件易用性度量指标——易用性维护度量指标 metricU5_2 定义如表 7.100 所示。

表 7.100　易用性维护度量指标 metricU5_2

n	易用性维护指标
i	U5.1.2
m(*i*)	*Y*|*N*
dt	BOOL

过程易用性综合度量方法总结如表 7.101 所示。

表 7.101　易用性度量

软件过程	易用性过程	度量指标	易用性需求对应关系	度量方法	度量结果类型
准备阶段	项目人员培训	培训结果		经验分布函数，人员定期评级	数值
需求分析阶段	用户评估	年龄	易学习性、易理解性	经验分布函数	数值
		使用计算机年份	易学习性、易理解性	经验分布函数	数值
		受教育程度	易学习性、易理解性	经验分布函数	数值
	竞争性分析			是否进行相关产品评估，评估程度	百分比
	易用性需求定义	用户进行评估	易学习性、易理解性、易操作性、吸引性	用户调查、走访、问卷	数值
		开发人员进行评估	易学习性、易理解性、易操作性、吸引性	讨论	数值
		测试人员进行评估	易学习性、易理解性、易操作性、吸引性	讨论	数值
		经济影响分析		是否进行经济影响分析，分析深度	百分比
设计实现阶段	产品易用性设计	界面评价	易学习性、易理解性、易操作性、吸引性、一致性	（ISO/IEC，2011）贴近用户界面的百分比	数值或百分比
		概念模型评价	易学习性、易理解性、易操作性、吸引性、一致性	（ISO/IEC，2011）中对易用性的度量方法	数值或百分比
		原型评价	易学习性、易理解性、易操作性、吸引性、一致性	（ISO/IEC，2011）中对易用性的度量方法	数值或百分比
		使用已有原则	一致性	使用已有原则的百分比	百分比
	并行设计、参与型设计、重复设计			是否使用这三种设计方式，使用的程度	数值和百分比
	避免个人定义			使用个人定义的百分比	百分比
测试阶段	易用性测试	易理解性		（ISO/IEC，2011）中易理解性度量	数值或百分比
		易学习性		（ISO/IEC，2011）中易学习性度量	数值或百分比
		易操作性		ISO 9126 中易操作性度量	数值或百分比
		一致性		（ISO/IEC，2011）中一致性度量	数值或百分比
		吸引性		（ISO/IEC，2011）中吸引性度量	数值或百分比
评价阶段	用户培训			是否进行用户培训	布尔值
	维护			是否进行易用性维护	布尔值

对软件过程的可信性进行度量，在找到能够用来度量的可信证据的基础上，提出可信证据的度量指标，最后通过度量方法对可信过程进行量化评估，以保证软件过程的可信性，进而保证了软件产品也具备较高的可信性。

然而，需要注意过程度量的目的是进行科学的过程管理，提高过程管理的效能，以量化的数据分析和评价来度量过程的某些目标是否实现，所以度量只是组织经营管理的手段而不是目标。软件过程可度量的方面很多，但是，度量不可避免地需要成本，无序、无效、过少的度量不能解决组织的问题，容易使管理者看不到度量的意义，并且由于数据支持不足，容易导致决策失误；过度的度量会造成成本非必需性增长，由于不能让组织的管理者看到合理的回报，而对管理失去信心，只有合适的度量才能给组织带来有效的利润空间和合理的管理成本投资回报，所以组织需要根据其能力、项目的具体情况来选择合适的度量，形成良性的经营管理循环（王青等，2005）。

7.2　软件过程改进

许多组织在开发高质量软件时往往会遇到各种问题，这些问题可能包括超预算和延迟交付方面的、已交付软件质量方面的、顾客对软件功能的抱怨以及员工士气问题等。软件过程改进能够帮助解决这些问题，过程改进帮助组织实现关键业务目标，即更快地将软件投放到市场中，改进软件的质量，减少或消除浪费等。软件过程改进的目标是更聪明地工作，比竞争对手更好、更快、更便宜地构建软件。虽然改进仍然需要短期投资，但改进具有显而易见的投资回报。

软件过程改进关注的是定义正确的过程并始终如一地遵循定义，过程改进包括培训新过程中所有的员工、精炼过程，以及持续不断地改进过程。特别地，软件过程改进主要有以下优点。

（1）改善质量。

（2）减少不良质量的成本。

（3）提高生产力。

（4）减少开发中的花费。

（5）提升准时交货的可能性。

（6）提高预算和按进度交付的一致性。

（7）提高客户满意度。

（8）提升员工士气。

软件过程改进的起源可以追溯到制造业和 Shewhart 在 20 世纪 30 年代在统计过程控制上所做的工作。后来，Shewhart 的工作由 Deming（1986）和 Juran（1988；1989）改善，他们认为高质量的过程是一个高质量产品交付的关键。他们还认为，最终产品的质量在很大程度上取决于用于生产和支持的过程，因此，需要强调过程以及过程改进。

现在有国际标准和模型可以用来为软件过程改进指明目标，包括 CMMI 模型、ISO 9001 标准和 ISO 15504（众所周知的 SPICE）标准。CMMI 模型由卡内基梅隆大学软件工程研究所研制，它包括软件和系统工程的最优过程改进方法。ISO 9001 标准是用于硬件或软件开发公司的质量管理系统。ISO 15504 标准是软件过程改进和过程评估的国际标准。

CMMI 模型是一种可以让组织通过改进基础过程而改进组织成熟度的框架，它提供了一种结构化的方法，并且可以让组织设定他们的改进目标以及优先顺序，为改进提供明确定义的路线图并且可以让组织根据自己的步伐来改进。CMMI 改进方法是演化而不是改革，它主张介于项目需求和过程改进需求之间的平衡。遵照 CMMI，组织可以让过程从不成熟演化为有规则成熟的过程。

ISO 9001 是国际公认的质量管理标准，它适用于一个组织使用过程来创建与控制产品以及服务，并且强调持续不断地演化，适用于组织的任何产品或服务。ISO 9001 的实现包括理解标准的要求和理解怎样把标准应用于组织中，它需要组织识别它的质量目标，定义质量方针，产生书面规程，并且实行独立审计以确保遵循过程和流程。一个组织可以靠 ISO 9001 标准的认证来获得其对质量的投入和持续改进的认可。

ISO/IEC 15504（SPICE）是国际公认的过程评估标准，包括过程改进的指导和过程能力确定的指导，也包括执行评估的指导。这个标准包括一个软件/系统生命周期过程中的过程评估样本模型，这个样本模型可以用来实现过程定义的最佳方法，评估可能被用来完成改进的优势和机会的鉴定。

本章面向可信软件，采用特定阶段软件开发方法研究软件过程改进。面向可信软件的过程改进关注实际改进对软件可信性的改善，以确保更有效地实现可信目标。改进目标是为了提高过程性能，以使项目更快地被交付，并具有更高的可信性。下面继续将面向方面的思想引入到软件过程改进中，针对几种常见的过程改进需求提出具体的改进方案。

面向方面过程改进方法仅在需要改进的部分织入方面，通过不同的方面织入，在不直接修改原过程的情况下实现整体过程的改进。采用面向方面的软件过程改进方法不仅能够提高软件过程改进的灵活性，对于相同的改进需求，还可以重复使用预定义的改进方法，提高可重用性。如果预期的改进没能实现，则可以通过删除织入方面的连接点来还原流程，降低了改进的风险，适用于需要经常改进的软件过程。

软件过程改进的重点在于消除非增值业务，调整核心增值业务，最终为软件可信性增加价值。结合现实情况，几种常用的特定阶段过程改进需求包括活动审查改进、活动增加改进、活动删除改进和活动替代改进，下面使用第 5 章的方面编织方法，通过在需要改进的特定活动织入改进方面实现软件过程改进。

软件过程模型是主动改进的出发点，并且提供了改进的基本语言，可信软件过程采用 Petri 网作为基本语言，因此，下面的过程改进仍然使用 Petri 网语言描述，设 $\mathrm{iAspect}_p=(\mathrm{id}_p, \mathrm{ad}_p, \mathrm{pc}_p)$是一个改进过程方面，$\mathrm{ad}_p=(C, A; F, A_e, A_x)$是 $\mathrm{iAspect}_p$ 的过程通知，如图 7.8 所示，$p=(C, A; F, M_0)$是一个基本过程，如图 7.9 所示。

图 7.8　$\mathrm{iAspect}_p$ 的过程通知 ad_p

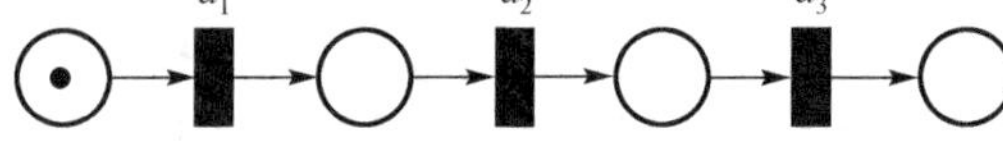

图 7.9　基本过程 p

7.2.1　面向方面过程改进方法

1）活动审查改进

对于重要的或出错率较高的活动（或过程片段），为了检查执行结果是否存在问题，需要实施活动审查改进，对这些重要或出错率高的活动（或过程片段）进行审查，并对得到的审查结果进行评估，当评估结果不合格时，重新执行该活动（或过程片段），当评估结果合格后，执行接下来的活动。

扩展 5.2 节中迭代织入操作定义 5.6，将活动审查改进方面织入基本过程，编织切点为需审查活动（或过程片段）的前后条件集和后续活动集，图 7.10 描述了一个改进的简单示例。在改进后的软件过程中，活动 a_1 是原基本过程中需审查的活动，织入改进过程方面后，a_1 执行完不再继续执行原过程中的 a_2，而是由方面通知中的活动 b 对其执行情况进行审查，审查得到的结果若合格，就执行原过程中 a_1 活动的后续活动 a_2，若不合格，通过虚活动 v 传递托肯，再次执行活动 a_1。

2）活动增加改进

第二类过程改进是将实现横切关注点的活动以顺序、选择或迭代的方式织入基本过程，实现活动增加改进，由于此改进操作与可信过程方面织入操作一样，在此省略，具体编织方法请参阅 5.2 节。

3）活动删除改进

当基本过程中存在多余或不需要的活动时，活动删除改进基于面向方面编织方法，通过织入一个仅包含虚活动的过程改进方面实现这类活动的删除。由于使用的是面向方面编织方法，此改进操作能够实现活动删除改进，同时保留原基本过程被删除的活动，在需要恢复时提供还原基本过程的能力。

通过扩展 5.2 节中活动周围织入操作定义 5.5，实施改进后的软件过程模型示例如图 7.11 所示，其中，v 是虚活动，仅用于传递托肯。

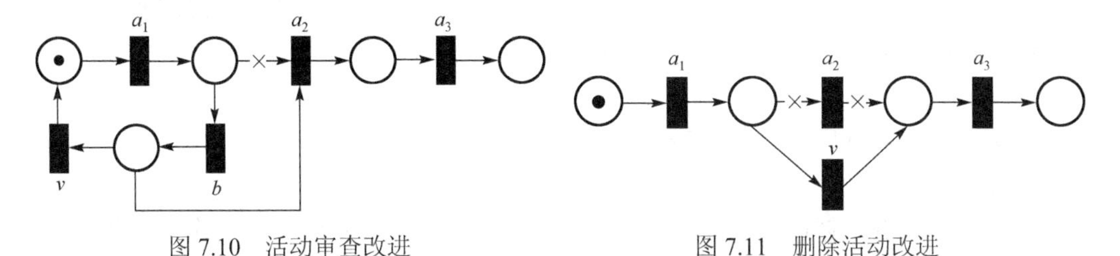

图 7.10　活动审查改进　　　　图 7.11　删除活动改进

4）活动替代改进

当基本过程中存在需要替代的活动时，通过扩展 5.2 节中活动周围织入操作定义 5.5，将替代活动织入基本过程，图 7.12 给出了一个替代活动改进的简单示例，此改进可以使用整合简化后的过程来替代冗余复杂的过程或用符合新需求的过程替代原始过程。

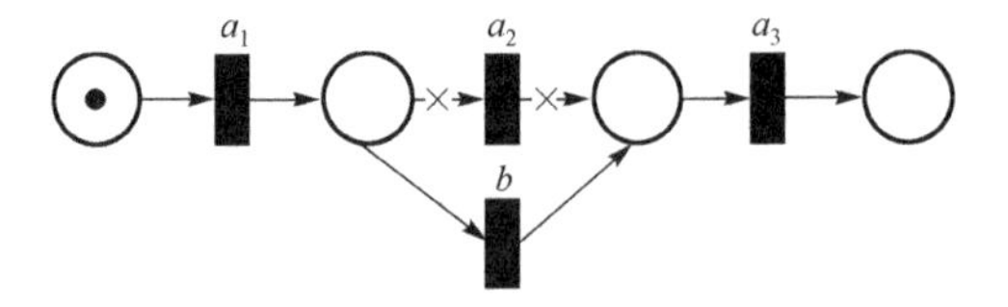

图 7.12　替代活动改进

上述所有改进操作均使用第 5 章的方面编织操作方法，所有操作的定义和算法相似，且结构、性质及行为正确性已经证明，因此，本章的面向方面改进操作仅给出描述，相关定义、算法和证明请参阅第 5 章内容。下面将软件过程中的需求变更过程作为研究案例，使用上述改进方法实施改进。

7.2.2　软件过程改进案例

基于现有研究现状的共识，需求管理是保证软件质量的前提，甚至是软件成败的关键因素。软件工程的实践也告诉我们，软件需求是不断变化的，需求管理中对需求变更的管理是非常重要的。复杂软件系统是一种泛在的新型软件形态，其需求和运行环境无法事先“冻结”并精确描述，需要在运行时朝着适应用户需求和环境变化的方向不断演进，软件整体质量只有在持续改进过程中保持和提升。将软件开发过程划分为初始开发阶段和持续演化阶段，不断依据环境和需求的变化推动软件向着人们希望的方向逐步逼近和进化（王怀民等，2014）。因此，软件需求变更从提出到实施变更再到最终归档，需要遵循如图 7.13 所示的过程定义，此过程模型的执行存在以下改进需要。

1）活动审查改进

（1）需求变更请求的提出在受理时需要对变更内容进行审查，否则如果对提出的需求变更理解不准确，甚至有误，后续执行流程将全部错误，因此，为了预防可能产生的错误，需要对变更受理活动的结果实施审查，审查不合格，重新理解需求变更请求并重新执行变更受理活动。

（2）需求变更受理后需要形成需求变更计划并申报计划，同样，申报的变更计划内容也需要进行审查，因此，对申报计划活动实施活动审查改进。

（3）需求变更的执行需要填制变更执行表，同样，变更执行表内容也需要审查，因此，在提交变更执行表前对填制的变更执行表实施活动审查改进。

2）活动增加改进

在对需求变更计划审核完成后，需要对录入的变更计划实施存档操作，因此，在录入变更计划之后、开始变更执行之前存档变更计划。

3）活动删除改进

需求变更执行完成后填制的变更执行表已经是完整的变更记录，不需要汇总执行记录，因此，对汇总执行记录活动实施活动删除改进。

改进后的需求变更过程模型如图 7.14 所示。

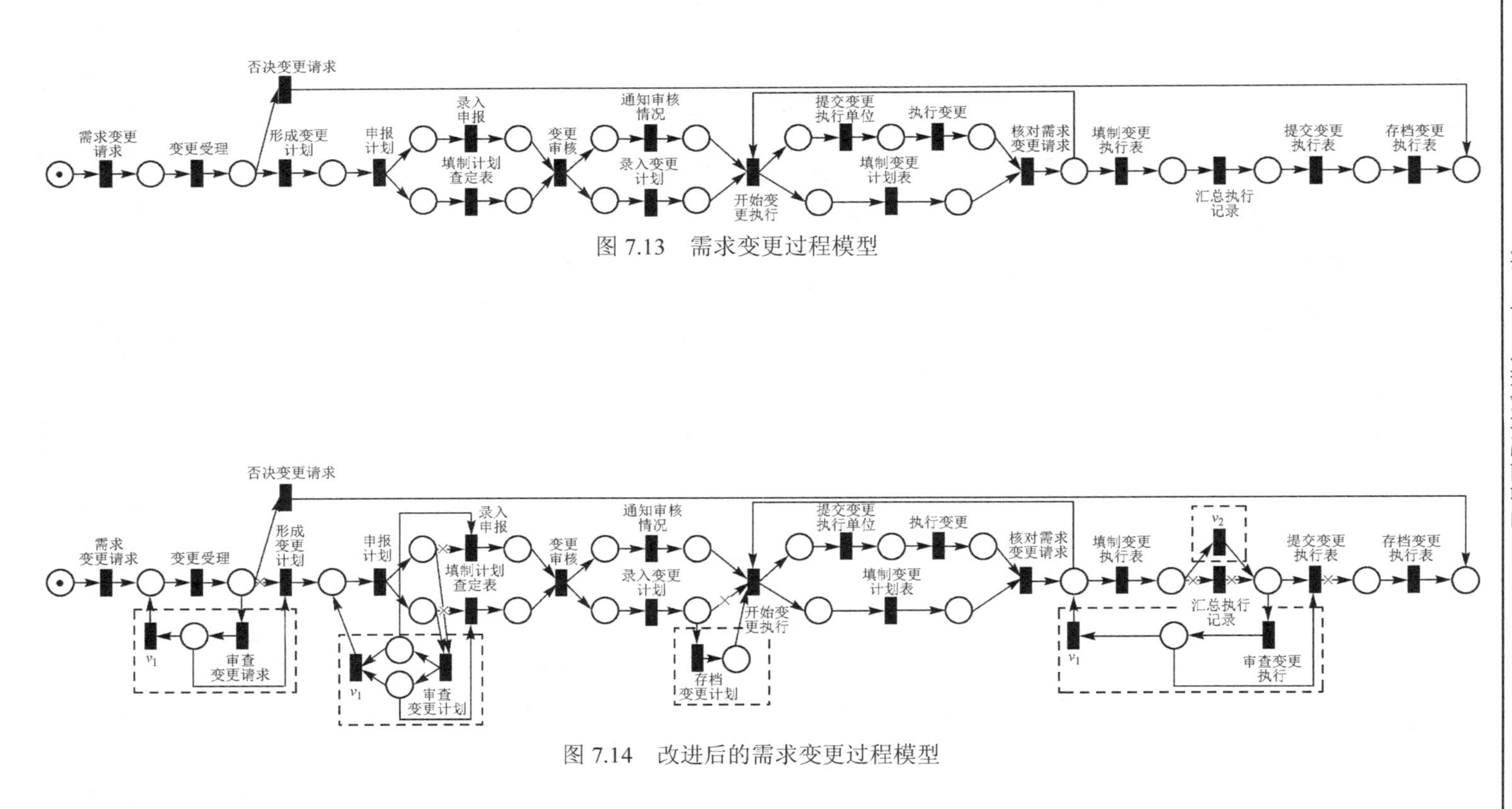

图 7.13　需求变更过程模型

图 7.14　改进后的需求变更过程模型

软件过程改进是对一个组织提高其生产软件能力和生产质量而实施的全面改变，本节仅采用特定阶段软件开发方法对软件过程特定活动定义静态改变，此静态改变对软件过程模型实施改进不能反映到正在执行生产的产品上，改进的过程模型仅对新生产产品产生改进的效果。然而，在实际软件过程执行时，需求在不断变化，改进不能立即适应此变化，因此，下面对软件过程执行实例研究软件过程动态执行的可信演化方法，通过对过程执行实例的动态演化更好地适应需求的变化。

7.3 软件过程动态可信演化

软件过程模型规范了我们开发软件的过程，但软件需求在不断变化，因而需要不断地对软件实施“再工程”（reengineering），术语“演化”即用于描述这种不断的改变（Bianchi et al.，2003；Yang & Ward，2003）。在软件演化过程中动态地加入可信需求可使整个过程更可信，能更好地满足利益相关者的可信需求。

过程演化可分为静态演化与动态演化，静态演化是对过程模型进行修改，这种修改使过程执行得到的软件版本从低级版本升级到高级版本。静态演化的好处是没有状态迁移或活动线程的问题要解决，缺陷是静态演化需要停止软件，这意味着停止软件所提供的服务，即暂时失效（李长云等，2007）。过程的动态演化是当过程模型发生改变时，将过程模型的相应变化动态地传播到正在运行的过程实例（宋巍等，2011），因此，也可以称为过程运行实例的动态演化。由于一些特殊的系统，如金融、电力、电信等，这些系统需要持续实时运行，所以必须采用动态演化策略才能将风险和损失降到最低。

过程的动态演化又可以进一步分为自适应（ad-hoc）演化和进化式（evolutionary）演化（van der Aalst & Basten，2002；Reichert et al.，2003）。自适应演化只影响特定的过程实例，这类演化通常是由于过程实例在运行过程中遭遇异常（exception）而引发的，并且引发的过程实例动态微调不会影响到过程模型以及后续的过程实例，这种过程实例的动态微调不是动态演化，但可视为过程的一种柔性机制（Schonenberg et al.，2008）。而过程实例的进化式演化是由过程模型的修改与升级引发的，模型的修改会对所有正在运行的过程实例产生影响，这种由于过程模型升级所导致的过程实例演化称为进化式演化。

在过程的实例级可迁移性检测文献（Casati et al.，1998）中，Casati 提出的轨迹重现（trace replaying）技术是一种经典的行之有效的方法，这种方法根据过程的执行历史信息来判定过程实例是否可迁移，但是由于其限制较多，效率不高，后人对其进行了改进来弱化轨迹重现技术的限制，例如，Rinderle 等（2004）提出了对循环操作的弱化，即当过程模型存在循环时，目标模式可能对源模式中循环的内部结构进行了修改，源模式下某一过程实例在相应的循环体内重复执行的次数超过一次，如果采用轨迹重现技术作为准则，该过程实例的已执行活动序列很可能无法在目标模式下重现，然而在通常情况下，只有循环的最后一次执行才能对过程实例的后续执行产生影响，因此，在进行轨迹重现时，可以忽略循环的历史执行（最后一次执行除外）所记录下来的活动条目；又如，Rinderle 等（2008）提出的针对删除活动操作的弱化；再如，Song 等（2009）针对交换活动执行顺序操作和增加活动操作的弱化。以上方法都是行之有效的弱化轨迹重现技术限制的方法，但总体来说记录过程的执行信息是很耗时的。还有一种高效的可迁移性检测方法，那就是 van der Aalst 和 Basten（2002）提出的过程继承技术，这种方法借助阻塞和隐蔽操作定义了四种继承关系，通过这四种继承关系来判断过程实例的可迁移性。这种方法虽然高效，但其适用范围不够广，如果一个系统既需要易用性也需要安全性，这就导致在判定运行实例是否可迁移的时候不能直接用 van der Aalst 和 Basten（2002）提出的过程继承技术，因为叠加在一起的可信过程可能因为过于复杂而不符合过程继承技术的要求。因此，为了使用高效的过程继承技术并满足可信软件的复杂可信需求，我们基于多色集合的相关理论提出基于过程基本块的软件过程分解方法，在保证分解仍能满足相关过程性质的基础上，将不能一步迁移的多个过程分解并采用多步迁移方法，尽可能并行高效地实现迁移。下面介绍本节使用的过程继承技术和多色集合理论。

1）过程继承技术

过程继承技术（van der Aalst & Basten，2002）是借助阻塞（blocking）和隐藏（hiding）两个算子通过分支互模拟关系来定义的。如果源模式与目标模式之间存在继承关系，那么源模式可通过状态的映射映射到目标模式，从而运行在源模式的过程实例可以顺利地迁移到目标模式。

借助阻塞操作和隐藏操作，van der Aalst 的四种继承关系定义为协议继承（protocol inheritance）、投影继承（projection inheritanc）、协议/投影继承（protocol/projection inheritance）和生命周期继承（life-cycle inheritance）。假设 p_i 和 p_j 分别代表两个软件过程，这四种继承关系定义如下。

（1）协议继承：当 p_i 中 p_i 与 p_j 的共同部分活动能被执行且阻塞 p_i 中新加入的活动而无法区分 p_i 与 p_j 的行为时，p_i 协议继承了 p_j，也可以说，p_i 是 p_j 的一个协议继承子类。

（2）投影继承：当 p_i 中 p_i 与 p_j 的共同部分活动能被执行且隐藏 p_i 中新加入的活动或从 p_i 中新加入的活动抽象出新活动而无法区分 p_i 与 p_j 的行为时，p_i 投影继承了 p_j，也可以说，p_i 是 p_j 的一个投影继承子类。

（3）协议/投影继承：隐藏新加入的活动和阻塞新加入的活动都无法区分 p_i 和 p_j 的行为时，p_i 和 p_j 符合协议/投影继承的要求。

（4）生命周期继承：如果阻塞一些新加入的活动并隐藏一些其他的活动之后不能区分 p_i 和 p_j 的行为，那么 p_i 生命周期继承了 p_j，也可以说，p_i 是 p_j 的一个生命周期继承子类。

面向方面可信软件过程采用面向方面方法对软件演化过程进行可信扩展，当可信过程方面织入软件演化过程时，方面活动与基本过程活动间形成新的顺序、迭代、选择和并发关系。图 7.15(a)给出了软件演化过程模型 p_0，即基本过程模型，基本过程模型 p_0 定义了一个包括 a_1、a_2 和 a_3 三个活动的软件过程，图 7.15(b)是一个包括一个活动 b 的可信过程方面 $\text{tAspect}_p=(\text{id}_p, \text{ad}_p, \text{pc}_p)$的过程通知 $\text{ad}_p=(C, A; F, A_e, A_x)$，图 7.15(c)～图 7.15(f)分别是可信过程方面按照顺序、迭代、选择和并发关系织入后的可信软件过程模型 p_1、p_2、p_3 和 p_4。

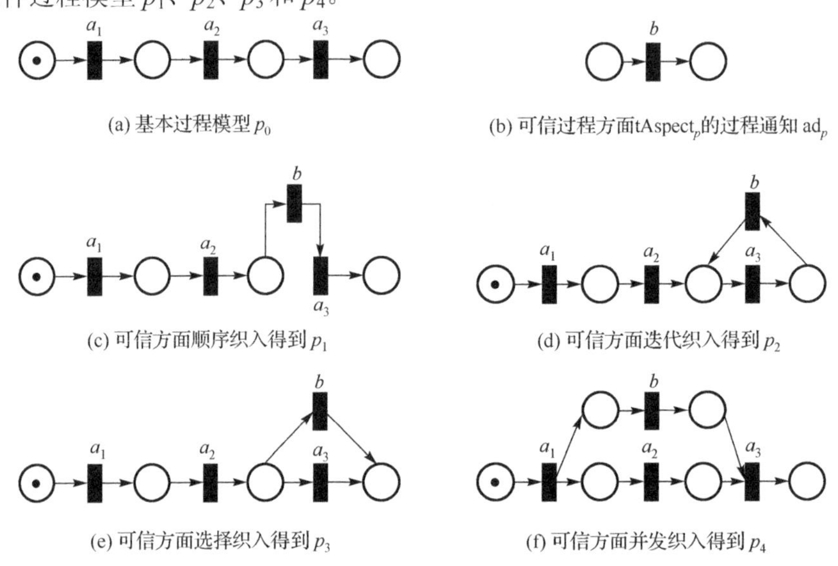

(a) 基本过程模型 p_0　　(b) 可信过程方面tAspect_p的过程通知 ad_p

(c) 可信方面顺序织入得到 p_1　　(d) 可信方面迭代织入得到 p_2

(e) 可信方面选择织入得到 p_3　　(f) 可信方面并发织入得到 p_4

图 7.15　面向方面可信软件过程建模

按照 van der Aalst 的四种继承关系定义，对于 p_1，活动 b 是在活动 a_2 和活动 a_3 中间顺序插入的，当活动 b 被阻塞时，p_1 会发生死锁，因而 p_1 不是 p_0 的协议继承子类；但 p_1 是 p_0 的投影继承子类，当隐藏活动 b 时，p_1 等价于 p_0。p_2 是 p_0 的协议继承子类，当阻塞活动 b 时，p_2 和 p_0 相等，同时，过程 p_2 也是过程 p_0 的投影继承子类，当隐藏活动 b 时，p_2 等价于 p_0，因此，p_2 是 p_0 的协议/投影继承子类。p_3 是 p_0 的协议继承子类，当阻塞活动 b 时，p_3 等价于 p_0，但 p_3 中活动 b 的执行可能取代活动 a_3，因此，p_3 不是 p_0 的投影继承子类。对于 p_4，活动 b 与活动 a_2 是并行的，p_4 不是 p_0 的协议继承子类，因为当阻塞活动 b 时，活动 a_2 不能执行，但 p_4 是 p_0 的投影继承子类。由于生命周期继承比其他几种继承关系更具有一般性，所以 p_1、p_2、p_3 和 p_4 都符合生命周期继承的定义。

由上述分析可见，过程继承是一种不需要记录过程执行轨迹的可迁移性判定方法，这将大大提高迁移系统的效率，但其局限性也很明显，仅能分析新增过程活动的情况，如果改变过程结构，则是过程继承技术无法解决的，下面我们通过结合多色集合理论来完善过程继承技术。

2）多色集合围道矩阵

多色集合围道矩阵也称为 PS 围道矩阵（李宗斌，2010），PS 代表“polychromatic sets”，即多色集合，有关多色集合理论的详细介绍请参阅文献（李宗斌，2010）。这里我们用到的是 PS 围道矩阵模型，PS 围道矩阵是指将节点的两两组合（a_i, a_j）作为 PS 的元素，将节点之间的连接关系，如连接弧、与分、与合、或分、或合等，作为 PS 的围道。

在工程实践中经常用到这样一种图（或叫网结构），它主要包含节点（node）和边（edge）两种元素，只存在一个起始节点和一个终止节点，从起始节点到终止节点有多条路径，节点之间关系复杂但关系类型符合某种规则，几个节点可以通过某些规则构成一个基本结构，基本结构之间又可能相互嵌套。下面采用多色集合理论对这种特殊的图形进行形式化描述，得到多色集合关系规则模型。

将节点的两两组合（a_i, a_j）作为多色集合的元素，将节点之间的连接关系 $F_k(a_i, a_j)$（简记为 F_k）作为多色集合的围道，建立如图 7.16 所示的 PS 围道矩阵模型$[(A\times A)\times F(A)]$。其中，$A=\{a_1, a_2,\cdots, a_i,\cdots, a_n\}$表示节点集合，$a_i$，$a_j\in A$，$(A\times A)$表示节点集合 A 与其自身的笛卡儿积，$F(A)=\{f_1, f_2,\cdots, f_k,\cdots, f_m\}$表示两两节点之间所有可能的连接关系集合，为了方便计算和编程，通常需要定义布尔变量 $F(a_i,a_j)=\bigvee_{k=1}^{m} F_k(a_i,a_j)$。

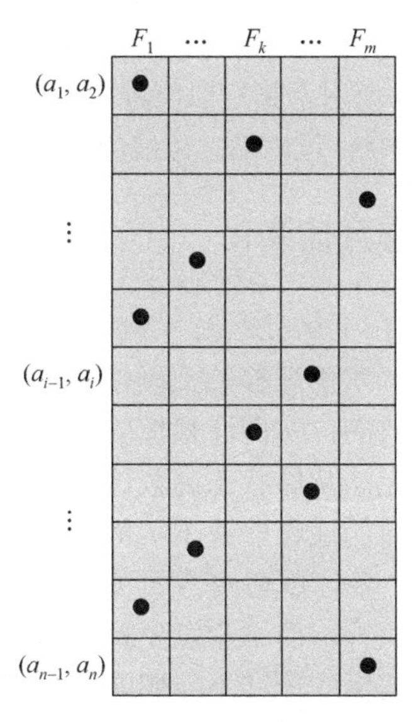

图 7.16　PS 围道矩阵模型

由图 7.16 可知，PS 围道矩阵模型是一个由连接关系数量 m 和节点数量 n 决定的二维矩阵，可形式化描述构造复杂的网结构。为了不使连接关系直接相连，在建立网结构时需要增加空节点，空节点只具有逻辑上的意义，不需要执行任何操作。

在 PS 围道矩阵的关系规则中，如果 $F(a_i, a_j)=1$，那么节点 a_i 和 a_j 之间必然存在连接关系，所有连接关系类型由行布尔矢量 $F_{i,j}(a_i, a_j)=(0,\cdots, 1,\cdots, 0)$中不为零的元素来确定，如果 $F_{i,j}(a_i, a_j)$中第 k 个元素不为零，那么节点 a_i 和 a_j 之间的连接关系就为 F_k。同时，两个或两个以上的节点可以按照规则构成基本结构。

PS 关系规则不仅表明了任意两个节点之间是否存在连接关系，而且表明了相互连接的节点之间具体的连接关系类型。另外，满足结构规则的两个或两个以上的节点可以构成基本结构。PS 关系规则模型适用于解决节点之间关系复杂但关系类型明确的问题，如产品装配、工作流建模等。在获得 PS 围道矩阵模型后，可以利用多色集合理论的计算能力和一些成熟的算法对该模型进行逻辑上的结构验证和模型优化，还可以从数量层上进行时间、资源等性能分析（李宗斌，2010）。

基于上述过程继承技术和多色集合相关理论，我们提出软件过程的动态可信演化方法，支持软件过程动态可信演化。我们仍然选取使用相对高效的过程继承技术来检验过程实例的可迁移性，但由于过程继承技术存在上述局限性，所以我们使用多色集合的相关理论提出基于基本过程行为关系（顺序、选择、迭代、并发）的软件过程分解方法，在保证分解仍能满足相关性质的基础上，将不能一步迁移的多个过程分解并采用多步迁移方法尽可能并行高效地实现迁移。对于不支持过程继承的动态演化提出结构调整演化方法。另外，在软件的可信演化过程中往往会出现很多异常情况使整个软件演化过程中断，从而破坏了演化，降低了演化效率，为了解决这样的问题，我们对可信演化的异常进行处理，首先对异常进行分类，找出可以在建模阶段解决的异常；然后针对可预测的异常提出异常处理模式，并使用余弦相似性查找最符合的异常处理方法。从过程实例迁移到异常处理，给出完整的软件过程动态可信演化框架，提高可信演化的成功率。

7.3.1　过程运行实例的动态可信演化

过程运行实例迁移的挑战在于保证运行实例迁移的正确性以及实例迁移检验的高效性（Rinderle et al.，2004），实例迁移的正确性是前提，如果一个演化无法保证其正确性，那么这次演化就是失败的，实例迁移检验的高效性也是演化面临的一个重要而困难的问题，如果一个实例无法从原状态高效地迁移到目标状态，那么这次演化也就失去了意义，很多情况下高效的迁移取决于实例迁移检验的速度。从软件过程的角度看，过程实例迁移的正确性主要体现在两方面（宋巍等，2011）：①通用正确性，迁移过后过程实例依然可以顺利执行，而不会发生执行阻塞或流产等故障，若过程参与到一个全局的过程协作，过程实例的迁移不能影响到与其他过程的交互；②特定应用正确性，过程实例从旧过程切换到新过程之后不会违反应用领域内的一些业务规则和用户的特定需求。对于在一个软件演化过程的运行实例中动态地将可信过程迁移到基本过程时，实例迁移检验的高效性也是非常重要的，在将这些可信过程加入时，会损失时间在实例迁移的检验上，所以保证实例迁移检验的高效性也非常重要。

因此，本节在提出实例迁移方法时，主要研究实例迁移的正确性，且重点放在通用正确性上。业界普遍认为，过程模型的通用正确性应该从控制流和数据流的角度进行定义（宋巍等，2011），对于实例迁移，主要研究控制流的正确性，控制流正确性关注于过程模型的结构正确性，即本书第 5 章中定义的结构保持性。

由于过程运行实例的动态可信演化由相对固定的演化结构（顺序结构、并发结构、选择结构和迭代结构）构成，使用 van der Aalst 提出的过程继承技术检测运行实例的可迁移性是高效的：①在过程实例可迁移性检验方面，过程继承技术可以利用增殖式的过程转换规则（transformation rule），高效地确定过程模型的目标模式和源模式之间是否存在继承关系，如果目标模式和源模式存在继承关系，那么在源模式下运行的过程实例可以迁移到目标模式下；②在目标状态的确定方面，过程继承技术可以通过源模式和目标模式之间的幂等映射（或在幂等映射基础上的调整），高效地确定可迁移过程实例的有效目标状态（宋巍等，2011）。虽然过程继承技术的优势很明显，但过程继承不支持过程结构调整，当我们在少数情况下需要进行结构调整的时候，过程继承就失效了，因此，我们结合采用过程继承与后面即将提到的基于 PS 围道矩阵的 Petri 网分解技术相结合的方法来实施可信演化。

基于上述对 PS 围道矩阵的介绍，下面定义基本过程行为关系的 PS 围道矩阵，如表 7.102 所示。

表 7.102　Petri 网基本结构

	F_1	F_2	F_3	F_4	F_5
Petri 网基本结构		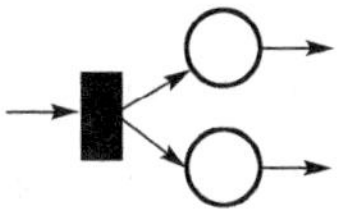	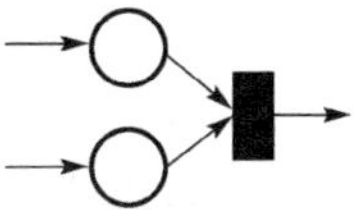	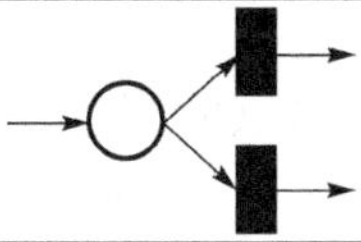	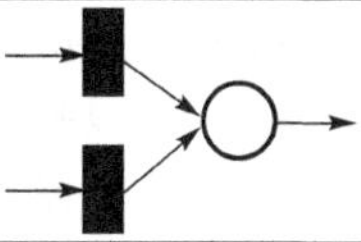

基于 PS 围道矩阵模型的过程分解方法是将 Petri 网定义的软件过程利用 PS 围道矩阵分解为一些独立的基本结构，分解产生的 PS 矩阵及关系规则如表 7.103 所示，其中，$p=(C, A; F, M_0)$是一个基本过程，T 表示两个活动之间库所中是否有托肯。

表 7.103　软件过程的 PS 围道矩阵分解

活动行为关系	Petri 网	PS 围道矩阵	F_1	F_2	F_3	F_4	F_5	T	关系规则
顺序行为	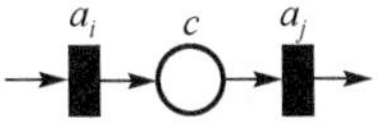 a_i c a_j	(a_i, c, a_j)	●						$F_1(a_i,c,a_j)=1$
并发行为	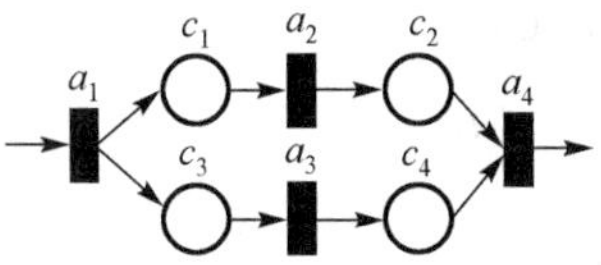 a_1 c_1 a_2 c_2 a_4 c_3 a_3 c_4	(a_1, c_1, a_2)		●					$F_1(a_1,c_1,a_2)\wedge$ $F_2(a_2,c_2,a_4)\wedge$ $F_1(a_1,c_3,a_3)\wedge$ $F_2(a_3,c_4,a_4)=1$
		(a_2, c_2, a_4)			●				
		(a_1, c_3, a_3)		●					
		(a_3, c_4, a_4)			●				

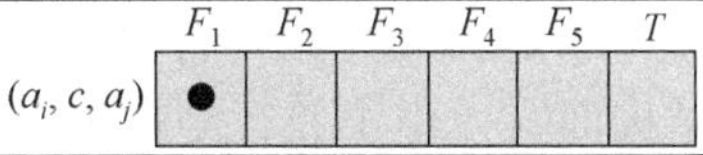

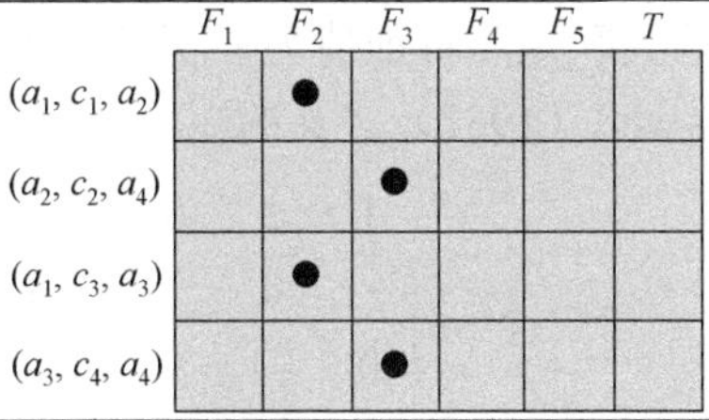

续表

活动行为关系	Petri 网	PS 围道矩阵	关系规则
选择行为	a_1, c_1, c_2, a_2	F_1 F_2 F_3 F_4 F_5 T (c_1, a_1): ● (F_4) (a_1, c_2): ● (F_5) (c_1, a_2): ● (F_4) (a_2, c_2): ● (F_5)	$F_4(c_1,a_1)\wedge$ $F_5(a_1,c_2)\wedge$ $F_4(c_1,a_2)\wedge$ $F_5(a_2,c_2)=1$
迭代行为	a_1, c_1, a_2, c_2	F_1 F_2 F_3 F_4 F_5 T (a_2, c_2, a_1): ● (F_4) (a_1, c_1, a_2): ● (F_5)	$F_4(a_2,c_2,a_1)\wedge$ $F_5(a_1,c_1,a_2)=1$

软件过程的 PS 围道矩阵分解流程首先识别所需分解的 Petri 网内包含的基本结构，具体识别流程如下。

（1）对比源模型与目标模型相应的软件过程阶段，找出演化区域的起始节点与终止节点。

（2）对改进的 PS 围道矩阵进行搜索，识别顺序结构，并在识别过程中从矩阵的 T 列记录托肯的分布情况。

（3）依次按照并行结构、选择结构、迭代结构的简化规则识别剩下的 Petri 网并记录托肯分布情况。

（4）反复执行步骤（2）与步骤（3），直到变更区域的所有结构被识别完毕。

使用基于基本结构的 Petri 网分解方法通过子网间的同步合成可得到原网的状态和行为，分解的正确性保证了演化的正确性，下面以活性和结构有界性为例证明分解的正确性，其他正确性证明类似，在此省略。

定理 7.1　分解子网结构有界性定理　设 $p_i=(C_i, A_i, F_i)$ 为 $p=(C, A; F)$ 基于基本顺序、选择和迭代行为关系定义的分解网，其中，$i\in\{1, 2, \cdots, k\}$，p_i 均为 S-图且结构有界。

证明：$\forall a\in A$，有 $|^{\bullet}a|=|a^{\bullet}|=1$，表 7.103 中的顺序、选择、迭代行为关系均为 S-图，由于 S-图是严格守恒网，而守恒网必为结构有界网（吴哲辉，2006），所以顺序、选择和迭代行为关系是 S-图且结构有界。

对于并行结构而言，由于并行结构为一个自由选择网，廖晶静和王明哲（2010）证明 Petri 网的关联矩阵特征值为非正则满足结构有界性，因为 $V=X^{\mathrm{T}}U$，X 为关联矩阵，U 为 Osterweil（1987）定义的矩阵。这里可求出

$$X^{\mathrm{T}}=\begin{bmatrix}1 & 1 & 0 & 0\\ -1 & 0 & 1 & 0\\ 0 & -1 & 0 & 1\\ 0 & 0 & -1 & -1\end{bmatrix},\quad U=\begin{bmatrix}0 & 1 & 0 & 0\\ 0 & 0 & 1 & 0\\ 0 & 0 & 0 & 1\\ 0 & 0 & 0 & 1\end{bmatrix}$$

计算得

$$V=\begin{bmatrix}0 & 1 & 1 & 0\\0 & -1 & 0 & 1\\0 & 0 & -1 & 1\\0 & 0 & 0 & -2\end{bmatrix}$$

求得 V 的特征值分别为 0、−1、−2，即都为非正的，因此，并行行为关系结构有界。

证毕。

定理 7.2　结构有界性定理　设 $p_i=(C_i, A_i, F_i)$为 $p=(C, A; F)$基于基本结构的分解网，其中，$i\in\{1, 2, \cdots, k\}$，如果 p_i 结构有界，则 p 结构有界。

证明： 设 $p_i(i\in\{1, 2, \cdots, k\})$的关联矩阵为 X_i，由 p_i 结构有界，根据 Petri 网结构有界性定理（吴哲辉，2006），存在$|C_i|$维正整数向量 Y_i 使得 $X_iY_i\leqslant 0$。又 $X=(X_1, X_2, \cdots, X_k)$，所以

$$(X_1,X_2,\cdots,X_k)\begin{pmatrix}Y_1\\Y_2\\\vdots\\Y_k\end{pmatrix}=X_1Y_1+X_2Y_2+\cdots+X_kY_k\leqslant 0$$

即存在$|C|$维正整数向量$\begin{pmatrix}Y_1\\Y_2\\\vdots\\Y_k\end{pmatrix}$，使得 $X\begin{pmatrix}Y_1\\Y_2\\\vdots\\Y_k\end{pmatrix}\leqslant 0$，所以 p 结构有界。

证毕。

下面讨论基于 PS 围道矩阵基本行为关系分解的活性，以并行结构的基于基本结构的分解为例。对于一个软件过程，如果从 M_0 可达的任意条件出发，对于任一活动都可以通过一活动发生序列而最终使该活动发生，则这个过程是活的，显然表 7.103 中的基于基本行为关系具有活性，那么整个完整的 Petri 网具有活性吗？由定理 7.2 已知整个 Petri 网是结构有界的，因此，是否具有活性就需要用可达标识图来判定，可达标识图的构造算法参阅文献（吴哲辉，1989）。

7.3.2　可信过程片段迁移

由于一个软件演化过程中通常需要编织入多个可信过程方面，而不同可信过程方面的方面通知会存在不同的活动行为关系，包括顺序、选择、并发或者迭代关系，因而在迁移过程中需考虑这四种关系的叠加迁移。然而，叠加操作很可能让迁移不再符合过程继承技术的要求。为此我们需要用基于基本结构的 Petri 网分解方法来识别并分解其中的过程，分离后的过程符合过程继承技术，则可以高效地进行可迁移性检验，在迁移方法方面在多数情况下过程实例的有效目标状态可以通过幂等映射（idempotent mapping）直接获得（宋巍等，2011）。

在软件过程运行实例迁移时，需要区分两类活动（或过程片段）：当前运行活动（或过程片段）和待演化活动（或过程片段），当前运行活动（或过程片段）不能实施动态演化，能实施动态演化的待演化活动（或过程片段）不能是当前运行中的。因此，迁移算法在实施演化前需要对演化区域进行判断，然后使用 PS 围道矩阵分解，最后运用幂等映射进行迁移，对于不能够直接迁移的区域实施结构调整演化，同步对演化进行异常监控及处理，具体流程如图 7.17 所示。

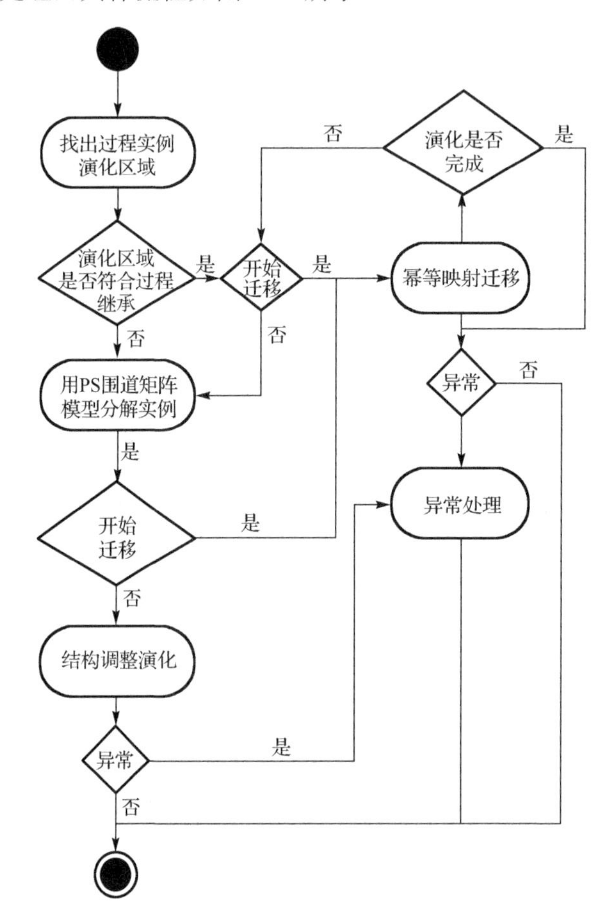

图 7.17　过程运行实例演化流程

软件过程任意活动间的行为关系仅包含四种，故演化也是四种行为关系的演化，在介绍过程继承技术时，已经说明顺序结构在向顺序结构、并行结构、选择结构和迭代结构演化时是符合过程继承的，所以我们可以对其进行直接的可信演化。对于并行结构向顺序结构、选择结构和迭代结构的演化；选择结构向顺序结构、并行结构和迭代结构的演化；迭代结构向顺序结构、并行结构和选择结构的演化都是不符合过程继承的，我们需要定义其他的方法对其进行演化，在这里我们称其为结构调整演化。

以并行结构向顺序结构演化为例，总体思路为：先用 PS 围道矩阵对演化区域进行识别和分解，按照从里到外的顺序确定其包含关系。在进行区域识别的同时我们也确定了原模型演化区域中是否有托肯及托肯的分布情况，接下来可以分为三种情况：①并行结构中无托肯，那么我们可以直接将其映射到顺序结构中；②并行结构中有托肯，其中一个分支有顺序结构中对应的状态，而另一个分支无对应的状态，直接将有托肯的分支映射到顺序结构中；③并行结构中两个分支都有对应的顺序结构映射，分别将其映射到对应的状态，托肯的分布情况按顺序结构中的分布。

7.3.3　演化异常处理

异常可以从不同角度进行分类，例如，按对异常的知晓程度分类或按异常的激发源分类，本节基于 Eder 和 Liebhart（1995）提出的分类方法，按对异常的知晓程度分类。

（1）可预测异常（expected exception）：可以预见的异常，并且在目标模型设计的时候已经定义好此类异常的处理方法。通常对出现的异常情况有充分的了解，并明确地定义了异常处理过程。这类异常因为描述的是一般不会发生在演化过程中但又有可能发生的情况，所以我们可以不用将其表示在可信的演化过程中，这样就可以降低目标模型的复杂度，演化的效率也会更高。

（2）不可预测异常（unexpected exception）：无法预见的异常，在模型定义阶段也无法提出解决此类异常的有效处理方法，通常需要人工干预解决此类异常。在某些极端情况下解决此类异常可能会导致整个软件过程演化目标模型的修改，这样就需要将目标模型进一步演化到更成熟的状态。

目前描述的大多数异常为可预测的异常，对于不可预测的异常只有靠人为的协助去解决，经过多次的积累来建立成熟的异常案例库来将不可预测的异常转化为可预测的异常。对于可预测的异常，我们必须在建模阶段就将其考虑进去，这样可以保证可信演化的正常进行，也可以提高演化的自动化程度。

为了实现异常的处理，我们设计了一个异常处理框架，此框架由异常处理器、异常处理知识库和可信需求冲突检测知识库构成，其中异常处理器包括决策模块、通信模块、异常监视模块、异常检索模块和异常案例生成模块组成，如图 7.18 所示。

异常监视模块通过对比源模型与目标模型找出模型的待演化区域，当演化过程开始执行时由监视模块监视这部分迁移有无异常，其中监视模块可通过 Petri 网的结构、性质和行为性质监视其是否存在异常，同时可以通过查询可信需求冲突检测知识库来监视待迁移的可信需求是否存在冲突，如果有异常就向通信模块抛出异常。这里的可信需求冲突检测知识库里面列出了可信需求间的冲突关系，可信需求众多且不同领域对可信需求的侧重点不同。

通信模块收到异常监视模块抛出的异常后将其发送给异常检索模块，异常检索模块会检索异常处理知识库，如果异常处理知识库内存在抛出的异常的处理办法就将其返回给异常检索模块，由异常检索模块发送给通信模块；如果异常处理知识库内无法找到所需的异常处理方法则由通信模块将抛出的异常发送给异常案例生成模块，异常案例生成模块将通知相关人员来处理异常，最终将处理方法发往通信模块并按异常处理知识库的要求存入其中。

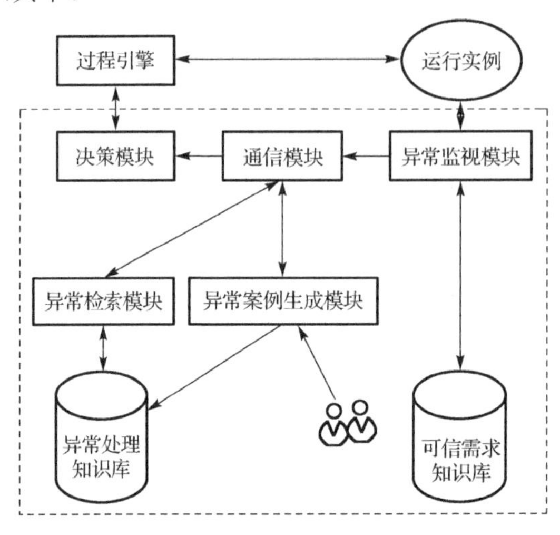

图 7.18　可信演化的异常处理框架

异常案例生成模块是需要人工干预的异常处理，而通信模块的主要作用为传递异常消息和使整个异常处理可并发执行。并发执行的关键在于通信模块内建了一个消息缓冲队列，这就使其可以处理多条异常消息。而异常检索模块在获得合适的异常处理方法后将此方法的id设为异常检索模块内异常消息id，以便在通信模块进行异常匹配。当异常检索模块或者异常案例生成模块发送回来的异常处理方法到达通信模块的时候，通信模块会将返回的异常处理方法的 id 与异常消息的 id 进行匹配，然后发往决策模块进行异常处理。

当异常处理方法到达决策模块的时候，决策模块要决定何时何地进行异常处理。这里的决策模块负责与过程引擎进行交互，而过程引擎则负责整个演化过程的执行，当我们需要过程引擎配合我们处理异常的时候由决策模块通知过程引擎。例如，当我们需要暂停过程执行以进行异常处理时，决策模块将通知过程引擎来使正在执行的过程暂停执行。

1）异常检测

异常检测是通过前面提到的异常监视模块实现的，异常监视模块会监视所有演化区域运行实例抛出的异常消息，一个异常消息定义为 ExMessage=(id, SWStage, ExDescription, TWAttName, ExPerformer, Locate)。

（1）id 为异常标识，其作用是在并发处理异常时在通信模块和异常检索器发过来的异常处理方法里的 id 进行匹配。

（2）SWStage 说明发生异常的区域属于软件过程的哪个阶段。

（3）ExDescription 用于具体描述发生的异常，如描述异常的名字和异常的定义。

（4）TWAttName 表示待迁移可信需求，是异常处理优先级设置基础，例如，对于某些系统，其可信关注点是安全性，易用性是软目标，则可以授予安全性更高的异常处理优先级，使其在处理队列中优先处理。

（5）ExPerformer 是异常区域负责人信息，在异常检索器无法检索到合适的异常处理方法的时候异常案例生成器必须通知异常区域的负责人进行人工处理异常。

（6）Locate 说明出现异常的具体活动。

2）异常处理

异常处理主要解决怎么高效准确地从异常案例库中选择已有的案例来解决出现的异常，这里我们采用文献（Klein & Dellarocas，2000）中提出的树型异常组织方法并采用基于余弦相似性的匹配算法来高效地查找需要的异常处理案例。树型组织方法有利于我们查找异常处理案例，当系统收到异常消息后可以从异常消息里面提取 SWStage，这一项指出了出现异常的过程属于哪个阶段，利用这个我们可以在基于过程关系（6.1.3 节全局层建模定义了过程关系）的过程树中找到相应的过程，过程树里的每个过程都会对应多个异常项，并有相应的解决方法，当某个过程出现问题时，就在这个分支里面运用余弦相似性去查找最接近异常消息的异常特征。异常处理方法定义为 ExHandle=(id, Name, SWStage, property, <P, Q>, method)。

（1）id 为异常消息定义中的异常标识。

（2）Name 为异常名称。

（3）SWStage 为异常处理方法所在的软件过程阶段。

（4）property用于定义异常消息中用于余弦相似性匹配的属性（余弦相似性匹配见后文）。

（5）P 代表霍尔逻辑中的前断言，Q 代表霍尔逻辑中的后断言。P 用于进行余弦相似性匹配时对property中特定的字段进行约束，只有满足条件的特征才能进行后续的匹配，例如，在异常特征中我们要求异常区域类型为用户指定的原子区域。Q 代表异常处理后的状态。

（6）method 用于定义具体的异常处理方法，例如，异常为安全性过程与易用性过程冲突，则 method 给出的解决方法为去除易用性过程或者选取权衡方案。

为了使用余弦相似方法，我们用异常处理方法定义中的property=(TWAttName, SWStage, ExPerformer)来度量异常的相似性，property的量化由各利益相关者完成且用数字表示各个元组的权重，可以按元组的重要性量化，也可以按特定元组的特定含义量化，例如，TWAttName 用 3 表示一般重要的可信需求，用 5 表示非常重要的可信需求。用 $E=(e_1, e_2, \cdots, e_n)$表示 n 个异常特征，假设表 7.104 所示的矩阵为异常特征值。

表 7.104　异常特征值

	TWAttName	ExPrName	ExPerformer
e_1	3	4	2
e_2	4	1	5
⋮	⋮	⋮	⋮
e_n	4	3	2

基于异常特征值计算抛出的异常消息特征与异常特征库中的异常特征的余弦相似度，计算公式为

$$\mathrm{sim}(\overrightarrow{e_p},\overrightarrow{e_q})=\cos(\overrightarrow{e_p},\overrightarrow{e_q})=\frac{\sum_{i=1}^{n}R_{ip}R_{iq}}{\sqrt{\sum_{i=1}^{n}(R_{ip})^2\times\sum_{i=1}^{n}(R_{iq})^2}}$$

其中，R_{ip} 表示异常 e_p 对元组 I_i 的量化值；R_{iq} 表示异常 e_q 对元组 I_i 的量化值。在计算得到最相似异常特征后将结果返回异常检索模块，进行下一步异常处理。

7.3.4　软件过程动态演化案例

图 7.19 为一个简单的网上银行支付系统设计过程模型。

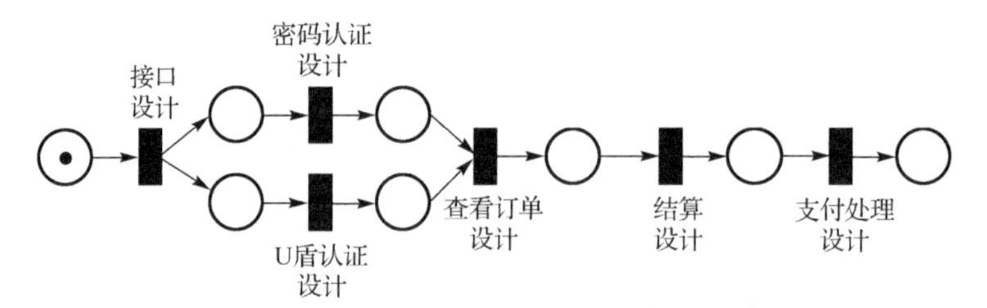

图 7.19　网上银行支付系统设计过程

如果对支付环节增强安全性，假设需要对结算设计活动添加安全活动，我们需要对图 7.19 所示过程的运行实例进行在线演化，如图 7.20 所示，需要演化的部分用虚线标出，在其中新增了支付短信验证设计活动和支付超额及超额结算设计活动，增加这类活动可以在用户进行结算时发送短信向用户确认，增强支付安全性，对于付款金额超出预设金额的，设计超额情况下的结算功能，也可以仅进行结算设计。

所有新增安全活动的迁移均不符合过程继承技术：如果运行支付超额设计活动和超额结算设计活动，则可以跳过结算设计活动，不符合投影继承；如果阻塞短信验证设计活动则结算设计活动无法执行，不符合协议继承；隐藏或阻塞三个新增活动都不符合协议/投影继承；同样也不符合生命周期继承。因此，下面运用 PS 围道矩阵对三个新增活动所在的演化区域进行分解，首先给出演化区域的 PS 围道矩阵

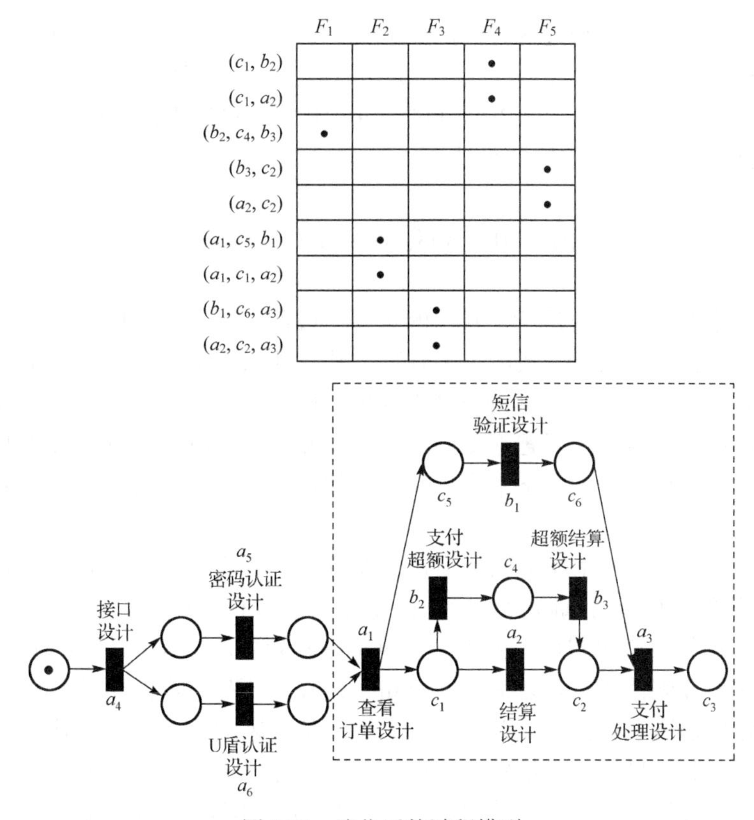

	F_1	F_2	F_3	F_4	F_5
(c_1, b_2)				•	
(c_1, a_2)				•	
(b_2, c_4, b_3)	•				
(b_3, c_2)					•
(a_2, c_2)					•
(a_1, c_5, b_1)		•			
(a_1, c_1, a_2)		•			
(b_1, c_6, a_3)			•		
(a_2, c_2, a_3)			•		

图 7.20　演化后的过程模型

在 PS 围道矩阵中识别顺序结构，得到顺序结构 $S_1=(b_2, b_3)$，然后由里向外识别其他结构，得到选择结构 $S_2=(S_1, a_2)$和并行结构 $S_3=(S_2, b_1)$。运用如下可达标识图判断活性

[1, 0, 0, ···, 0]
↓ a_4
[0, 1, 1, 0, ···, 0]
a_5 ↓　　↓ a_6
[0, 0, 0, 1, 0, ···, 0]　　[0, 0, 0, 0, 1, 0, ···, 0]
a_1 ↓　　↓ a_1
[0, 0, 0, 0, 0, 1, 0, 0, 0, 1, 0]
a_2　　b_2 ↓　　b_1
[0, 0, 0, 0, 0, 0, 0, 0, 1, 0, 0]
b_3 ↓
[0, 0, 0, 0, 0, 0, 1, 0, 0, 0, 0]
[0, 0, 0, 0, 0, 0, 0, 0, 0, 0, 1]
a_3　　↓ a_3
[0, 0, 0, 0, 0, 0, 0, 1, 0, 0, 0]

由可达标识图可知整个过程是活的。因此，可以开始迁移，按从内到外的顺序进行迁移，先对 S_1 进行迁移，S_1 中的 b_2 与 b_3 可以看作一个整体与 a_2 一起迁移，即对 S_2 进行迁移，由于不用考虑 b_1，所以符合过程继承技术，可以直接迁移，迁移完 S_2 就可以迁移 S_3，此时 S_3 也符合过程继承技术。

7.4　可信风险评估与控制

软件项目中的风险管理是开发软件的重要组成部分，对于可信软件而言，开发过程如果遗漏风险管理或采用失败的风险管理方法，那么开发出的软件往往不具备良好的可信性，要开发可信软件，有效的风险管理是极其重要的。因此，为保障软件的质量及可信性，过程风险管理问题应受到广泛重视并亟待解决。目前，软件项目风险管理的重要性已引起相关产业及学术界的注意，软件工程领域中的研究者和研究机构已对此进行了相关研究。

Boehm（1989）详细论述了软件项目开发过程中可能存在的风险，提出了软件项目风险管理方法，并指出风险管理应由两个主要部分构成：风险评估和风险控制。Boehm 风险管理的核心思想可归纳为十大风险因素列表，这些都是软件项目风险管理这个研究领域的开创性研究。之后，Boehm（1991）针对风险管理提出原则与实践方法，非常细致地描述了软件项目开发过程中的风险及风险管理方法，对项目影响非常大的风险加以控制，目标是“识别和描述风险因素并消除它们，以规避风险因素对软件的运行造成危害”。1991 年，美国马里兰大学提出了 Riskit，目的是对风险的触发事件和风险造成的影响等方面进行全面的观察和管理，同时进行合理的风险评估，该方法在定性分析风险后再定量分析风险（Kontio & Basili，1996）。为详细说明软件项目中风险的原因和解决办法。Jones（1996）撰写了软件风险管理方案，给出了很多优化软件的有效手段。美国南加州大学的 Madachy 博士提出了 EXPERT COCOMO，这是一种用成本估算因子来进行风险评估的模型（Madachy，1997；Boehm et al.，2000），该模型扩展了 Boehm 的 COCOMO Ⅱ（Boehm et al.，2000），提供异常输入检测及超出 COCOMO Ⅱ预算和进度的风险控制建议。SEI（software engineering institution）的 CRM 模型（Lyytinen et al.，1998）风险管理原则是：不断地对可能造成不良后果的因素进行评估，找出最急需解决的风险，确定并实施风险控制的策略，评估风险策略的有效性。风险管理过程在 CRM 模型中是反复循环的，包括风险识别、风险分析、风险计划、风险跟踪、风险控制几个活动。Fenton 和 Neil（1999）提出将因果模型和软件度量结合起来构造贝叶斯网络，从而分析软件项目存在的风险。Lee（1996；2003）提出基于算法的模糊集理论解决软件产品生命周期的任一阶段里的聚合风险发生概率问题。Bannerman（2008）评估了之前针对风险管理的各种研究工作，认为目前的研究已跟不上实践的发展，并讨论了未来的研究方向，但提出风险评估和风险控制仍然是风险管理的两个主要组成部分。在风险控制方面，就目前来说，基于 CMM 的风险管理方法仍然得到广泛运用，在 SEI 后来推出的 CMMI（capability maturity model integration）（Ahern et al.，2004）中，风险管理作为一个独立的过程域 PA（process area）得到进一步强化（Ahern et al.，2004；Jalote，2000）。

总之，有效的风险管理可以帮助提前发现软件项目中的潜在问题，并通过制定相应的风险对策提供有效的风险止损效果，是降低软件失败率的有效方法。因此，本节提出可信风险评估与控制方法。

（1）构建面向软件开发过程的风险管理框架，提供动态的、可持续的风险管理。

（2）将风险划分为不同的风险指标，每一个指标对应不同的风险因子，通过风险因子度量风险指标，进而度量软件项目风险。

（3）结合贝叶斯网络和模糊理论，提出面向可信软件的风险评估方法。

（4）根据评估结果获取的风险影响程度，针对其中影响最大的风险指标或者风险因子，为可信软件开发提供风险控制及优化策略。

7.4.1 风险管理基础

风险具有“不确定性”，是一种对不能达到预设目标的可能性和结果的描述，软件项目风险是伴随着软件开发过程产生的与软件项目有关的风险（Schwalbe，2015）。由于无法预知，所以必须使用风险管理方法来找出软件项目中存在的潜在问题，并运用相应的方法来消解风险发生的可能性。由于风险管理方法能够预先发现软件项目中存在的问题，因而可以抢先一步制定风险应对策略，当风险发生时可以快速予以解决。另外，风险管理还有助于项目负责人把握项目重点，将其目标集中于关键风险。

基于共识，任何风险管理过程均包含两个主要的活动：一是风险评估，包括定义风险，是识别风险来源并评估风险潜在影响的一个过程；二是风险控制，目的在于消解风险，进行风险监控，执行风险对策。图 7.21 描述了风险管理的这两项主要活动以及主要活动的细化活动。

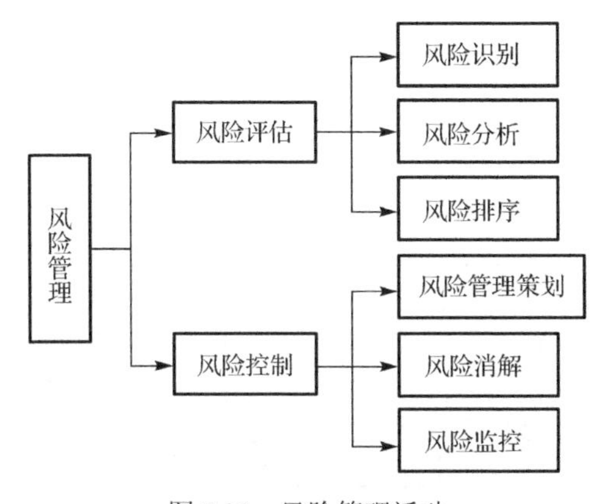

图 7.21　风险管理活动

识别风险是为了将软件开发过程中的不确定性变成比较明了的表达方式，即风险，软件项目开发过程中的常见风险包括需求不明确、没有制定合理的项目计划、技术跟不上和开发方法不恰当等。风险识别就是为了找到项目中潜在的风险，对风险进行评估，计算各个风险的发生概率和重要程度，以便采取相应的措施减轻或回避风险，降低其危害。风险识别最终将识别出来的风险进行归纳整理形成风险列表。

在风险识别之后，弄清楚识别出的风险可能在何时何处发生，发生后会产生什么样的影响非常重要，因此，接下来的风险分析是一个在风险管理过程中非常重要的环节，此分析环节本质上是为了分析每个风险发生后是否产生不利影响，从而让项目组更深入地认识和理解风险，让风险发生的原因更明了，支持有效的风险处理。通常，风险分析是对识别出风险的因素进行分析，依据风险管理计划全面分析项目风险因素产生的影响，计算每个风险的发生概率，最终，通过风险分析对项目中的风险进行排序，找出主要风险，帮助项目组把握整个项目的风险，让项目如期开展。

风险控制是指项目管理者使用多种办法消解或降低风险发生的概率，或者降低风险可能带来的损失。控制的过程也是制定决策的过程，此决策过程是项目决策者依据风险管理过程中的跟踪信息和数据来监控项目风险过程本身，并判断是否应对此过程作相应调整。项目决策者判断是否需要对风险管理过程进行调整，需要进行包括重新制定风险控制计划、启动风险应急措施、关闭当前风险转为问题追踪等一系列的过程。

风险评估可以说是识别风险及其影响的一些被动的活动，风险控制主要是由项目管理人员为减轻风险造成危害而采用的一些主动措施。风险控制借助采取的措施，以人们可接受的方式处理有害结果，从而减轻风险，使风险损失降到最低。

7.4.2　可信软件过程风险评估

软件过程风险管理框架如图 7.22 所示，在风险管理系统中需要反馈环路在每次迭代时对软件过程可信性产生影响的风险因素进行新一轮评估，并根据评估结果开展风险控制活动。

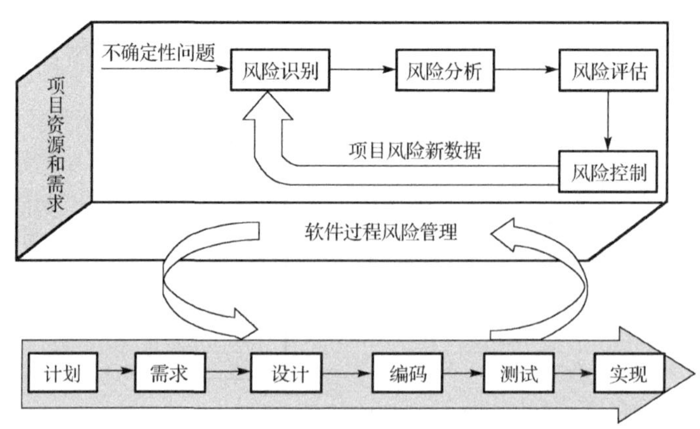

图 7.22　软件过程风险管理

风险评估主要是评估风险可能发生的概率及风险发生后造成的影响，使风险控制有迹可循，便于项目负责人进行风险控制。根据上述管理过程，风险评估的具体步骤如下。

（1）构建风险评估模型。风险评估是为了量化风险的不确定性，量化风险发生的概率及其对软件项目产生的后果。风险评估模型的构建是一个从风险识别到风险排序的过程。风险评估首先要做的是识别风险源，形成一个风险清单；其次是用贝叶斯网络计算风险可能发生的概率；接下来是风险影响评估；最后按照评估结果进行风险排序。

（2）风险识别。根据风险数据库，在软件项目开发过程中识别出潜在风险。

（3）风险发生概率评估。风险发生概率评估利用贝叶斯网络计算在软件项目开发过程中风险因素发生的概率的大小。

（4）风险权重计算。依据不同软件项目，风险因素的权重会不同，本节采用 AHP 方法计算风险因素的权值。

（5）风险影响评估。风险影响评估需进行风险后果评估和风险综合影响评估，风险后果评估是度量风险因素对软件产生的后果影响；风险综合影响评估是加入了权重来计算风险因素对整体后果的影响。

1. 风险评估模型

软件项目风险评估模型包含风险识别、风险分析、风险评估、风险排序几部分，如图 7.23 所示。在该模型中，根据风险数据库识别出风险以后，用贝叶斯网络进行风险发生概率评估，再使用模糊综合评价法进行风险影响综合评估，最后按照评估得到的结果将风险因素进行排序。

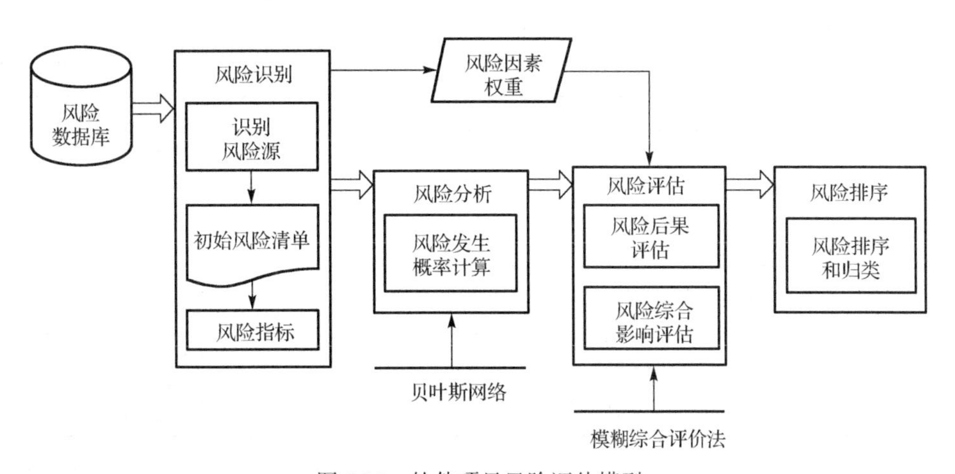

图 7.23　软件项目风险评估模型

风险识别是根据风险数据库中的相关数据（已知的风险）来找出目前软件项目中

的风险，并通过相似合并、剔重、增补遗漏等操作，把识别出的风险因素整合为一个风险清单（风险清单主要描述风险及其产生原因、触发条件、发生后果），再对风险进行归类整理，得到风险指标以及这些风险指标所包含的风险因子。然而针对不同的软件项目其风险因素的权重也不相同，在这里需要相关专家对风险因素给出相应的评价，评价分为五个等级：极低、低、中等、高、极高。然后利用梯形模糊数将上述模糊语言转化为数值。风险分析就是利用贝叶斯网络计算风险的发生概率。接下来分两个步骤实施风险影响评估：风险后果评估和风险综合影响评估。风险后果评估是评估风险对软件项目后果的影响，风险综合影响评估是结合了风险因素权重和风险发生概率来计算一个综合的影响值。最后，根据评估结果实施风险排序，从而产生一个待控风险队列。

2. 风险识别

软件项目刚开始时，往往存在各种各样的问题，如计划或需求不明确、无法确定使用的技术正确与否等（Xu，2001）。风险识别即是描述软件项目开发过程中的种种不确定的风险。风险识别的目的就是在风险发生之前，找出并评估潜在风险的发生概率及其发生后可能造成的影响，量化各个潜在风险的重要程度，制定措施避免潜在风险的发生或缓解其发生后造成的影响。

参考文献（Li et al.，2012），我们总结出如表 7.105 所示的五类风险：软件过程阶段风险、项目管理风险、技术风险、软件环境风险和客户风险，每一风险大类划分成不同的风险指标，每一个风险指标又分为若干个风险指标影响因子。

表 7.105　风险指标分解

软件风险	风险指标	风险因子
软件过程阶段风险	需求风险	需求变更
		软件复杂度
	设计风险	设计风险
	编码风险	程序员经验
	测试风险	测试方法
	安装及维护风险	安装风险
		维护风险
项目管理风险	变更风险	变更风险
	进度风险	进度规划不合理
	预算风险	预算控制
	管理能力风险	管理者经验
		管理者理解力
技术风险	使用工具	设计工具
		开发工具
	员工技能风险	技术熟练度
		专业素养

续表

软件风险	风险指标	风险因子
软件环境风险	政策风险	政策风险
	市场风险	市场风险
	销售风险	销售风险
客户风险	沟通能力风险	相关知识熟悉度
		目标和需求描述
	应用领域风险	应用领域复杂度

3. 风险发生概率估计

根据贝叶斯网络的概念，风险分析网络结构 B_s 可定义为 $B_s=(N_r, N_f, R)$，其中，N_r 是风险节点，用矩形表示，每个风险的编号都是唯一的；N_f 是风险因子节点，用椭圆表示，每个风险因子也有唯一的编号；R 代表节点间关系，关系定义为一个二元序列元组集合，用箭头表示，起始端代表原因，终止端代表结果。以项目管理风险为例构建项目管理风险的贝叶斯网络结构，如图 7.24 所示。

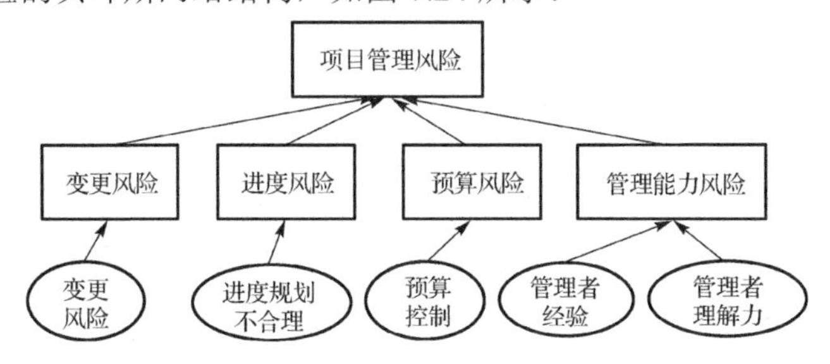

图 7.24　项目管理风险的贝叶斯网络结构图

为方便运算，用变量 I_i 描述其中的各个节点，得到如图 7.25 所示的参数赋值贝叶斯网络结构。

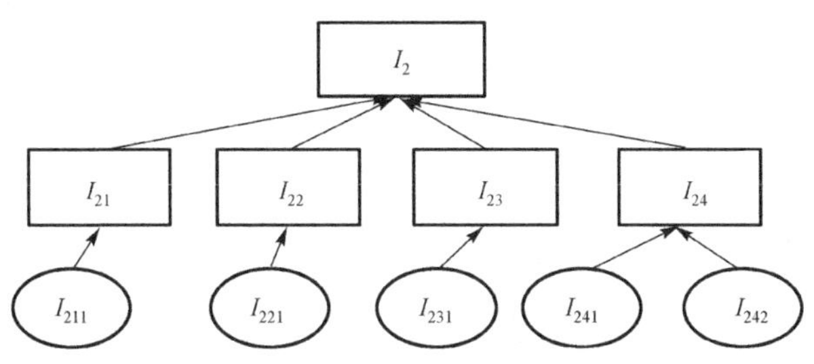

图 7.25　贝叶斯网络结构参数图

基于贝叶斯网络，联合概率 P 的计算式为

$$
\begin{aligned}
&P(I_2,I_{21},I_{22},I_{23},I_{24},I_{211},I_{221},I_{231},I_{241},I_{242})\\
&=P(I_2\mid I_{21},I_{23}\mid I_{24})\times P(I_{21}\mid I_{211})\times P(I_{22}\mid I_{221})\times P(I_{23}\mid I_{231})\\
&\quad\times P(I_{24}\mid I_{241},I_{242})\times P(I_{211})\times P(I_{221})\times P(I_{231})\times P(I_{241})
\end{aligned}
$$

专家用模糊语言来评估贝叶斯网络中的先验概率和条件概率，模糊评语集 H={极其不会,不会,中等,会,极会}，值集 V={0,0.25,0.5,0.75,1}。另外，针对不同的软件项目，需要确定风险因素的权值，用风险因素的权重系数向量 $A=[a_1,a_2,\cdots,a_n]^{\mathrm{T}}$ 表示，其中，n 表示风险因素种类数，a_i 是第 i 种风险因素的权重。根据 AHP 方法求出 a_{ij}，将不同的风险因素列出，专家根据表 7.106 来对两个因素之间的重要性进行评估。

表 7.106　专家评判尺度参照表

权重含义	取值
同等重要	1
略重要	3
明显重要	5
绝对重要	7
中间值	2，4，6

构建权重比较矩阵，设存在 n 个评估因素的确定权重，则其比较矩阵为

$$A=\begin{bmatrix} a_{11} & a_{12} & \cdots & a_{1n} \\ a_{21} & a_{22} & \cdots & a_{2n} \\ \vdots & \vdots & & \vdots \\ a_{n1} & a_{n2} & \cdots & a_{nn} \end{bmatrix}$$

其中，$a_{ij}=1/a_{ji}$，a_{ij} 表示因素 i 和 j 的重要程度比。对权重比较矩阵进行归一化处理，就可以求得其权重 W_i，计算过程如下。

（1）将矩阵里的元素按列归一化：$c_{ij}=a_{ij}\Big/\sum a_{ij}(i,j=1,2,\cdots,n)$。

（2）对归一化后的矩阵按行求和：$\lambda_i=\sum c_{ij}$。

（3）将得到的向量 λ_i 进行归一化处理：$u_i=\lambda_i\Big/\sum\limits_{i=1}^{n}\lambda_i$，则得到的向量 U 是特征向量 W_i 的近似值。

对权重向量进行一致性检验，一致性检验可以评判计算得到的特征向量是否具有可用性，检验方法是计算

$$\mathrm{CI}=u_{\max}(A)-n/(n-1)$$

其中，$u_{\max}(A)$ 表示比较矩阵 A 的最大特征值；n 表示比较矩阵 A 的阶。

4. 风险影响评估

风险影响评估包括风险后果评估和风险综合影响评估，风险后果评估的目的是得到风险对后果的影响，风险影响综合评估是利用风险权重、风险发生概率和风险后果评估结果计算各类风险对整体的影响。基于评估值可以进行风险排序和回溯分析。

1）风险后果评估

定义风险后果集 D ={进度，费用，可信需求指标}，根据模糊分析法确定评语等级 $V=\{v_1,v_2,v_3,\cdots,v_n\}$，将风险对后果影响的模糊评价集定义为 H_C ={极低，低，中等，高，极高}。然后由评估专家给出在每个等级下的阈值（0,0.25,0.5,0.75,1），最后根据构造的隶属度函数将度量值和阈值进行比对，得到风险对后果影响的评价等级。

给评估带来巨大挑战的是较难使用传统数据统计方法来计算风险的各个参数，因为评估专家使用的语言具有模糊性。而模糊理论使用了隶属函数，运用多值逻辑能够很好地处理不确定性和模糊问题。因此，采用模糊学的概念可以使专家利用模糊性语言评估风险的发生概率及风险发生造成的影响。下面继续使用梯形模糊数构建风险后果评价等级的隶属度函数，隶属度函数构造参阅 2.3.2 节。

专家采用模糊评价集 H_C 构建评估矩阵 C

$$C=\begin{bmatrix} c_{11} & c_{12} & \cdots & c_{1n} \\ c_{21} & c_{22} & \cdots & c_{2n} \\ \vdots & \vdots & & \vdots \\ c_{m1} & c_{m2} & \cdots & c_{mn} \end{bmatrix}$$

其中，c_{ij} 表示第 j 类风险对第 i 类风险后果的影响。

由于专家在评价风险因素对后果的影响时，会给出权威的同时也非常主观的评估数据，那么如何保证专家给出的评估数据是有效的且更科学、更客观呢？在此通过专家贡献度来对评估结果的影响进行衡量，同样使用 2.3.2 节基于信息熵的方法进行评估。

2）风险综合影响评估

根据风险后果评估和风险概率评估的结果，即可计算风险当量 R 和各类风险对整体后果的影响

$$R=[R_1,R_2,\cdots,R_n]/(R_1+R_2+\cdots+R_n)$$

其中

$$R_j=a_j p_j \sum_{i=1}^{3} c_{ij}$$

最后，按评估结果对风险因素排序，对影响大的风险进行分析，找出对此风险影响最大的风险指标即风险发生概率大的风险指标，还可以进一步找出风险因子，从而进行风险控制。

7.4.3　可信软件过程风险控制

软件项目管理者采取办法消除或降低风险发生的概率，或者降低风险发生后造成的影响，这个过程可称为风险控制，风险管理的一项重要工作就是进行风险控制。风

险控制在软件的整个生命周期中是持续进行的，新的风险也许会在其他风险被消除后又出现，并且为降低风险发生所造成的影响或损失而实施的风险控制本身也会产生新的风险，例如，软件项目风险控制可能会造成软件项目成本支出增加，软件项目进度被拖延，还可能因为消耗了部分软件项目资源而造成软件项目其他部分所需资源减少。所以，项目负责人必须在开发过程中随时监控项目的推进程度，并根据风险调整和纠正开发过程。

风险控制通常都是从风险管理策划开始，策划是针对需要控制的风险编制管理计划，如果多个风险需要同样对待，可以同时针对它们制定共同的管理计划，如同其他策划活动一样，这一策划应该在项目开始时进行。对于某一特定风险，其管理计划不应过于复杂，但应有针对性，主要策略之一是回避风险，有些风险回避是可能的。其次，可以使用有关措施去减轻风险，如果不能回避风险则采取措施降低风险，力图把风险发生导致的损失减小。

风险化解就是要切实清除风险。风险控制策略已记录在风险管理计划中，以确保项目负责人知道应该怎样规避风险和处理风险。印度 Infosys 公司根据许多软件项目的实践总结出十大风险及其相应的化解措施（表 7.107）。从表 7.107 可以发现，前几项风险和人员及需求相关，这意味着为使化解措施更加有效，必须将其纳入项目的进度中。

表 7.107　十大风险及其相应的化解方法

序号	风险类型	化解措施
1	技术跟不上	保留额外的资源储备 制定针对具体项目的培训大纲 开展互教互学活动
2	过多的需求变更	让客户在最初的需求规格说明书上签字 制定需求变更规程 按实际工作量收费
3	需求不明确	多跟客户交流 采用增量式开发过程
4	人员流失	关键岗位有多种人才 保持项目有备用的人力资源 保存员工个人工作的文件
5	外部因素的影响	说明不利因素 依照风险管理策划
6	性能需求不达标	对其进行阶段性评审 采用原型法或者进行模拟 编写典型的测试用例作有效性测试 若可能应实施强度测试
7	进度计划不合理	制定符合实际的进度计划 找出可并行开展的工作 尽早使资源准备就绪 使用辅助开发工具 重新与客户商讨付费方式

续表

序号	风险类型	化解措施
8	新技术出现	从关键模块开始交付 安排学习时间 针对新技术组织培训 开发证明概念的应用课题
9	商业知识欠缺	多与客户洽谈，知识互补 进行有关培训 多了解业内动态
10	连接故障或性能迟钝	在连接装载前制定计划 采用最优连接使用计划

由于风险是一组概率事件，依赖于外部因素，所以当外部因素发生改变后，风险可能构成的威胁和之前的风险评估结果可能会有较大差别。因此，必须监控风险化解措施实施情况和进度，并对风险进行定期的重新评估。这种重新评估可在里程碑处利用里程碑分析报告中所记录的风险状态报告来评估。另外，项目管理者应随时关注项目内部和外部的变化情况，及时识别新的风险，保证全部与项目相关的风险被纳入风险管理范围。对于已识别的风险，项目管理者应密切关注其变化情况，确保风险发生时及时对其造成的影响进行评估，实施风险控制措施，进行动态而持续的风险管理。

软件风险控制的花费来自于软件本身的预算成本，因此需要突出重点、主次分明。对于最重要、最受关注的风险需及时进行软件项目风险控制，而对于其他可暂缓的风险只需定期监督其变化情况即可。因此，并非全部被识别出的软件项目风险都应马上进行控制，首先要进行成本效益分析，项目中的风险造成的影响及后果是随着成本投入的逐渐增加而逐渐降低的，两者增长态势成反比，它们之间的比例关系大致如图 7.26 所示。

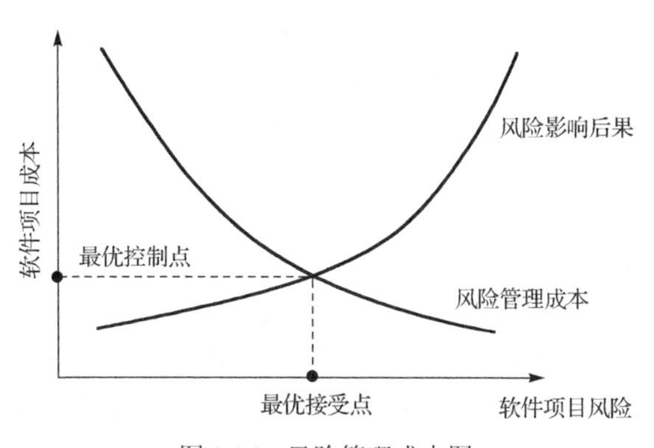

图 7.26　风险管理成本图

风险评估排序结果按照风险影响大小可以形成一个控制队列，按照前面叙述的标准从风险控制队列中选出需要进行控制的风险，然后给出相应的控制策略。在制定控制策略的时候，按上述方法选择策略，基于同等条件或相近条件可以作如下控制：首先应考虑可否规避风险，其次考虑可否转移风险，而后再考虑减轻风险，假如不能够减轻或者减轻风险的策略在成本上花费大，就得采取策略化解风险。另外，如果暂时没有任何化解策略，可以选择接受风险，不进行处理，但要对其进行监控。

风险规避适用于引起严重损失的风险，当风险控制超出预算时，则需采取规避措施。

风险转移主要针对的是发生概率小且会引起严重后果的风险，风险转移往往把造成损失后果的法律、财务等主要责任通过明确合同内容的方式转移。

风险减轻与风险规避比起来，是指团队采用多种控制技术和方法降低那些不能转移的风险的发生概率。

针对软件项目中的风险，可以采用风险规避、风险转移、风险减轻三种方法加以处理，但是并不是所有情况都需要三种方法同时进行。面对风险，优先考虑怎样用很少的成本去规避它；当不能规避时，应想方设法转移；只有风险既不能规避也不能转移时，才需要寻找其他策略去减小风险，因为只是减小并不能消除风险，所以需要继续监控风险，重新评估，进入一个循环的风险管理状态。

7.5 小 结

一个过程是为完成某一项工作而定义的一系列步骤或者阶段。每个步骤或者阶段都定义了要完成的任务以及完成这些任务所需的资源。每个步骤或阶段都有明确的入口准则，只有满足这些条件才可以开始进入这个阶段。同样，它们也有出口准则，只有满足这些条件才可以结束这个阶段。因为过程质量在很大程度上决定了产品生产的质量和效率，所以过程的设计和管理在软件工程中是非常重要的（Humphrey，1997）。

软件过程管理是一种建立在过程观基础上的管理体系，过程管理从过程切入，关注于过程的绩效，建立起一套“认识过程，建立过程，运作过程，优化过程”的体系，目标是在生产产品的同时提高组织的能力，以便生产更好的产品。软件过程管理通常包括定义过程、计划度量、执行软件过程、应用度量、控制过程和改善过程。因此，本章在 7.1 节提出软件过程可信性度量方法，度量软件可信过程，从可信过程中获取可信证据，使用软件过程度量指标给出定性或者定量的过程度量数据。度量覆盖过程评估和改进中的各个目标，在过程度量之后，组织已清楚地了解自身或项目过程管理上的问题，接下来就可以根据度量结果启动过程改进的进程。7.2 节提出面向方面的特定阶段软件过程改进方法，由于有明确的改进目标能够将改进活动控制在预定的范围之内，能够利用尽可能少的资源获得满意的改进结果。7.3 节采用高效的过程继承技术和多色集合的相关理论提出软件过程运行实例的动态演化方法。基于多色集合理论的 PS 围道矩阵模型，提出适用于基于过程活动行为关系的软件过程分解方法，基于分解方法，使用过程继承技术与结构调整演化提出过程运行实例迁移方法，并提出演化异常处理方法。最后，在 7.4 节提出可信风险评估与控制方法，力图把过程风险带来的影响或造成的损失降到最小。为了能够达到风险管理的既定目标，提出了一个风险管理框架，将软件项目风险进一步划分为不同的风险指标，每一个指标又有不同的风险因子，通过风险因子度量风险指标，进而度量软件项目风险，并通过结合模糊理论和贝叶斯网络，提出一种面向可信软件的风险评估方法，根据度量结果计算风险的影响程度，最终根据风险的影响程度，找到对软件项目风险影响最大的风险指标或者风险因子，进行风险控制及优化策略的制定。

参 考 文 献

郎波, 刘旭东, 王怀民, 等. 2010. 一种软件可信分级模型. 计算机科学与探索, (3): 231-239.

李长云, 何频捷, 李玉龙. 2007. 软件动态演化技术. 北京: 北京大学出版社.

李宗斌. 2010. 基于多色集合理论的信息建模与优化技术. 北京: 科学出版社.

廖晶静, 王明哲. 2010. 用关联矩阵特征值分析网模型结构. 应用科学学报, 28(4): 417-423.

宋巍, 马晓星, 胡昊, 等. 2011. 过程感知信息系统中过程的动态演化. 软件学报, 22(3): 417-438.

王怀民, 吴文峻, 毛新军, 等. 2014. 复杂软件系统的成长性构造与适应性演化. 中国科学: 信息科学, 44(6): 743-761.

王青, 李明树, 刘霞. 2005. 一种支持软件过程控制和改进的主动度量模型. 软件学报, 16(3):407-418.

王青. 2014. 基于数据和群体智慧的软件过程改进. 中国计算机学会高级学科专题研讨会, 北京.

吴哲辉. 1989. 有界 Petri 网的活性和公平性的分析与实现. 计算机学报, 4: 267-278.

吴哲辉. 2006. Petri 网导论. 北京: 机械工业出版社.

朱三元, 钱乐秋, 宿为民. 2002. 软件工程技术概论. 北京: 科学出版社.

Ahern D M, Clouse A, Turner R. 2004. CMMI Distilled: A Practical Introduction to Integrated Process Improvement. New Jersey: Addison-Wesley.

Allen J H, Barnum S, Ellison R J. 2008. Software Security Engineering: A Guide for Project Managers. New Jersey: Addison-Wesley.

Amoroso E, Nguyen T, Weiss J, et al. 1991. Toward an approach to measuring software trust// IEEE Computer Society Symposium on Research in Security and Privacy: 198-218.

Amoroso E, Taylor C, Watson J, et al. 1994. A process-oriented methodology for assessing and improving software trustworthiness// The 2nd ACM Conference on Computer and Communications Security: 39-50.

Bannerman P L. 2008. Risk and risk management in software projects: A reassessment. Journal of Systems and Software, 81(12): 2118-2133.

Bianchi A, Caivano D, Marengo V, et al. 2003. Iterative reengineering of legacy systems. IEEE Transactions on Software Engineering, 29(3): 225-241.

Boehm B, Abts C, Brown A, et al. 2000. Software Cost Estimation with COCOMO Ⅱ. New Jersey: Prentice Hall.

Boehm B. 1989. Software Risk Management. Berlin: Springer.

Boehm B. 1991. Software risk management: Principles and practices. IEEE Software, 8(1): 32-41.

Boehm B. 2008. Making a difference in the software century. IEEE Computer, 41(3): 32-38.

Casati F, Ceri S, Pernici B, et al. 1998. Workflow evolution. Data & Knowledge Engineering, 24(3):211-238.

Deming W E. 1986. Out of the Crisis. Cambridge: MIT Center for Advanced Engineering Study.

Eder J, Liebhart W. 1995. The workflow activity model WAMO// The 3rd International Conference on Cooperative Information Systems (Coop Is'95): 87-98.

Fenton N E, Neil M. 1999. A critique of software defect prediction models. IEEE Transactions on Software Engineering, 25(5): 675-689.

Florac W A, Park R E, Carleton A. 1997. Practical Software Measurement: Measuring for Process Management and Improvement. CMU/SEI Report Number: CMU/SEI-97-HB-003.

Humphrey W S. 1997. Introduction to the Personal Software Process. Massachusetts: Addison-Wesley .

IEEE (Institute of Electrical and Electronic Engineers). 2008. IEEE Recommended Practice on Software Reliability: 1633-2008.

ISO (International Standardization Organization). 1998. ISO 9241-11, Ergonomic Requirements for Office Work with Visual Display Terminals.

ISO/IEC (International Standardization Organization/International Electrotechnical Commission). 2011. ISO/IEC 25010: Systems and Software Engineering-systems and Software Quality Requirements and Evaluation (SQuaRE)-System and Software Quality Models.

Jacobs J J, Moll V. 2007. Identification of factors that influence defect injection and detection in development of software intensive products. Information and Software Technology, 49(7): 774-789.

Jalote P. 2000. CMM in Practice: Processes for Executing Software Projects at Infosys. New Jersey: Addison-Wesley.

Jones C. 1996. Patterns of Software System Failure and Success. Boston: International Thomson Computer Press.

Juran J M. 1988. Juran on Planning for Quality. New York: Macmillan.

Juran J M. 1989. Juran on Leadership for Quality. New York: The Free Press.

Klein M, Dellarocas C. 2000. A knowledge-based approach to handling exceptions in workflow systems. Computer Supported Cooperative Work, 9: 399-412.

Kontio J, Basili V R. 1996. Risk Knowledge Capture in the Riskit Method. SEL-96-002, Maryland: University of Maryland.

Lee H M, Lee S Y, Lee T Y, et al. 2003. A new algorithm for applying fuzzy set theory to evaluate the rate of aggregative risk in software development. Information Sciences, 153: 177-197.

Lee H M. 1996. Applying fuzzy set theory to evaluate the rate of aggregative risk in software development. Fuzzy Sets and Systems, 79(3): 323-336.

Li J, Li M, Wu D, et al. 2012. An integrated risk measurement and optimization model for trustworthy software process management. Information Sciences, 191: 47-60.

Lyytinen K, Mathiassen L, Ropponen J. 1998. Attention shaping and software risk-a categorical analysis of four classical risk management approaches. Information Systems Research, 9(3): 233-255.

Madachy R J. 1997. Heuristic risk assessment using cost factors. IEEE Software, 14(3): 51-59.

Madsen K H. 1999. Special issue on the diversity of usability practices. Communication of ACM, 42(5): 60-97.

Nielsen J. 1993. Usability Engineering. San Francisco: Morgan Kaufmann.

Osterweil L J. 1987. Software processes are software too// The 9th International Conference on Software Engineering: 2-13.

Paulk M C, Weber C V, Garcia S M, et al. 1993. Key Practices of the Capability Maturity Model, SM, Version 1.1. Technical Report, CMU/SEI-93-TR-025, ESC-TR-93-178.

Qian H B, Zhu X J, Jin M Z. 2009. Research on testing-based software credibility measurement and assessment// World Congress on Software Engineering(WCSE2009): 59-64.

Reichert M, Rinderle S, Dadam P. 2003. On the common support of workflow type and instance changes under correctness constraints// The International Conference OTM Confederated, 2888: 407-425.

Rinderle S, Reichert M, Dadam P. 2004. Flexible support of team processes by adaptive workflow systems. Distributed and Parallel Databases, 16(1): 91-116.

Rinderle S, Reichert M, Weber B. 2008. Relaxed compliance notions in adaptive process management systems// The 27th International Conference on Conceptual Modeling. LNCS 5231: 232-247.

Rosenbaum S J, Humburg J. 2000. A toolkit for strategic usability: Results from workshops, panels and surveys// The CHI 2000 Conference on Human Factors in Computing Systems: 337-344.

Schneberger S L. 1997. Distributed computing environments: Effects on software maintenance difficulty. Journal of Systems and Software, 37(2): 101-116.

Schonenberg M H, Mans R S, Russell N C, et al. 2008. Towards a taxonomy of process flexibility// The 2008 Forum at the CaiSE: 81-84.

Schwalbe K. 2015. Information Technology Project Management. 8th Edition. Boston: Cengage Learning.

Song W, Ma X X, Lü J. 2009. Instance migration in dynamic evolution of web service compositions. Chinese Journal of Computers, 32(9): 1816-1831.

Trustie. 2009. Software Trust Hierarchical Standardized. Version 2.0. http://www.trustie.net.

van der Aalst W M P, Basten T. 2002. Inheritance of workflows: An approach to tackling problems related to change. Theoretical Computer Science, 270(11): 125-203.

Xu Z. 2001. Fuzzy Logic Techniques for Software Reliability Engineering. Florida: Florida Atlantic University.

Yang H, Ward M. 2003. Successful Evolution of Software System. Massachusetts: Artech House.

Yang Y, Wang Q, Li M S. 2009. Process trustworthiness as a capability indicator for measuring and improving software trustworthiness. Trustworthy Software Development Processes: 389-401.

Yu B H, Wang Q, Yang Y. 2009a. The trustworthiness metric model of software process quality based-on life circle// IEEE International Conference on Management and Service Science (MASS'09): 1-5.

Yu B H, Wang Q, Yang Y. 2009b. The study of trustworthy software process improvement model// 2009 International Conference on Networks Security, Wireless Communications and Trusted Computing: 315-318.

Zhang X, Pham H. 2000. An analysis of factors affecting software reliability. The Journal of Systems & Software, 50(1): 43-56.